Springer-Lehrbuch

Rainer Schulze-Pillot

Einführung in Algebra und Zahlentheorie

Dritte, überarbeitete und erweiterte Auflage

 Springer Spektrum

Rainer Schulze-Pillot
FB 6.1 Mathematik
Universität des Saarlandes
Saarbrücken, Deutschland

ISSN 0937-7433
ISBN 978-3-642-55215-1   ISBN 978-3-642-55216-8 (eBook)
DOI 10.1007/978-3-642-55216-8

Mathematics Subject Classification (2010): 11-01, 12-01, 13-01, 20-01

Die Deutsche Nationalbibliothek verzeichnet diese Publikation in der Deutschen Nationalbibliografie; detaillierte bibliografische Daten sind im Internet über http://dnb.d-nb.de abrufbar.

Springer Spektrum
Springer Spektrum ist eine Marke von Springer DE. Springer DE ist Teil der Fachverlagsgruppe Springer Science+Business Media
www.springer-spektrum.de

Vorwort

Vorwort zur dritten Auflage

Für die dritte Auflage wurde das ganze Buch auf Grund weiterer Erfahrung in Vorlesungen erneut überarbeitet. Unter anderem habe ich eine ganze Reihe neuer Beispiele und Übungsaufgaben hinzugefügt. An den Abschnitt über Moduln über Hauptidealringen habe ich einen weiteren ergänzenden Abschnitt über die Jordan'sche und die rationale Normalform für Endomorphismen eines endlich dimensionalen Vektorraums über einem Körper bzw. für die zugehörigen Matrizen angeschlossen, da hierfür bekanntlich an dieser Stelle sehr kurze und elegante Beweise möglich sind, die oft in der Vorlesung über lineare Algebra wegen der dort noch fehlenden Theorie nicht zum Zuge kommen. Ich danke allen Lesern, die mich auf Fehler aufmerksam gemacht haben. Thorsten Paul und Enrico Varela Roldan haben bei der Betreuung der Übungen zu meiner Vorlesung einige der neuen Übungsaufgaben beigesteuert, auch ihnen sei hiermit gedankt.

Wie bisher bitte ich LeserInnen, die noch verbliebene Fehler finden, mir diese an schulzep@math.uni-sb.de zu melden, damit ich die Korrekturen auf meiner Homepage unter http://www.math.uni-sb.de/ag/schulze/eazbuch.html im Internet zugänglich machen kann. Dort sind auch die mir bekannten Fehler der ersten Auflage mit Korrekturen aufgelistet.

Saarbrücken, April 2014   Rainer Schulze-Pillot

Vorwort zur zweiten Auflage

In dieser zweiten Auflage habe ich auf Anraten einiger Leser und des Verlages den Titel des Buches von „Elementare Algebra und Zahlentheorie" in „Einführung in Algebra und Zahlentheorie" geändert, um Verwechslungen mit Texten für den Bereich „Elementarmathematik vom höheren Standpunkt" von Lehramtsstudiengängen auszuschließen – im Sinne dieser Terminologie von Studiengängen gehört der Inhalt des Buches trotz seiner

Beschränkung auf die elementareren Teile der Algebra und der Zahlentheorie in den Studienbereich „Höhere Mathematik". Ferner habe ich eine Reihe Druckfehler und sonstige Fehler korrigiert sowie eine Reihe weiterer kleinerer Änderungen vorgenommen; ich danke S. Kühnlein, Karlsruhe, der mich auf die meisten der Fehler aufmerksam gemacht hat.

Schließlich habe ich, ebenfalls auf Anregung einiger Leser, zwei weitere ergänzende Abschnitte hinzugefügt. In Kap. 12 wird der Hauptsatz der Galoistheorie formuliert und bewiesen sowie zum Beweis des hinreichenden Kriteriums für Konstruierbarkeit mit Zirkel und Lineal des regelmäßigen n-Ecks benutzt. In dem anderen neu hinzugekommenen ergänzenden Abschn. 10.4 wird die algebraische Theorie der zyklischen fehlerkorrigierenden Codes vorgestellt, ohne aber auf die informationstheoretischen Grundlagen der Codierungstheorie einzugehen.

Wie auch die anderen ergänzenden Abschnitte des Buchs werden beide Abschnitte in der Regel nicht in den Rahmen einer einsemestrigen Vorlesung über Algebra und Zahlentheorie passen und sind zum Verständnis der anderen Teile des Buchs nicht notwendig; sie sollen interessierten LeserInnen zur Abrundung des Stoffes und als erster Einblick in fortgeschrittene Themen und in Anwendungen dienen.

Wie bisher bitte ich LeserInnen, die noch verbliebene Fehler finden, mir diese an schulzep@math.uni-sb.de zu melden, damit ich die Korrekturen auf meiner homepage unter http://www.math.uni-sb.de/ag/schulze/eazbuch.html im Internet zugänglich machen kann. Dort sind auch die mir bekannten Fehler der ersten Auflage mit Korrekturen aufgelistet.

Saarbrücken, Mai 2008   Rainer Schulze-Pillot

Vorwort zur ersten Auflage

Dieses Buch ist aus dem Versuch entstanden, die Ausbildung der Studierenden in Algebra und Zahlentheorie an der Universität des Saarlandes in Saarbrücken an die durch die Einführung der Bachelor- und Masterabschlüsse und die anstehende Reform des Lehramtsstudiums veränderten Randbedingungen anzupassen.

Da algebraische und diskrete Strukturen ebenso wie einige grundlegende Ergebnisse und Methoden der Zahlentheorie in zunehmendem Umfang auch für Anwender relevant werden, erschien es sinnvoll, eine einsemestrige Vorlesung über Algebra und Zahlentheorie anzubieten, die auf einer Grundvorlesung über lineare Algebra aufbaut und sich unabhängig von der beabsichtigten Schwerpunktbildung für alle Studierenden eignet.

Eine erste Testversion dieser Vorlesung habe ich im Sommersemester 2005 gehalten. Auf dem Skript zu dieser Vorlesung basiert dieses Buch, das sich vor allem an Studierende der Mathematik ab dem dritten oder ggf. auch dem zweiten Semester in Bachelor- oder Lehramts-Studiengängen an Universitäten wendet.

Ebenso wie die Vorlesung kombiniert es Teile des Stoffes, der üblicherweise in einer Vorlesung über elementare Zahlentheorie behandelt wird, mit Teilen des Stoffes einer klassischen Algebra-Vorlesung.

Mit der Beschränkung auf die elementareren Teile des Gebiets und einer relativ ausführlichen Darstellung will das Buch eine breite Leserschaft ansprechen. Ich möchte aber nicht das Versprechen einer „sanften" Einführung oder eines leicht verdaulichen anschaulichen und abstraktionsfreien „Mathe-light"-Kurses abgeben – wer eine Scheu vor abstrakten Konzepten hat, wird in der Regel ohnehin nicht Mathematik studieren und mit Sicherheit die Algebra meiden.

Das Buch enthält aus der Zahlentheorie einige Grundlagen der Primzahltheorie, den euklidischen Algorithmus, die Theorie der linearen diophantischen Gleichungen sowie des größten gemeinsamen Teilers und des kleinsten gemeinsamen Vielfachen, die Theorie der Kongruenzen mit dem chinesischen Restsatz, die Theorie der primen Restklassengruppe und der Potenzreste und das quadratische Reziprozitätsgesetz.

Aus der Algebra behandeln wir die Grundtatsachen über Gruppen und Ringe einschließlich der Operationen von Gruppen auf Mengen und der Behandlung von Idealen und Restklassenringen, die Theorie der (endlich erzeugten) abelschen Gruppen und ihrer Charaktere sowie die Grundlagen der Körpertheorie unter besonderer Betonung der endlichen Körper.

Während in den Teilen des Stoffes, die aus der elementaren Zahlentheorie stammen, die zu Grunde liegenden abstrakten algebraischen Konzepte betont werden, werden die Teile, die aus der Algebra stammen, eng an die Behandlung (meist zahlentheoretischer) Beispiele angebunden.

Die Behandlung von Anwendungen ergibt sich dabei in natürlicher Weise; wir behandeln etwa das RSA-Verschlüsselungsverfahren, Primzahltests, Zahldarstellungen und modulares Rechnen im Computer sowie die diskrete Fourier-Transformation.

Wichtige Teile der klassischen Algebra-Vorlesung fallen bei dieser Vorgehensweise notwendigerweise unter den Tisch: Die Galoistheorie erscheint nur in ihrer einfachsten Form als Galoistheorie der endlichen Körper, die Theorie als solche und ihre Anwendungen für die Auflösung von Gleichungen durch Radikale bleiben ebenso einer weiterführenden Algebra-Vorlesung vorbehalten wie die Ausarbeitung der Gruppentheorie (Auflösbarkeit, Satz von Jordan-Hölder, freie Gruppen).

Die algebraische Behandlung der Konstruktionen mit Zirkel und Lineal führt nur bis zum notwendigen Kriterium, das immerhin erlaubt, die bekannten Sätze über Nicht-Konstruierbarkeit zu beweisen. Den Begriff des Zerfällungskörpers eines Polynoms und den Beweis seiner Eindeutigkeit behandeln wir in Abschn. 9.4, haben aber die Theorie der endlichen Körper ohne deren Benutzung aufgebaut, so dass man diesen Abschnitt überspringen kann, wenn man möglichst rasch zu den endlichen Körpern kommen will.

Auf einige für das weitere Verständnis nicht notwendige Themen wird in ergänzenden Bemerkungen oder in Abschnitten eingegangen, die in der Überschrift als Ergänzung gekennzeichnet sind. Bei einer einsemestrigen an dem Buch orientierten Vorlesung wird man auf die Behandlung der meisten dieser Ergänzungen in der Vorlesung verzichten müssen, ihre Lektüre will ich aber interessierten Studierenden, die ein wenig über das Grundwissen hinausgehen wollen, ausdrücklich ans Herz legen.

Die Übungsaufgaben habe ich meiner im Laufe der Jahre entstandenen Sammlung entnommen. Viele von ihnen stammen aus anderen Lehrbüchern, ohne dass ich die ursprünglichen Quellen noch zurück verfolgen kann; die Kollegen, die ihre Aufgaben hier wiederfinden, bitte ich um Verständnis für die fehlende Quellenangabe.

Abschließend möchte ich Christine Wilk-Pitz sowie Michael Bergau, Matthias Horbach und Alexander Rurainski danken, die Teile des Manuskripts als Skript zu der eingangs erwähnten Vorlesung bzw. zu früheren Vorlesungen in LaTeX geschrieben haben. Ferner danke ich Ute Staemmler, Markus Zacharski und den HörerInnen meiner Vorlesung für etliche Fehlerkorrekturen. LeserInnen, die noch verbliebene Fehler finden, bitte ich, mir diese an schulzep@math.uni-sb.de zu melden, damit ich die Korrekturen auf meiner homepage unter http://www.math.uni-sb.de/ag/schulze/eazbuch.html im Internet zugänglich machen kann.

Saarbrücken, November 2006   Rainer Schulze-Pillot

Inhaltsverzeichnis

Voraussetzungen aus den Grundvorlesungen

0

In den Grundvorlesungen über lineare Algebra werden zur Zeit allgemeine algebraische Grundbegriffe in sehr unterschiedlichem Ausmaß behandelt. In diesem Kapitel werden deshalb die für das Weitere benötigten Grundlagen zusammengestellt. Das meiste wird Leserinnen und Lesern vermutlich bereits bekannt sein.

0.1 Äquivalenzklassen, Gruppen, Ringe

Da dieses Buch sich hauptsächlich an Studierende im zweiten Studienjahr wendet, setzen wir Vertrautheit mit den grundlegenden Begriffen über Mengen und Abbildungen voraus. Auf die für uns besonders wichtigen Zahlenmengen $\mathbb{N}$ der natürlichen und $\mathbb{Z}$ der ganzen Zahlen gehen wir in Kap. 1 noch näher ein, setzen sie aber für Beispiele in diesem Kapitel zunächst als bekannt voraus. Wie in der Zahlentheorie üblich gehört 0 nicht zu $\mathbb{N}$, wir schreiben $\mathbb{N}_0 := \mathbb{N} \cup \{0\}$.

Auch die Begriffe *Äquivalenzrelation* und *Äquivalenzklasse* kennt die Leserin ebenso wie der Leser vermutlich bereits. Das in diesem Buch am häufigsten vorkommende Beispiel einer Äquivalenzrelation ist die Kongruenz modulo n:

Beispiel Auf der Menge $\mathbb{Z}$ der ganzen Zahlen wird für $n \in \mathbb{N}$ (also insbesondere $n \neq 0$) eine *Kongruenz modulo n* genannte Äquivalenzrelation wie folgt definiert:

a ist genau dann *kongruent* zu b modulo n (Notation: $a \equiv b \bmod n$), wenn $a - b$ durch n teilbar ist. Eine äquivalente Bedingung ist, dass a und b bei Division durch n den selben Rest lassen. Die Äquivalenzklassen bezüglich dieser Relation sind die *Restklassen* modulo n. Ist also etwa $n = 2$, so sind genau die geraden Zahlen kongruent zu 0 modulo 2, die ungeraden Zahlen sind kongruent zu 1 modulo 2, die Menge $\mathbb{Z}$ zerfällt in zwei Äquivalenzklassen:

Die eine Klasse besteht aus den geraden Zahlen, die andere besteht aus den ungeraden Zahlen. Innerhalb einer Klasse sind alle Zahlen zueinander kongruent modulo 2, zwei Zahlen aus verschiedenen Klassen sind nicht zueinander kongruent.

R. Schulze-Pillot, *Einführung in Algebra und Zahlentheorie*, DOI 10.1007/978-3-642-55216-8_0, 1
© Springer-Verlag Berlin Heidelberg 2015

Ist $n = 3$, so besteht etwa die Äquivalenzklasse der 1 (d. h. die Menge aller zu 1 modulo 3 kongruenten ganzen Zahlen) aus den Zahlen

$$\ldots, -8, -5, -2, 1, 4, 7, \ldots$$

Jede solche Äquivalenzklasse bezüglich der Kongruenz modulo n (d. h. die Menge aller zu einem festen $a \in \mathbb{Z}$ modulo n kongruenten Zahlen) nennt man auch eine *arithmetische Progression* modulo n, sie kann auch als $\{a + kn \mid k \in \mathbb{Z}\}$ charakterisiert werden.

Aus einer Vorlesung über Lineare Algebra im ersten Studienjahr sollte dem Leser darüber hinaus die Theorie der Vektorräume über einem (beliebigen) Körper vertraut sein.

In der Regel werden in einer solchen Vorlesung auch einige Grundtatsachen über Gruppen und über Ringe behandelt. Diese Grundtatsachen und -begriffe werden wir im Rahmen der ausführlicheren Behandlung von Gruppen und Ringen hier zwar erneut behandeln, wir wollen sie aber gelegentlich in Beispielen schon vorher benutzen können.

Wir listen daher kurz auf, was wir hierüber in solchen Beispielen voraussetzen wollen und verweisen für die gründlichere Behandlung dieser Dinge auf die entsprechenden Kapitel:

Definition 0.1 *Eine (nicht leere) Menge G mit einer Verknüpfung $\circ : (a, b) \mapsto a \circ b$ (also einer Abbildung $G \times G \to G$, die jedem Paar (a, b) von Elementen von G ein Element $c = a \circ b$ von G zuordnet) heißt Gruppe, wenn gilt:*

a) *$a \circ (b \circ c) = (a \circ b) \circ c$ für alle $a, b, c \in G$ (Assoziativgesetz)*
b) *Es gibt ein (eindeutig bestimmtes) Element $e \in G$ mit $e \circ a = a \circ e = a$ für alle $a \in G$. (e heißt neutrales Element.)*
c) *Zu jedem $a \in G$ gibt es ein (eindeutig bestimmtes) Element a' (oder a^{-1}) in G mit $a' \circ a = a \circ a' = e$. (a' heißt inverses Element zu a.)*
d) *Gilt überdies das Kommutativgesetz $a \circ b = b \circ a$ für alle $a, b \in G$, so heißt die Gruppe* kommutativ *oder* abelsch *(nach Niels Henrik Abel, 1802–1829).*

Bemerkung
a) Es reicht, in b) die Existenz eines Elements $e \in G$ mit $e \circ a = a$ für alle $a \in G$ (also eines linksneutralen Elements von G) und in c) für jedes $a \in G$ die Existenz eines $a' \in G$ mit $a' \circ a = e$ (also für jedes $a \in G$ die Existenz eines linksinversen Elements) zu verlangen. Beweis als Übung, genauso geht es natürlich mit rechts statt links. Dagegen erhält man etwas anderes (nicht besonders sinnvolles), wenn man die Existenz eines linksneutralen Elements und für jedes $a \in G$ die Existenz eines rechtsinversen Elements verlangt.
b) Nach Niels Henrik Abel (der in seiner kurzen Lebenszeit zahlreiche bedeutende Beiträge zur Algebra und zur Funktionentheorie geleistet hat) ist auch der seit 2003 jährlich als Analogon zum Nobelpreis in Oslo verliehene Abel-Preis mit einem Preisgeld von 6 Millionen Norwegischen Kronen (ca. 740.000 Euro) benannt (bisherige Preisträger:

2003 Jean Pierre Serre, 2004 Michael Atiyah und Isadore Singer, 2005 Peter Lax, 2006 Lennart Carleson, 2007 Srinivasa Varadhan, 2008 John Thompson und Jacques Tits, 2009 Mikhail Gromov, 2010 John Tate, 2011 John Milnor, 2012 Endre Szemeredi, 2013 Pierre Deligne, 2014 Yakov Sinai).

Satz 0.2 *Sei* $(G, \circ)$ *eine Gruppe. Dann gilt:*

(a) *Für alle* $a \in G$ *ist* $(a^{-1})^{-1} = a$.

(b) *Für alle* $a, b \in G$ *ist* $(a \circ b)^{-1} = b^{-1} \circ a^{-1}$.

(c) *Sind* $a, b \in G$, *so gibt es genau ein* $x \in G$ *mit* $a \circ x = b$ *und genau ein* $y \in G$ *mit* $y \circ a = b$.

(d) *Sind* $a, x, y \in G$ *mit* $x \circ a = y \circ a$, *so ist* $x = y$.

(e) *Sind* $a, x, y \in G$ *mit* $a \circ x = a \circ y$, *so ist* $x = y$.

Definition 0.3 *Sei* $(G, \circ)$ *eine Gruppe mit neutralem Element* e. *Die Teilmenge* $U \subseteq G$ *heißt* Untergruppe, *wenn gilt:*

a) $e \in U$

b) $a, b \in U \Rightarrow ab \in U$

c) $a \in U \Rightarrow a^{-1} \in U$

Man schreibt dann auch $U \leq G$ *oder* $U < G$.

Definition 0.4 *Eine Menge* R *mit (Addition und Multiplikation genannten) Verknüpfungen* $+, \cdot : R \times R \to R$ *heißt* Ring, *wenn gilt:*

a) $(R, +)$ *ist kommutative Gruppe (mit neutralem Element* 0).

b) *Die Multiplikation* $\cdot$ *ist assoziativ: Für* $a, b, c \in R$ *gilt* $a \cdot (b \cdot c) = (a \cdot b) \cdot c$.

c) *Es gelten die Distributivgesetze*

$$a \cdot (b + c) = a \cdot b + a \cdot c$$
$$(a + b) \cdot c = a \cdot c + b \cdot c \quad \textit{für } a, b, c \in R$$

Falls es ein neutrales Element $1 \in R$ *bezüglich der Multiplikation gibt, so heißt* 1 *das* Einselement *des Rings und* R *ein* Ring mit Einselement.

Ist die Multiplikation kommutativ, so heißt R *ein* kommutativer Ring.

Gibt es $a, b \in R$, $a \neq 0 \neq b$ *mit* $a \cdot b = 0$, *so heißen* a, b Nullteiler *in* R, *andernfalls heißt* R nullteilerfrei.

Ein kommutativer Ring $R \neq \{0\}$ *mit Einselement, der nullteilerfrei ist, heißt* Integritätsbereich.

Ein kommutativer Ring $R \neq \{0\}$ *mit Einselement* 1, *in dem es zu jedem* $a \neq 0$ *ein multiplikatives Inverses* a^{-1} *gibt (also* $aa^{-1} = a^{-1}a = 1$), *heißt ein* Körper; *lässt man hier die Forderung der Kommutativität fort, so spricht man von einem* Schiefkörper *oder einer* Divisionsalgebra.

Bemerkung

a) Das Verknüpfungszeichen für die Multiplikation wird meistens fortgelassen: $ab := a \cdot b$.
b) In einem Ring gilt stets $a \cdot 0 = 0 \cdot a = 0$ für alle $a \in R$.
c) Gibt es im Ring R ein neutrales Element bezüglich der Multiplikation, so ist dieses eindeutig bestimmt.
d) Für den Rest dieses Buches haben alle Ringe ein Einselement. In der Literatur wird die Existenz des Einselements manchmal zur Definition des Begriffes Ring hinzugenommen, manchmal nicht.
e) Der Nullring $\{0\}$ ist von dieser Definition ebenfalls zugelassen, in ihm ist das einzige Element gleichzeitig Nullelement und Einselement.

Lemma 0.5 *Ein kommutativer Ring R ist genau dann nullteilerfrei, wenn in R die Kürzungsregel gilt, d. h., wenn für $a, b, c \in R$, $a \neq 0$ gilt:*

$$ab = ac \iff b = c.$$

Beweis Sei R nullteilerfrei und seien $a, b, c \in R$, $a \neq 0$ mit $ab = ac$. Dann ist $0 = ab - ac = a(b - c)$ mit $a \neq 0$, also $b - c = 0$ nach Definition der Nullteilerfreiheit und daher $b = c$.

Gilt umgekehrt in R die Kürzungsregel und sind $a, b \in R$, $a \neq 0$ mit $ab = 0$, so ist $0 = ab = a0$ und nach der Kürzungsregel folgt $b = 0$, also ist R nullteilerfrei. $\square$

Beispiele

- $\mathbb{Z}$ ist ein Ring ohne Nullteiler.
- Ist K ein Körper, so ist K erst recht ein Ring (ohne Nullteiler).
- Ist K ein Körper, so ist die Menge $M_n(K)$ der $n \times n$- Matrizen mit Einträgen aus dem Körper K ein Ring, dessen Einselement die Einheitsmatrix E_n ist. Bekanntlich ist dieser Ring für $n \geq 2$ nicht kommutativ, zum Beispiel ist $\begin{pmatrix} 1 & 1 \\ 0 & 1 \end{pmatrix}\begin{pmatrix} 0 & 1 \\ 1 & 0 \end{pmatrix} = \begin{pmatrix} 1 & 1 \\ 1 & 0 \end{pmatrix}$, während $\begin{pmatrix} 0 & 1 \\ 1 & 0 \end{pmatrix}\begin{pmatrix} 1 & 1 \\ 0 & 1 \end{pmatrix} = \begin{pmatrix} 0 & 1 \\ 1 & 1 \end{pmatrix}$ gilt (egal, welchen Körper K man betrachtet).
- Ist K ein Körper, V ein K-Vektorraum, so ist die Menge $\text{End}(V)$ der linearen Abbildungen von V in sich (der Endomorphismen von V) ein Ring, dessen Einselement die identische Abbildung Id_V ist. Da bekanntlich nach Festlegung einer Basis dem Produkt von Endomorphismen das Produkt der Matrizen der Endomorphismen bezüglich der Basis entspricht, ist dieser Ring ebenso wie der Matrizenring für $\dim(V) \geq 2$ nicht kommutativ.
- Sei $C(\mathbb{R})$ die Menge der stetigen Funktionen von $\mathbb{R}$ nach $\mathbb{R}$. Dann ist $C(\mathbb{R})$ bezüglich der üblichen Operationen $(f + g)(x) = f(x) + g(x), (fg)(x) = f(x)g(x)$ ein kommutativer Ring, der nicht nullteilerfrei ist. Das Gleiche gilt, wenn man stattdessen die Menge aller Funktionen oder die Menge aller differenzierbaren Funktionen von $\mathbb{R}$ nach $\mathbb{R}$ betrachtet. Zum Beweis überlege man sich für jeden dieser Fälle ein Beispiel von zwei Funktionen f, g, die nicht identisch Null sind, so dass für jedes x im gemeinsamen Definitionsbereich wenigstens eines von $f(x)$ und $g(x)$ gleich Null ist.

Definition 0.6 *Sei R ein kommutativer Ring (wie stets mit Einselement* 1*).* $a \in R$ *heißt* Einheit *in R, wenn es* $a' \in R$ *gibt mit* $a a' = 1$*. Die Menge der Einheiten wird mit* $R^\times$ *bezeichnet.*

Beispiele

- Die Einheiten in $\mathbb{Z}$ sind +1, −1.
- Die Einheiten im Ring $C(\mathbb{R})$ der stetigen reellen Funktionen sind die Funktionen, die keine Nullstelle haben.
- In einem Körper K sind alle Elemente außer 0 Einheiten, die Menge $K^\times$ der Einheiten von K ist also gleich $K \smallsetminus \{0\}$.

Lemma 0.7 *Sei R ein kommutativer Ring (wie immer mit Einselement). Dann ist die Menge* $R^\times$ *der Einheiten von R unter der Multiplikation in R abgeschlossen; bezüglich der Multiplikation von R als Verknüpfung ist sie eine Gruppe, die* Einheitengruppe *von R.*

Beweis Übung. □

Häufig vorkommende Abschwächungen des Gruppenbegriffs sind die beiden folgenden Begriffe, auf die wir aber in diesem Buch nicht näher eingehen:

Definition 0.8 *Eine Menge* $H \neq \varnothing$ *mit einer Verknüpfung* $(a, b) \mapsto a \cdot b$ *heißt* Halbgruppe*, wenn die Verknüpfung assoziativ ist. Sie heißt* Monoid*, wenn es ein (notwendig eindeutig bestimmtes) Element* $e \in H$ *gibt mit*

$$e a = a e = a \text{ für alle } a \in H;$$

e heißt dann das neutrale Element *von H.*

Beispiel Die Menge $\mathbb{N} = \{1, 2, 3, \ldots\}$ der natürlichen Zahlen ist mit der Addition eine Halbgruppe, die Menge $\mathbb{N}_0 = \mathbb{N} \cup \{0\}$ ist mit der Addition ein Monoid mit neutralem Element 0.

Definition 0.9 *Sei K ein Körper. Eine* K-Algebra *ist ein* K-Vektorraum A*, auf dem zusätzlich eine Multiplikation* $(a, b) \mapsto a \cdot b$ *definiert ist und für den gilt:*

a) $(A, +, \cdot)$ *ist ein (nicht notwendig kommutativer) Ring mit Einselement.*
b) *Für* $a, b \in A$*,* $\lambda \in K$ *gilt* $\lambda(a \cdot b) = (\lambda a) \cdot b = a \cdot (\lambda b)$*.*

Sind A und B zwei K-Algebren und $f : A \to B$ *eine lineare Abbildung mit* $f(a_1 a_2) = f(a_1) f(a_2)$ *für alle* $a_1, a_2 \in A$ *und* $f(1_A) = 1_B$*, so sagt man, f sei ein* K-Algebrenhomomorphismus *(oder ein* Homomorphismus von K-Algebren*). Ist f zudem bijektiv, so nennt man f einen* Isomorphismus von Algebren*.*

Beispiel

a) Ist K ein Körper und $L \supseteq K$ ein Oberkörper von K, so ist L eine K-Algebra.
b) Ist K ein Körper und $M_n(K)$ die Menge der $n \times n$-Matrizen über K, so ist $M_n(K)$ eine K-Algebra.
c) Ist K ein Körper, V ein K-Vektorraum, so ist $\mathrm{End}(V)$ eine K-Algebra.

0.2 Polynomring

In der Vorlesung über Lineare Algebra wird bei der Behandlung des charakteristischen Polynoms und des Minimalpolynoms einer Matrix meistens auch eine formale Definition des Polynomrings über einem beliebigen Körper vorgenommen, da über einem Körper K mit endlich vielen Elementen die vom Grundkörper $\mathbb{R}$ gewohnte Behandlung von Polynomen als K-wertige Polynomfunktionen zu Problemen führt.

Die üblichste Art, diesen Polynomring einzuführen, ist die folgende, bei der wir zunächst einmal in einer Art Forderungskatalog festlegen, welche Eigenschaften wir vom Ring der Polynome in einer Variablen X mit Koeffizienten in dem Körper K erwarten:

Definition 0.10 *Sei K ein Körper. Ein* Polynomring *über K in einer Unbestimmten X ist ein kommutativer Ring A (mit Einselement) 1 und einem ausgezeichneten Element X, so dass gilt:*

a) *A ist eine K-Algebra*
b) *Jedes Element $f \neq 0$ von A lässt sich eindeutig als*

$$f = \sum_{i=0}^{n} a_i X^i \quad \text{mit } a_i \in K,\ a_n \neq 0$$

für ein $n \in \mathbb{N}$ schreiben.

Hat $f \neq 0$ diese Darstellung, so heißt f vom Grad *n und a_n der* Leitkoeffizient *von f, man schreibt $\deg(f) = n$. Dem Nullpolynom wird der Grad $-\infty$ (oder gar kein Grad) zugeordnet.*

Das Polynom f heißt normiert, *falls $a_n = 1$ gilt.*

Mit dieser Definition wissen wir zwar, was wir erreichen wollen, wir müssen uns aber den gewünschten Polynomring erst noch konstruieren, denn a priori ist ja gar nicht klar, ob es ein solches Objekt für beliebigen Grundkörper überhaupt gibt.

Der nächstliegende Versuch ist zweifellos, den Polynomring als Ring von Funktionen zu definieren, die durch einen polynomialen Term gegeben sind, also als Menge aller Abbildungen $f : K \to K$, für die es $a_0, \ldots, a_n \in K$ gibt, so dass

$$f(x) = \sum_{j=0}^{n} a_j x^j \quad \text{für alle } x \in K$$

gilt, als X nimmt man dann die durch $X(x) = x$ für alle $x \in K$ gegebene Funktion.

Für den Körper $\mathbb{R}$ der reellen Zahlen und sogar für jeden beliebigen Körper, der unendlich viele Elemente hat, funktioniert das auch (das prüfen wir später nach).

Die Leserin, die bereits Erfahrung im Umgang mit dem aus zwei Elementen 0 und 1 (mit $0 + 0 = 1 + 1 = 0, 0 + 1 = 1 + 0 = 1, 0 \cdot 0 = 0 \cdot 1 = 1 \cdot 0 = 0, 1 \cdot 1 = 1$) bestehenden Körper $\mathbb{F}_2$ hat, wird aber bemerken, dass dieser erste Versuch etwa im Fall $K = \mathbb{F}_2$ fehlschlägt:

Für $K = \mathbb{F}_2$ gibt es genau vier Abbildungen $K \to K$, während Teil b) der Definition impliziert, dass der Polynomring unendlich viele Elemente hat. Berücksichtigt man noch, dass $x^n = x$ für alle $n \in \mathbb{N} \setminus \{0\}$ und alle Elemente x von $\mathbb{F}_2$ gilt, so sieht man, dass jede dieser vier Abbildungen durch unendlich viele verschiedene Terme als polynomiale Abbildung gegeben werden kann.

Ein ähnliches Problem tritt auf, wenn K ein beliebiger Körper ist, der nur endlich viele Elemente hat.

Es ist aber auf Grund der Definition naheliegend, wie man bei der Konstruktion vorzugehen hat, wenn die Definition über Polynomfunktionen nicht zur Verfügung steht:

Ein Polynom $f = \sum_{i=0}^{n} a_i X^i$ soll durch das $(n + 1)$-Tupel seiner Koeffizienten $a_i \in K$ bestimmt sein, wobei $n = \deg(f) \in \mathbb{N}_0 = \mathbb{N} \cup \{0\}$ von f abhängt und beliebig groß sein kann. Ergänzen wir dieses $(n+1)$-Tupel durch unendlich viele Nullen zu einer unendlichen Folge $(a_j)_{j \in \mathbb{N}_0}$ von Elementen von K, so sind in dieser Folge offenbar nur endlich viele (nämlich höchstens $\deg(f) + 1$ viele) Folgenglieder von 0 verschieden. Umgekehrt erhalten wir jede Folge $(a_j)_{j \in \mathbb{N}_0}$ von Elementen von K, in der nur endlich viele Folgenglieder von 0 verschieden sind, als Fortsetzung des Koeffiziententupels eines Polynoms. Polynome im Sinne unserer Definition müssen also in Bijektion zu solchen Folgen stehen.

Da im Polynomring das Distributivgesetz gelten soll, ist ferner klar, dass das Produkt fg von zwei Polynomen $f = \sum_{i=0}^{n} a_i X^i$ und $g = \sum_{j=0}^{m} b_j X^j$ gleich $\sum_{i=0}^{n} \sum_{j=0}^{m} a_i b_j X^{i+j}$, also nach leichter Umformung gleich $\sum_{k=0}^{n+m} c_k X^k$ mit $c_k = \sum_{i+j=k} a_i b_j$ sein muss, wenn es überhaupt möglich ist, den Polynomring wie gewünscht zu konstruieren.

Damit ist im Grunde vorgezeichnet, was wir zu tun haben:

Definition und Satz 0.11 *Sei K ein Körper. In*

$$A := K[X] := K^{(\mathbb{N}_0)} = \{ a = (a_j)_{j \in \mathbb{N}_0} \mid a_j \in K, \ a_j = 0 \ \text{für fast alle } j \}$$

werde eine Verknüpfung (Multiplikation) definiert durch:

$$(a \cdot b)_n = \sum_{j=0}^{n} a_j b_{n-j},$$

ferner sei die Addition wie üblich durch

$$(a + b)_n = a_n + b_n$$

definiert.

Dann gilt:

a) *A mit + und · ist eine kommutative K-Algebra*
b) *Die Elemente $e^{(i)} \in A$ seien für $i \in \mathbb{N}_0$ definiert durch*

$$(e^{(i)})_n := \delta_{in}.$$

Dann ist $e^{(0)}$ das Einselement von A, und für $i, j \in \mathbb{N}_0$ gilt

$$e^{(i)} \cdot e^{(j)} = e^{(i+j)}.$$

Insbesondere gilt mit $X := e^{(1)}$:

$$X^i = e^{(i)} \quad \text{für alle } i \in \mathbb{N}_0.$$

c) *Ist $0 \neq a \in A$ und $n := \max\{j \in \mathbb{N}_0 \mid a_j \neq 0\}$, so ist*

$$a = \sum_{j=0}^{n} a_j X^j.$$

d) *Der Ring A ist ein Polynomring über K im Sinne von Definition 0.10. Jeder Polynomring A' in einer Unbestimmten X' über K ist zu A kanonisch isomorph durch*

$$\sum_{i=0}^{n} a_i X^i \mapsto \sum_{i=0}^{n} a_i (X')^i,$$

d. h., die angegebene Abbildung ist ein bijektiver Homomorphismus von K-Algebren.
e) *$A = K[X]$ ist nullteilerfrei und es gilt $\deg(fg) = \deg(f) + \deg(g)$ für von 0 verschiedene Polynome f, g.*
f) *Die Einheiten in $K[X]$ sind die konstanten Polynome c (Polynome vom Grad 0) mit $c \in K^\times$.*

Beweis a) Dass $(A, +)$ eine abelsche Gruppe ist, ist klar. Die Assoziativität der Multiplikation müssen wir nachrechnen:

Sind $a, b, c \in A$, so ist der n-te Koeffizient $((ab)c)_n$ von $(ab)c$ gleich

$$\sum_{k=0}^{n} \left(\sum_{j=0}^{k} (a_j b_{k-j}) c_{n-k} \right) = \sum_{\substack{r,s,t \\ r+s+t=n}} a_r b_s c_t,$$

und den gleichen Wert erhält man, wenn man den n-ten Koeffizienten von $a(bc)$ ausrechnet.

Die Existenz des Einselements sehen wir in b), die Kommutativität ist klar, das Distributivgesetz und die Identität $\lambda(ab) = (\lambda a) \cdot b = a \cdot (\lambda b)$ für $\lambda \in K$, $a, b \in A$ rechnet man leicht nach.

b) Offenbar ist $(e^{(0)} \cdot a)_n = \sum_{j=0}^{n} e_j^{(0)} a_{n-j} = 1 \cdot a_n = a_n$ und daher $e^{(0)} \cdot a = a$ für beliebiges $a \in A$, $e^{(0)}$ ist daher neutrales Element bezüglich der Multiplikation in A.

Sind $i, j \in \mathbb{N}_0$, so hat man

$$(e^{(i)} \cdot e^{(j)})_n = \sum_{k=0}^{n} e_k^{(i)} e_{n-k}^{(j)} = \sum_{k=0}^{n} \delta_{ik} \delta_{j,n-k} = \begin{cases} 1 & \text{falls } i + j = n \\ 0 & \text{sonst,} \end{cases}$$

also $e^{(i)} \cdot e^{(j)} = e^{(i+j)}$ wie behauptet. Mit vollständiger Induktion folgt daraus sofort $X^i := (e^{(1)})^i = e^{(i)}$.

c) folgt sofort aus b).

Der erste Teil von d) ist jetzt ebenfalls sofort klar. Hat man einen weiteren Polynomring A' über K in einer Unbestimmten X', so ist zunächst die Abbildung $\sum_{i=0}^{n} a_i X^i \mapsto \sum_{i=0}^{n} a_i (X')^i$ bijektiv. Dass sie ein Homomorphismus von K-Algebren ist, rechnet man leicht nach.

e) folgt schließlich so: Sind $f = \sum_{i=0}^{m} a_i X^i$, $g = \sum_{j=0}^{n} b_j X^j \in A$ mit $a_m \neq 0$, $b_n \neq 0$, so ist

$$f \cdot g = \sum_{k=0}^{n+m} c_k X^k$$

mit $c_{m+n} = a_m b_n \neq 0$, da K ein Integritätsbereich ist.

Also gilt in A, dass aus $f \neq 0$, $g \neq 0$ folgt, dass $fg \neq 0$ ist und dass fg den Grad $n + m$ hat. Insbesondere erbt also der Polynomring A wie behauptet die Nullteilerfreiheit seines Grundrings K.

f) Übung $\qquad\qquad\qquad\qquad\qquad\qquad\qquad\qquad\qquad\qquad\qquad\qquad\qquad$ □

Bemerkung

a) Nach Teil d) des Satzes sind zwei K-Algebren, die den Anforderungen an einen Polynomring genügen, kanonisch isomorph, der Polynomring wird also durch die in seiner Definition angegebene Liste von Eigenschaften bereits vollständig bestimmt, und eine andere Konstruktion als die hier gegebene würde im Wesentlichen das gleiche Ergebnis liefern.

Im Weiteren wird deshalb einfach von **dem** Polynomring $K[X]$ in einer Unbestimmten über K gesprochen, seine Elemente werden als $\sum_{i=0}^{n} a_i X^i$ geschrieben und auf die Definition durch Folgen wird kein Bezug mehr genommen; statt dessen benutzen wir die in Definition 0.10 sowie Definition und Satz 0.11 angegebenen Eigenschaften.

Die Elemente von $K[X]$ fasst man als formale Ausdrücke (polynomiale Terme) $\sum_{i=0}^{n} a_i X^i$ auf. Die konstanten Polynome (Polynome vom Grad 0) cX^0 mit $c \in K$ werden mit den Elementen von K identifiziert, man fasst also den Grundkörper K über diese Identifikation als Teilring des Polynomrings $K[X]$ auf.

b) In ein Polynom $f = \sum_{i=0}^{n} a_i X^i \in K[X]$ kann man Elemente von K für die Variable X einsetzen und erhält so z. B. $f(0) = \sum_{i=0}^{n} a_i 0^i = a_0$ oder $f(1) = \sum_{i=0}^{n} a_i 1^i = \sum_{i=0}^{n} a_i$. Allgemeiner: Ist S irgendeine K-Algebra, so kann man (siehe das folgende Lemma) Elemente von S in Polynome aus $K[X]$ einsetzen: Ist $f = \sum_{i=0}^{n} a_i X^i \in K[X]$, $s \in S$, so ist

$$f(s) := \sum_{i=0}^{n} a_i s^i \in S.$$

Wenn dadurch kein Irrtum entstehen kann, so bezeichnet man (nicht völlig korrekt) auch die hierdurch gegebene Abbildung $s \mapsto f(s)$ von S nach S (die zu f gehörige *Polynomfunktion*) mit f, will man vorsichtiger sein, so kann man sie zur Unterscheidung von $f \in K[X]$ etwa mit $\bar{f}$ bezeichnen.

Wählt man hier $S = A = K[X]$, so ergibt Einsetzen von X das Element $f(X) = \sum_{i=0}^{n} a_i X^i = f$ von $A = K[X]$. Sie brauchen also an dieser Stelle nicht zwischen f und $f(X)$ zu unterscheiden, obwohl es Ihnen ja in der Analysis bereits ganz selbstverständlich geworden ist, zwischen der Funktion h und ihrem Funktionswert $h(x)$ in einem Punkt x sauber zu unterscheiden.

Die Situation ist hier scheinbar anders, weil ja ein Polynom gerade so definiert worden ist, dass es nicht eine Funktion ist, sondern ein Element der abstrakt konstruierten Algebra $K[X]$.

Lemma 0.12 *Sei K ein Körper, S eine K-Algebra und $s \in S$. Dann wird durch*

$$f \mapsto f(s) \in S$$

ein Algebrenhomomorphismus $K[X] \to S$ gegeben; der Einsetzungshomomorphismus *in s.*

Beweis Man rechnet nach, dass auf Grund der Rechengesetze in S die Gleichungen $(f_1 + f_2)(s) = f_1(s) + f_2(s)$, $(f_1 f_2)(s) = f_1(s) f_2(s)$, $(cf)(s) = c \cdot f(s)$ und $1(s) = (1 \cdot X^0)(s) = 1 \cdot s^0 = 1_S$ gelten und die Abbildung daher in der Tat ein Homomorphismus von Algebren ist.   □

Beispiel In der linearen Algebra betrachtet man den Fall, dass $S = M_n(K)$ der Ring der $n \times n$-Matrizen über dem Körper K ist. Für $A \in M_n(K)$ besteht dann das Bild des Einsetzungshomomorphismus in A aus den Polynomen $\sum_{i=0}^{n} c_i A^i \in M_n(K)$ in A, und das Minimalpolynom von A ist das normierte Polynom f kleinsten Grades in $K[X]$, das unter diesem Einsetzungshomomorphismus auf die Nullmatrix $0_n \in M_n(K)$ abgebildet wird, für das also $f(A) = 0_n$ gilt.

Bemerkung Man kann in der ganzen Diskussion den Grundkörper K auch durch einen beliebigen Integritätsbereich R ersetzen und so den Polynomring $R[X]$ über R konstruieren. Der einzige Punkt, bei dem man etwas vorsichtig sein muss, ist die Beschreibung der Einheiten: Im Polynomring $R[X]$ sind die Einheiten genau die konstanten Polynome $c = cX^0$ mit einer Einheit $c \in R^\times$ von R, zum Beispiel für $R = \mathbb{Z}$ also nur die konstanten Polynome ± 1. Die richtige Verallgemeinerung von $K^\times$ ist also hier die (ebenso notierte) Einheitengruppe des Rings R und nicht $R \smallsetminus \{0\}$.

Wählt man als Grundring einen Ring mit Nullteilern, so enthält auch der Polynomring $R[X]$ Nullteiler und auch die Gleichung $\deg(fg) = \deg(f) + \deg(g)$ wird falsch. Sind nämlich $a, b \in R$ mit $ab = 0$, $a \neq 0 \neq b$, so gilt offensichtlich $(1 + aX^m) \cdot (bX^n) = bX^n$ für alle $m, n \in \mathbb{N}$, man hat also $\deg((1+aX^m)\cdot(bX^n)) = n \neq m+n = \deg(1+aX^m)+\deg(bX^n)$. Es kann dann in $R[X]$ auch nicht konstante Einheiten geben.

Vermutlich ist aus der Schule oder den Anfängervorlesungen bekannt, dass sich das Verfahren der Division mit Rest vom Ring $\mathbb{Z}$ (siehe Lemma 1.2 im nächsten Abschnitt) auf den Ring der reellen Polynome in einer Variablen übertragen lässt (Polynomdivision), wir formulieren und beweisen das jetzt für den Polynomring $K[X]$ über einem beliebigen Körper und erhalten damit die erste in einer Reihe von Aussagen, die zeigen werden, dass der Polynomring über einem Körper einige Ähnlichkeit mit dem Ring der ganzen Zahlen hat.

Satz 0.13 *Sei K ein Körper, seien $f, g \in K[X]$, $g \neq 0$. Dann gibt es eindeutig bestimmte Polynome $q, r \in K[X]$ mit*

$$f = qg + r, \text{ mit } r = 0 \text{ oder } \deg(r) < \deg(g).$$

Beweis Wir beweisen diese Aussage durch vollständige Induktion nach dem Grad $\deg(f)$ von f, beginnend bei $\deg(f) = 0$. Der Induktionsanfang $\deg(f) = 0$ ist trivial. Wir schreiben $f = \sum_{i=0}^m a_i X^i$, $g = \sum_{i=0}^n b_i X^i$ mit $a_m \neq 0$, $b_n \neq 0$, $m \geq 1$ und nehmen an, die Aussage sei für $\deg(f) < m$ bereits bewiesen.

Ist $\deg(f) < \deg(g)$, so ist die Aussage (mit $q = 0$, $r = f$) trivial, wir können also $n \leq m$ annehmen. Dann ist der Grad von

$$f_1 := f - \left(\frac{a_m}{b_n} X^{m-n}\right) g$$

$$= \left(a_m X^m - \left(\frac{a_m}{b_n} X^{m-n}\right) b_n X^n\right) + \sum_{i=0}^{m-1} c_i X^i$$

$$= \sum_{i=0}^{m-1} c_i X^i$$

(mit gewissen $c_i \in K$, die hier nicht weiter interessieren) offenbar kleiner als m, wir können also nach Induktionsannahme

$$f_1 = q_1 g + r \text{ mit } r = 0 \text{ oder } \deg(r) < \deg(g)$$

schreiben und erhalten

$$f = \left(q_1 + \frac{a_m}{b_n} X^{m-n} \right) g + r,$$

was mit $q = q_1 + \frac{a_m}{b_n} X^{m-n}$ die gewünschte Zerlegung $f = qg + r$ für f liefert.

Hat man zwei Zerlegungen $f = qg + r = q'g + r'$, so ist $(q - q')g = r' - r$, also ist $q - q' = 0$ oder $\deg(g) \le \deg(q - q') + \deg(g) = \deg(r - r') < \deg(g)$, was unmöglich ist. Wir haben also $q = q'$ und daher auch $r = r'$.   □

Beispiel Durch den üblichen Prozess der Polynomdivision erhält man etwa:

$$(X^4 - 1) = (X^2 + 2X + 1)(X^2 - 2X + 3) + (-4X - 4).$$

Bemerkung Im Beweis benutzt man Division durch den Leitkoeffizienten $b_n \ne 0$ von $g = \sum_{i=0}^{n} b_i X^i$; das Verfahren der Division mit Rest lässt sich daher nicht ohne weiteres auf den Polynomring $R[X]$ über einem Ring R übertragen (siehe Übung 0.3).

Eine wichtige Anwendung der Division mit Rest ist die Möglichkeit, für eine Nullstelle $a \in K$ eines Polynoms aus $K[X]$ einen Faktor $X - a$ aus dem Polynom herauszuziehen:

Definition und Korollar 0.14 *Sei K ein Körper.*

a) *Sei $f \in K[X]$, $f \ne 0$, $a \in K$ mit $f(a) = 0$. Dann gibt es ein eindeutig bestimmtes $q \in K[X]$ mit $f = (X - a)q$.*

b) *Sind $\beta_1, \ldots, \beta_r$ verschiedene Nullstellen von $0 \ne f \in K[X]$, so gibt es eindeutig bestimmte $e_i \in \mathbb{N} \smallsetminus \{0\}$, $g \in K[X]$ mit*

$$f = \prod_{i=1}^{r} (X - \beta_i)^{e_i} g \text{ und } g(\beta_i) \ne 0 \text{ für } 1 \le i \le r.$$

Der Exponent e_i in dieser Darstellung heißt die Vielfachheit *der Nullstelle β_i des Polynoms f, ist $e_i = 1$, so spricht man von einer* einfachen *Nullstelle, sonst von einer* mehrfachen.

c) *Ein Polynom vom Grad $n \ge 0$ hat höchstens n Nullstellen.*
Sind $f, g \in K[X]$ mit $n > \max(\deg(f), \deg(g))$, und $a_1, \ldots, a_n \in K$ paarweise verschieden mit $f(a_i) = g(a_i)$ für $1 \le i \le n$, so ist $f = g$.
Insbesondere gilt: Hat K unendlich viele Elemente, so folgt aus $f(a) = g(a)$ für alle $a \in K$, dass $f = g$ gilt.

d) *Hat K unendlich viele Elemente, so ist der Polynomring $K[X]$ isomorph zum Ring der Abbildungen $f : K \to K$, die durch polynomiale Terme gegeben sind.*

Beweis

a) Wir teilen f mit Rest durch $X - a$. Wäre der Rest hierbei nicht 0, so hätte er wegen $\deg(X - a) = 1$ Grad 0, wäre also gleich einer Konstanten $c \in K$. Setzen wir in die Polynomgleichung $f = (X - a)q + c$ den Wert $a \in K$ ein, so erhalten wir

$$0 = f(a) = (a - a)q(a) + c,$$

also $c = 0$.

b) Zunächst ist klar, dass man eine Darstellung

$$f = \prod_{i=1}^{r}(X - \beta_i)^{e_i} g \text{ und } g(\beta_i) \neq 0 \text{ für } 1 \leq i \leq r$$

erhält, indem man a) so oft iteriert, bis der verbleibende Faktor g in keinem der β_i verschwindet. Hat man zwei derartige Darstellungen $f = \prod_{i=1}^{r}(X - \beta_i)^{e_i} g = \prod_{i=1}^{r}(X - \beta_i)^{e_i'} g'$ und ist etwa $e_1 \geq e_1'$, so kann man, da $K[X]$ nullteilerfrei ist, den Faktor $(X - \beta_1)^{e_1'}$ in dieser Gleichung kürzen und erhält

$$(X - \beta_1)^{e_1 - e_1'} \prod_{i=2}^{r}(X - \beta_i)^{e_i} g = \prod_{i=2}^{r}(X - \beta_i)^{e_i'} g'.$$

Einsetzen von β_1 in diese Gleichung liefert dann $e_1 - e_1' = 0$, da sonst die linke Seite 0 ergäbe und die rechte nicht. Das wiederholt man für die anderen Faktoren $(X - \beta_i)$ (wer möchte, formuliere das zur Übung als Induktionsbeweis nach der Anzahl der β_i aus) und erhält am Ende $g = g'$.

c) In b) sehen wir, dass $f = \prod_{i=1}^{r}(X - \beta_i)^{e_i} g$ Grad $\deg(g) + \sum_{i=1}^{r} e_i$ hat, insbesondere muss $r \leq n$ für die Anzahl r der verschiedenen Nullstellen eines Polynoms $f \neq 0$ vom Grad n gelten. Anders gesagt: Nimmt ein Polynom $f \neq 0$ in n verschiedenen Stellen $a_1, \ldots, a_n$ den Wert 0 an, so muss $\deg(f) \geq n$ gelten.

Da in der Situation von c) $\deg(f - g) < n$ gilt und $f - g$ in den n verschiedenen Stellen $a_1, \ldots, a_n$ den Wert 0 annimmt, ist $f - g = 0$, also $f = g$.

d) Aus c) folgt, dass die (offenbar surjektive) Abbildung, die jedem $f \in K[X]$ die Funktion $a \mapsto f(a)$ zuordnet, für unendliches K injektiv ist. Da sie offenbar ein Algebrenhomomorphismus ist, ist sie ein Isomorphismus. $\square$

Bemerkung

a) Da wir hier nichts über den Körper K voraussetzen, erhalten wir keine Aussagen über Existenz von Nullstellen oder Existenz von Zerlegungen in Produkte von Potenzen linearer Faktoren, sondern nur Aussagen, die die Anzahl der Nullstellen beschränken oder bei bereits bekannten Nullstellen entsprechende Zerlegungen liefern.

b) Sind $f \in K[X]$ und $a, c \in K$ mit $f(a) = c$ und hat $f - c$ in a eine e-fache Nullstelle, so sagt man auch, f nehme in a den Wert c mit der Vielfachheit e an. Zum Beispiel nimmt das Polynom $X^2 - 2X + 3 = (X - 1)^2 + 2$ in 1 den Wert 2 mit der Vielfachheit 2 an.

c) Nimmt das Polynom f vom Grad n in den verschiedenen Elementen $a_1, \dots, a_r$ von K die Werte $c_1, \dots, c_r$ mit den Vielfachheiten $e_1, \dots, e_r$ an, so betrachte man das Polynom

$$f_1 = \sum_{i=1}^{r} c_i \prod_{\substack{j=1 \\ j \neq i}}^{r} \frac{(X - a_j)^{e_j}}{(a_i - a_j)^{e_j}}$$

vom Grad $n_1 < \sum_{i=1}^{r} e_i$ (das *Lagrange'sche Interpolationspolynom* für die vorgegebenen Werte und Vielfachheiten). Offenbar nimmt auch f_1 die Werte c_i in den Stellen a_i mit den Vielfachheiten e_i an. Ist auch $n = \deg(f) < \sum_{i=1}^{r} e_i$, so sieht man genauso wie in c) des vorigen Korollars, dass $f_1 = f$ gilt. Man hat also nicht nur die Eindeutigkeitsaussage aus Teil c) des Korollars, sondern kann das eindeutige Polynom vom Grad $n_1 < \sum_{i=1}^{r} e_i$ mit der gegebenen Werteverteilung explizit angeben. Wir kommen auf dieses Beispiel in Kap. 4 zurück.

0.3   Ergänzung: Formale Potenzreihen

Ganz ähnlich wie den Polynomring kann man auch den Ring der formalen Potenzreihen über einem Körper K oder allgemeiner über einem kommutativen Ring mit 1 definieren, ohne sich irgendwelche Gedanken über Konvergenz machen zu müssen. Das spielt für den weiteren Verlauf des Buches keine Rolle, ist aber so interessant und einfach, dass es hier kurz durchgeführt werden soll:

Definition und Satz 0.15 *Sei R ein kommutativer Ring mit Einselement 1. In*

$$B := R[[X]] := R^{\mathbb{N}_0} = \{a = (a_j)_{j \in \mathbb{N}_0} \mid a_j \in R\}$$

werde eine Verknüpfung (Multiplikation) definiert durch:

$$(a \cdot b)_n = \sum_{j=0}^{n} a_j b_{n-j},$$

ferner sei die Addition wie üblich durch

$$(a + b)_n = a_n + b_n$$

definiert. Dann gilt:

a) *B mit den Verknüpfungen + und · ist eine kommutative R-Algebra mit Einselement* $(1, 0, 0, \dots)$; *sie heißt der Ring der* formalen Potenzreihen *in einer Variablen X über R.*

b) *Die Elemente $e^{(i)} \in B$ seien für $i \in \mathbb{N}_0$ definiert durch*

$$(e^{(i)})_n := \delta_{in}.$$

Dann ist $e^{(0)}$ das Einselement von B, und für $i, j \in \mathbb{N}_0$ gilt

$$e^{(i)} \cdot e^{(j)} = e^{(i+j)}.$$

Insbesondere gilt mit $X := e^{(1)}$:

$$X^i = e^{(i)} \quad \text{für alle } i \in \mathbb{N}_0.$$

c) *Ist $0 \neq b \in B$, so schreibt man (formal, also ohne unendliche Summen zu definieren)*

$$b = \sum_{j=0}^{\infty} b_j X^j.$$

d) *Ist R ein Integritätsbereich, so ist auch $B = R[[X]]$ nullteilerfrei.*
e) *Die Einheiten in $R[[X]]$ sind die Potenzreihen $b = \sum_{j=0}^{\infty} b_j X^j$ mit $b_0 \in R^\times$.*

Beweis Die Aussagen a), b) sowie d) werden genauso wie für den Polynomring bewiesen. Für e) sei $b = \sum_{j=0}^{\infty} b_j X^j$ mit $b_0 \in R^\times$ gegeben. Wir setzen $c_0 := b_0^{-1}$ und definieren für $n \geq 1$ rekursiv

$$c_n := -b_0^{-1}(c_0 b_n + c_1 b_{n-1} + \cdots + c_{n-1} b_1).$$

Die Definition der Multiplikation für formale Potenzreihen impliziert dann $b \cdot c = 1_B$. $\square$

Beispiel Das Polynom $1 - X$ ist erst recht eine formale Potenzreihe (diese darf zwar unendlich viele von Null verschiedene Terme haben, muss es aber nicht). Rechnen wir nach dem oben angegebenen Verfahren die multiplikative Inverse dazu aus, so erhalten wir $\sum_{i=0}^{\infty} X^i$. Im Ring der formalen Potenzreihen (über einem beliebigen Körper!) gilt also die aus der Analysis bekannte Gleichung

$$\sum_{i=0}^{\infty} X^i = \frac{1}{1 - X},$$

wobei wir hier keinerlei Konvergenzaussage machen; das könnten wir ja auch gar nicht, wenn der Grundkörper keiner der in der Analysis behandelten Körper ist.

In ähnlicher Weise erhalten wir für den Grundkörper $\mathbb{Q}$ die Identität formaler Potenzreihen

$$\frac{1}{\sum_{i=0}^{\infty} \frac{X^i}{i!}} = \sum_{i=0}^{\infty} (-1)^i \frac{X^i}{i!},$$

die wir in Anlehnung an die Analysis auch als $\frac{1}{\exp(X)} = \exp(-X)$ schreiben können. Hier beschränken wir uns auf den Grundkörper $\mathbb{Q}$, weil der Ausdruck $\frac{1}{i!}$ nicht in jedem Körper sinnvoll ist; denken Sie etwa an den Körper mit zwei Elementen, in dem $1 + 1 = 0$ gilt.

0.4 Übungen

0.1 Zeigen Sie, dass in einem Ring R stets $a\,0 = 0$ für alle $a \in R$ gilt.

0.2 Zeigen Sie, dass in einem Ring R mit Einselement die Menge $R^\times$ der Einheiten in R stets eine Gruppe bezüglich der Multiplikation im Ring ist.

0.3 (Division mit Rest im Polynomring über einem Ring) Sei R ein kommutativer Ring mit 1, seien $f, g \in R[X], f \neq 0, g = \sum_{j=0}^{n} c_j X^j$ mit $c_n \in R^\times$. Zeigen Sie: Es gibt eindeutig bestimmte Polynome $q, r \in R[X]$ mit

$$f = qg + r \text{ mit } r = 0 \text{ oder } \deg(r) < \deg(g).$$

Finden Sie für $R = \mathbb{Z}$ ein Beispiel mit $f, g \in R[X], g = \sum_{j=0}^{n} c_j X^j \neq 0$ aber mit $c_n \notin \{0, 1, -1\}$, in dem die Division mit Rest nicht möglich ist!

0.4 Sei R ein Integritätsbereich. Zeigen Sie für $f, g \in R[X]$:

a) $\deg(f + g) \leq \max\{\deg(f), \deg(g)\}$
b) $\deg(f + g) = \max\{\deg(f), \deg(g)\}$ falls $\deg(f) \neq \deg(g)$.

0.5 Definieren Sie für ein Element $a = \sum_{j=0}^{\infty} a_i X^i \neq 0$ des Rings $R[[X]]$ der formalen Potenzreihen über dem Integritätsbereich R den *Untergrad* $\mathrm{ldeg}(a)$ durch

$$\mathrm{ldeg}(a) := \min\{j \in \mathbb{N}_0 \mid a_j \neq 0\}$$

sowie $\mathrm{ldeg}(0) = \infty$. Zeigen Sie für $a, b \in R[[X]]$:

a) $\mathrm{ldeg}(a + b) \geq \min\{\mathrm{ldeg}(a), \mathrm{ldeg}(b)\}$
b) $\mathrm{ldeg}(a + b) = \min\{\mathrm{ldeg}(a), \mathrm{ldeg}(b)\}$ falls $\mathrm{ldeg}(a) \neq \mathrm{ldeg}(b)$
c) $\mathrm{ldeg}(ab) = \mathrm{ldeg}(a) + \mathrm{ldeg}(b)$.

Natürliche und ganze Zahlen

Bevor wir mit der eigentlichen Zahlentheorie anfangen, werden wir in diesem Abschnitt die für unsere Zwecke wichtigsten Zahlenmengen, die Menge

$$\mathbb{N} = \{1, 2, 3, \dots\}$$

der *natürlichen Zahlen* und die Menge

$$\mathbb{Z} = \{\dots, -2, -1, 0, 1, 2, \dots\}$$

der *ganzen Zahlen* vorstellen und die Darstellung dieser Zahlen in der Schrift und im Rechner betrachten.

Die Null nehmen wir hier nicht zu den natürlichen Zahlen dazu, wenn wir sie doch mit einschließen wollen, schreiben wir

$$\mathbb{N}_0 := \mathbb{N} \cup \{0\}.$$

Man kann für und gegen die Einbeziehung der Null in die natürlichen Zahlen gute Gründe anführen. In der Zahlentheorie ist es meistens einfach praktischer, die Null fort zu lassen, da sie für viele Aussagen ohnehin eine Ausnahmestellung einnimmt.

1.1 Axiomatik bzw. Konstruktion

Die Mengen $\mathbb{Z}$ und $\mathbb{N}$ sind aus der Schule wohl bekannt, wo sie allerdings meist nicht axiomatisch begründet werden.

Axiomatisch werden die natürlichen Zahlen durch ein im Allgemeinen *Axiome von Peano* (Giuseppe Peano, 1858–1932) genanntes System von Axiomen begründet, das übrigens kurz vor Peano bereits 1888 von Dedekind (Richard Dedekind, 1831–1916) angegeben wurde. Diese Axiome sind:

R. Schulze-Pillot, *Einführung in Algebra und Zahlentheorie*, DOI 10.1007/978-3-642-55216-8_1,   17
© Springer-Verlag Berlin Heidelberg 2015

a) Jeder natürlichen Zahl n ist genau eine natürliche Zahl $n' = s(n)$ als Nachfolger zugeordnet.

b) Es gibt eine natürliche Zahl 1, die nicht Nachfolger irgendeiner natürlichen Zahl ist.

c) Zwei verschiedene natürliche Zahlen n und m besitzen stets verschiedene Nachfolger $n' = s(n)$ und $m' = s(m)$.

d) (Induktionsaxiom) Enthält eine Menge M von natürlichen Zahlen die Zahl 1 und mit jeder natürlichen Zahl n auch deren Nachfolger $n' = s(n)$, so ist M bereits die Menge aller natürlichen Zahlen.

Aus diesen Axiomen kann man alle anderen Eigenschaften der natürlichen Zahlen herleiten, so kann man etwa die Addition mit Hilfe des Induktionsaxioms d) durch $n + 1 :=$ $s(n), n + s(m) := s(n + m)$ definieren und z. B. die scheinbar selbstverständliche Aussage „$2 + 2 = 4$" in der Form $s(1) + s(1) = s(s(s(1)))$ beweisen.

Wir wollen das hier nicht weiter verfolgen und verweisen dafür auf die Literatur (z. B. Ebbinghaus et al.: Zahlen[1]). Statt dessen stellen wir in der nachfolgenden Bemerkung eine kurze Liste der wichtigsten Eigenschaften (einschließlich derer, die durch die Axiome gegeben sind) zusammen:

Bemerkung

a) Die natürlichen Zahlen sind eine Menge $\mathbb{N}$ mit einem ausgezeichneten Element 1 und einer injektiven *Nachfolgerabbildung* $s : \mathbb{N} \to \mathbb{N}$. Für diese gilt
   - $s(\mathbb{N}) = \{\mathbb{N} \smallsetminus 1\}$.
   - Ist $M \subseteq \mathbb{N}$ mit $1 \in M$ so, dass $s(M) \subseteq M$ gilt, so ist $M = \mathbb{N}$ (Induktionsaxiom).

b) In $\mathbb{N}$ gibt es Verknüpfungen $+$ und $\cdot$, für die Assoziativ- und Kommutativgesetz sowie Distributivgesetze gelten, man hat $s(n) = n + 1$ für $n \in \mathbb{N}$. Diese Verknüpfungen werden durch $n + 0 = n, n \cdot 0 = 0$ für alle $n \in \mathbb{N}_0$ auf $\mathbb{N}_0$ fortgesetzt.

c) In $\mathbb{N}$ gibt es eine Relation $<$, die etwa durch

$$m < n \Leftrightarrow \exists r \in \mathbb{N} \text{ mit } n = m + r$$

gegeben werden kann. Die daraus abgeleitete Relation

$$m \leq n \Leftrightarrow m < n \text{ oder } m = n$$

ist eine *Ordnungsrelation*, d. h., sie ist reflexiv ($m \leq m \; \forall m$), antisymmetrisch (($m \leq n$ und $n \leq m$) $\Rightarrow m = n$) und transitiv (($m \leq n$ und $n \leq q$) $\Rightarrow m \leq q$). Die Ordnungsrelation $\leq$ ist *monoton* bezüglich Addition und Multiplikation, d. h., ($m \leq n$ und $p \leq q$) $\Rightarrow m + p \leq n + q$, ($m \leq n$ und $p \leq q$) $\Rightarrow mp \leq nq$, sie ist ferner *total (linear)*, d. h. für $m, n \in \mathbb{N}$ gilt stets $m \leq n$ oder $n \leq m$.

[1] H.-D. Ebbinghaus, H. Hermes, F. Hirzebruch, M. Koecher, K. Mainzer, A. Prestel, R. Remmert: Zahlen. Springer-Verlag, 3. Aufl. 1992.

d) Die Ordnungsrelation $\leq$ ist eine *Wohlordnung*, d. h., in jeder nicht leeren Teilmenge $M \subseteq \mathbb{N}$ gibt es ein (eindeutig bestimmtes) *kleinstes Element* (Minimum), also ein $m \in M$ mit $m \leq n$ für alle $n \in M$.

Auch die Konstruktion der ganzen Zahlen auf der Basis der bereits bekannten (etwa axiomatisch eingeführten) natürlichen Zahlen wird in der Schule meistens nur angedeutet bzw. durch Plausibilitätsbetrachtungen ersetzt. Für den Fall, dass Sie diese Konstruktion in Ihren Anfängervorlesungen noch nicht kennen gelernt haben, stellen wir die wichtigsten Schritte zusammen, überlassen aber die Durchführung der Beweise für die behaupteten Eigenschaften den LeserInnen als Übung.

Definition und Lemma 1.1 *Auf $\mathbb{N}_0 \times \mathbb{N}_0$ wird durch*

$$(m, n) \sim (m', n') \Leftrightarrow m + n' = m' + n$$

eine Äquivalenzrelation $\sim$ eingeführt. Die Menge $\mathbb{Z} = \mathbb{N}_0 \times \mathbb{N}_0 / \sim$ der Äquivalenzklassen $[(m, n)]$ bezüglich $\sim$ heißt Menge der ganzen Zahlen.

Die Verknüpfungen $+, \cdot$ von $\mathbb{N}$ induzieren (ebenfalls mit $+, \cdot$ bezeichnete) Verknüpfungen auf $\mathbb{Z}$ durch

$$[(m_1, n_1)] + [(m_2, n_2)] = [(m_1 + m_2, n_1 + n_2)]$$
$$[(m_1, n_1)] \cdot [(m_2, n_2)] = [(m_1 m_2 + n_1 n_2, m_1 n_2 + m_2 n_1)].$$

Mit diesen Verknüpfungen ist $\mathbb{Z}$ eine kommutative Gruppe *mit neutralem Element $0 = [(0, 0)]$ bezüglich $+$ und eine* kommutative Halbgruppe *mit neutralem Element $1 = [(1, 0)]$, (also ein* Monoid*) bezüglich $\cdot$. Ferner gelten in $\mathbb{Z}$ die Distributivgesetze, d. h., man hat $m(n_1 + n_2) = mn_1 + mn_2$ und $(n_1 + n_2)m = n_1 m + n_2 m$ für alle $m, n_1, n_2 \in \mathbb{Z}$.*

$\mathbb{Z}$ ist also ein kommutativer Ring *mit Einselement 1. Dieser Ring ist überdies* nullteilerfrei *(ein* Integritätsbereich*).*

Die Elemente $(0, 0)$, $(p, 0)$ mit $p \in \mathbb{N}$, $(0, p)$ mit $p \in \mathbb{N}$ bilden ein vollständiges Repräsentantensystem von $\mathbb{N} \times \mathbb{N}$ bezüglich $\sim$, ihre Klassen werden mit $[(0, 0)] = 0$, $[(p, 0)] = p$, $[(0, p)] = -p$ bezeichnet. Mit diesen Bezeichnungen ist

$$[(m, n)] = \begin{cases} m - n & \textit{falls } m > n \\ 0 & \textit{falls } m = n \\ -(n - m) = m - n & \textit{falls } m < n. \end{cases}$$

Die Ordnungsrelation $\leq$ setzt sich auf $\mathbb{Z}$ fort durch $p > 0$ für alle $p \in \mathbb{N}$, $-p < 0$ für alle $p \in \mathbb{N}$,

$$a \leq b \Leftrightarrow b - a \geq 0 \quad \textit{für } a, b \in \mathbb{Z}.$$

Damit ist auch $\mathbb{Z}$ total geordnet; die Monotonieregel für die Addition gilt weiter, die Monotonieregel für die Multiplikation wird zu

$$a \leq b \; und \; m \in \mathbb{N}_0 \Rightarrow ma \leq mb.$$

Das Wohlordnungsprinzip überträgt sich von $\mathbb{N}$ auf $\mathbb{Z}$ in der folgenden modifizierten Form:
Ist $M \subseteq \mathbb{Z}$ eine nach unten beschränkte Teilmenge, so hat M ein eindeutig bestimmtes kleinstes Element.

Beweis Übung. Die Hauptarbeit besteht darin, zu zeigen, dass die Definition der Verknüpfungen wirklich eine unzweideutige Definition liefert, dass also die Verknüpfungen wohldefiniert sind. Das ist nicht selbstverständlich, da für Addition und Multiplikation der Klassen $[(m_1, n_1)]$ und $[(m_2, n_2)]$ Bezug auf die Repräsentanten $(m_1, n_1), (m_2, n_2)$ dieser Klassen genommen wird. Sie müssen also zeigen:
Sind $m_1, n_1, m_2, n_2, m_1', n_1', m_2', n_2' \in \mathbb{N}$ mit

$$[(m_1, n_1)] = [(m_1', n_1')], \quad [(m_2, n_2)] = [(m_2', n_2')],$$

so ist

$$[(m_1 + m_2, n_1 + n_2)] = [(m_1' + m_2', n_1' + n_2')],$$
$$[(m_1 m_2 + n_1 n_2, m_1 n_2 + m_2 n_1)] = [(m_1' m_2' + n_1' n_2', m_1' n_2' + m_2' n_1')].\qquad\square$$

Durch eine im Prinzip ähnliche Konstruktion wird der Körper $\mathbb{Q}$ der rationalen Zahlen mit Hilfe einer Äquivalenzrelation auf der Menge $\mathbb{Z} \times \mathbb{N}$ definiert; wir führen das in etwas allgemeinerem Rahmen in Satz 9.1 später durch.

Die reellen Zahlen $\mathbb{R}$ werden in der Analysis konstruiert, wir führen hier nur noch für $x \in \mathbb{R}$ folgende Notationen ein:

$$\lfloor x \rfloor := [x] = \max\{n \in \mathbb{Z} \mid n \leq x\} \quad \text{(Gauß-Klammer, floor, ganzer Anteil)}$$
$$\lceil x \rceil = \min\{n \in \mathbb{Z} \mid n \geq x\} \quad \text{(ceiling)}$$
$$\{x\} = x - \lfloor x \rfloor \quad \text{(gebrochener Anteil)}$$

Eine wichtige Eigenschaft von $\mathbb{Z}$ ist die Möglichkeit der Division mit Rest:

Lemma 1.2 *Sind $a, b \in \mathbb{Z}$, $b \neq 0$, so gibt es $q, r \in \mathbb{Z}$ mit $0 \leq r < |b|$, so dass $a = bq + r$ gilt.*
q und r mit dieser Eigenschaft sind eindeutig bestimmt, r heißt der (kleinste nicht negative) Rest von a bei Division durch b.

Beweis Es reicht, die Behauptung für $b > 0$ zu zeigen, da man $b < 0$ durch $-b$ ersetzen kann.

Die Menge $M = \{c \in \mathbb{Z} \mid cb > a\}$ ist dann durch $-|a| - 1$ nach unten beschränkt und offenbar nicht leer, sie hat also nach dem Wohlordnungsprinzip ein kleinstes Element, das wir mit $q + 1$ bezeichnen.

Dann ist $qb \le a < (q + 1)b$, für $r := a - qb$ gilt also

$$0 \le r = a - qb < (q + 1)b - qb = b,$$

und wir haben die gesuchten Zahlen q, r gefunden.

Die Eindeutigkeit rechne man als Übung nach.   □

Auch die Division mit Rest ist natürlich ein aus der Schule vertrautes Verfahren. Wir haben hier dennoch den Beweis durchgeführt, weil sich dieses eigentlich ganz selbstverständliche Verfahren im weiteren Verlauf des Buches als ein enorm wichtiges Hilfsmittel herausstellen wird. Der tiefere Grund für diese Wichtigkeit liegt darin, dass die Division mit Rest die Addition, die Multiplikation und die Größenbeziehung im Ring der ganzen Zahlen miteinander verknüpft, also die drei Grundstrukturen (additive Gruppe, multiplikative Halbgruppe, geordnete Menge), die $\mathbb{Z}$ besitzt, miteinander verbindet. In der Zahlentheorie und generell in der Mathematik gilt die (eigentlich wenig überraschende) Faustregel, dass interessante Aussagen immer dann entstehen, wenn verschiedene Grundeigenschaften oder Strukturen des selben Objektes miteinander in Verbindung kommen.

1.2 Zahldarstellungen

Das zweite Thema in diesem Abschnitt sind die Zahldarstellungen.

Definition und Satz 1.3 *Sei $g \in \mathbb{N}$, $g \ge 2$. Dann hat jedes $n \in \mathbb{N}$ eine eindeutige Darstellung*

$$n = \sum_{j=0}^{k} a_j g^j \quad (0 \le a_j < g, \ a_k \ne 0)$$

mit $g^{k+1} - 1 \ge n \ge g^k$; diese Darstellung heißt die g-adische Darstellung von n oder die Darstellung von n zur Basis g.

Ist $g = 2$, so spricht man von der Binärdarstellung, *für $g = 10$ von der* Dezimaldarstellung. *Man schreibt*

$$g = (a_k a_{k-1} \cdots a_0)_g.$$

Beweis Ist $n = \sum_{j=0}^{k} a_j g^j$ wie oben, so ist a_0 der Rest von n bei Division durch g und allgemeiner a_j der Rest von $(n - \sum_{i=0}^{j-1} a_i g^i)/g^j$ bei Division durch g. Die Koeffizienten a_j in einer solchen Darstellung sind also in der Tat eindeutig bestimmt. Die Gültigkeit der behaupteten Ungleichung folgt aus

$$g^k \le a_k g^k \le \sum_{j=0}^{k} a_j g^j \le (g-1) \sum_{j=0}^{k} g^j = g^{k+1} - 1.$$

Die $g^{k+1} - 1$ verschiedenen Zahlen

$$\sum_{j=0}^{k} a_j g^j \ne 0 \quad \text{mit } 0 \le a_j < g$$

liegen alle in der $(g^{k+1} - 1)$-elementigen Menge $\{n \in \mathbb{N} \mid n \le g^{k+1} - 1\}$; daher ist jedes n aus dieser Menge von der Form $\sum_{j=0}^{k} a_j g^j$ mit $0 \le a_j < g$, was die noch fehlende Existenz einer g-adischen Darstellung zeigt. $\qquad\qquad\qquad\qquad\qquad\qquad\qquad\qquad\qquad\qquad\qquad\qquad$ $\square$

Bemerkung
a) Varianten dieses Beweises finden Sie in den Übungen am Ende dieses Kapitels.
b) In ähnlicher Weise ordnet man bekanntlich (z. B. in der Analysis-Vorlesung) jeder re-ellen Zahl einen unendlichen Dezimalbruch zu. Für ein reelles α mit $0 \le \alpha < 1$ etwa sei dazu $a_{-1} \in \mathbb{N}_0$ so, dass $a_{-1} \le 10 \cdot \alpha < a_{-1} + 1$ (also $a_{-1} = \lfloor 10\alpha \rfloor$) gilt, man definiert dann rekursiv $a_{-j-1} \in \mathbb{N}_0$ durch die Bedingung $a_{-j-1} \le 10^{j+1}(\alpha - \sum_{i=1}^{j} a_{-i} 10^{-i}) < a_{-j-1} + 1$ für $j \in \mathbb{N}$. Dann gilt $0 \le a_{-j} < 10$ für alle $j \in \mathbb{N}$; man nennt $0, a_{-1}a_{-2}\ldots$ die Dezimalbruch-darstellung von α und zeigt, dass α der Grenzwert der unendlichen Reihe $\sum_{j=1}^{\infty} a_{-j} 10^{-j}$ ist. Analog erhält man eine g-adische Bruchentwicklung wenn man hier die Basis 10 durch eine beliebige Basis $g \in \mathbb{N}$, $g \ge 2$ wie oben ersetzt. Wir kommen darauf für ratio-nale Zahlen später noch einmal zurück.
c) Man kann auch Zahldarstellungen zu negativen Basen einführen. Eine andere Variante ist die so genannte „balanced ternary"-Notation, bei der man jede ganze Zahl n als

$$n = \sum_{j=0}^{k} a_j 3^j \text{ mit } a_j \in \{0, 1, -1\}$$

schreibt. Siehe hierzu die Übungen sowie das Buch „The Art of Computer Program-ming" von D. Knuth[2].

Die g-adische Darstellung liegt auch der Darstellung von Zahlen im Rechner zu Grunde. Gehen wir etwa davon aus, dass ein Wort im Rechner aus 64 Bits besteht, so speichert man gewöhnliche ganze Zahlen *(single precision integer)* zunächst in einem Wort ab, indem man ein Bit für das Vorzeichen reserviert und in den verbleibenden 63 Bits die Koeffizienten 0 oder 1 der Binärdarstellung der Zahl speichert. Das beschränkt offenbar den zur Verfügung

---

[2] D. Knuth: The Art of Computer Programming, Volume 2: Seminumerical Algorithms, Addison-Wesley, 3. Auflage 1997.

stehenden Zahlbereich auf Zahlen vom Absolutbetrag $\leq 2^{63} - 1$, also auf ca. 20-stellige Zahlen in Dezimaldarstellung. Für Anwendungen in Zahlentheorie und Computeralgebra ist das unbefriedigend, und auch die in der Anfangszeit der Computer verwendeten *double precision integers* (zwei Wörter für eine Zahl) lösen das Problem nicht zufriedenstellend.

Die übliche Lösung ist:

Man setzt $G = 2^{64}$ und stellt eine beliebige Zahl $n \in \mathbb{N}$ nun zur Basis G dar:

$$n = \sum_{j=0}^{k} b_j G^j \quad (0 \leq b_j < G, \ b_k \neq 0).$$

Jedes b_j kann dann in einem (vorzeichenfreien) Wort gespeichert werden, und die hierfür benötigten Wörter werden entweder in einem hinreichend großen Array fester Länge (etwa wieder 64), in einem Array variabler Länge oder in einer mit Pointern verlinkten Liste gespeichert (häufigste Variante). Beim Array fester Länge stößt man zwar wieder an eine Grenze, diese ist aber so groß, dass ein Überlauf nur in Fällen auftritt, in denen das Ergebnis wegen seiner Größe ohnehin nicht mehr verwertbar wäre. Sauberer sind aber die beiden anderen genannten Lösungen, bei denen der Größe einer Zahl keine Schranken gesetzt sind. Auf die technischen Details gehen wir hier nicht weiter ein. Auch auf die Darstellung von *Gleitkommazahlen (floating point numbers)* gehen wir hier nicht ein, da dieses Thema für algebraisch/zahlentheoretische Rechnungen meist von geringer Bedeutung ist.

Wir halten noch fest:

Satz 1.4 *Zur Darstellung der Zahl $n \in \mathbb{Z}$ im Rechner benötigt man (höchstens)*

$$\left\lfloor \frac{\log_2 |n|}{w} \right\rfloor + 2$$

Wörter, wo w die Anzahl der Bits je Wort ist.

Um noch die grundlegenden Ergebnisse über den Rechenaufwand zur Durchführung der Grundrechenarten im Rechner zusammenstellen zu können, erinnern wir an die O, o-Notationen:

Definition 1.5 *Sei $M \subseteq \mathbb{R}$ eine Menge, die beliebig große Elemente enthält, seien $f, g : M \to \mathbb{R}$ Funktionen.*

a) *Gibt es $C > 0$, so dass*

$$|f(x)| \leq C \cdot |g(x)|$$

für alle hinreichend großen $x \in M$ gilt, so schreibt man

$$f(x) = O(g(x)).$$

(oder auch $f(x) \ll g(x)$).

b) *Ist $g(x) \neq 0$ für hinreichend große x und*

$$\lim_{\substack{x \to \infty \\ x \in M}} f(x)/g(x) = 0,$$

so schreibt man

$$f(x) = o(g(x)).$$

c) *Ist $g(x) \neq 0$ für hinreichend große x und*

$$\lim_{\substack{x \to \infty \\ x \in M}} \frac{f(x)}{g(x)} = 1,$$

so schreibt man

$$f(x) \sim g(x)$$

und sagt, f sei für $x \to \infty$ asymptotisch gleich $g(x)$.

Mit diesen Bezeichnungen haben wir:

Satz 1.6 *Addition und Subtraktion von N-stelligen Zahlen (in Darstellung zur Basis g) erfordern $O(N)$ elementare Operationen. Multiplikation und Division einer N-stelligen und einer M-stelligen Zahl erfordern höchstens $O(MN)$ elementare Operationen.*

Eine elementare Operation ist dabei die Addition, Multiplikation oder Division zweier natürlicher Zahlen zwischen 0 und $g - 1$ (wobei bei Division der ganze Anteil des Ergebnisses zu nehmen ist), diese erfolgen in der Regel an Hand von Tabellen bzw. sind im Prozessor fest implementiert.

Beweis Siehe etwa D. Knuth[3]: Sec. 4.3.1, K. Geddes, S. Czapor und G. Labahn[4] bzw. J. von zur Gathen und J. Schneider[5], siehe im Übrigen auch die Übungen.   □

Bemerkung Bei der Multiplikation und der Division lassen sich durch verbesserte Verfahren ("fast multiplication") noch bessere Abschätzungen erzielen, wir werden darauf im Abschnitt über die diskrete Fouriertransformation noch einmal kurz eingehen und verweisen hierfür ansonsten auf die bereits genannten Lehrbücher der Computeralgebra.

---

[3] D. Knuth: The Art of Computer Programming, Volume 2: Seminumerical Algorithms, Addison-Wesley, 3. Auflage 1997.
[4] K.O. Geddes, G. Labahn, S.R. Czapor: Algorithms for Computer Algebra, Kluwer Academic Publishers 2003.
[5] Joachim von zur Gathen, Jürgen Gerhard: Modern Computer Algebra, Cambridge University Press, 2. Auflage 2003.

1.3 Übungen

1.1 Seien $a \in \mathbb{Z}$, $m \in \mathbb{N}$. Zeigen Sie, dass die Menge aller zu a modulo m kongruenten Zahlen gleich

$$\{a + km \mid k \in \mathbb{Z}\}$$

ist.

1.2 Man kann auch Zahlsysteme benutzen, bei denen eine negative Basis verwendet wird, bei denen sich also der Wert w einer Ziffernfolge $a_k \cdots a_0$ mit $a_0, \ldots, a_k \in \{0, \ldots, p - 1\}$ nach der Formel

$$w = \sum_{i=0}^{k} a_i (-p)^i$$

berechnet.

a) Zeigen Sie, dass alle Zahlen in diesem Zahlsystem dargestellt werden können und dass die Darstellung eindeutig ist.
b) Stellen Sie die Werte $0, \ldots, 15$ sowie 525 und -202 im Zahlsystem zur Basis -5 dar.
c) Welchen Nachteil haben solche Systeme?

Teilbarkeit und Primzahlen

In diesem Kapitel wollen wir die Teilbarkeitsrelation im Ring $\mathbb{Z}$ der ganzen Zahlen untersuchen. Wir werden dabei sehen, dass sich viele Eigenschaften der Teilbarkeit in $\mathbb{Z}$ bereits zeigen lassen, wenn man nur einen kleinen Teil der Struktur von $\mathbb{Z}$ voraussetzt; diese können also auf viele andere Ringe übertragen werden, etwa auf Polynomringe in einer oder in mehreren Variablen. Deshalb werden wir mit den schwächsten Voraussetzungen beginnen, unter denen sich eine Teilbarkeitstheorie sinnvoll formulieren lässt, und zunächst Teilbarkeitstheorie in einem beliebigen kommutativen Ring mit Einselement, der nullteilerfrei ist (einem Integritätsbereich), betrachten.

2.1 Teilbarkeit in Integritätsbereichen

Für die Definition eines Rings und der Einheitengruppe eines Rings verweisen wir auf Kap. 0, insbesondere Definitionen 0.4 und 0.6.

Wir wiederholen die aus dem einleitenden Kap. 0 über algebraische Grundlagen ebenfalls bereits bekannten Definitionen von Teilbarkeit und von Integritätsbereichen:

Definition 2.1 *Sei R ein kommutativer Ring (mit Einselement 1).*

Sind $a, b \in R$, so sagt man, a sei ein Teiler *von b ($a \mid b$, a teilt b), wenn es $c \in R$ gibt mit $ac = b$.*

Ein Element $a \in R$, $a \neq 0$ heißt ein Nullteiler, *wenn es $b \neq 0$ in R mit $ab = 0$ gibt; ist $R \neq \{0\}$ und gibt es in R keine Nullteiler, so heißt R* nullteilerfrei *oder ein* Integritätsbereich.

Beispiel

a) In $\mathbb{Z}$ sind $1, 2, 3, 6$ und deren Negative die Teiler von 6. Die Summe der positiven Teiler (12) ist hier übrigens das Doppelte der Zahl selbst, eine Eigenschaft, die auch die Zahlen 28 und 496 haben: Zahlen mit dieser Eigenschaft heißen *vollkommene Zahlen*, sie bilden die Folge A000396 in der *On-Line Encyclopedia of Integer Sequences* (http://oeis.org). Im

R. Schulze-Pillot, *Einführung in Algebra und Zahlentheorie*, DOI 10.1007/978-3-642-55216-8_2, 27
© Springer-Verlag Berlin Heidelberg 2015

Polynomring $\mathbb{Q}[X]$ sind die konstanten Polynome $\neq 0$ und die Polynome $cX, c + cX$ sowie $cX + cX^2$ mit $c \in \mathbb{Q}, c \neq 0$ die sämtlichen Teiler von $X + X^2$; in $\mathbb{Z}[X]$ sind es nur $1, -1, X, -X, 1 + X, -1 - X, X + X^2, -X - X^2$.

b) Wir betrachten den kommutativen Ring $R = \mathbb{Z}/4\mathbb{Z}$ der ganzen Zahlen modulo 4, der aus den Elementen $\bar{0}, \bar{1}, \bar{2}, \bar{3}$ besteht, mit der Additionstabelle

+	$\bar{0}$	$\bar{1}$	$\bar{2}$	$\bar{3}$
$\bar{0}$	$\bar{0}$	$\bar{1}$	$\bar{2}$	$\bar{3}$
$\bar{1}$	$\bar{1}$	$\bar{2}$	$\bar{3}$	$\bar{0}$
$\bar{2}$	$\bar{2}$	$\bar{3}$	$\bar{0}$	$\bar{1}$
$\bar{3}$	$\bar{3}$	$\bar{0}$	$\bar{1}$	$\bar{2}$

und der Multiplikationstabelle

$\cdot$	$\bar{0}$	$\bar{1}$	$\bar{2}$	$\bar{3}$
$\bar{0}$	$\bar{0}$	$\bar{0}$	$\bar{0}$	$\bar{0}$
$\bar{1}$	$\bar{0}$	$\bar{1}$	$\bar{2}$	$\bar{3}$
$\bar{2}$	$\bar{0}$	$\bar{2}$	$\bar{0}$	$\bar{2}$
$\bar{3}$	$\bar{0}$	$\bar{3}$	$\bar{2}$	$\bar{1}$.

Man prüft nach, dass hierdurch in der Tat ein kommutativer Ring mit Nullelement $\bar{0}$ und Einselement $\bar{1}$ definiert wird. Wegen $\bar{2} \cdot \bar{2} = \bar{0}$ ist dieser Ring nicht nullteilerfrei. Wir werden in Kap. 4 allgemeiner sehen, dass man in ähnlicher Weise für jedes $m \in \mathbb{Z}$ den Restklassenring $\mathbb{Z}/m\mathbb{Z}$ definieren kann.

Beispiele für Integritätsbereiche betrachten wir weiter unten nach Lemma 2.4.

Lemma 2.2 *Sei R ein Integritätsbereich. Dann gilt:*

a) *(Kürzungsregel) Sind $a, b, c \in R, c \neq 0$ mit $ac = bc$, so ist $a = b$.*

b) *Für alle $a \in R$ gilt $a \mid 0$ und $a \mid a$.*

c) *Für alle $a \in R$ gilt $1 \mid a$*

d) *Sind $a, b \in R$ mit $a \mid b$ und $\varepsilon \in R^\times$ eine Einheit, so gilt $a \mid \varepsilon b, \varepsilon a \mid b$.*

e) *Die Einheiten in R sind genau die Teiler der 1.*

f) *Sind $a \in R, \varepsilon \in R^\times$ mit $a \mid \varepsilon$, so ist $a \in R^\times$.*

g) *Sind $a, b, c \in R$ mit $c \neq 0$, so gilt genau dann $ca \mid cb$, wenn $a \mid b$ gilt.*

h) *Sind $a, b, d \in R$ mit $d \mid a, d \mid b$, so gilt*

$$d \mid xa + yb \quad \text{für alle } x, y \in R.$$

i) *Sind $a_1, a_2, b_1, b_2 \in R$ mit $a_1 \mid a_2, b_1 \mid b_2$ so gilt $a_1 b_1 \mid a_2 b_2$.*

Speziell für $R = \mathbb{Z}$ gilt ferner

- *Sind $m, n \in \mathbb{Z}$ mit $m \mid n$, $n \neq 0$, so ist $|m| \leq |n|$.*
- *$\mathbb{Z}^\times = \{\pm 1\}$.*

Beweis Wir zeigen a) und f), den Rest rechne man zur Übung nach:

a): Aus $ac = bc$ folgt $ac - bc = 0$, also (Distributivität) $(a-b)c = 0$, und da R nullteilerfrei ist, folgt aus $c \neq 0$, dass $a - b = 0$ und daher $a = b$ gilt.

f) Ist $ca \mid cb$, so gibt es $x \in R$ mit $cb = cax$. Wegen der Kürzungsregel a) folgt $b = ax$, also $a \mid b$. Die andere Richtung ist offensichtlich. ◻

Beispiel Zu h): Sind $a, b \in \mathbb{Z}$ gerade, so sind natürlich auch alle $xa + yb$ mit ganzen x, y gerade Zahlen.

Zu i): In $\mathbb{Z}$ haben wir etwa $2 \mid 6$, $5 \mid 15$, also $10 \mid 6 \cdot 15 = 90$. Die Gegenrichtung der Aussage ist natürlich im Allgemeinen falsch: Wir haben etwa $6 \cdot 15 = 9 \cdot 10$, aber 6 teilt keine der beiden Zahlen auf der rechten Seite.

Definition 2.3 *Sei R ein Integritätsbereich. $a, b \in R$ heißen zueinander* assoziiert, *wenn es eine Einheit $\varepsilon \in R$ gibt mit $b = a\varepsilon$.*

Lemma 2.4 *Sei R ein Integritätsbereich. Dann gilt:*

a) *$a, b \in R$ sind genau dann assoziiert, wenn $a \mid b$ und $b \mid a$ gilt.*
b) *a und b in $\mathbb{Z}$ sind genau dann assoziiert, wenn $|a| = |b|$ gilt.*
c) *Zwei Polynome $f, g \in R[X]$ sind genau dann assoziiert, wenn sie durch Multiplikation mit einer Einheit von R auseinander hervorgehen, wenn es also $\varepsilon \in R^\times$ gibt mit $f = \varepsilon g$.*
d) *Ist insbesondere K ein Körper, so sind zwei Polynome $f, g \in K[X]$ genau dann zueinander assoziiert, wenn sie skalare Vielfache von einander sind, wenn es also $c \in K^\times$ gibt mit $f = cg$.*

Beweis a): Sind a und b assoziiert, so ist $b = \varepsilon a$, also $a = \varepsilon^{-1} b$ und damit $a \mid b$, $b \mid a$.

Gilt umgekehrt $a \mid b$ und $b \mid a$, so ist $b = ac_1$, $a = bc_2$. Einsetzen von $a = bc_2$ in $b = ac_1$ ergibt $b = bc_1c_2$, nach der Kürzungsregel folgt $c_1c_2 = 1$, also $c_1 \in R^\times$, $c_2 \in R^\times$, also die Assoziiertheit von a und b.

b), c) und d) folgen direkt aus der Definition, da ± 1 die einzigen Einheiten von $\mathbb{Z}$ sind und die $\varepsilon \in R^\times$ genau die Einheiten von $R[X]$ sind. ◻

Bemerkung In einem Körper teilt jedes $a \neq 0$ jedes Körperelement b und alle Elemente $\neq 0$ sind zueinander assoziiert. Die Begriffe aus den obigen Definitionen sind also nur interessant in Ringen, in denen nicht alle von 0 verschiedenen Elemente multiplikativ invertierbar sind.

Bevor wir Integritätsbereiche im Allgemeinen und den Ring $\mathbb{Z}$ der ganzen Zahlen im Besonderen näher untersuchen, wollen wir eine Liste von Beispielen von Integritätsbereichen zusammenstellen, die einerseits in den häufigsten Anwendungen vorkommen und andererseits Beispiele dafür liefern werden, welche Teilbarkeitseigenschaften verschiedene Typen von Integritätsbereichen haben können.

Beispiel
a) Jeder Körper ist erst recht ein Integritätsbereich.
b) Ist K ein Körper und $R \subseteq K$ ein Teilring, so ist R ein Integritätsbereich, da Nullteiler in R auch Nullteiler in K wären.
c) Sei $d \in Z$ und

$$\mathbb{Z}[\sqrt{d}] := \{a + b\sqrt{d} \mid a, b \in \mathbb{Z}\} \subseteq \mathbb{C}.$$

Man rechnet nach (siehe Übungen), dass $\mathbb{Z}[\sqrt{d}]$ ein Teilring des Körpers $\mathbb{C}$ der komplexen Zahlen ist, der von 1 und $\sqrt{d}$ erzeugte Teilring von $\mathbb{C}$. Für $d = -1$ heißt dieser Ring auch der Ring der Gauß'schen ganzen Zahlen und wird auch als $\mathbb{Z}[i] = \mathbb{Z} + \mathbb{Z}i$ geschrieben (mit der imaginären Einheit i, für die $i^2 = -1$ gilt).
Wegen $i^2 = -1$ sind außer $\{\pm 1\}$ auch i und $-i$ Einheiten in $\mathbb{Z}[i]$, also sind für $a, b \in \mathbb{Z}$ die Zahlen $a + bi, -a - bi = (-1)(a + bi), -b + ai = i(a + bi), b - ai = (-i)(a + bi)$ alle zueinander assoziiert.
Ist die Zahl $d - 1$ durch 4 teilbar, so ist sogar

$$\mathbb{Z}\left[\frac{1 + \sqrt{d}}{2}\right] := \left\{a + b\frac{1 + \sqrt{d}}{2} \;\middle|\; a, b \in \mathbb{Z}\right\} \subseteq \mathbb{C}$$

ein Teilring von $\mathbb{C}$, wie man (Übung) nachrechnet. Für $d = 5$ etwa ist in diesem Ring $\frac{1+\sqrt{5}}{2}$ eine Einheit (mit $\left(\frac{1+\sqrt{5}}{2}\right)^{-1} = -\frac{1-\sqrt{5}}{2}$), also sind z. B. 2 und $1 + \sqrt{5}$ in diesem Ring zueinander assoziiert.
d) Ist K ein Körper, so ist der Polynomring $K[X]$ in einer Variablen X über K ein Integritätsbereich.
Wie im einleitenden Kap. 0 festgestellt ist allgemeiner der Polynomring $R[X]$ in einer Variablen X über einem Integritätsbereich R ebenfalls ein Integritätsbereich, in dem die Einheiten genau die konstanten Polynome ε mit einer Einheit $\varepsilon \in R^{\times}$ sind. Im Ring $\mathbb{Q}[X]$ der Polynome mit rationalen Koeffizienten sind also $1+X$ und $2+2X$ assoziiert, im Ring $\mathbb{Z}[X]$ der Polynome mit ganzzahligen Koeffizienten sind diese beiden Polynome nicht zueinander assoziiert.
e) Indem man wiederholt den Polynomring bildet, kann man induktiv (oder rekursiv) den Polynomring $R[X_1, \ldots, X_n]$ in n Variablen $X_1, \ldots, X_n$ bilden; ist R ein Integritätsbereich, so ist auch $R[X_1, \ldots, X_n]$ ein Integritätsbereich. Ein Element dieses Rings ist

eine Linearkombination

$$\sum_{\substack{(j_1,\ldots,j_n)\in\mathbb{N}_0^n \\ j_i\le m}} a_{j_1,\ldots,j_n} X_1^{j_1} X_2^{j_2}\cdots X_n^{j_n}$$

mit Koeffizienten $a_{j_1,\ldots,j_n}\in R$ und einem geeigneten $m\in\mathbb{N}_0$. Auch hier sind zwei Polynome genau dann zueinander assoziiert, wenn das eine aus dem anderen durch Multiplikation mit einer Einheit des Grundrings hervorgeht.

Die Terme $X_1^{j_1} X_2^{j_2}\cdots X_n^{j_n}\in R[X_1,\ldots,X_n]$ (oder auch deren skalare Vielfache), aus denen sich diese Polynome zusammensetzen, heißen *Monome*, die Summe $j_1+\cdots+j_n$ der Exponenten des Monoms $X_1^{j_1} X_2^{j_2}\cdots X_n^{j_n}$ heißt der *Grad des Monoms*.

Man schreibt für $\mathbf{j}=(j_1,\ldots,j_n)$ auch

$$X^{\mathbf{j}} := X_1^{j_1} X_2^{j_2}\cdots X_n^{j_n}$$

und

$$|\mathbf{j}| := j_1+\cdots+j_n.$$

Ein Polynom

$$f = \sum_{\substack{(j_1,\ldots,j_n)\in\mathbb{N}_0^n \\ j_i\le m}} a_{j_1,\ldots,j_n} X_1^{j_1} X_2^{j_2}\cdots X_n^{j_n} \ne 0$$

heißt *homogen vom Grad d*, wenn $a_{j_1,\ldots,j_n}\ne 0$ nur für n-Tupel $\mathbf{j}=(j_1,\ldots,j_n)$ mit $|\mathbf{j}|=d$ gilt, wenn also alle mit einem von 0 verschiedenen Koeffizienten in f vorkommenden Monome den gleichen Grad d haben.

f) Im vorigen Beispiel kann man den Polynomring $R[X_1,\ldots,X_n]$ in natürlicher Weise als einen Teilring des Polynomrings $R[X_1,\ldots,X_n,X_{n+1}]$ in $n+1$ Variablen auffassen. Bildet man dann

$$R[\{X_j \mid j\in\mathbb{N}\}] := \bigcup_{n\in\mathbb{N}} R[X_1,\ldots,X_n],$$

so erhält man den *Polynomring in unendlich vielen Variablen* X_j, $j\in\mathbb{N}$. Da auf Grund der Konstruktion jedes Element dieses Polynomrings ein Polynom in einer endlichen (aber unbeschränkten) Anzahl von Variablen ist, überzeugt man sich leicht, dass auch dieser Ring ein Integritätsbereich ist, wenn R ein Integritätsbereich ist.

Unser nächstes Ziel ist der Fundamentalsatz der Arithmetik, also die Aussage, dass sich jede natürliche Zahl $n\ne 1$ eindeutig in ein Produkt von Primzahlen bzw. nach Zusammenfassung gleicher Faktoren in ein Produkt von Primzahlpotenzen zerlegen lässt. Wir werden in späteren Kapiteln sehen, dass wir diesen Satz, dessen Nützlichkeit für das Rechnen im

Ring $\mathbb{Z}$ der ganzen Zahlen wohl unbestreitbar ist, auf sehr viel allgemeinere Integritätsbereiche verallgemeinern können. Die nötigen Begriffe formulieren wir deshalb gleich in der allgemeinen Situation.

Definition 2.5 *Sei R ein Integritätsbereich.*

a) *Ein Element $p \in R$, $p \neq 0$, $p \notin R^{\times}$, heißt* Primelement, *wenn gilt*

$$\text{Sind } a, b \in R \text{ mit } p \mid ab, \text{ so gilt } p \mid a \text{ oder } p \mid b.$$

b) *Ein Element $a \in R$, $a \neq 0$, $a \notin R^{\times}$, heißt* unzerlegbar (irreduzibel), *wenn gilt:*

$$\text{Ist } a = bc \text{ mit } b, c \in R, \text{ so ist } b \in R^{\times} \text{ oder } c \in R^{\times}.$$

c) *In $\mathbb{Z}$ heißen unzerlegbare Elemente, die positiv sind,* Primzahlen, *d. h., $p \in \mathbb{N}$ ist genau dann Primzahl, wenn $p > 1$ gilt und wenn aus $p = bc$ mit $b, c \in \mathbb{N}$ folgt, dass $b = 1$ oder $c = 1$ gilt.*

Es ist vermutlich etwas überraschend, dass wir die beiden von Primzahlen bekannten Eigenschaften a) und b) mit getrennten Bezeichnungen belegen. Wir werden später Beispiele betrachten, in denen die Begriffe *Primelement* und *unzerlegbares Element* auseinander fallen, und wir werden recht bald zeigen, dass sie für $\mathbb{Z}$ und für viele andere interessante Ringe eben doch identisch sind.

Beispiel
a) Im Polynomring $K[X]$ über einem Körper K sind die unzerlegbaren Elemente genau die Polynome, die sich nicht als ein Produkt von zwei Polynomen echt kleineren Grades zerlegen lassen. Das folgt direkt aus der Definition, da alle Polynome, die nicht Einheiten in $K[X]$ sind, einen Grad ≥ 1 haben und $\deg(fg) = \deg(f) + \deg(g)$ für den Grad eines Produktes fg von zwei Polynomen gilt. Polynome, die in diesem Sinn unzerlegbar sind, heißen *irreduzible Polynome*, Polynome, die nicht irreduzibel sind, heißen *reduzibel*.
   Insbesondere sind alle linearen Polynome $f = aX + b$ $(a, b \in K, a \neq 0)$ irreduzibel.
b) Im Ring $\mathbb{Z}[X]$ der Polynome mit ganzzahligen Koeffizienten sind auch die konstanten Polynome $p, -p$ für Primzahlen p unzerlegbar. Betrachtet man sie als Elemente in $\mathbb{Q}[X]$, so sind sie in diesem größeren Ring Einheiten und daher nach Definition nicht unzerlegbar.

Lemma 2.6 a) *Ist R ein Integritätsbereich, $p \in R$ ein Primelement und sind $a_1, \ldots, a_r \in R$ mit $p \mid a_1 \cdots a_r$, so gibt es ein j mit $p \mid a_j$.*
b) *Ist $p \in \mathbb{N}$ Primzahl und $a \in \mathbb{N}$ mit $a \mid p$, $a > 1$, so ist $a = p$.*

Beweis Aussage a) beweise man als Übung mit Hilfe vollständiger Induktion. Aussage b) ergibt sich unmittelbar aus der Definition einer Primzahl durch die Eigenschaft der Unzerlegbarkeit. □

Beispiel Ist in $\mathbb{Z}$ ein Produkt $a_1 \cdots a_r$ ganzer Zahlen gerade, so ist wenigstens einer der Faktoren eine gerade Zahl.

Lemma 2.7 *Sei R ein Integritätsbereich. Dann ist jedes Primelement in R auch unzerlegbar.*

Beweis Sei $p \in R$ ein Primelement und

$$p = bc \quad \text{mit } b, c \in R.$$

Wir müssen zeigen, dass $b \in R^\times$ oder $c \in R^\times$ gilt.

Da p ein Primelement ist, gilt $p \mid b$ oder $p \mid c$, o. E. sei $p \mid b$. Da offenbar auch $b \mid p$ gilt, gibt es nach Lemma 2.4 a) ein $\varepsilon \in R^\times$ mit $b = \varepsilon p$. Wir haben also

$$1 \cdot p = p = bc = \varepsilon p c,$$

und da in Integritätsbereichen die Kürzungsregel gilt, folgt $1 = \varepsilon c$, also $c = \varepsilon^{-1} \in R^\times$, was zu zeigen war. □

Die Umkehrung dieses Lemma gilt im Allgemeinen nicht, es kann also in hinreichend bösartigen (oder interessanten, je nach Standpunkt) Integritätsbereichen vorkommen, dass man unzerlegbare Elemente hat, die keine Primelemente sind. In den Übungsaufgaben zu diesem Kapitel können Sie etwa nachrechnen, dass der (eigentlich harmlos aussehende) Ring $\mathbb{Z}[\sqrt{-5}]$ ein solches Beispiel liefert; in diesem Ring wird sich 2 als unzerlegbar, aber nicht prim herausstellen.

Wir werden aber im nächsten Kapitel zeigen, dass so etwas im Ring $\mathbb{Z}$ der ganzen Zahlen und in einer recht großen Klasse allgemeinerer Integritätsbereiche (unter anderem in Polynomringen über Körpern) nicht passiert.

Die folgenden Definitionen führen Begriffe ein, die scheinbar nicht viel mit unserer Frage nach Primfaktorzerlegungen zu tun haben, sich aber in Kürze als mit dieser Frage eng verbunden erweisen werden.

Definition 2.8 *Sei $(R, +, \cdot)$ ein kommutativer Ring. Ein Ideal $I \subseteq R$ ist eine Teilmenge, für die gilt:*

a) *$(I, +)$ ist eine Untergruppe von $(R, +)$.*
b) *Für $a \in R$, $x \in I$ gilt $ax \in I$.*

Gibt es ein $c \in R$, so dass $I = \{ac \mid a \in R\}$ gilt, so heißt I ein Hauptideal, *man schreibt $I = (c) = Rc$ oder auch $I = \langle c \rangle$ und sagt, dass c das Hauptideal $I = (c) = \langle c \rangle$ erzeugt.*

Lemma 2.9 *Eine Teilmenge $I \subseteq R$ ist genau dann ein Ideal in R, wenn gilt:*

a) $0 \in I$
b) *Für alle $x, y \in I$ und $a \in R$ ist $x + ay \in I$.*

Beweis Ist I ein Ideal, so ist klar, dass es die hier angeführten Eigenschaften hat. Hat I umgekehrt diese Eigenschaften, so gilt:

Wegen a) ist $0 \in I$, wegen b) mit $a = 1$ ist I abgeschlossen unter Addition, wegen b) mit $x = 0$ und $a = -1$ ist I abgeschlossen unter Bildung des additiven Inversen, also ist I eine Untergruppe der additiven Gruppe von R. Wegen b) mit $x = 0$ ist schließlich auch Eigenschaft b) der Definition erfüllt. $\qquad\qquad\qquad\qquad\qquad\qquad\qquad\qquad\qquad\qquad\qquad$ □

Definition und Lemma 2.10 *Sei R ein kommutativer Ring (mit Einselement).*

a) *Sind $c_1, \ldots, c_n \in R$, so ist*

$$I := (c_1, \ldots, c_n) := \Big\{ \sum_{i=1}^{n} a_i c_i \ \Big| \ a_i \in R \Big\}$$

ein Ideal, dieses heißt das von $c_1, \ldots, c_n$ erzeugte Ideal.
b) *Ist $I \subseteq R$ ein Ideal, so heißt I endlich erzeugt, wenn $I = (c_1, \ldots, c_n)$ mit geeigneten $c_1, \ldots, c_n \in R$ gilt.*
c) *Ein kommutativer Ring, in dem jedes Ideal endlich erzeugt ist, heißt noethersch (Emmy Noether, 1882–1935).*
d) *Ein Integritätsbereich, in dem jedes Ideal ein Hauptideal ist, heißt Hauptidealring (principal ideal domain).*

Bemerkung Manchmal betrachtet man auch Ringe, die eventuell Nullteiler besitzen und in denen jedes Ideal ein Hauptideal ist, der zu Anfang dieses Kapitels betrachtete Ring $\mathbb{Z}/4\mathbb{Z}$ ist hierfür ein Beispiel.

In der englischsprachigen Literatur heißen diese allgemeineren Ringe dann *principal ideal ring* in Gegensatz zum oben definierten Begriff *principal ideal domain*. Man könnte entsprechend auch im Deutschen zwischen Hauptidealring und Hauptidealbereich unterscheiden, das ist aber unüblich. In diesem Buch werden wir, der üblichen Konvention folgend, das Wort *Hauptidealring* nur für Integritätsbereiche verwenden.

Beispiel
a) Im Ring $\mathbb{Z}$ der ganzen Zahlen ist jede Untergruppe bezüglich der Addition bereits ein Ideal: Ist $H \subseteq \mathbb{Z}$ eine Untergruppe von $\mathbb{Z}$ und $a \in H, n \in \mathbb{Z}$, so ist

$$na = \begin{cases} \underbrace{a + \cdots + a}_{n\text{-mal}} & \text{falls } n \geq 0 \\ -\underbrace{(a + \cdots + a)}_{|n|\text{-mal}} & \text{falls } n < 0 \end{cases}$$

wegen der Untergruppeneigenschaft von H ebenfalls in H. Insbesondere ist also für $m \in \mathbb{Z}$ die Untergruppe $m\mathbb{Z} = \{mn \mid n \in \mathbb{Z}\}$ ein Ideal in $\mathbb{Z}$, das von m erzeugt wird.

b) Im Körper $\mathbb{Q}$ ist die additive Untergruppe $\mathbb{Z}$ kein Ideal, da etwa $\frac{1}{2} \cdot 1$ trotz $1 \in \mathbb{Z}$ nicht dazu gehört.

c) Im Polynomring $\mathbb{Z}[X]$ ist die additive Untergruppe $\{mX \mid m \in \mathbb{Z}\}$ kein Ideal, da $X^2 = X \cdot X$ nicht dazu gehört.

d) Ist $R = K$ Körper, so sind $\{0\}$ und K die einzigen Ideale (auch wenn es wie in Teil b) andere additive Untergruppen gibt).

Satz 2.11   *Im Ring $\mathbb{Z}$ der ganzen Zahlen ist jedes Ideal ein Hauptideal, also von der Form $(m) = m\mathbb{Z} = \{mq \mid q \in \mathbb{Z}\}$ für ein $m \in \mathbb{Z}$.*

Beweis a): Sei $I \subseteq \mathbb{Z}$ ein Ideal. Ist $I = \{0\}$, so ist I das von 0 erzeugte Hauptideal. Ist $I \neq \{0\}$, so gibt es positive Zahlen in I, da zu jedem $a \in I$ auch $-a \in I$ gilt. Sei m die kleinste positive Zahl in I und $n \in I$ beliebig.

Nach Lemma 1.2 (Division mit Rest) können wir $n = mq + r$ mit $q, r \in \mathbb{Z}, 0 \leq r < m$ schreiben. Da $r = n - mq \in I$ wegen $n \in I, m \in I$ gilt und m nach Definition die kleinste positive Zahl in I ist, folgt aus $0 \leq r < m$, dass $r = 0$ gilt. Daher ist $n = mq \in (m) = m\mathbb{Z}$ für jedes $n \in I$, also $I \subseteq (m) = m\mathbb{Z}$. Da aus der Idealeigenschaft umgekehrt $(m) = m\mathbb{Z} \subseteq I$ folgt, ist die Behauptung bewiesen.   □

2.2   Fundamentalsatz der Arithmetik

Wir formulieren jetzt den Satz über die eindeutige Primfaktorzerlegung allgemein für Hauptidealringe, beweisen ihn aber zunächst nur für den Ring $\mathbb{Z}$ der ganzen Zahlen.

Satz 2.12   *Sei R ein Hauptidealring.*

a) *Die Primelemente in R sind genau die unzerlegbaren Elemente.*

b) *Jedes $a \in R$ mit $a \notin R^{\times}, a \neq 0$ hat eine bis auf Reihenfolge und Assoziiertheit eindeutige Zerlegung*

$$a = q_1 \cdots q_s$$

in ein Produkt von (nicht notwendig verschiedenen) Primelementen.
Fasst man hierin assoziierte Faktoren zusammen, so erhält man eine Zerlegung

$$a = \varepsilon p_1^{v_1} \cdots p_r^{v_r}$$

mit $\varepsilon \in R^{\times}, v_j \in \mathbb{N}$ und mit paarweise nicht zueinander assoziierten Primelementen p_j.

c) *Ist insbesondere $R = \mathbb{Z}$, so gilt der Fundamentalsatz der Arithmetik:*
Jedes $n \in \mathbb{Z} \setminus \{0, 1, -1\}$ hat eine eindeutige Zerlegung

$$n = \pm p_1^{v_1} \cdots p_r^{v_r}$$

mit Primzahlen $p_1 < p_2 \cdots < p_r$ und $v_1, \ldots, v_r \in \mathbb{N}$.
Man schreibt hierfür auch:

$$n = \pm \prod_{p \, \text{Primzahl}} p^{v_p(n)} \quad \text{mit } v_p \in \mathbb{N}_0, v_p \neq 0 \text{ nur für endlich viele } p$$

und nennt den Exponenten $v_p(n)$ (auf ganz $\mathbb{Z} \setminus \{0\}$ durch $v_p(\pm 1) = 0$ für alle Primzahlen
p fortgesetzt) die p-adische Bewertung von n.

Beweis Den Beweis von a) und b) im allgemeinen Fall verschieben wir in das nächste Kapitel und bringen hier für $\mathbb{Z}$ einen einfacheren Beweis, der die speziellen Eigenschaften der natürlichen Zahlen ausnutzt. Dabei zeigen wir die Existenz und Eindeutigkeit einer Zerlegung von $n \geq 2$ in ein Produkt von Primzahlen, also positiven in $\mathbb{Z}$ unzerlegbaren Elementen. Dass diese auch genau die (positiven) Primelemente im Sinne von Definition 2.5 sind, zeigen wir dann im nachfolgenden Korollar.

Wir bemerken zunächst, dass die Existenz einer Zerlegung von n in ein Produkt von Primzahlen leicht einzusehen ist:

Dafür benutzen wir vollständige Induktion nach n, wobei der Induktionsanfang $n = 2$ trivial ist, da 2 eine Primzahl ist.

Sei jetzt $n > 2$ und die Behauptung für alle natürlichen Zahlen $m < n$ gezeigt. Ist n eine Primzahl, so ist man fertig. Andernfalls gibt es (nach Definition der Primzahl als in $\mathbb{Z}$ unzerlegbares Element) $b, c \in \mathbb{N}$ mit $n = bc$, $b \neq 1 \neq c$ und daher auch $b < n, c < n$. Nach Induktionsannahme besitzen b und c Zerlegungen in Produkte von Primzahlen, fügt man sie aneinander, so erhält man eine ebensolche Zerlegung für n.

Sammelt man nun in einer Zerlegung von $|n|$ in nicht notwendig verschiedene Primfaktoren die gleichen Faktoren ein, so erhält man die behauptete Zerlegung $n = \pm p_1^{v_1} \cdots p_r^{v_r}$.

Die Eindeutigkeit können wir auf (mindestens) zwei verschiedene Weisen zeigen.

Wir bringen in diesem Kapitel einen Beweis durch vollständige Induktion, der eine Umformulierung des klassischen indirekten Beweises von Zermelo (Ernst Friedrich Ferdinand Zermelo, 1871–1953) ist, im nächsten Kapitel führen wir dann einen etwas abstrakteren Beweis, der für alle Hauptidealringe gilt.

Der Induktionsanfang $n = 2$ ist klar.

Wir nehmen also an, dass $n > 2$ ist und dass für jede natürliche Zahl, die kleiner als n ist, die Zerlegung in ein Produkt von Primzahlen eindeutig ist.

Seien

$$n = p_1 \cdots p_r = q_1 \cdots q_s \quad (p_1 \leq \cdots \leq p_r, \ q_1 \leq \cdots \leq q_s, \ p_1 \leq q_1)$$

zwei Zerlegungen (von denen wir noch nicht wissen, ob sie verschieden sind oder nicht). Ist $r = 1$ oder $s = 1$, so ist n Primzahl und daher $r = s = 1$ und $p_1 = q_1 = n$. Wir brauchen also nur noch den Fall $r > 1, s > 1$ zu betrachten.

Ist $p_1 = q_1$ so können wir in $n = p_1 \cdots p_r = q_1 \cdots q_s$ durch p_1 teilen und erhalten

$$1 < n' = p_2 \cdots p_r = q_2 \cdots q_s < n;$$

nach Induktionsannahme ist die Zerlegung von n' in Primfaktoren eindeutig und daher $r = s$, $p_j = q_j$ für $2 \le j \le s$, die beiden Zerlegungen von n waren also identisch.

Den Fall $p_1 \ne q_1$ können wir aber wie folgt ausschließen: Wir nehmen o. E. $p_1 < q_1$ an und setzen

$$\begin{aligned}
m &= q_2 \cdots q_s \\
N &= n - p_1 m \\
&= p_1(p_2 \cdots p_r - q_2 \cdots q_s) \\
&= (q_1 - p_1)m \\
&< n,
\end{aligned}$$

wegen $p_1 < q_1$ und $m \ge 2$ ist $N \ge 2$.

Nach Induktionsannahme hat N eine eindeutige Zerlegung in Primfaktoren. Offenbar ist aber $p_1 \nmid (q_1 - p_1)$ und $p_1 \nmid m = q_2 \cdots q_s$ (da alle q_j Primzahlen $> p_1$ sind).

Zerlegt man $q_1 - p_1$ in Primfaktoren, so liefert also

$$N = (q_1 - p_1)q_2 \cdots q_s$$

eine Zerlegung von N in Primfaktoren, in der p_1 nicht vorkommt; zerlegt man andererseits $(p_2 \cdots p_r - q_2 \cdots q_s)$ in Primfaktoren, so liefert

$$N = p_1(p_2 \cdots p_r - q_2 \cdots q_s)$$

eine Zerlegung von N in Primfaktoren, in der p_1 vorkommt, im Widerspruch zur Eindeutigkeit der Primfaktorzerlegung von N.

Der Fall $p_1 \ne q_1$ kann also nicht vorkommen, und wir sind mit dem Eindeutigkeitsbeweis auch fertig. Die in c) gegebene Formulierung der Behauptung folgt dann durch Zusammenfassen gleicher Faktoren und Herausziehen des Vorzeichens. Die Gültigkeit der Aussage a) für den Ring $\mathbb{Z}$ der ganzen Zahlen zeige man als Übung (unter Benutzung von c)). $\qquad \square$

Korollar 2.13 *Sei $p \in \mathbb{N}$ eine Primzahl. Dann ist p ein Primelement in $\mathbb{Z}$, d. h., es gilt: sind $a, b \in \mathbb{Z}$ mit $p \mid ab$, so gilt $p \mid a$ oder $p \mid b$.*

Beweis Sind $a, b \in \mathbb{Z}$ mit $p \mid ab$, so muss p wegen der Eindeutigkeit der Primfaktorzerlegung von ab in der Primfaktorzerlegung von a oder in der von b vorkommen, es gilt also $p \mid a$ oder $p \mid b$. $\qquad \square$

Korollar 2.14 *Eine ganze Zahl a ist genau dann ein Quadrat einer rationalen Zahl, wenn sie ein Quadrat einer ganzen Zahl ist. Äquivalent ist: $a \geq 0$, und ist $a \notin \{0,1\}$, so sind in der Zerlegung von a in ein Produkt von Primzahlpotenzen alle Exponenten gerade.*

Insbesondere ist 2 in $\mathbb{Q}$ kein Quadrat ($\sqrt{2}$ ist irrational).

Beweis Ist $a = \left(\frac{b}{c}\right)^2$ mit $b, c \in \mathbb{Z}, c \neq 0$, so ist $ac^2 = b^2$. Natürlich ist dann $a \geq 0$ und da in der Zerlegung von b^2 ebenso wie in der von c^2 in Primzahlpotenzen alle Exponenten gerade sind, muss das auch für die Exponenten in der Zerlegung von a gelten, also ist a ein Quadrat einer ganzen Zahl. Der Rest der Behauptung ist klar.   □

Bemerkung Obwohl der Fundamentalsatz der Arithmetik eine rein multiplikative Aussage zu sein scheint, hängt seine Richtigkeit entscheidend von der Kombination von multiplikativer und additiver Struktur der ganzen Zahlen ab; eine Tatsache, die wie bereits erwähnt praktisch für alle interessanten Aussagen über ganze Zahlen gilt. Man sieht das hier an dem folgenden (vermutlich auf Hilbert zurückgehenden) instruktiven Beispiel, das wir dem Lehrbuch von Rademacher[1] entnehmen, siehe auch Bundschuh[2].

Beispiel Sei D_1 die Menge der natürlichen Zahlen, die bei Division durch 3 den Rest 1 lassen. Eine D_1-Primzahl sei eine Zahl $1 \neq n \in D_1$, die sich nicht als Produkt $n = ab$ mit $a, b \in D_1 \setminus \{1\}$ schreiben lässt.

Man überlegt sich leicht, dass D_1 multiplikativ (aber nicht additiv) abgeschlossen ist und dass sich jedes $n \in D_1$ in ein Produkt von D_1-Primzahlen zerlegen lässt.

Man findet aber ebenfalls leicht Fälle, in denen diese Zerlegung nicht eindeutig ist (siehe Übungen).

2.3 Unendlichkeit der Primzahlmenge

Satz 2.15 (Euklid) *Es gibt in $\mathbb{N}$ unendlich viele Primzahlen.*

Beweis Sei $M = \{p_1, \ldots, p_r\}$ irgendeine endliche Menge von Primzahlen. Dann ist

$$N = p_1 \cdots p_r + 1$$

durch keine der Primzahlen $p_1, \ldots, p_r$ teilbar (da sonst auch $1 = N - p_1 \cdots p_r$ durch diese Primzahl teilbar wäre), es gibt also nach dem Fundamentalsatz der Arithmetik wenigstens eine Primzahl $p \notin M$ mit $p \mid N$.

Insbesondere folgt, dass die Menge aller Primzahlen nicht endlich ist.   □

---

[1] H. Rademacher: Lectures on elementary number theory, Blaisdell Publ. Co. 1964.
[2] P. Bundschuh: Einführung in die Zahlentheorie, Springer-Verlag, 5. Auflage 2002.

In einem Aufsatz von Martin Aigner fand ich die folgende schöne Geschichte zu diesem klassischen Unendlichkeitsbeweis:

> Thomas von Randow alias Zweistein, der jahrzehntelang die Wissenschaftsredaktion der ZEIT leitete, brachte einmal in einer Augustnummer den Beweis von Euklid und resümierte ihn kurz: So viele Primzahlen ich auch habe, es gibt stets noch eine weitere, also unendlich viele. Wie immer erhielt er eine Anzahl von Zuschriften, darunter auch von einer Leserin in Bayern, die ihm schrieb: „Sehr geehrter Herr von Randow, ich sitze hier am Ammersee inmitten einer Heerschar von Mücken. So viele ich auch erschlage, es gibt immer noch eine weitere, kann ich daher schließen ...?"

Beispiel Beginnen wir oben mit $M_1 = \{p_1 = 2\}$, so erhalten wir die Primzahl $p_2 = 3$, ausgehend von $M_2 = \{2, 3\}$ erhalten wir $p_3 = 7$, und wenn wir fortfahren, erhalten wir die Zahlenfolge $2, 3, 7, 43, 1807 = 13 \cdot 139, 3.263.443, 10.650.056.950.807 = 547 \cdot 607 \cdot 1033 \cdot 31.051, \ldots$, in der die Euklid'sche Konstruktion manchmal direkt eine neue Primzahl (nämlich $3, 7, 43, 3.263.443$) aber manchmal auch ein Produkt von bisher noch nicht erfassten Primzahlen liefert (das ist die Folge A000058 in der *On-Line Encyclopedia of Integer Sequences*).

Die Unendlichkeitsaussage aus dem Satz von Euklid lässt sich auch quantitativ fassen, ist dann aber bedeutend schwerer zu beweisen:

Satz 2.16 (Primzahlsatz, Hadamard und de la Vallée Poussin) *Für $x \in \mathbb{R}$, $x > 0$ sei*

$$\pi(x) = \#\{p \le x \mid p \text{ ist Primzahl}\}.$$

Dann gilt

$$\pi(x) \sim \frac{x}{\log(x)}$$

(also $\lim_{x \to \infty} \frac{\pi(x)}{x/\log(x)} = 1$).

Beweis Der Beweis benutzt analytische Hilfsmittel; wir gehen darauf hier nicht näher ein. Interessierte LeserInnen finden einen Beweis in den Lehrbüchern der analytischen Zahlentheorie[3]. Der Quotient $\frac{\pi(x)}{x/\log(x)}$ hat etwa für $x = 10^7$ ungefähr den Wert $1{,}0712$, für $x = 10^8$ ungefähr $1{,}0613$ (mit $\pi(10^8) = 5.761.455$).   □

Im Zusammenhang mit Primzahlen gibt es viele noch offene faszinierende Fragen. Zum Beispiel ist bisher nicht bekannt, ob es unendlich viele Primzahlzwillinge gibt, also Paare $p, p' = p + 2$ von Primzahlen im Abstand 2. Bis vor kurzem war es noch nicht einmal bekannt, ob es eine Schranke $H = H_1$ gibt, so dass es unendlich viele Paare von Primzahlen $p < p'$ mit $p' - p < H_1$ gibt. Yitang Zhang konnte 2013 beweisen, dass man hier

---

[3] Zum Beispiel: J. Brüdern: Analytische Zahlentheorie, Springer-Verlag 1998.

$H_1 = 7 \cdot 10^7$ wählen kann, und noch im gleichen Jahr wurde die Schranke von James Maynard auf 600 gedrückt. Zur Zeit (April 2014) findet man im Internet auf den Seiten des Polymath-Projekts die Schranke 252 angegeben, dazu gibt es allerdings noch keinen veröffentlichten Beweis. Ob man mit den bisher verwendeten Methoden bis zur vermuteten Unendlichkeit der Anzahl der Primzahlzwillinge (also $H_1 \leq 2$) kommen kann, ist ungewiss, es gilt im Moment als eher unwahrscheinlich.

Verwandt, aber etwas anders ist die Frage nach der Existenz beliebig langer arithmetischer Progressionen von Primzahlen, also von Folgen $p, p + a, \ldots p + ka$ (mit $a > 0$) von Primzahlen mit beliebig großem k. Diese Frage wurde 2004 von Ben Green und Terence Tao positiv gelöst. Natürlich muss hier die Anfangsprimzahl p immer größer werden, wenn man k wachsen lassen will, da spätestens $p + pa$ keine Primzahl ist; man überlegt sich auf ähnliche Weise, dass auch der gemeinsame Abstand a wachsen muss. Der Beweis zeigt nur die Existenz und liefert keine Methode, solche Folgen tatsächlich zu finden, der durch computerunterstütztes Suchen erzielte Rekord liegt im Moment bei einer Folge von 26 Primzahlen.

Ein weiteres ungelöstes Problem ist die Goldbach-Vermutung (1742 in einem Brief von Christian Goldbach an Leonhard Euler geäußert), nach der jede gerade Zahl > 2 Summe von zwei Primzahlen ist. Die etwas schwächere sogenannte ternäre Goldbach-Vermutung sagt aus, jede ungerade Zahl > 5 sei eine Summe von drei Primzahlen, sie wurde 2013 von Harald Helfgott bewiesen. Bereits 1937 hatte Ivan Matveyevich Vinagradov mit analytischen Methoden gezeigt, dass die Behauptung für jede hinreichend große ungerade Zahl n gilt, erst jetzt gelang es aber, die Schranke dafür auf $n \geq 10^{27}$ zu drücken und den verbleibenden Bereich durch computergestützte Rechnungen abzudecken.

2.4   Ergänzung: Primzahlsatz und Riemannsche Zetafunktion

Der Autor kann sich einen kleinen Exkurs zum analytischen Beweis des Primzahlsatzes nicht verkneifen, da es hier um Dinge geht, deren Ausführung zwar nicht in das Konzept dieses Buches passen, die aber zu den schönsten und gegenwärtig am intensivsten untersuchten Themen der Zahlentheorie gehören. Leserin und Leser können diesen Exkurs also zügig lesen, ohne dass Lücken für die weitere Lektüre des Buches entstehen, wenn sie nicht gleich alles verstehen; sie werden aber hoffentlich dabei neugierig.

Die meisten Beweise für den Primzahlsatz benutzen die Riemann'sche Zetafunktion (Bernhard Riemann, 1826–1866)

$$\zeta(s) = \sum_{n=1}^{\infty} \frac{1}{n^s}.$$

Diese ist zunächst für $s \in \mathbb{C}$ mit $\mathrm{Re}(s) > 1$ definiert (die Konvergenz der Reihe

$$\sum_{n=1}^{\infty} \left| \frac{1}{n^s} \right| = \sum_{n=1}^{\infty} \frac{1}{n^{\mathrm{Re}(s)}} \quad \text{für } \mathrm{Re}(s) > 1$$

zeigt man etwa mit Hilfe des Integralkriteriums in der Analysis I oder als Übung zu dieser Vorlesung); $\zeta(s)$ ist im Gebiet $\{s \in \mathbb{C} \mid \operatorname{Re}(s) > 1\}$ komplex differenzierbar (holomorph).

Man kann zeigen, dass diese Funktion sich holomorph auf $\mathbb{C} \setminus \{1\}$ fortsetzen lässt und bei $s = 1$ eine Polstelle erster Ordnung hat ($\sum_{n=1}^{\infty} \frac{1}{n}$ divergiert bekanntlich); diese Fortsetzung ist dann nach grundlegenden Sätzen der Funktionentheorie eindeutig. Die fortgesetzte Zetafunktion genügt der Funktionalgleichung

$$\zeta(s) = 2^s \pi^{s-1} \sin\left(\frac{\pi s}{2}\right) \Gamma(1-s)\zeta(1-s),$$

deren Symmetriezentrum $s = \frac{1}{2}$ ist (für die Definition der Γ-Funktion siehe die Lehrbücher der Funktionentheorie).

Für $s \in \mathbb{C}$, die nicht zum kritischen Streifen

$$\{s \in \mathbb{C} \mid 0 \leq \operatorname{Re}(s) \leq 1\}$$

gehören, ist der Wert von $\zeta(s)$ also direkt durch den Wert der konvergenten Reihe $\sum_{n=1}^{\infty} \frac{1}{n^{s'}}$ für $s' = s$ oder für $s' = 1 - s$ bestimmt, innerhalb des kritischen Streifens dagegen nur indirekt, nämlich durch Fortsetzung der durch diese Reihe in ihrem Konvergenzgebiet gegebenen Funktion.

Die Riemannsche Vermutung, die zu den sieben „Millennium Problems" (Jahrtausend-Problemen) gehört, auf deren Lösung das Clay-Institut für Mathematik jeweils eine Million US-Dollar als Preis ausgesetzt hat, besagt, dass die Nullstellen von $\zeta(s)$ im kritischen Streifen alle auf der kritischen Geraden $\operatorname{Re}(s) = \frac{1}{2}$ liegen (man kann leicht zeigen, dass außerhalb des kritischen Streifens genau die negativen geraden Zahlen Nullstellen der Zetafunktion sind).

Die Richtigkeit der Riemannschen Vermutung ist äquivalent zu der Aussage

$$\pi(x) = \operatorname{li}(x) + \mathrm{O}(x^{\frac{1}{2}+\varepsilon})$$

für alle $\varepsilon > 0$, dabei ist

$$\operatorname{li}(x) = \int_2^x \frac{1}{\log(t)} dt$$

der Integrallogarithmus. Für diese Funktion gilt

$$\operatorname{li}(x) \sim \frac{x}{\log x} \quad \text{mit} \quad \operatorname{li}(x) - \frac{x}{\log x} = \mathrm{O}\left(\frac{x}{(\log(x))^2}\right),$$

so dass die Formel

$$\pi(x) \sim \frac{x}{\log(x)}$$

im Primzahlsatz aus der Formel

$$\pi(x) = \mathrm{li}(x) + \mathrm{O}(x^{\frac{1}{2}+\varepsilon})$$

von oben folgt. Die Funktion $\mathrm{li}(x)$ liefert aber eine bedeutend bessere Approximation für $\pi(x)$ als $\frac{x}{\log(x)}$, zum Beispiel erhält man für den Quotienten $\frac{\pi(10^8)}{\mathrm{li}(10^8)}$ ungefähr 0.99987.

Der Zusammenhang zwischen den Eigenschaften der Zetafunktion und denen der Funktion $\pi(x)$ liegt in der Eulerschen Produktentwicklung

$$\zeta(s) = \prod_{p \text{ Primzahl}} \frac{1}{1 - p^{-s}} \text{ für } \mathrm{Re}(s) > 1$$

begründet. Diese führt mit Mitteln der komplexen Analysis zu einer expliziten Formel für $\pi(x)$, die $\pi(x)$ durch die Nullstellen der Riemannschen Zetafunktion beschreibt.

LeserInnen, die mehr über dieses Thema lernen wollen, sei wieder das Buch *Analytische Zahlentheorie* von J. Brüdern[4] und die dort angegebene weiterführende Literatur empfohlen.

2.5 Sieb des Eratosthenes

Nach diesem Exkurs kommen wir jetzt wieder zu Aussagen über Primzahlen und über Faktorzerlegungen, die wir mit den gegenwärtig verfügbaren Mitteln beweisen können.

Lemma 2.17 *Sei $n \in \mathbb{N}$ keine Primzahl, $n > 1$, sei $p(n)$ der kleinste Primteiler von n. Dann gilt*

$$p(n) \le \lfloor \sqrt{n} \rfloor.$$

Beweis Klar.   □

Satz 2.18 (Erster Primzahltest) *Sei $n \in \mathbb{N}$, $n > 1$. n ist genau dann Primzahl, wenn n durch keine Primzahl $p \le \lfloor \sqrt{n} \rfloor$ teilbar ist.*

Beweis Klar.   □

Satz 2.19 (Sieb des Eratosthenes) *Sei $N \in \mathbb{N}$, $N > 1$. Der folgende Algorithmus liefert eine Liste aller Primzahlen $p \le N$:*

1. L sei eine Liste der Länge N, initialisiere sie durch $L[j] = 0$ für $j > 1$, $L[1] = 1$.
2. $q \leftarrow 2$,

---

[4] J. Brüdern: Analytische Zahlentheorie, Springer-Verlag 1998.

3. $l = \lfloor \frac{N}{q} \rfloor$, *für* $2 \le j \le l$ *setze* $L[qj] = 1$ *(markiere alle Vielfachen von* q *als Nichtprimzahlen).*

4. *Solange* $q + 1 \le \lfloor \sqrt{N} \rfloor$ *und* $L[q + 1] = 1$ *gilt, setze* $q \leftarrow q + 1$.

5. *Ist* $q + 1 > \lfloor \sqrt{N} \rfloor$, *terminiere, gib die Liste aller* j *mit* $L[j] = 0$ *als Primzahlliste aus.*

6. *(Jetzt ist* $q + 1 \le \sqrt{N}$ *und* $L[q + 1] = 0$, *also* $q + 1$ *eine Primzahl.)*
   Setze $q \leftarrow q + 1$, *gehe zu 3.*

Beweis Klar.   □

Bemerkung Dieses Verfahren stammt von Eratosthenes von Kyrene (276 v. Chr.–194 v. Chr.), es kann so modifiziert werden, dass es für die Nichtprimzahlen gleichzeitig eine Zerlegung in Primfaktoren liefert.

In umgangssprachlicher Formulierung an Stelle der obigen algorithmischen Schreibweise besagt es einfach:

Man streicht aus der Liste der natürlichen Zahlen $\ne 1$ zunächst alle geraden Zahlen außer der 2, dann alle durch 3 teilbaren Zahlen außer der 3 und fährt in gleicher Weise fort, indem man von jeder noch nicht gestrichenen Zahl n alle echten Vielfachen (also Vielfache $\ne n$) streicht; am Ende bleiben nur Primzahlen stehen.

Ebenso wie unser erster Primzahltest von oben benötigt es wenigstens $\sqrt{N}$ Schritte, seine Laufzeit ist also exponentiell in der Anzahl $C \cdot \log(N)$ der zur Speicherung von N benötigten Bits. Es ist seit kurzer Zeit bekannt, dass man zum Testen einer natürlichen Zahl N auf Primzahleigenschaft nur eine Laufzeit benötigt, die polynomial in $\log(N)$ ist.

Bemerkung Die größten bekannten Primzahlen sind so genannte *Mersenne-Zahlen* (Marin Mersenne, 1588–1648), das sind Zahlen von der Form $2^p - 1$, wobei der Exponent p eine Primzahl ist. Die ersten Beispiele von dieser Art sind die Primzahlen 3, 7, 31, 127, dagegen ist $2^{11} - 1 = 2047 = 23 \cdot 89$ keine Primzahl. Die größte im April 2014 (und seit Januar 2013) bekannte Primzahl ist die 48-te Mersenne-Primzahl $2^{57.885.161} - 1$, sie hat 17.425.170 Stellen. Man kann relativ leicht zeigen, dass eine Zahl $2^n - 1$ höchstens dann Primzahl sein kann, wenn n eine Primzahl ist (siehe Übungen). Der Grund dafür, dass Zahlen dieses Typs schon seit längerem die Rekordhalter sind, ist, dass man bei ihnen auf Grund ihrer speziellen Gestalt besonders leicht algorithmisch die Primzahleigenschaft nachweisen kann, mit Computer-Laufzeiten, die weit unter den zum Testen vergleichbar großer anderer Zahlen benötigten liegen. Mehr darüber erfährt zum Beispiel im Internet unter http://www.mersenne.org.

Eine weniger ergiebige Serie von Primzahlen sind die *Fermat'schen Primzahlen* (Pierre de Fermat, 1601–1665). Eine der Übungen zu diesem Kapitel ist, zu beweisen, dass eine Zahl $2^n + 1$ höchstens dann Primzahl ist, wenn $n = 2^j$ eine Potenz von 2 ist. Der mathematisch interessierte Jurist Pierre de Fermat stellte im Jahr 1640 fest, dass die nach ihm benannten *Fermat-Zahlen* $F_j := 2^{2^j} + 1$ für $0 \le j \le 4$ die Primzahlen $F_0 = 3$, $F_1 = 5$, $F_2 = 17$, $F_3 = 257$, $F_4 = 65.537$ liefern und stellte die Frage, ob dies auch für höhere j gelte. Wir werden später sehen, dass $F_5 = 4.294.967.297$ keine Primzahl ist. Bis heute hat man von zahlreichen weiteren F_j gezeigt, dass sie nicht prim sind und keine weitere Primzahl unter den F_j gefunden. Die im April 2014 kleinste Fermat-Zahl, von der unbekannt ist, ob sie Primzahl ist, ist F_{33}, die größte, deren vollständige Primfaktorzerlegung man kennt (seit 1988), ist F_{11} (deren größter Primfaktor 564 Stellen hat). Ein allgemeiner Beweis für die Zerlegbarkeit der F_j oder auch nur einer unendlichen Teilmenge dieser Zahlen ist aber nicht bekannt. Da Fermat-Zahlen häufig sehr große Primfaktoren haben, sind sie ein beliebtes Übungsziel für Faktorisierungsalgorithmen.

2.6 Übungen

2.1 Wie oben sei D_1 die Menge der natürlichen Zahlen, die bei Division durch 3 den Rest 1 lassen. Stellen Sie eine Liste der ersten zwanzig D_1-Primzahlen auf. Zeigen Sie, dass die Zahl 220 eine D_1-Zahl ist, die zwei verschiedene Zerlegungen in D_1-Primzahlen hat. Finden Sie noch wenigstens drei weitere Beispiele!

2.2 Bestimmen sie in einer Tabelle der natürlichen Zahlen von 1 bis 50 mit dem Sieb des Eratosthenes die Primfaktorzerlegung all dieser Zahlen von Hand.

Machen Sie das Gleiche für die natürlichen Zahlen bis 10.000 mit Hilfe eines Computerprogramms (etwa in MAPLE oder MATHEMATICA).

2.3 Zeigen Sie: Ist R ein Ring und $I \subseteq R$ ein Ideal, so ist genau dann $I = R$, wenn $I \cap R^\times \neq \emptyset$ gilt.

2.4 Eine Zahl $m \in \mathbb{Z}$ heißt *quadratfrei*, wenn gilt: Ist $n \in \mathbb{Z}$ mit $n^2 \mid m$, so ist $n \in \{\pm 1\}$. Zeigen Sie:

a) $m \in \mathbb{Z} \smallsetminus \{0, \pm 1\}$ ist genau dann quadratfrei, wenn in der Zerlegung $n = \pm \prod_{j=1}^{r} p_j^{\mu_j}$ in ein Produkt von Potenzen verschiedener Primzahlen p_j alle Exponenten μ_j gleich 1 sind.

b) Jedes $m \in \mathbb{Z} \smallsetminus \{0\}$ kann eindeutig als $m = df^2$ mit quadratfreiem d und $f \in \mathbb{N}$ zerlegt werden.

2.5 Sei $d \in \mathbb{Z}$ kein Quadrat und

$$R = \mathbb{Z}[\sqrt{d}] = \{a + b\sqrt{d} \mid a, b \in \mathbb{Z}\} \subseteq \mathbb{C}.$$

Zeigen Sie, dass R mit den Verknüpfungen von $\mathbb{C}$ ein Ring ist. Zeigen Sie ferner, dass sogar

$$R_1 = \mathbb{Z}\left[\frac{1 + \sqrt{d}}{2}\right] = \left\{a + b\frac{1 + \sqrt{d}}{2} \;\middle|\; a, b \in \mathbb{Z}\right\} \subseteq \mathbb{C}$$

ein Ring ist, wenn d bei Division durch 4 den Rest 1 lässt (und nur dann).

2.6

a) Mit den Bezeichnungen der vorigen Aufgabe sei $d < 0$. Zeigen Sie, dass $x = a + b\sqrt{d} \in R$ (bzw. $\in R_1$) genau dann in $R^\times$ (bzw. in $R_1^\times$) ist, wenn das Quadrat $|x|^2 = a^2 + b^2|d|$ des komplexen Betrags von x gleich 1 ist.

b) Zeigen Sie, dass die Zahlen $2, 3, 1 + \sqrt{-5}, 1 - \sqrt{-5}$ alle in $\mathbb{Z}[\sqrt{-5}]$ unzerlegbar sind (Hinweis: Benutzen Sie, dass das Quadrat des komplexen Betrags für alle Elemente von $\mathbb{Z}[\sqrt{-5}]$ in $\mathbb{N}$ liegt und dass dieser Betrag multiplikativ ist!)

c) Zeigen Sie, dass 2 kein Primelement in $\mathbb{Z}[\sqrt{-5}]$ ist (Hinweis: Betrachten Sie das Produkt $(1 + \sqrt{-5})(1 - \sqrt{-5})$).

2.7 (Vergleiche Aufgaben 0.4 und 0.5) Sei p eine Primzahl und $v_p(n)$ die in Satz 2.12 definierte p-adische Bewertung (fortgesetzt durch $v_p(0) = -\infty$). Zeigen Sie:

a) $v_p(n + m) \geq \min\{v_p(n), v_p(m)\}$

b) $v_p(n + m) = \min\{v_p(n), v_p(m)\}$, falls $v_p(n) \neq v_p(m)$ gilt.

c) $v_p(nm) = v_p(n) + v_p(m)$

d) v_p kann durch $v_p(\frac{b}{c}) := v_p(b) - v_p(c)$ auf ganz $\mathbb{Q}$ fortgesetzt werden, und diese Fortsetzung hat die oben gezeigten Eigenschaften für alle $n, m \in \mathbb{Q}$.

e) Der durch

$$|n|_p := \begin{cases} p^{-v_p(n)} & n \neq 0 \\ 0 & n = 0 \end{cases}$$

auf $\mathbb{Q}$ definierte p-adische Betrag hat (wie der gewöhnliche Absolutbetrag) die Eigenschaften

- $|n|_p \geq 0$ und $|n|_p = 0$ genau dann, wenn $n = 0$ ist.
- $|nm|_p = |n|_p |m|_p$
- $|n + m|_p \leq |n|_p + |m|_p$.

f) Definiert man den Begriff *p-adische Nullfolge* mit Hilfe des p-adischen Betrags genauso, wie man den Begriff *Nullfolge* in der Analysis mit Hilfe des gewöhnlichen Absolutbetrags definiert hat, so sind die durch $a_n = 2^n, b_n = 6^n$ definierten Folgen $(a_n)_{n\in\mathbb{N}}, (b_n)_{n\in\mathbb{N}}$ beide 2-adische Nullfolgen, die durch $c_n = \frac{1}{n}$ gegebene Folge $(c_n)_{n\in\mathbb{N}}$ hingegen ist keine 2-adische Nullfolge. Die Folge (b_n) ist zugleich auch eine 3-adische Nullfolge.

2.8 Zeigen Sie: Ist $n \in \mathbb{N}$ und $2^n - 1$ eine Primzahl, so ist n eine Primzahl (Hinweis: Versuchen Sie allgemeiner zu zeigen, dass für $n = qm$ das Polynom $X^n - 1$ im Ring $\mathbb{Z}[X]$ durch $X^q - 1$ teilbar ist).

2.9 Zeigen Sie: Ist $2^n + 1$ eine Primzahl, so ist n eine Potenz von 2 (Hinweis: Ist $n = n_1 n_2$ mit ungeradem $n_1 \neq 1$, so zeige man, dass $Y^{n_1} + 1 = (Y + 1)(Y^{n_1 - 1} - Y^{n_1 - 2} + \ldots - Y + 1)$ gilt und nutze diese Identität aus).

2.10 Sei $M = \{p_1, \ldots, p_r\}$ eine endliche Menge von Primzahlen und $N_M = \{\prod_{j=1}^{r} p_j^{v_j} \mid v_j \in \mathbb{N}_0\}$ die Menge aller natürlichen Zahlen, die durch keine Primzahl außerhalb von M teilbar sind.

a) Zeigen Sie für $s \in \mathbb{R}_{>0}$: $\sum_{n \in N_M} \frac{1}{n^s} = \prod_{j=1}^{r} \frac{1}{1-p_j^{-s}}$.

b) Folgern Sie: Gäbe es nur endlich viele Primzahlen, so wäre die unendliche Reihe $\sum_{n=1}^{\infty} \frac{1}{n^s}$ für alle $s \in \mathbb{R}_{>0}$ konvergent.

c) (Eigentlich eine Analysis-Aufgabe) Für $x \in \mathbb{R}$ sei M_x die Menge aller Primzahlen $p \leq x$. Zeigen Sie für $s > 1$:

$$\sum_{n=1}^{\infty} \frac{1}{n^s} = \lim_{x \to \infty} \prod_{p \in M_x} \frac{1}{1 - p^{-s}}.$$

(Hinweis: Zeigen Sie

$$\lim_{x \to \infty} \left| \sum_{n=1}^{x} \frac{1}{n^s} - \prod_{p \in M_x} \frac{1}{1 - p^{-s}} \right| = 0$$

durch Vergleich mit $\lim_{x \to \infty} \int_{x-1}^{\infty} \frac{dt}{t^s}$.)

2.11 Die Mengen M, M_x und N_M seien wie in der vorigen Aufgabe definiert, ferner sei $s > 1$ eine reelle Zahl.

a) Verifizieren Sie mit dem Computer, dass der Anteil der quadratfreien natürlichen Zahlen (siehe Aufgabe 2.3) unter den natürlichen Zahlen $\leq x$ sich für wachsendes x der Zahl $(\zeta(2))^{-1} = (\sum_{n=1}^{\infty} n^{-2})^{-1} = 6/\pi^2$ annähert.

b) Zeigen Sie

$$\frac{\sum_{n \in N_M, n \text{ quadratfrei}} \frac{1}{n^s}}{\sum_{n \in N_M} \frac{1}{n^s}} = \prod_{p \in M} (1 - p^{-2s}).$$

c) Zeigen sie ähnlich wie in Teil c) der vorigen Aufgabe, dass

$$\lim_{x \to \infty} \frac{\sum_{n \leq x, n \text{ quadratfrei}} \frac{1}{n^s}}{\sum_{n \leq x} \frac{1}{n^s}} = \lim_{x \to \infty} \prod_{p \in M_x} (1 - p^{-2s}) = \frac{1}{\zeta(2s)}$$

gilt.

Hauptidealringe, euklidischer Algorithmus und diophantische Gleichungen

3

In diesem Kapitel wird die Teilbarkeitstheorie in Hauptidealringen weiter entwickelt. Wir werden sehen, dass der von den ganzen Zahlen her bekannte Begriff des *größten gemeinsamen Teilers* sich verallgemeinern lässt und der Schlüssel für das Studium arithmetischer Fragen in Hauptidealringen ist. In denjenigen Hauptidealringen, in denen sich auch ein Analogon der Division mit Rest definieren lässt (den *euklidischen Ringen*), kann man darüber hinaus mit Hilfe des euklidischen Algorithmus viele Fragen über Teilbarkeit und nach Lösungen von linearen Gleichungen algorithmisch lösen.

3.1 Größter gemeinsamer Teiler

Definition und Lemma 3.1 *Sei R ein Integritätsbereich, $a_1, \ldots, a_n \in R$.*

a) *Ein Element $d \in R$ heißt ein größter gemeinsamer Teiler von $a_1, \ldots, a_n \in R$, wenn gilt:*
   i) *$d \mid a_j$ für $1 \le j \le n$.*
   ii) *Ist $d' \in R$ mit $d' \mid a_j$ für $1 \le j \le n$, so gilt $d' \mid d$.*
   Man schreibt dann $d = \mathrm{ggT}(a_1, \ldots, a_n)$.
   Ist 1 größter gemeinsamer Teiler von $a_1, \ldots, a_n$, so sagt man, $a_1, \ldots, a_n$ seien teilerfremd *oder* relativ prim.

b) *Ein Element $m \in R$ heißt ein kleinstes gemeinsames Vielfaches von $a_1, \ldots, a_n$, wenn gilt:*
   i) *$a_j \mid m$ für $1 \le j \le n$.*
   ii) *Ist $m' \in R$ mit $a_j \mid m$ für $1 \le j \le n$, so gilt $m \mid m'$.*
   Man schreibt dann $m = \mathrm{kgV}(a_1, \ldots, a_n)$.

c) *In R existiert genau dann zu je n Elementen ($n \in \mathbb{N}$) ein größter gemeinsamer Teiler, wenn zu je zwei Elementen ein größter gemeinsamer Teiler existiert, die entsprechende Aussage gilt für das kleinste gemeinsame Vielfache. Es gilt dann für $n > 2$:*

$$\mathrm{ggT}(a_1, \ldots, a_n) = \mathrm{ggT}\left(a_1, \mathrm{ggT}(a_2, \ldots, a_n)\right),$$
$$\mathrm{kgV}(a_1, \ldots, a_n) = \mathrm{kgV}\left(a_1, \mathrm{kgV}(a_2, \ldots, a_n)\right).$$

R. Schulze-Pillot, *Einführung in Algebra und Zahlentheorie*, DOI 10.1007/978-3-642-55216-8_3, 47
© Springer-Verlag Berlin Heidelberg 2015

d) *Ist $R = \mathbb{Z}$, so ist $d \in \mathbb{N}$ genau dann größter gemeinsamer Teiler von a und b, wenn gilt*

$$d \mid a, \; d \mid b, \; d \geq d' \quad \text{für alle } d' \mid a, \, d' \mid b.$$

$m \in \mathbb{N}$ ist genau dann kleinstes gemeinsames Vielfaches von a und b, wenn gilt:

$$a \mid m, \; b \mid m, \; m \leq |m'| \quad \text{für alle } m' \text{ mit } a \mid m', \, b \mid m'.$$

Beweis a) und b) sind Definition, c) und d) zeige man als Übung (Aufgaben 3.3 und 3.4), wobei man für d) die erst weiter unten gezeigte Existenz von ggT und kgV in $\mathbb{Z}$ voraussetze (siehe Satz 3.4). □

Beispiel In $\mathbb{Z}$ haben 6 und 15 den größten gemeinsamen Teiler 3 (oder −3) und das kleinste gemeinsame Vielfache 30 (oder −30). Die drei Zahlen 6, 15, 10 haben den größten gemeinsamen Teiler 1 und das kleinste gemeinsame Vielfache 30.

Allgemein kann man in $\mathbb{Z}$ den größten gemeinsamen Teiler und das kleinste gemeinsame Vielfache zweier Zahlen a, b (oder auch von n Zahlen $a_1, \dots, a_n$) leicht an den Primfaktorzerlegungen dieser Zahlen ablesen, siehe Satz 3.6.

In $\mathbb{Q}[X]$ haben $X^2 + X = X(X+1)$ und $X^2 + 2X = X(X+2)$ den größten gemeinsamen Teiler X und das kleinste gemeinsame Vielfache $X(X+1)(X+2) = X^3 + 3X^2 + 2X$.

In einem beliebigen Integritätsbereich müssen größter gemeinsamer Teiler und kleinstes gemeinsames Vielfaches von zwei Elementen nicht existieren. Ein Gegenbeispiel findet sich wieder im schon im vorigen Kapitel erwähnten Ring

$$\mathbb{Z}[\sqrt{-5}] = \{ a + b\sqrt{-5} \in \mathbb{C} \mid a, b \in \mathbb{Z} \}.$$

In diesem besitzen z. B. die Zahlen 6 und $4 + 2\sqrt{-5}$ keinen größten gemeinsamen Teiler (siehe Aufgabe 3.5).

Bemerkung Die Schreibweise $d = \mathrm{ggT}(a, b)$ für die Aussage „d ist ein größter gemeinsamer Teiler von a und b" ist insofern etwas problematisch, als es (siehe das folgende Lemma) durchaus mehrere Ringelemente geben kann, die größter gemeinsamer Teiler von a und b sind; das Gleiche gilt für das kleinste gemeinsame Vielfache.

Man sollte also daran denken, dass Formeln für einen ggT oder ein kgV bedeuten, dass das durch die Formel gegebene Ringelement die in der Definition angegebene Eigenschaft eines ggT bzw. eines kgV hat. In diesem Sinne sind also die Gleichungen $3 = \mathrm{ggT}(6, 15)$ und $-3 = \mathrm{ggT}(6, 15)$ beide richtig und besagen nur, dass sowohl 3 als auch −3 von allen gemeinsamen Teilern von 6 und 15 geteilt werden. Im Ring $\mathbb{Z}$ der ganzen Zahlen kann man solche Uneindeutigkeiten vermeiden, indem man als ggT immer eine positive Zahl angibt, in Ringen mit mehr Einheiten muss man mit dem Problem leben.

Gleichungen, in denen größte gemeinsame Teiler und kleinste gemeinsame Vielfache vorkommen, sind dann grundsätzlich so zu lesen, dass bei Einsetzen von geeigneten ggT bzw. kgV daraus wirkliche Gleichheiten werden. Oft versucht man vorsichtshalber, Aussagen, die ggT und kgV enthalten, so zu formulieren, dass sie sogar bei Einsetzen beliebiger Elemente mit der jeweiligen Eigenschaft richtig sind.

Für den Fall, dass ggT und kgV existieren, stellen wir einfache Rechenregeln zusammen:

Lemma 3.2 *Sei R ein Integritätsbereich.*

a) *Sind $a, b \in R$, so sind größter gemeinsamer Teiler und kleinstes gemeinsames Vielfaches von a und b, falls sie existieren, bis auf Assoziiertheit eindeutig bestimmt.*
b) *Sind $a, b \in R$ und ist $d = \text{ggT}(a, b)$, so ist*

$$cd = \text{ggT}(ac, bc).$$

für alle $c \in R$.
Ist $d \neq 0$, so ist $\text{ggT}(\frac{a}{d}, \frac{b}{d}) = 1$.
c) *Existiert $\text{ggT}(a, b)$ für alle $a, b \in R$, so existiert auch $\text{kgV}(a, b)$ für alle $a, b \in R$ und $\text{ggT}(a, b)\, \text{kgV}(a, b)$ ist assoziiert zu ab.*

Beweis Teil a) zeige man als Übung (Aufgabe 3.2).

Zu b): Ist $d' \in R$ mit $d' \mid \frac{a}{d}, d' \mid \frac{b}{d}$ so haben wir $dd' \mid a, dd' \mid b$, und da d größter gemeinsamer Teiler von a und b ist, folgt $dd' \mid d$, also $d' \mid 1$. Nach Definition des ggT ist also 1 größter gemeinsamer Teiler von $\frac{a}{d}, \frac{b}{d}$.

Der zweite Teil von b) ist offensichtlich, denn für $c \in R, c \neq 0$ gilt genau dann $cd \mid ac, cd \mid bc$, wenn $d \mid a, d \mid b$ gilt (und für $c = 0$ ist die Aussage trivialerweise $0 = 0$).

Für Teil c) sei $m = \frac{ab}{\text{ggT}(a,b)}$. Offenbar ist

$$m = a\frac{b}{\text{ggT}(a, b)} = b\frac{a}{\text{ggT}(a, b)}$$

ein gemeinsames Vielfaches von a und b; wir müssen zeigen, dass m alle gemeinsamen Vielfachen von a, b teilt. Sei also m_1 ein gemeinsames Vielfaches und $m_1' := \text{ggT}(m_1, ab)$. Da sowohl a als auch b gemeinsame Teiler von m_1 und von ab ist, sind beide auch Teiler von $m_1' = \text{ggT}(m_1, ab)$, d. h., auch m_1' ist gemeinsames Vielfaches von a und b.

$$a = \frac{ab}{m_1'} \cdot \frac{m_1'}{b}$$

ist durch $\frac{ab}{m_1'}$ teilbar, genauso sieht man (durch Vertauschen der Rollen von a und b), dass b durch $\frac{ab}{m_1'}$ teilbar ist. Also gilt $\frac{ab}{m_1'} \mid \text{ggT}(a, b)$ und damit $m = \frac{ab}{\text{ggT}(a,b)} \mid m_1'$, also auch $m \mid m_1$, was zu zeigen war. $\square$

Beispiel Mit $3 = \text{ggT}(6, 15)$ haben wir $\text{ggT}(\frac{6}{3}, \frac{15}{3}) = \text{ggT}(2, 5) = 1$ und $21 = 7 \cdot 3 = \text{ggT}(7 \cdot 6, 7 \cdot 15) = \text{ggT}(42, 105)$.

Ferner ist $\text{ggT}(6, 15) \cdot \text{kgV}(6, 15) = 3 \cdot 30 = 90 = 6 \cdot 15$.

Lemma 3.3 *Sei R ein Integritätsbereich, in dem zu je zwei Elementen $a, b \in R$ ein größter gemeinsamer Teiler existiert. Dann gilt:*

a) *Sind $a, b_1, b_2 \in R$ mit $\text{ggT}(a, b_1) = 1$ und $a \mid b_1 b_2$, so gilt $a \mid b_2$.*
b) *Sind $a, b_1, b_2 \in R$ mit $\text{ggT}(a, b_1) = \text{ggT}(a, b_2) = 1$, so ist $\text{ggT}(a, b_1 b_2) = 1$.*
c) *Sind $a_1, a_2 \in R$ mit $\text{ggT}(a_1, a_2) = 1$ und ist $b \in R$ mit $a_1 \mid b$, $a_2 \mid b$, so gilt $a_1 a_2 \mid b$.*

Beweis
a) Wegen $\text{ggT}(a, b_1) = 1$ ist $\text{kgV}(a, b_1) = ab_1$. Nach Voraussetzung ist $b_1 b_2$ ein gemeinsames Vielfaches von a und von b_1, also gilt $ab_1 \mid b_1 b_2$, und die Kürzungsregel liefert $a \mid b_2$.
b) Ist $d = \text{ggT}(a, b_1 b_2)$, so gilt wegen $d \mid a$ und $\text{ggT}(a, b_1) = 1$ offenbar $\text{ggT}(d, b_1) = 1$. Nach a) folgt dann aber aus $d \mid b_1 b_2$, dass $d \mid b_2$, also auch $d \mid \text{ggT}(a, b_2) = 1$ gilt. Also ist d Einheit, d. h.,

$$\text{ggT}(a, b_1 b_2) = 1.$$

c) Nach Voraussetzung ist b ein gemeinsames Vielfaches von a_1 und a_2, also gilt $\text{kgV}(a_1, a_2) \mid b$. Wegen $\text{ggT}(a_1, a_2) = 1$ ist aber $\text{kgV}(a_1, a_2) = a_1 a_2$, also gilt $a_1 a_2 \mid b$. $\square$

Bemerkung Die jeweiligen Voraussetzungen über Teilerfremdheit sind in diesen Aussagen natürlich wesentlich. So ist etwa $6 \mid 12 = 3 \cdot 4$, 6 teilt aber keinen der beiden Faktoren. Ferner ist auch 4 ein Teiler von 12, das Produkt $6 \cdot 4 = 24$ ist aber kein Teiler von 12.

Dass im Ring $\mathbb{Z}$ der ganzen Zahlen ggT und kgV existieren, dürfte bekannt sein, ebenso wie die Methode, sie über die Primfaktorzerlegung zu bestimmen. Die Existenz können wir aber auch ohne Bezug auf die Primfaktorzerlegung nachweisen, indem wir ausnutzen, dass im Ring $\mathbb{Z}$ jedes Ideal ein Hauptideal ist. Dieser Beweis ist dann für jeden Hauptidealring gültig und liefert gleichzeitig eine Darstellung des größten gemeinsamen Teilers von a und b als Linearkombination von a und b, eine Eigenschaft, die im Weiteren der Schlüssel für die Untersuchung des Zerlegungsverhaltens in allgemeinen Hauptidealringen sein wird.

Satz 3.4 *Sei R ein Hauptidealring. Dann gibt es zu je zwei Elementen $a, b \in R$ einen größten gemeinsamen Teiler. Ist $d = \text{ggT}(a, b)$, so gibt es $x, y \in R$ mit $d = xa + yb$.*

Insbesondere haben für $R = \mathbb{Z}$ je zwei ganze Zahlen $\neq 0$ einen eindeutig bestimmten größten gemeinsamen Teiler und ein eindeutig bestimmtes kleinstes gemeinsames Vielfaches in $\mathbb{N}$.

Beweis Sei $I = (a, b)$ das von a und b erzeugte Ideal in R, also $I = \{xa + yb \mid x, y \in R\}$. Da R nach Voraussetzung ein Hauptidealring ist, gibt es ein $d \in R$ mit $I = (d) = \{c \in R \mid d \mid c\}$. Da $a, b \in I$ gilt, ist $d \mid a$, $d \mid b$, d. h., d ist ein gemeinsamer Teiler von a und b.

Nach Definition von $I = (a, b)$ gibt es $x, y \in R$ mit $d = xa + yb$. Ist nun d' ein gemeinsamer Teiler von a und b, so ist d' auch Teiler von $xa + yb = d$, d ist also in der Tat größter gemeinsamer Teiler von a und b; die Existenz der Darstellung

$$d = xa + yb$$

ist damit schon gezeigt.

Die Behauptung für $\mathbb{Z}$ ist schließlich nach den bereits gezeigten allgemeinen Aussagen klar. $\square$

Bemerkung

a) In ganz analoger Weise folgt, dass man für gegebene Elemente $a_1, \ldots, a_n \in R$ eine Darstellung $\mathrm{ggT}(a_1, \ldots, a_n) = x_1 a_1 + \cdots + x_n a_n$ mit $x_i \in R$ hat. Zum Beispiel hat man etwa $1 = \mathrm{ggT}(6, 10, 15) = 1 \cdot 6 + 1 \cdot 10 + (-1) \cdot 15$.

b) Der Beweis liefert kein Verfahren, den größten gemeinsamen Teiler oder die Darstellung $d = xa + yb$ tatsächlich zu berechnen. Ein solches Verfahren werden wir für spezielle Hauptidealringe in Abschn. 3.3 über euklidische Ringe kennenlernen.

Korollar 3.5

a) *Jede rationale Zahl $r \neq 0$ hat eine eindeutige Darstellung als gekürzter Bruch*

$$r = \frac{a}{b} \quad \textit{mit } a, b \in \mathbb{Z},\ b > 0,\ \mathrm{ggT}(a, b) = 1.$$

b) *Sind $a, b \in \mathbb{Z}$ und $r \in \mathbb{Q}$, so gilt genau dann $ra \in \mathbb{Z}$ und $rb \in \mathbb{Z}$, wenn*

$$r \cdot \mathrm{ggT}(a, b) \in \mathbb{Z}$$

gilt.

Beweis

a) Ist $r = \frac{a'}{b'}$, so kann zunächst o. E. $b' > 0$ angenommen werden.

Mit $0 < d = \mathrm{ggT}(a', b')$ sei $a := \frac{a'}{d}$, $b := \frac{b'}{d}$. Dann ist $\mathrm{ggT}(a, b) = 1$ und $r = \frac{a}{b}$, $b > 0$. Ist $r = \frac{a_2}{b_2}$ eine weitere derartige Darstellung, so ist $ab_2 = a_2 b$. Wegen $\mathrm{ggT}(a, b) = 1 = \mathrm{ggT}(a_2, b_2)$ folgt hieraus $b \mid b_2$ und $b_2 \mid b$, also $b_2 = b$ und daher auch $a_2 = a$.

b) Ohne Einschränkung sei $r \neq 0$, wir schreiben $r = \frac{x}{y}$ mit $x \in \mathbb{N}$, $y \in \mathbb{Z}$ und $\mathrm{ggT}(x, y) = 1$ und setzen $d = \mathrm{ggT}(a, b)$. Dann ist $\frac{x}{y} a \in \mathbb{Z}$, $\frac{x}{y} b \in \mathbb{Z}$, also $y \mid xa$, $y \mid xb$ und wegen $\mathrm{ggT}(x, y) = 1$ folgt $y \mid a$, $y \mid b$, also $y \mid d$, also $dr = \frac{d}{y} \cdot x \in \mathbb{Z}$.

Die andere Richtung ist trivial. $\square$

3.2   Eindeutige Primfaktorzerlegung

Wir können jetzt Satz 2.12 zeigen, also insbesondere beweisen, dass in jedem Hauptidealring der Satz über die eindeutige Primfaktorzerlegung gilt.

Beweis (von Satz 2.12) Wir zerlegen den Beweis in vier Schritte.

Schritt 1: *In einem Hauptidealring R gibt es keine unendlich langen Teilerketten, d. h., es
gibt keine unendliche Folge von $b_j \in R$, $j \in \mathbb{N}$, so dass für alle j gilt: $b_{j+1} \mid b_j$ und b_j ist nicht
assoziiert zu b_{j+1}.*

Ist nämlich eine Folge von Ringelementen b_j mit $b_{j+1} \mid b_j$ gegeben, so betrachten wir die
Vereinigung

$$I = \bigcup_{j=1}^{\infty} (b_j) \neq \{0\}$$

der von den b_j erzeugten Ideale.

Die Menge I ist ein Ideal in R, denn sind $a_1, a_2 \in I$, so gibt es $i, k \in \mathbb{N}$ mit $a_1 \in (b_i)$, $a_2 \in
(b_k)$, und mit $l = \max\{i, k\}$ gilt $a_1 \in (b_l)$, $a_2 \in (b_l)$, da man $(b_{j+1}) \supseteq (b_j)$ wegen $b_{j+1} \mid b_j$
hat. Also ist $a_1 \pm a_2 \in (b_l) \subseteq I$ und $x a_1 \in (b_l) \subseteq I$ für alle $x \in R$, was die Idealeigenschaft
von I zeigt.

Da R ein Hauptidealring ist, gibt es $d \in I$ mit $I = (d)$, und zu d gibt es ein $n \in \mathbb{N}$ mit
$d \in (b_n)$, also $b_n \mid d$. Wegen $b_{j+1} \mid b_j$ für alle j folgt $b_j \mid d$ für alle $j \geq n$. Da andererseits $d \mid b_j$
wegen $(d) = I$ für alle j gilt, ist d zu allen b_j mit $j \geq n$ assoziiert, d. h., die b_j mit $j \geq n$ sind
alle zueinander assoziiert.

Schritt 2: *Existenz einer Zerlegung in unzerlegbare Elemente.*

Falls $a \in R$, $a \notin R^\times$ keine Zerlegung in ein Produkt unzerlegbarer Elemente besitzt, so
ist es insbesondere selbst nicht unzerlegbar, hat also eine Zerlegung

$$a = bc \text{ mit } b \notin R^\times, \ c \notin R^\times,$$

also ist weder b noch c assoziiert zu a. Wenigstens eines von b und c hat dann ebenfalls
keine Zerlegung in ein Produkt unzerlegbarer Elemente, da man sonst diese beiden Zerlegungen zu einer Zerlegung von a zusammensetzen könnte.

Falls es also in $R \smallsetminus R^\times$ Elemente gibt, die keine Zerlegung in ein Produkt unzerlegbarer Elemente besitzen, so können wir rekursiv eine unendliche Folge von Elementen
$a_j \in R$, $a_j \notin R^\times$ konstruieren mit

i) $a_{j+1} \mid a_j$ für alle $j \in \mathbb{N}$
ii) a_{j+1} ist nicht assoziiert zu a_j ($j \in \mathbb{N}$)
iii) a_j hat keine Zerlegung in unzerlegbare Elemente.

Da dies in einem Hauptidealring nach Schritt 1 unmöglich ist, haben wir gezeigt, dass in einem Hauptidealring jede Nichteinheit eine Zerlegung in ein Produkt unzerlegbarer Elemente hat.

Schritt 3: (Aussage a) von Satz 2.12) *In einem Hauptidealring ist jedes unzerlegbare Element prim.*

Sei nämlich $q \in R$ unzerlegbar, $a, b \in R$ mit $q \mid ab$. Falls $q \nmid a$ gilt, so kann ein gemeinsamer Teiler von a und q nicht zu q assoziiert sein, er muss dann wegen der Unzerlegbarkeit von q eine Einheit sein, d. h., wir haben $\mathrm{ggT}(a, q) = 1$.

Nach Lemma 3.3 folgt dann aber $q \mid b$ aus $q \mid ab$.

Schritt 4: *Eindeutigkeit der Zerlegung*

Sei $a \notin R^{\times}$, $a \neq 0$ mit zwei Zerlegungen

$$a = p_1 \cdots p_r = q_1 \cdots q_s$$

in unzerlegbare Elemente p_i, q_j (die dann nach Schritt 3 auch Primelemente sind) gegeben.

Da p_1 ein Primelement in R ist, teilt p_1 nach Lemma 2.6 eines der q_j, ohne Einschränkung ist dieses q_1. Da q_1 unzerlegbar ist, muss p_1 zu q_1 assoziiert sein, $q_1 = \varepsilon p_1$ mit $\varepsilon \in R^{\times}$. Wir teilen beide Seiten der Gleichung durch p_1 und haben den Induktionsschritt in einem Induktionsbeweis nach der Anzahl der Faktoren gezeigt; der Induktionsanfang ist offenbar trivial.   □

Bemerkung Schritt 2 zusammen mit dem vorbereitenden Schritt 1 ist in einem beliebigen Hauptidealring etwas mühsam und übrigens auch nicht konstruktiv. Wir haben im vorigen Kapitel gesehen, dass die Existenz einer Zerlegung im Ring $\mathbb{Z}$ der ganzen Zahlen viel leichter einzusehen ist.

Dagegen ist der Beweis der Eindeutigkeitsaussage für die Zerlegung in $\mathbb{Z}$ kaum einfacher zu erreichen als mit den in Schritt 3 und 4 benutzten allgemeingültigen Argumenten. Man beachte dabei, dass der bereits erfolgte Beweis der Existenz des größten gemeinsamen Teilers ein entscheidendes Hilfsmittel im Beweis war und deswegen vor dem Beweis der Existenz und Eindeutigkeit der Primfaktorzerlegung erfolgen musste.

Der Beweis zeigt übrigens auch, dass es für die Existenz und Eindeutigkeit der Primfaktorzerlegung ausreicht, wenn im Ring R die in Schritt 1 nachgewiesene Teilerkettenbedingung gilt und zusätzlich je zwei Elemente einen größten gemeinsamen Teiler besitzen. Man überzeugt sich leicht (siehe Definition und Satz 3.6), dass diese beiden Eigenschaften umgekehrt aus der Existenz (und Eindeutigkeit) einer Primfaktorzerlegung in R folgen.

Es gibt auch Ringe, die nicht Hauptidealringe sind, in denen aber dennoch eine eindeutige Primfaktorzerlegung möglich ist; wir werden später sehen, dass dazu so wichtige Ringe wie der Ring $\mathbb{Z}[X]$ der Polynome mit ganzzahligen Koeffizienten und der Ring $K[X_1, \ldots, X_n]$ der Polynome in $n \geq 2$ Variablen über einem Körper K gehören.

Wir führen daher eine eigene Bezeichnung für Ringe mit eindeutiger Primfaktorzerlegung ein:

Definition und Satz 3.6

a) *Ein Integritätsbereich R, in dem jedes $a \in R$, $a \notin R^\times$ eine bis auf Reihenfolge und Assoziiertheit eindeutige Zerlegung*

$$a = p_1 \cdots p_r$$

in ein Produkt (nicht notwendig verschiedener) Primelemente p_j hat, heißt faktoriell *(ältere Terminologie: ZPE-Ring, englisch: unique factorization domain, UFD).*

b) *In einem faktoriellen Ring sind die Primelemente genau die unzerlegbaren Elemente.*

c) *In einem faktoriellen Ring R existieren zu $a, b \in R$ größter gemeinsamer Teiler und kleinstes gemeinsames Vielfaches. Ist*

$$a = \varepsilon_1 \prod_{j=1}^{r} p_j^{\mu_j}, \quad b = \varepsilon_2 \prod_{j=1}^{r} p_j^{v_j}$$

mit $v_j, \mu_j \in \mathbb{N}_0$ und paarweise nicht assoziierten Primelementen p_j, so ist

$$\mathrm{ggT}(a, b) = \prod_{j=1}^{r} p_j^{\min(\mu_j, v_j)}$$

$$\mathrm{kgV}(a, b) = \prod_{j=1}^{r} p_j^{\max(\mu_j, v_j)}$$

und es gilt

$$\mathrm{ggT}(a, b) \cdot \mathrm{kgV}(a, b) = a \cdot b.$$

d) *Jeder Hauptidealring ist faktoriell.*

Beweis b) und c) zeige man als Übung; man beachte, dass man aus der angegebenen Primfaktorzerlegung von ggT und kgV wegen $\min(\mu_j, v_j) + \max(\mu_j, v_j) = \mu_j + v_j$ einen neuen Beweis der Gleichung $\mathrm{ggT}(a, b) \cdot \mathrm{kgV}(a, b) = a \cdot b$ erhält. Teil d) des Satzes haben wir gerade gezeigt. □

Korollar 3.7 *Sei $n = n_1 n_2 \in \mathbb{N}$ mit $n_1, n_2 \in \mathbb{N}, \mathrm{ggT}(n_1, n_2) = 1$. Dann ist*

$$\{d \in \mathbb{N} \mid d \mid n\} = \{d_1 d_2 \mid d_i \in \mathbb{N}, d_1 \mid n_1, d_2 \mid n_2\}. \tag{3.1}$$

Beweis Übung. □

3.3 Euklidischer Algorithmus und euklidische Ringe

Die bisher geführten Beweise für die Existenz von ggT und kgV sind offenbar, ebenso wie der Beweis für die Existenz der Primfaktorzerlegung in Hauptidealringen, nicht konstruktiv, das heißt, sie liefern uns kein Verfahren, zu zwei gegebenen Ringelementen wirklich den größten gemeinsamen Teiler bzw. das kleinste gemeinsame Vielfache zu bestimmen.

Wir betrachten jetzt ein algorithmisches (also z. B. zum Schreiben eines Computerprogramms geeignetes) Verfahren, das im Ring $\mathbb{Z}$ der ganzen Zahlen und allgemeiner in der Klasse der euklidischen Ringe zur Verfügung steht.

Definition 3.8 *Ein Integritätsbereich heißt euklidisch, wenn es ein $v : R \smallsetminus \{0\} \to \mathbb{N}$ gibt, so dass gilt:*

$$Zu\ a, b \in R,\ b \neq 0\ gibt\ es\ q, r \in R\ mit\ a = qb + r,\ v(r) < v(b)\ oder\ r = 0.$$

Eine solche Funktion v heißt eine euklidische Funktion für R.

Satz 3.9 *Jeder euklidische Ring R ist ein Hauptidealring. Ist R ein euklidischer Ring mit euklidischer Funktion v und $I \neq \{0\}$ ein Ideal in R, so wird I von jedem Element $c \neq 0$ mit kleinstmöglichem $v(c)$ erzeugt.*

Beweis Der Beweis geht praktisch genauso wie im Fall $R = \mathbb{Z}$ (Satz 2.11):

Sei $I \subseteq R$ ein Ideal. Ist $I = \{0\}$, so ist I das von 0 erzeugte Hauptideal. Ist $I \neq \{0\}$, so sei $m \neq 0$ ein Element von I mit minimalem $v(m)$ und $n \in I$ beliebig. Da v euklidisch ist, können wir $n = mq + r$ mit $q, r \in R$ und $r = 0$ oder $v(r) < v(m)$ schreiben. Da $r = n - mq \in I$ wegen $n \in I, m \in I$ gilt und $v(m)$ nach Definition der minimale Wert von v auf Elementen von I ist, muss hier $r = 0$ gelten. Daher ist $n = mq \in (m) = mR$ für jedes $n \in I$, also $I \subseteq (m) = mR$. Da aus der Idealeigenschaft umgekehrt $(m) = mR \subseteq I$ folgt, ist die Behauptung bewiesen. $\square$

Beispiel 3.10
 a) $R = \mathbb{Z}$ mit $v(a) = |a|$ (siehe Satz 2.11).
 b) Ist K ein Körper, $R = K[X]$ der Polynomring in einer Unbestimmten X über K, so haben wir in Lemma 0.13 gezeigt, dass R euklidisch ist mit

$$v(f) = \deg(f) + 1$$

(oder auch mit

$$v'(f) = 2^{\deg(f)}).$$

Ein Ideal $I \neq \{0\}$ im Polynomring $K[X]$ wird daher von jedem Polynom $f \in I, f \neq 0$ vom kleinstmöglichen Grad erzeugt. Alle diese Erzeuger sind skalare Vielfache voneinander, insbesondere gibt es in I ein eindeutig bestimmtes normiertes Polynom kleinsten Grades, das I erzeugt.

c) Sei $R := \mathbb{Z}[i] := \{a + bi \in \mathbb{C} \mid a, b \in \mathbb{Z}\}$ mit $i = \sqrt{-1}$ der Ring der Gauß'schen ganzen Zahlen. Wir behaupten, dass $v(a + bi) := a^2 + b^2 = |a + bi|^2$ (also das Quadrat des komplexen Absolutbetrages) eine euklidische Funktion im Sinne obiger Definition ist. Seien hierfür $a + bi, c + di \in \mathbb{Z}[i]$ gegeben mit $c + di \neq 0$. Nach den bekannten Regeln für das Rechnen mit komplexen Zahlen ist

$$\frac{a + bi}{c + di} =: x + yi \quad \text{mit } x = \frac{ac + bd}{c^2 + d^2}, y = \frac{bc - ad}{c^2 + d^2}.$$

Wir finden dann $p, q \in \mathbb{Z}$ mit

$$|p - x| \leq \frac{1}{2}, |q - y| \leq \frac{1}{2},$$

also $|(x + yi) - (p + qi)|^2 = (p - x)^2 + (q - y)^2 \leq \frac{1}{4} + \frac{1}{4} < 1$.
Multiplizieren wir diese Ungleichung mit $|(c + di)|^2$, so erhalten wir

$$|(a + bi) - (c + di)(p + qi)|^2 < |(c + di)|^2.$$

Setzen wir $(a + bi) - (c + di)(p + qi) =: r + si \in \mathbb{Z}[i]$, so haben wir zu den vorgegebenen Elementen $(a + bi)$ und $(c + di)$ von $\mathbb{Z}[i]$ in der Tat Zahlen $p + qi \in \mathbb{Z}[i]$ und $r + si \in \mathbb{Z}[i]$ gefunden, für die

$$(a + bi) = (c + di)(p + qi) + (r + si)$$

und

$$v(r + si) < v(c + di)$$

gilt. Der Ring $\mathbb{Z}[i]$ ist also wie behauptet euklidisch.
Ein Zahlenbeispiel für diese Rechnung ist:

$$\frac{4 - 3i}{3 + i} = \frac{(4 - 3i)(3 - i)}{10} = \frac{9}{10} - \frac{13}{10}i,$$

also $4 - 3i = (3 + i)(1 - i) - i$ mit $|i|^2 = 1 < 100 = |3 + i|^2$.

Bemerkung Zusammen mit Satz 3.6 haben wir also die *Hierarchie der Ringe*, die wir durch das folgende Diagramm ausdrücken:

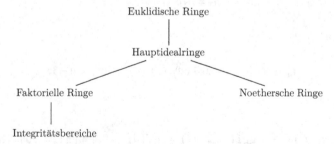

wobei jeweils die am oberen Ende eines der Striche stehende Klasse von Ringen in der darunter stehenden Klasse enthalten ist.

Satz 3.11 (Euklidischer Algorithmus) *Sei R ein euklidischer Ring mit euklidischer Funktion $v : R \smallsetminus \{0\} \to \mathbb{N}$, seien $a_1, a_2 \in R$ mit $a_2 \neq 0$.*

Dann gibt es $n \in \mathbb{N}$ ($n \geq 2$) und $a_j \in R$ ($3 < j \leq n+1$), $q_j \in R$ ($1 \leq j \leq n-1$) mit

$$a_j = q_j a_{j+1} + a_{j+2} \quad (1 \leq j \leq n-1) \quad \text{mit } v(a_{j+2}) < v(a_{j+1}) \quad (1 \leq j \leq n-2)$$
$$a_{n+1} = 0.$$

Es gilt $a_n = \mathrm{ggT}(a_1, a_2)$, und durch sukzessives Einsetzen in den Gleichungen

$$a_n = a_{n-2} - q_{n-2} a_{n-1}$$
$$a_{n-1} = a_{n-3} - q_{n-3} a_{n-2}$$
$$\vdots$$
$$a_3 = a_1 - q_1 a_2$$

erhält man (falls $n \geq 3$) Elemente $x, y \in R$ mit

$$\mathrm{ggT}(a_1, a_2) = a_n = x a_1 + y a_2$$

(ist $n = 2$, also $a_1 = q_1 a_2$, so ist $a_2 = \mathrm{ggT}(a_1, a_2)$).

Beweis Nach Definition des euklidischen Rings können wir

$$a_1 = q_1 a_2 + a_3$$

mit $q_1, a_3 \in R$, $a_3 = 0$ oder $v(a_3) < v(a_2)$ schreiben. Wir iterieren das so lange bis wir

$$a_{n-1} = q_{n-1} a_n + 0$$

erhalten; da $v(a_j)$ in jedem Schritt kleiner wird, muss diese Situation nach endlich vielen (höchstens $v(a_2)$) Schritten erreicht werden.

Die Gleichung

$$a_j = q_j a_{j+1} + a_{j+2}$$

zeigt dann sofort

$$\mathrm{ggT}(a_j, a_{j+1}) = \mathrm{ggT}(a_{j+1}, a_{j+2}) \quad \text{für } j < n - 1,$$

und wir sehen

$$\mathrm{ggT}(a_1, a_2) = \cdots = \mathrm{ggT}(a_{n-1}, a_n) = \mathrm{ggT}(a_n, a_{n+1}) = \mathrm{ggT}(a_n, 0) = a_n.$$

Der Rest der Behauptung ist klar.   □

Beispiel 3.12 $\mathrm{ggT}(221, 247) = 13$ wegen

$$247 = 1 \cdot 221 + 26$$
$$221 = 8 \cdot 26 + 13$$
$$26 = 2 \cdot 13 + 0,$$

und man hat

$$13 = 221 - 8 \cdot 26$$
$$= 221 - 8 \cdot (247 - 221)$$
$$= 9 \cdot 221 - 8 \cdot 247.$$

Genauso berechnet man in $\mathbb{Q}[X]$:

$$\mathrm{ggT}(X^3 - 3X + 2, X^3 + 4X^2 + 5X + 2) = X + 2$$

und findet die Darstellung

$$\left(\frac{1}{2} + \frac{1}{4}X\right)(X^3 - 3X + 2) + \left(\frac{1}{2} - \frac{1}{4}X\right)(X^3 + 4X^2 + 5X + 2) = X + 2.$$

Bemerkung Wegen $\mathrm{ggT}(x_1, \ldots, x_n) = \mathrm{ggT}(\mathrm{ggT}(x_1, \ldots, x_{n-1}), x_n)$ kann man durch Iteration dieses Verfahrens auch den größten gemeinsamen Teiler von mehr als zwei Ringelementen berechnen und eine Darstellung als Linearkombination der Ausgangselemente dieses ggT bestimmen.

Der euklidische Algorithmus läuft außerordentlich schnell. Das folgende Korollar macht diese Aussage quantitativ.

Korollar 3.13 *Seien $a_1, a_2 \in \mathbb{N}$, $a_1 > a_2$ so, dass der euklidische Algorithmus r Divisionen mit Rest benötigt. Dann ist*

$$a_1 \geq \mathrm{Fib}_{r+1}$$

wo Fib_n die n-te Fibonacci-Zahl ist (siehe Übungen, man hat $\mathrm{Fib}_1 = \mathrm{Fib}_2 = 1$, $\mathrm{Fib}_{n+2} = \mathrm{Fib}_{n+1} + \mathrm{Fib}_n$ für $n \geq 1$).

Beweis Die Quotienten q_j im euklidischen Algorithmus sind für $a_1 > a_2$ alle positiv. Man hat daher wegen $a_n \geq 1$ die Kette von Ungleichungen

$$a_n \geq 1$$
$$a_{n-1} \geq a_n \geq 1$$
$$a_{n-2} \geq a_{n-1} + a_n$$
$$\vdots$$
$$a_1 \geq a_2 + a_3,$$

also

$$a_{n-1} \geq \mathrm{Fib}_2 = 1$$
$$a_{n-2} \geq \mathrm{Fib}_2 + \mathrm{Fib}_1 = \mathrm{Fib}_3$$
$$\vdots$$
$$a_1 \geq \mathrm{Fib}_n.$$

Da die Anzahl der vorgenommenen Divisionen mit Rest $r = n - 1$ ist, folgt $a_1 \geq \mathrm{Fib}_{r+1}$ wie behauptet.   □

Bemerkung Man kann zeigen (siehe Übungen), dass mit $\tau = \frac{1+\sqrt{5}}{2}$, $\tau' = \frac{1-\sqrt{5}}{2}$

$$\tau^{n-2} \leq \mathrm{Fib}_n \leq \tau^{n-1} \quad \text{für } n \geq 2$$

gilt, genauer ist

$$\mathrm{Fib}_n = \frac{1}{\sqrt{5}}\left(\tau^n - (\tau')^n\right)$$

und daher Fib_n gleich dem Rundungswert von $\frac{\tau^n}{\sqrt{5}}$ (siehe Übungen).

Dies zeigt, dass die Anzahl der Divisionen, die man im euklidischen Algorithmus in $\mathbb{Z}$ benötigt, höchstens $O(\log(|a_1|, |a_2|))$ ist, sie ist also polynomial in der Bitlänge der Zahlen a_1, a_2. Der euklidische Algorithmus gehört damit zu den schnellen und sehr effizient implementierbaren Algorithmen.

Die Zahl $\tau = \frac{1+\sqrt{5}}{2}$, die hier auftritt, ist auch bekannt als das Seitenverhältnis, das beim *goldenen Schnitt* auftritt, also als das Verhältnis $\tau = \frac{a}{b}$, das man erhält, wenn man eine

Strecke der Länge $a + b$ so in zwei Abschnitte aufteilt, dass das Verhältnis $\frac{a}{b}$ des längeren Abschnitts zum kürzeren gleich dem Verhältnis $\frac{a+b}{a}$ der Gesamtlänge zur Länge des längeren Abschnitts ist. Sie erfüllt die quadratische Gleichung $\tau^2 - \tau - 1 = 0$.

Beispiel 3.14 Eine andere Anwendung der Division mit Rest ergibt sich bei dem üblichen Verfahren der schriftlichen Division ganzer Zahlen, das wir zur Berechnung der Dezimalbruchentwicklung oder allgemeiner der Entwicklung in einen g-adischen Bruch einer rationalen Zahl (siehe die Bemerkung nach Definition und Satz 1.3) anwenden.

Sei hierfür $0 \le \frac{p}{q} < 1$ ein gekürzter Bruch mit $p, q \in \mathbb{N}_0$, also $0 \le p < q$, ggT$(p, q) = 1$.

Wir definieren a_{-n}, r_n für $n \in \mathbb{N}$ rekursiv, indem wir zunächst gp mit Rest durch q dividieren, also $gp = qa_{-1} + r_1$ mit $0 \le r_1 < q$ und $0 \le a_{-1} < g$ schreiben. Sind dann für ein $n \in \mathbb{N}$ Zahlen a_{-n} und r_n bereits definiert, so definieren wir a_{-n-1} und r_{n+1} durch $gr_n = qa_{-n-1} + r_{n+1}$ mit $0 \le a_{-n-1} < g$ und $0 \le r_n < q$.

Wir haben dann $a_{-1} \le g\frac{p}{q} < a_{-1} + 1$ und

$$a_{-n-1} \le g^{n+1}\left(\frac{p}{q} - \sum_{i=1}^{n} a_{-i}g^{-i}\right) < a_{-n-1} + 1,$$

d. h., die g-adische Bruchentwicklung von $\frac{p}{q}$ ist durch $0, a_{-1}a_{-2}\ldots$ gegeben. Wir rechnen ein paar Beispiele durch:

a) $\frac{p}{q} = \frac{1}{7}$, $g = 10$:

$$10 \cdot 1 = \underline{1} \cdot 7 + 3 \quad a_{-1} = 1$$
$$10 \cdot 3 = \underline{3} \cdot 7 + 2 \quad a_{-2} = 4$$
$$10 \cdot 2 = \underline{2} \cdot 7 + 6 \quad a_{-3} = 2$$
$$10 \cdot 6 = \underline{8} \cdot 7 + 4 \quad a_{-4} = 8$$
$$10 \cdot 4 = \underline{5} \cdot 7 + 5 \quad a_{-5} = 5$$
$$10 \cdot 5 = \underline{7} \cdot 7 + 1 \quad a_{-6} = 7$$
$$10 \cdot 1 = \ldots,$$

und ab hier wiederholt sich die Rechnung: wir haben die periodische Dezimalbruchentwicklung $\frac{1}{7} = 0,\overline{142857}$ (periodisch mit 6-stelliger Periode).

b) $\frac{p}{q} = \frac{1}{7}$, $g = 4$:
$4 \cdot 1 = \underline{0} \cdot 7 + 4$, $4 \cdot 4 = \underline{2} \cdot 7 + 2$, $4 \cdot 2 = \underline{1} \cdot 7 + 1$, $4 \cdot 1 = \ldots$, die 4-adische Bruchentwicklung hat die 3-stellige Periode 021.

c) $\frac{p}{q} = \frac{1}{7}$, $g = 6$:
$6 \cdot 1 = \underline{0} \cdot 7 + 6$, $6 \cdot 6 = \underline{5} \cdot 7 + 1$, $6 \cdot 1 = \ldots$, die 6-adische Bruchentwicklung hat die 2-stellige Periode 05.

Wir werden in Kap. 5 auf die Frage der Periodizität und der Periodenlänge der g-adischen Bruchentwicklung einer rationalen Zahl zurückkommen.

3.4 Lineare diophantische Gleichungen

Zum Schluss dieses Paragraphen sollen die Ergebnisse über den größten gemeinsamen Teiler zur Untersuchung der Lösungen der einfachsten diophantischen Gleichungen verwendet werden. Allgemein bezeichnet man Gleichungen vom Typ

$$f(x_1, \ldots, x_n) = c,$$

bei denen f ein Polynom mit Koeffizienten in $\mathbb{Z}$ (oder $\mathbb{Q}$) in den Variablen $X_1, \ldots, X_n$ ist, $c \in \mathbb{Z}$ (oder $\mathbb{Q}$) gilt und Lösungen in $\mathbb{Z}^n$ (oder $\mathbb{Q}^n$) gesucht werden, als *diophantische Gleichungen*. Diese Benennung geht zurück auf den Mathematiker Diophant von Alexandria (vermutlich ca. 250 n. Chr.), dessen Buch „Arithmetika" solche Gleichungen untersuchte.

Satz 3.15 *Seien $a_1, \ldots, a_k \in \mathbb{Z}$ nicht alle 0, $c \in \mathbb{Z}$.*

a) *Die Gleichung*

$$a_1 x_1 + \cdots + a_k x_k = c$$

ist genau dann mit $x_1, \ldots, x_k \subset \mathbb{Z}$ lösbar, wenn $\mathrm{ggT}(a_1, \ldots, a_k)$ ein Teiler von c ist.

b) *Ist die Bedingung in a) erfüllt, so findet man eine Lösung der Gleichung, indem man mit $\mathrm{ggT}(a_1, \ldots, a_k) = d$ zunächst durch wiederholte Anwendung des euklidischen Algorithmus Zahlen*

$$x_1', \ldots x_k' \quad \text{mit} \quad \sum_{j=1}^{k} a_j x_j' = d$$

bestimmt und anschließend

$$x_j = x_j' \cdot \frac{c}{d}$$

setzt.

c) *Für $k = 2$ sei (x_0, y_0) eine spezielle Lösung der Gleichung*

$$ax + by = c.$$

Dann sind die sämtlichen Lösungen der Gleichung genau die (x, y) mit

$$x = x_0 + \frac{b}{d} t, \quad y = y_0 - \frac{a}{d} t \quad \text{für } t \in \mathbb{Z}.$$

Beweis a), b): Dass die Bedingung $\mathrm{ggT}(a_1, \ldots, a_k) \mid c$ notwendig für die Lösbarkeit der Gleichung ist, ist offensichtlich. Dass sie auch hinreichend ist, sieht man, wenn man die Richtigkeit des in b) angegebenen Verfahrens nachrechnet.

c): Aus der linearen Algebra weiß man, dass die rationalen Lösungen der Gleichung genau die

$$x_0 + b \cdot t', \quad y_0 - at' \quad \text{mit } t' \in \mathbb{Q}$$

sind.

Da wir ganzzahlige Lösungen suchen, muss t' so sein, dass $b \cdot t' \in \mathbb{Z}$, $a \cdot t' \in \mathbb{Z}$ gilt. Das ist genau dann der Fall, wenn $t' = \frac{t}{d}$ mit $t \in \mathbb{Z}$ ist.   □

Bemerkung Der Beweis funktioniert offenbar genauso, wenn man statt $\mathbb{Z}$ einen beliebigen Hauptidealring R zu Grunde legt. Insbesondere gilt der Satz also genauso für den Polynomring $K[X]$ über einem Körper K.

Beispiel 3.16 Wir betrachten die beiden Gleichungen

$$221x - 247y = 91$$
$$15x + 35y = 7$$

Die zweite dieser Gleichungen ist wegen $\text{ggT}(15, 35) = 5$ und $5 \nmid 7$ nicht mit $x, y \in \mathbb{Z}$ lösbar, die zweite ist wegen $\text{ggT}(221, 247) = 13$ und $13 \mid 91$ lösbar. Wir haben oben bereits die Darstellung

$$13 = 9 \cdot 221 - 8 \cdot 247$$

bestimmt und erhalten daraus wegen $91 = 7 \cdot 13$ die Lösung

$$x_0 = 7 \cdot 9 = 63, \quad y_0 = 7 \cdot 8 = 56.$$

Die allgemeine ganzzahlige Lösung ist dann

$$x = 63 + 19t, y = 56 + 17t,$$

da $19 = 247/13$ und $17 = 221/13$ ist.

Suchen wir etwa die kleinste ganzzahlige Lösung (x, y), für die x und y positiv sind, so finden wir sie für $t = -3$, das liefert uns die Lösung $x = 6, y = 5$.

3.5 Ergänzung: Multiplikative Funktionen

Definition 3.17 *Eine Funktion $f : \mathbb{N} \to \mathbb{C}$ heißt* zahlentheoretische Funktion. *Sie heißt* multiplikative zahlentheoretische Funktion, *wenn f nicht die Nullfunktion ist und gilt: Sind $n_1, n_2 \in \mathbb{N}$ mit $\text{ggT}(n_1, n_2) = 1$, so ist $f(n_1 n_2) = f(n_1)f(n_2)$.*

Multiplikative zahlentheoretische Funktionen sind nach dem Fundamentalsatz der Arithmetik über die eindeutige Primfaktorzerlegung durch ihre Werte auf Primzahlpoten-zen bestimmt. Bevor wir Beispiele betrachten, stellen wir ein paar einfache Eigenschaften fest:

Lemma 3.18 *Sind f_1, f_2, f multiplikative zahlentheoretische Funktionen, so sind auch die folgenden Funktionen multiplikativ:*

a) *Die durch $g(n) = \sum_{d\,|\,n} f(d)$ gegebene* summatorische *Funktion.*

b) *Die durch $(f_1 * f_2)(n) := \sum_{d\,|\,n} f_1(d) f_2\left(\frac{n}{d}\right)$ gegebene* Faltung *von f_1 mit f_2.*

c) *Das Produkt $f_1 f_2(n) = f_1(n) f_2(n)$.*

Beweis a) ist der Spezialfall $f_1 = f, f_2 \equiv 1$ von b).

b): Sind $n_1, n_2 \in \mathbb{N}$ mit $\mathrm{ggT}(n_1, n_2) = 1$, so ist

$$
\begin{aligned}
(f_1 * f_2)(n_1 n_2) &= \sum_{d\,|\,n_1 n_2} f_1(d) f_2\left(\frac{n_1 n_2}{d}\right) \\
&= \sum_{d_1\,|\,n_1}\sum_{d_2\,|\,n_2} f_1(d_1 d_2) f_2\left(\frac{n_1 n_2}{d_1 d_2}\right) \quad \text{wegen Korollar 3.7} \\
&= \sum_{d_1\,|\,n_1}\sum_{d_2\,|\,n_2} f_1(d_1) f_1(d_2) f_2\left(\frac{n_1}{d_1}\right) f_2\left(\frac{n_2}{d_2}\right) \quad \text{weil } f_1, f_2 \text{ multiplikativ sind} \\
&= \sum_{d_1\,|\,n_1} f_1(d) f_2\left(\frac{n_1}{d_1}\right) \sum_{d_2\,|\,n_2} f_1(d_2) f_2\left(\frac{n_2}{d_2}\right) \\
&= (f_1 * f_2)(n_1)(f_1 * f_2)(n_2)
\end{aligned}
$$

c) ist klar.   □

Beispiel 3.19

a) Offenbar ist für jedes $k \in \mathbb{N}_0$ die Funktion $d \mapsto d^k$ eine multiplikative zahlentheoretische Funktion. Nach dem Lemma wird daher auch durch $\sigma_k(n) := \sum_{d\,|\,n} d^k$ eine multiplikative zahlentheoretische Funktion definiert. Insbesondere sind die Teileranzahl σ_0 und die Teilersumme σ_1 multiplikative Funktionen.

Für Primzahlpotenzen $p^j, j \in \mathbb{N}$ haben wir offenbar

$$
\sigma_k(p^j) = \sum_{i=0}^{j} p^{ik} = \begin{cases} \frac{p^{k(j+1)}-1}{p^k-1} & k \geq 1 \\ j+1 & k = 0, \end{cases}
$$

die Werte auf beliebigen natürlichen Zahlen erhält man dann aus der Primfaktorzerlegung. Für $n = 22.370.117 = 7^5 \cdot 11^3$ erhalten wir also ohne lange Rechnung: $\sigma_0(n) = 6 \cdot 4 = 24$, $\sigma_1(n) = \frac{(7^6-1)(11^4-1)}{6 \cdot 10} = 28.706.112$.

b) Wir definieren eine multiplikative zahlentheoretische Funktion μ (die *Möbius-Funktion*), indem wir

$$
\mu(p^j) = \begin{cases} 1 & j = 0 \\ -1 & j = 1 \\ 0 & j > 1 \end{cases}
$$

setzen und die Funktion mit Hilfe der eindeutigen Primfaktorzerlegung multiplikativ fortsetzen. Für $n \in \mathbb{N}$ ist also $\mu(n) = 0$, falls n nicht quadratfrei ist, und $\mu(n) = (-1)^r$, wenn n quadratfrei mit genau r Primteilern ist.

c) Ein weiteres wichtiges Beispiel einer multiplikativen zahlentheoretischen Funktion ist die Euler'sche φ-Funktion, die wir in Definition und Korollar 4.38 einführen werden.

Bemerkung Für eine zahlentheoretische Funktion f und $s \in \mathbb{C}$ betrachtet man die unendliche Reihe $D_f(s) := \sum_{n=1}^{\infty} \frac{f(n)}{n^s}$; derartige Reihen nennt man *Dirichletreihen*. Falls $c > 0$ so ist, dass $f(n) = O(n^c)$ gilt, so konvergiert die Reihe für alle s mit $\mathrm{Re}(s) > c + 1$ absolut. Hat man eine weitere zahlentheoretische Funktion g, für die ebenfalls $g(n) = O(n^c)$ gilt, so sieht man mit Hilfe des Produktsatzes von Cauchy über absolut konvergente unendliche Reihen, dass

$$D_f(s)D_g(s) = D_{f*g}(s)$$

für alle $s \in \mathbb{C}$ mit $\mathrm{Re}(s) > c + 1$ gilt. Das Faltungsprodukt von zahlentheoretischen Funktionen entspricht also genau dem Produkt der zugehörigen Dirichletreihen.

Wir erhalten so zum Beispiel für $\mathrm{Re}(s) > k + 1$ die Identität

$$\zeta(s)\zeta(s - k) = D_{\sigma_k}(s) = \sum_{n=1}^{\infty} \frac{\sigma_k(n)}{n^s},$$

wo $\zeta(s) = \sum_{n=1}^{\infty} n^{-s}$ wie in Abschn. 2.4 die Riemann'sche Zetafunktion bezeichnet.

Ist f eine multiplikative zahlentheoretische Funktion, so gilt im Gebiet absoluter Konvergenz

$$\sum_{n=1}^{\infty} \frac{f(n)}{n^s} = \prod_{p \text{ Primzahl}} \sum_{k=1}^{\infty} \frac{f(p^k)}{p^{-ks}},$$

wie man mit Hilfe des Satzes von der eindeutigen Primfaktorzerlegung und grundlegender Aussagen über Konvergenz unendlicher Produkte zeigt. Eine solche Produktzerlegung nennt man ein *Euler-Produkt* für die Dirichletreihe $D_f(s)$, die Faktoren $\sum_{k=1}^{\infty} \frac{f(p^k)}{p^{-ks}}$ des Produkts heißen die *Euler-Faktoren* der Reihe. Ist f sogar total multiplikativ (also $f(n_1 n_2) = f(n_1)f(n_2)$ für alle $n_1, n_2 \in \mathbb{N}$), so liefert die bekannte Formel für die Summe der geometrischen Reihe, dass

$$\sum_{k=1}^{\infty} \frac{f(p^k)}{p^{-ks}} = \frac{1}{1 - f(p)p^{-s}}$$

gilt.

Viele zahlentheoretisch interessante multiplikative Funktionen, z. B. die Funktionen σ_k, führen auf Euler-Produkte, bei denen die Euler-Faktoren zwar nicht ganz so einfach, aber immerhin noch rationale Funktionen von p^{-s} sind.

Die Untersuchung von Dirichletreihen (als Funktion der Variablen $s \in \mathbb{C}$) mit Hilfe von Methoden der komplexen Analysis ist eines der fruchtbarsten und aktuellsten Gebiete der Zahlentheorie.

Satz 3.20 (Möbius'sche Umkehrformel) *Sei f eine zahlentheoretische Funktion mit summatorischer Funktion $g = f * 1$.*
Dann gilt $f = g * \mu$, d. h., man hat für alle $n \in \mathbb{N}$

$$f(n) = \sum_{d \mid n} g(d) \mu\left(\frac{n}{d}\right).$$

Beweis Ist $n = p^r$ eine Primzahlpotenz, so gilt wegen $g(p^r) = \sum_{j=0}^r f(p^j)$ offenbar wie behauptet

$$f(p^r) = g(p^r) - g(p^{r-1}) = \sum_{j=0}^r g(p^j)\mu(p^{r-j})$$

für alle $r \in \mathbb{N}$. Falls f und damit auch g multiplikativ ist, folgt daraus die Behauptung für beliebiges n, da dann beide Seiten von 3.20 multiplikative Funktionen von n sind, die auf allen Primzahlpotenzen übereinstimmen.

Für beliebiges f liefert eine leichte Modifikation des obigen Arguments den Induktionsschritt in einem Beweis durch vollständige Induktion:

Wir nehmen an, die Behauptung sei bereits gezeigt für alle n_1, die weniger Primfaktoren haben als n, wählen ein $p \mid n$ und schreiben $n = n_1 p^r$ mit $p \nmid n_1$.

Ferner setzen wir $\tilde{f}_s(m) := \sum_{j=0}^s f(mp^j)$ für $m \in \mathbb{N}, s \in \mathbb{N}_0$ und bezeichnen mit $\tilde{g}_s$ die summatorische Funktion von $\tilde{f}_s$. Dann rechnet man leicht nach, dass $\tilde{g}_s(m_1) = g(m_1 p^s)$ für alle $m_1 \in \mathbb{N}$ mit $p \nmid m_1$ gilt, und hat (wegen $\mu(p^{r-j}) = 0$ für $j < r-1$)

$$\sum_{d \mid n} g(d)\mu\left(\frac{n}{d}\right) = \sum_{j=0}^r \sum_{d_1 \mid n_1} g(d_1 p^j)\mu\left(\frac{n_1}{d_1}\right)\mu(p^{r-j})$$

$$= \sum_{d_1 \mid n_1} \tilde{g}_r(d_1)\mu\left(\frac{n_1}{d_1}\right) - \sum_{d_1 \mid n_1} \tilde{g}_{r-1}(d_1)\mu\left(\frac{n_1}{d_1}\right)$$

$$= \tilde{f}_r(n_1) - \tilde{f}_{r-1}(n_1) \quad \text{nach Induktionsannahme}$$

$$= f(n_1 p^r) \quad \text{nach Definition von } \tilde{f}_s$$

$$= f(n). \qquad \qquad \qquad \square$$

Beispiel 3.21
a) Die konstante Funktion 1 ist die summatorische Funktion zu der Funktion f mit $f(1) = 1$ und $f(j) = 0$ für $j > 0$. Nach der Umkehrformel gilt daher für die Möbius-Funktion

$$\sum_{d \mid n} \mu(d) = \sum_{d \mid n} \mu\left(\frac{n}{d}\right) = \begin{cases} 1 & n = 1 \\ 0 & n > 1. \end{cases}$$

b) Es gilt $n = \sum_{d \mid n} \sigma_1(d)\mu(\frac{n}{d})$.

3.6 Übungen

3.1 Zeigen Sie die Aussage von Korollar 3.7!

3.2 Sind $a, b \in R$, so sind größter gemeinsamer Teiler und kleinstes gemeinsames Vielfaches von a und b, falls sie existieren, bis auf Assoziiertheit eindeutig bestimmt.

3.3 Sei R ein Integritätsbereich, in dem je zwei Elemente einen größten gemeinsamen Teiler und ein kleinstes gemeinsames Vielfaches besitzen. Zeigen Sie, dass in R je n Elemente einen größten gemeinsamen Teiler haben und dass für $a_1, \ldots, a_n \in R$ gilt:

a) $\mathrm{ggT}(a_1, \ldots, a_n) = \mathrm{ggT}\left(a_1, \mathrm{ggT}(a_2, \ldots, a_n)\right)$.
b) $\mathrm{kgV}(a_1, \ldots, a_n) = \mathrm{kgV}\left(a_1, \mathrm{kgV}(a_2, \ldots, a_n)\right)$.
c) Für $c \in R$ ist

$$\mathrm{ggT}(ca_1, \ldots, ca_n) = c \cdot \mathrm{ggT}(a_1, \ldots, a_n),$$
$$\mathrm{kgV}(ca_1, \ldots, ca_n) = c \cdot \mathrm{kgV}(a_1, \ldots, a_n).$$

d) Ist $d = \mathrm{ggT}(a_1, \ldots, a_n)$, so ist $1 = \mathrm{ggT}\left(\frac{a_1}{d}, \ldots, \frac{a_n}{d}\right)$.

3.4 Zeigen Sie unter Benutzung von Satz 3.4 Teil d) von Definition und Lemma 3.1 über den größten gemeinsamen Teiler in $\mathbb{Z}$.

3.5 (siehe Aufgabe 2.6) Zeigen Sie, dass 6 und $4 + 2\sqrt{-5}$ in $\mathbb{Z}[\sqrt{-5}]$ keinen größten gemeinsamen Teiler haben!
  (Hinweis: Zeigen Sie zunächst, dass beide Zahlen durch 2 und durch $1 - \sqrt{-5}$ teilbar sind und folgern Sie, dass das Quadrat des Absolutbetrags eines größten gemeinsamen Teilers 12 sein müsste.)

3.6
a) Finden Sie ganze Zahlen $m, n \in \mathbb{Z}$ mit

$$663m + 1190n = \mathrm{ggT}(663, 1190).$$

b) Seien $f = 2X^5 + 3X^4 + 10X^3 + 11X^2 + 13X + 4$ und $g = 2X^3 + 3X^2 + 4X + 1$ in $\mathbb{Q}[X]$. Finden Sie Polynome $h_1, h_2 \in \mathbb{Q}[X]$ mit

$$h_1 f + h_2 g = \mathrm{ggT}(f, g).$$

3.7 Berechnen Sie mit Hilfe des euklidischen Algorithmus ggT(899, 203), untersuchen Sie, ob

a) $899x + 203y = 319$
b) $899x + 203y = 341$

eine ganzzahlige Lösung $x, y \in \mathbb{Z}$ hat und bestimmen Sie gegebenenfalls eine solche Lösung.

3.8 Die *Fibonacci-Zahlen* Fib_n sind für $n \in \mathbb{N}$ durch die Rekursionsformel

$$\text{Fib}_{n+2} = \text{Fib}_n + \text{Fib}_{n+1}$$

mit den Anfangswerten

$$\text{Fib}_1 = \text{Fib}_2 = 1$$

definiert.

a) Zeigen Sie, dass Fib_n und Fib_{n+1} für alle n teilerfremd sind.
b) Zeigen Sie, dass mit $x = \frac{1+\sqrt{5}}{2}$, $y = \frac{1-\sqrt{5}}{2}$ gilt:

$$\text{Fib}_n = \frac{x^n - y^n}{\sqrt{5}}$$

und dass für die *Lucas-Zahlen*

$$L_n := x^n + y^n$$

die gleiche Rekursionsformel (mit welchen Anfangswerten?) gilt.
(Hinweis: Benutzen Sie die quadratische Gleichung, der x genügt.)
c) Berechnen Sie

$$L_n^2 - 5\text{Fib}_n^2 \, .$$

Zeigen Sie, dass Fib_n und L_n entweder beide gerade oder beide ungerade sind und dass der größte gemeinsame Teiler von Fib_n und L_n stets entweder 1 oder 2 ist.

3.9 Konstruieren Sie in den Ringen $\mathbb{Z}[X]$ und $K[X, Y]$ (K ein Körper) Ideale, die keine Hauptideale sind. Zeigen Sie in Ihren Beispielen, dass dennoch jeweils der größte gemeinsame Teiler und das kleinste gemeinsame Vielfache der die Ideale erzeugenden Elemente existiert.

3.10 Bestimmen Sie in $\mathbb{Q}[X]$ den normierten Erzeuger g des Ideals, das von den Polynomen

$$f_1 = (X-1)^2(X+2)^2(X-3) = X^5 - X^4 - 9X^3 + 5X^2 + 16X - 12,$$
$$f_2 = (X-1)(X+2)(X+1)(X-3) = X^4 - X^3 - 7X^2 + X + 6,$$
$$f_3 = (X+2)(X-3)(X+1)^2 = X^4 + X^3 - 7X^2 - 13X - 6$$

erzeugt wird, sowie eine Darstellung

$$g = h_1 f_1 + h_2 f_2 + h_3 f_3$$

mit Polynomen $h_j \in \mathbb{Q}[X]$.

3.11 Seien Polynome

$$h_1 = -3X^3 - 5X^2 - 7X + 3,$$
$$h_2 = -X^3 - 2X^2 - 5X - 3,$$
$$f = X^3 + X^2 + X - 3,$$
$$g = X^4 + X^3 - X^2 - 7X - 6$$

in $\mathbb{Q}[X]$ gegeben. Untersuchen Sie für $i = 1, 2$, ob h_i im von f und g erzeugten Ideal liegt.

3.12 Sei $M_p = 2^p - 1$ eine Mersenne'sche Primzahl. Zeigen Sie, dass $v_p := 2^{p-1}M_p$ eine *vollkommene Zahl* ist, d. h., dass $\sigma_1(v_p) = 2v_p$ gilt. Finden Sie damit vier vollkommene Zahlen!

3.13 Benutzen Sie die Formel

$$\sum_{d \mid n} \mu(d) = \sum_{d \mid n} \mu\left(\frac{n}{d}\right) = \begin{cases} 1 & n = 1 \\ 0 & n > 1 \end{cases},$$

um einen anderen Beweis für die Möbius'sche Umkehrformel zu geben.

3.14 Zeigen Sie, dass es zu jeder zahlentheoretischen Funktion f mit $f(1) \neq 0$ genau eine zahlentheoretische Funktion g mit

$$\sum_{d \mid n} f(d)g\left(\frac{n}{d}\right) = \begin{cases} 1 & n = 1 \\ 0 & n \neq 1 \end{cases}$$

gibt (Hinweis: Definieren Sie g induktiv!).

Kongruenzen und Ideale

4

In diesem Kapitel geht es um Aussagen über ganze Zahlen, die man dadurch erhält, dass man statt mit den Zahlen selbst mit den Resten rechnet, die diese bei Division durch ein festes $m \in \mathbb{N}$ lassen. Wir werden sehen, dass man auf diese Weise zum Beispiel Begründungen für die in der Schule gelernten Verfahren der Neunerprobe bzw. Dreierprobe zum Testen einer Zahl auf Teilbarkeit durch 9 bzw. durch 3 erhält. Wie stets werden wir die Aussagen dabei soweit möglich für allgemeine kommutative Ringe formulieren und beweisen und dadurch insbesondere für Polynomringe zu nützlichen Aussagen gelangen.

4.1 Kongruenzen

Wir erinnern zunächst noch einmal an den Begriff des Ideals in einem (kommutativen) Ring R (Definition 2.8, Lemma 2.9): Eine nicht leere Teilmenge $I \subseteq R$ ist ein Ideal, wenn für alle $x, y \in I$ und $a \in R$ auch $x + ay \in I$ gilt.

Der zentrale Begriff in diesem Kapitel ist:

Definition und Lemma 4.1

a) *Seien $m \in \mathbb{N}$, $a, b \in \mathbb{Z}$. Man sagt, a sei* kongruent *zu b modulo m und schreibt*

$$a \equiv b \bmod m \quad oder \quad a \equiv b \bmod (m),$$

wenn die folgenden zueinander äquivalenten Aussagen gelten.

i) $m \mid (a - b)$

ii) $a - b \in (m) = m\mathbb{Z} \subseteq \mathbb{Z}$

iii) *a und b lassen bei Division durch m den gleichen Rest.*

b) *Sei R ein kommutativer Ring, $I \subseteq R$ ein Ideal. Man sagt a sei kongruent zu b modulo I und schreibt*

$$a \equiv b \bmod I,$$

falls $a - b \in I$ gilt.

R. Schulze-Pillot, *Einführung in Algebra und Zahlentheorie*, DOI 10.1007/978-3-642-55216-8_4,   69
© Springer-Verlag Berlin Heidelberg 2015

Ist I = (c) ein Hauptideal, so schreibt man auch a ≡ b mod c (a ist kongruent zu b modulo c).

Beweis Zu beweisen sind nur die Äquivalenzen der Aussagen i)–iii) in a).

Dabei ist i) ⇔ ii) klar nach Definition von

$$(m) = m\mathbb{Z} = \{mc \mid c \in \mathbb{Z}\}$$

und nach Definition der Teilbarkeit.

i) ist äquivalent zu iii), denn ist $a = mq_1 + r_1$, $b = mq_2 + r_2$ mit $r_j, q_j \in \mathbb{Z}$, $0 \le r_j < m$, so ist

$$a - b = m(q_1 - q_2) + r_1 - r_2$$

genau dann durch m teilbar, wenn $r_1 - r_2$ durch m teilbar ist, was wegen $|r_1 - r_2| < m$ zu $r_1 = r_2$ äquivalent ist.   □

Bemerkung Offenbar ist Kongruenz modulo m in $\mathbb{Z}$ ein Spezialfall der Kongruenz modulo einem Ideal.

Definition und Lemma 4.2 *Kongruenz modulo einem Ideal ist eine Äquivalenzrelation.*

Ist $I \subseteq R$ ein Ideal, so sind die Äquivalenzklassen bezüglich dieser Relation die Restklassen

$$\bar{a} := a + I := \{a + x \mid x \in I\} \quad \textit{für } a \in R$$

modulo I, *man hat also genau dann $a + I = b + I$, wenn $a \equiv b$ mod I, also $a - b \in I$ gilt.*

R ist daher die disjunkte Vereinigung der verschiedenen Restklassen $a + I$ modulo I.

Eine Teilmenge $M \subseteq R$, die aus jeder Klasse $a + I$ genau ein Element enthält, heißt ein vollständiges Repräsentantensystem *oder* Restsystem *von R modulo I.*

Beweis Um zu zeigen, dass Kongruenz eine Äquivalenzrelation ist, muss man zeigen, dass sie die drei folgenden Eigenschaften hat:

i) $a \equiv a$ mod I für alle $a \in R$ (Reflexivität)

ii) $a \equiv b$ mod $I \Rightarrow b \equiv a$ mod I für alle $a, b \in R$ (Symmetrie)

iii) Sind $a, b, c \in R$ mit $a \equiv b$ mod I, $b \equiv c$ mod I, so ist $a \equiv c$ mod I (Transitivität).

Dass i) gilt, ist wegen $0 = a - a \in I$ für ein Ideal I klar.

Ist $a - b \in I$, so ist auch $b - a = -(a - b) \in I$, da ein Ideal mit jedem Element auch dessen negatives enthält, also gilt ii).

Sind $a - b \in I$ und $b - c \in I$, so ist auch $a - c = (a - b) + (b - c) \in I$, da ein Ideal zu je zwei Elementen deren Summe enthält, also gilt auch iii).

Kongruenz ist also in der Tat eine Äquivalenzrelation. Zwei Elemente $b, a \in R$ gehören dabei genau dann zur gleichen Äquivalenzklasse, wenn $b - a \in I$ gilt, wenn es also $x \in I$ mit $b - a = x$, d. h. $b = a + x$ gibt, wenn also $b \in a + I$ gilt. Also sind die $a + I$ genau die Äquivalenzklassen. Der Rest der Aussage ist klar (oder eine Definition). $\quad\square$

Beispiel 4.3

a) Ist $R = \mathbb{Z}$ und $I = (m)$ das Ideal, das aus den Vielfachen der natürlichen Zahl m besteht, so ist (Division mit Rest durch m) die Menge $\{0, 1, \ldots, m - 1\}$ ein vollständiges Repräsentantensystem von R modulo I.

Ein anderes vollständiges Repräsentantensystem (das *absolut kleinste Restsystem*) ist $\{-\frac{m}{2} + 1, \ldots, \frac{m}{2} - 1, \frac{m}{2}\}$ für gerades m, $\{-\lfloor \frac{m}{2} \rfloor, \ldots, \lfloor \frac{m}{2} \rfloor - 1, \lfloor \frac{m}{2} \rfloor\}$ für ungerades m. Dies sind die beiden am häufigsten benutzten Repräsentantensysteme, man kann aber beliebig viele andere aufstellen, z. B. indem man zu jedem Element eines der obigen Repräsentantensysteme eine feste Zahl $n \in \mathbb{Z}$ addiert.

b) Ist $R = K[X]$ der Polynomring in einer Variablen über dem Körper K und $f = \sum_{j=0}^{n} a_j X^j \neq 0$ ein Polynom vom Grad $n \in \mathbb{N}$, so ist $\{g \in K[X] \mid \deg(g) < n\}$ ein Repräsentantensystem von R modulo dem von f erzeugten Ideal (f) (Division mit Rest durch f).

Ist etwa $f = a_0 + a_1 X + a_2 X^2$ mit $a_2 \neq 0$ ein beliebiges Polynom vom Grad 2, so erhält man als Repräsentantensystem $\{a + bX \mid a, b \in K\}$. Natürlich kann man auch hier unendlich viele andere Repräsentantensysteme aufstellen.

Definition und Satz 4.4 *Sei R ein kommutativer Ring und $I \subseteq R$ ein Ideal. Sind $a, a', b, b' \in R$ mit $a \equiv a' \bmod I$, $b \equiv b' \bmod I$, so gilt*

$$a + b \equiv a' + b' \bmod I$$
$$ab \equiv a'b' \bmod I.$$

Man kann daher durch

$$(a + I) + (b + I) := (a + b) + I$$
$$(a + I)(b + I) := ab + I$$

auf der Menge R/I der Restklassen modulo I zwei (wohldefinierte) Verknüpfungen einführen, bezüglich denen R/I ein kommutativer Ring mit Nullelement $I = 0 + I$ und Einselement $1 + I$ ist; dieser Ring heißt Restklassenring modulo I oder der Faktorring von R modulo I.

Beweis Ist $a - a' \in I$ und $b - b' \in I$, so ist auch $(a + b) - (a' + b') = (a - a') + (b - b')$ als Summe zweier Elemente von I in I, also

$$a + b \equiv a' + b' \bmod I.$$

Ferner ist

$$ab - a'b' = ab - ab' + ab' - a'b'$$
$$= a(b - b') + (a - a')b'.$$

Nach Definition eines Ideals folgt aber aus $b - b' \in I$ und $a - a' \in I$, dass auch $a(b - b')$ und $(a - a')b' \in I$ und schließlich $ab - a'b' = a(b - b') + (a - a')b \in I$ gilt.   □

Beispiel 4.5

a) Ist $R = \mathbb{Z}$ und $I = (m) = m\mathbb{Z}$ das von $m \in \mathbb{N}$ erzeugte Ideal, so ist $R/I = \mathbb{Z}/m\mathbb{Z}$ der Restklassenring modulo m, speziell für $m = 4$ erhalten wir den am Anfang von Kap. 2 mit Hilfe von Verknüpfungstabellen eingeführten Ring $\mathbb{Z}/4\mathbb{Z}$. Wie dort schreibt man meistens $\bar{a}$ für die Restklasse von $a \in \mathbb{Z}$ modulo m, wenn klar ist, modulo welchem m man gerade rechnet. Ist $m = m_1 m_2$ mit $m_1, m_2 > 1$ keine Primzahl, so ist $\mathbb{Z}/m\mathbb{Z}$ kein Integritätsbereich, da $\overline{m_1} \cdot \overline{m_2} = \bar{0}$ mit $\overline{m_1} \neq \bar{0} \neq \overline{m_2}$ gilt.

b) Die oben allgemein für das Rechnen mit den Restklassen modulo einem Ideal $I \subseteq R$ gezeigten Rechenregeln erlauben es insbesondere, mit Kongruenzen modulo m im Ring $\mathbb{Z}$ der ganzen Zahlen wie mit Gleichungen zu rechnen, also zwei Kongruenzen modulo m zueinander zu addieren oder miteinander zu multiplizieren. Das stellt sich als ein ebenso einfaches wie wirkungsvolles Hilfsmittel bei zahlentheoretischen Untersuchungen heraus.

Als erste Anwendung zeigen wir (nach Leonhard Euler, 1707–1783) durch Rechnen mit Kongruenzen modulo 641, dass die Fermat'sche Zahl (siehe Abschn. 2.5) $F_5 = 2^{32} + 1 = 2^{2^5} + 1$ durch 641 teilbar, also keine Primzahl ist.

Es gilt $641 = 5 \cdot 2^7 + 1$, also $5 \cdot 2^7 \equiv -1 \bmod 641$, und daher

$$5^4 \cdot 2^{28} = (5 \cdot 2^7)^4$$
$$\equiv (-1)^4 \bmod 641$$
$$\equiv 1 \bmod 641.$$

Andererseits ist $5^4 = 625 \equiv -16 \equiv -2^4 \bmod 641$, also

$$-2^{32} = -2^4 \cdot 2^{28} \equiv 5^4 \cdot 2^{28} \equiv 1 \bmod 641,$$

d. h., $2^{32} + 1$ ist durch 641 teilbar.

Wir werden in Kap. 8 sehen, wie man auf den (jetzt scheinbar ziemlich aus dem Hut gezauberten) Kandidaten 641 als Primteiler von F_5 kommt.

Die Kongruenzrechnung liefert auch die Rechtfertigung für die bekannte Neunerprobe und die nicht ganz so bekannte Elferprobe:

Proposition 4.6 *Sei* $n \in \mathbb{Z}$, $n = \varepsilon \sum_{j=0}^{k} a_j 10^j$ *mit* $\varepsilon \in \{\pm 1\}$,

$$Q(n) := \varepsilon \sum_{j=0}^{k} a_j \qquad \textit{die Quersumme von n,}$$

$$Q'(n) := \varepsilon \sum_{j=0}^{k} (-1)^j a_j \quad \textit{die alternierende Quersumme von n.}$$

Dann erhält man durch wiederholtes Bilden der Quersumme bzw. der alternierenden Quersumme schließlich Zahlen $\tilde{Q}(n)$, $\tilde{Q}'(n)$ *mit*

$$0 \leq |\tilde{Q}(n)|, |\tilde{Q}'(n)| \leq 9.$$

Setzt man

$$\overline{Q}(n) := \begin{cases} \tilde{Q}(n) & \textit{falls } \tilde{Q}(n) \geq 0 \\ \tilde{Q}(n) + 9 & \textit{falls } \tilde{Q}(n) < 0 \end{cases}$$

$$\overline{Q}'(n) := \begin{cases} \tilde{Q}'(n) & \textit{falls } \tilde{Q}'(n) \geq 0 \\ \tilde{Q}'(n) + 11 & \textit{falls } \tilde{Q}'(n) < 0, \end{cases}$$

so gilt:

a) $n \equiv Q(n) \bmod 9$

b) $n \equiv Q'(n) \bmod 11$

c) *n ist genau dann durch 9 teilbar, wenn man durch wiederholte Bildung der Quersumme schließlich bei* $\overline{Q}(n) = 0$ *oder bei* $\overline{Q}(n) = 9$ *ankommt.*

d) *n ist genau dann durch 11 teilbar, wenn man durch wiederholte Bildung der alternierenden Quersummme schließlich bei* $\overline{Q}'(n) = 0$ *ankommt.*

e) *Sind* $m, n \in \mathbb{N}$, *so folgt aus* $m + n = a$, *dass* $\overline{Q}(a) = Q(\overline{Q}(m) + \overline{Q}(n))$ *und* $\overline{Q}'(a) = Q(\overline{Q}'(m) + \overline{Q}'(n))$ *gilt.*

Beweis Da $10 \equiv 1 \bmod 9$ gilt, ist $10^j \equiv 1 \bmod 9$ für alle j, und es folgt $\sum_{j=0}^{k} a_j 10^j \equiv \sum_{j=0}^{k} a_j \bmod 9$.

Genauso gilt $10 \equiv -1 \bmod 11$, also $10^j \equiv (-1)^j \bmod 11$ für alle j und daher

$$\sum_{j=0}^{k} a_j 10^j \equiv \sum_{j=0}^{k} (-1)^j a_j \bmod 11.$$

Das zeigt a) und b).

Da für $|n| \geq 10$ stets $|Q(n)| < |n|$ und $|Q'(n)| < |n|$ gilt, folgt die Behauptung über die Zahlen $\tilde{Q}(n)$, $\tilde{Q}'(n)$, $\overline{Q}(n)$, $\overline{Q}'(n)$ und anschließend auch die Richtigkeit von c) und d).

e) folgt schließlich, weil $n \equiv Q(n) \bmod 9$ und daher

$$Q(n) + Q(m) \equiv n + m \bmod 9$$
$$\equiv Q(n + m) \bmod 9$$

und analog

$$Q'(n) + Q'(m) \equiv Q'(n + m) \bmod 11$$

gilt. $\square$

Beispiel 4.7
- 1.234.567.895 ist durch 11 teilbar, 1.234.567.899 ist durch 9 teilbar (dagegen ist 1.234.567.891 eine Primzahl).
- Beim ISBN-Code von Büchern wurde bis 2006 einer aus 9 Ziffern $a_1, \ldots, a_9$ bestehenden Identifikationsnummer eines Buches als zehntes Symbol $a_{10} \in \{1, \ldots, 9, X\}$ mit $\sum_{j=1}^{10} j a_j \equiv 0 \bmod 11$ zugeordnet (dabei steht X für die Zahl 10).

Als Übung zeige man, dass bei diesem Verfahren gilt:

a) Hat man nur 9 der 10 Symbole des ISBN-Codes eines Buches, so kann man das fehlende Symbol berechnen, wenn man weiß, an welcher Stelle es fehlt.
b) Werden in einem ISBN-Code zwei Ziffern vertauscht, so ist die Prüfsummenbedingung nicht mehr erfüllt.
c) Man kann Beispiele konstruieren, in denen man aus zwei gültigen ISBN-Codes durch Vertauschen zweier Ziffern in jedem der beiden die gleiche ungültige Nummer erhält (in einem solchen Fall erkennt man also durch Berechnung der Prüfsumme zwar noch, dass der ISBN-Code nicht richtig eingegeben wurde, kann aber nicht mehr die korrekte Nummer rekonstruieren).
d) Seit 2007 wurde auf ein neues System mit 13 Ziffern umgestellt (ISBN-13), das mit dem allgemeinen Strichcode für Waren (EAN) kompatibel ist. Dabei wird die dreizehnte Ziffer aus den die eigentliche Information enthaltenden ersten zwölf Ziffern nach der Regel

$$a_{13} + \sum_{j=1}^{6} (a_{2j-1} + 3a_{2j}) \equiv 0 \bmod 10$$

berechnet.
Welche Vor- und Nachteile hat das neue System?

In den betrachteten Beispielen wurde das Rechnen mit Kongruenzen benutzt, um Teilbarkeitsaussagen herzuleiten. Das Argumentationsschema ist dabei immer dasselbe: Um zu zeigen, dass ein mehr oder weniger komplizierter Ausdruck durch die natürliche Zahl m teilbar ist, betrachtet man die Reste modulo m der einfachen Terme, die in diesen Ausdruck eingehen und zeigt durch Rechnen mit diesen Resten, dass der Rest des gesamten Ausdrucks modulo m gleich 0 ist.

Einen anderen Argumentationstyp sehen wir im folgenden Beispiel: Um zu zeigen, dass eine bestimmte ganzzahlige Gleichung *keine* Lösungen hat, zeigt man, dass sie nicht einmal als Kongruenz modulo m für ein geeignetes m (hier $m = 4$ oder $m = 8$) gelten kann.

Proposition 4.8

a) *Für ungerades $a \in \mathbb{Z}$ gilt*

$$a^2 \equiv 1 \bmod 8.$$

b) *Ist $n \in \mathbb{N}$ ungerade und sind $x, y \in \mathbb{Z}$ mit $x^2 + y^2 = n$, so ist $n \equiv 1 \bmod 4$.*
   Äquivalent: Ist $n \equiv 3 \bmod 4$, so hat die Gleichung $x^2 + y^2 = n$ keine ganzzahlige Lösung.

c) *Ist $n \in \mathbb{N}$ ungerade und sind $x, y, z \in \mathbb{Z}$ mit $x^2 + y^2 + z^2 = n$, so ist $n \not\equiv 7 \bmod 8$.*
   Äquivalent: Ist $n \equiv 7 \bmod 8$, so hat die Gleichung $x^2 + y^2 + z^2 = n$ keine ganzzahlige Lösung.

Beweis Aussage a) rechne man als Übung nach, indem man $a = 2b + 1$ quadriert. Für b) sieht man zunächst aus a), dass alle Quadrate ganzer Zahlen modulo 4 entweder zu 0 oder zu 1 kongruent sind. Die Summe zweier Quadrate kann daher nicht kongruent zu 3 modulo 4 sein. Genauso geht man für c) vor, wobei man jetzt modulo 8 rechnet.   □

Bemerkung Die angegebenen Bedingungen liefern jeweils nur notwendige Kriterien für Darstellbarkeit einer Zahl n als Summe von zwei beziehungsweise drei Quadraten ganzer Zahlen. Sie sind aber schon recht dicht bei der vollen Wahrheit:

Wir werden im letzten (ergänzenden) Abschnitt dieses Kapitels zeigen (behauptet von Fermat, bewiesen von Euler): $n \in \mathbb{N}$ ist genau dann als Summe von zwei Quadraten ganzer Zahlen darstellbar, wenn Primzahlen $p \equiv 3 \bmod 4$ nur zu geraden Potenzen in der Primfaktorzerlegung von n vorkommen.

Ferner kann man zeigen: $n \in \mathbb{N}$ kann genau dann als Summe von drei Quadraten ganzer Zahlen geschrieben werden, wenn n nicht von der Form $4^j(8k + 7)$ mit $j, k \in \mathbb{N}_0$ ist (Legendre).

Für Summen von vier Quadraten gilt der folgende Satz von Lagrange, den wir nicht beweisen werden:

Satz 4.9 (Vier-Quadrate-Satz von Lagrange) *Jede natürliche Zahl kann als Summe von vier Quadraten ganzer Zahlen geschrieben werden.*

4.2 Restklassenring und Homomorphiesatz

Bisher haben wir direkt mit den Rechenregeln für Kongruenzen gearbeitet, die Definition des Restklassenrings R/I als eigenes algebraisches Objekt kam noch nicht zur Geltung.

Wir entwickeln jetzt zunächst die algebraische Theorie der Ringe, Ideale und Restklassenringe ein Stück weiter, bevor wir uns wieder zahlentheoretische Anwendungen anschauen.

Definition und Lemma 4.10 *Sei R ein kommutativer Ring, seien $I, J \subseteq R$ Ideale. Dann sind die folgenden Mengen ebenfalls Ideale in R:*

a) *Die Summe $I + J := \{a + b \mid a \in I,\ b \in J\}$ von I und J.*
b) *$I \cap J$*
c) *Das Produkt $I \cdot J := \{\sum_{i=1}^{r} a_i b_i \mid r \in \mathbb{N},\ a_i \in I,\ b_i \in J\}$ von I und J.*
d) *Das Radikal $\mathrm{rad}(I) := \{a \in I \mid$ es gibt $n \in \mathbb{N}$ mit $a^n \in I\}$ von I.*

Es gilt $I \cdot J \subseteq I \cap J$.
Dagegen ist $I \cup J$ in der Regel kein Ideal.

Beweis Alle Aussagen rechnet man leicht nach (Übung). Bei d) beachte man, dass in der Entwicklung von $(a + b)^{m+n}$ nach dem Distributivgesetz eine Summe von Termen $a^i b^j$ mit $i \geq m$ oder $j \geq n$ entsteht und daher jeder dieser Terme in I liegt, wenn $a^m \in I, b^n \in I$ gilt. $\square$

Beispiel 4.11 Sei R ein Hauptidealring (z. B. $R = \mathbb{Z}$).
Ist dann $I = (m_1)$ und $J = (m_2)$, so ist

$$I + J = \{a + b \mid a \in (m_1),\ b \in (m_2)\}$$
$$= \{x m_1 + y m_2 \mid x, y \in R\}$$
$$= (m_1, m_2)$$

das von m_1 und m_2 erzeugte Ideal (m_1, m_2). Wir wissen bereits, dass dieses Ideal von $\mathrm{ggT}(m_1, m_2)$ erzeugt wird, haben also

$$(m_1) + (m_2) = (\mathrm{ggT}(m_1, m_2)).$$

In der gleichen Situation haben wir

$$I \cdot J = \left\{ \sum_{i=1}^{r} a_i b_i \,\middle|\, a_i \in (m_1),\ b_i \in (m_2) \right\}$$
$$= \left\{ \sum_{i=1}^{r} x_i y_i m_1 m_2 \,\middle|\, x_i, y_i \in R \right\}$$
$$= \{x m_1 m_2 \mid x \in R\}$$
$$= (m_1 m_2)$$

und

$$I \cap J = \{a \mid a \in (m_1) \text{ und } a \in (m_2)\}$$
$$= \{a \mid m_1 \mid a \text{ und } m_2 \mid a\}.$$

$I \cap J$ besteht also genau aus den gemeinsamen Vielfachen von m_1 und m_2 und wird daher von $\mathrm{kgV}(m_1, m_2)$ erzeugt:

$$(m_1) \cap (m_2) = (\mathrm{kgV}(m_1, m_2)).$$

In Anlehnung an die Situation im Hauptidealring nennt man manchmal auch in einem beliebigen kommutativen Ring das Ideal $I + J$ den größten gemeinsamen Teiler von I und J und das Ideal $I \cap J$ das kleinste gemeinsame Vielfache von I und J.

Ferner nennt man I und J teilerfremd, wenn $I + J = R$ gilt.

Korollar 4.12 *Sei R ein kommutativer Ring, I, J Ideale in R mit $I + J = R$. Dann gilt $I \cap J = I \cdot J$. Ist R ein Hauptidealring, so gilt für beliebige Ideale I, J stets*

$$(I + J)(I \cap J) = IJ.$$

Beweis Wir müssen nur $I \cap J \subseteq I \cdot J$ zeigen, da die andere Inklusion stets gilt. Sei also $a \in I \cap J$. Wir schreiben $1 = x + y$ mit $x \in I$, $y \in J$; das ist nach Voraussetzung möglich.

Dann ist

$$1 \cdot a = xa + ya \in I \cdot J,$$

denn xa ist wegen $x \in I$ und $a \in I \cap J \subseteq J$ in $I \cdot J$, ebenso ist ya wegen $y \in J$ und $a \in I \cap J \subseteq I$ in $I \cdot J$.

Dass im Hauptidealring stets $(I + J)(I \cap J) = I \cdot J$ gilt, folgt mit $I = (m_1)$, $J = (m_2)$ aus der Assoziiertheit von $\mathrm{ggT}(m_1, m_2)\,\mathrm{kgV}(m_1, m_2)$ zu $m_1 m_2$ und den im vorigen Beispiel festgestellten Gleichungen

$$I + J = (\mathrm{ggT}(m_1, m_2))$$
$$I \cdot J = (\mathrm{kgV}(m_1, m_2)). \qquad \square$$

Bemerkung In einem kommutativen Ring, der nicht Hauptidealring ist, ist

$$(I + J)(I \cap J) = IJ$$

im Allgemeinen nicht richtig, siehe etwa Aufgabe 4.18.

Wir erinnern an die Definition eines Ringhomomorphismus:

Definition 4.13 *Seien R, R' Ringe. Eine Abbildung $f : R \to R'$ heißt Ringhomomorphismus, wenn für alle $a, b \in R$ gilt:*

$$f(a + b) = f(a) + f(b)$$
$$f(ab) = f(a)f(b).$$

Ferner soll

$$f(1_R) = 1_{R'}$$

gelten, falls es sich (wie immer bei uns) um Ringe mit Einselement handelt. Ist f zudem bijektiv, so nennt man f einen Isomorphismus *bzw. im Fall $R = R'$ einen* Automorphismus *von R und bezeichnet die Menge der Automorphismen von R mit* Aut(R).

Lemma 4.14 *Ist $f : R \to R'$ ein Isomorphismus von Ringen, so ist auch die Umkehrabbildung f^{-1} ein Isomorphismus von Ringen.*

Beweis Sind $r_1', r_2' \in R'$ und $r_1, r_2 \in R$ mit $f(r_1) = r_1'$, $f(r_2) = r_2'$, so ist $r_1' + r_2' = f(r_1 + r_2)$, $r_1' r_2' = f(r_1 r_2)$, also $f^{-1}(r_1' + r_2') = r_1 + r_2 = f^{-1}(r_1') + f^{-1}(r_2')$ und $f^{-1}(r_1' r_2') = r_1 r_2 = f^{-1}(r_1') f^{-1}(r_2')$. Wegen $f(1_R) = 1_{R'}$ ist auch $f^{-1}(1_{R'}) = 1_R$, also ist f^{-1} ein Ringhomomorphismus und damit ein Ringisomorphismus.   □

Beispiel 4.15

a) Ist R irgendein Ring und $f : \mathbb{Z} \to R$ ein Ringhomomomorphismus, so folgt aus $f(1) = 1_R$, dass $f(n) = n \cdot 1_R$ für alle $n \in \mathbb{Z}$ gilt, wobei $n \cdot 1_R$ für $n > 0$ die n-fache Summe von 1_R ist sowie $0 \cdot 1_R = 0_R$ und $n \cdot 1_R = -(|n| \cdot 1_R)$ für $n < 0$ gesetzt wird. Umgekehrt rechnet man sofort nach, dass durch diese Angaben ein Homomorphismus von $\mathbb{Z}$ in R gegeben wird. Es gibt also für jeden Ring R genau einen Ringhomomorphismus von $\mathbb{Z}$ in R.

b) Ist R ein Ring und $S = R[X_1, \ldots, X_n]$ der Polynomring in n Variablen über R, so hat man für jedes $(a_1, \ldots, a_n) \in R^n$ die für $f \in S$ durch $\Phi(f) = f(a_1, \ldots, a_n) \in R$ definierte Einsetzungsabbildung $\Phi : S \to R$. Man rechnet leicht nach, dass Φ ein Ringhomomorphismus ist.

c) Allgemeiner Sei V eine beliebige Teilmenge von R^n und R' die Menge aller Abbildungen von V in R. Man rechnet leicht nach, dass für jede Menge M die Menge der Abbildungen von M in R durch $(\varphi_1 + \varphi_2)(m) = \varphi_1(m) + \varphi_2(m)$ und $(\varphi_1 \cdot \varphi_2)(m) = \varphi_1(m) \cdot \varphi_2(m)$ zu einem Ring wird, dessen Nullelement die konstante Nullabbildung und deren Einselement die konstante Einsabbildung ist. Man rechne nach, dass die Abbildung $\Phi : S \to R'$, die durch $(\Phi(f))(a_1, \ldots, a_n) := f(a_1, \ldots, a_n)$ definiert ist, ein Ringhomomorphismus ist und überzeuge sich, dass das vorige Beispiel der Spezialfall $V = \{(a_1, \ldots, a_n)\}$ ist.

Ideale spielen in der Theorie der Homomorphismen von Ringen die gleiche Rolle wie Unterräume in der Theorie der linearen Abbildungen von Vektorräumen. Als ersten Schritt hierfür haben wir das folgende Lemma::

Lemma 4.16 *Seien R, R' kommutative Ringe, $f : R \to R'$ ein Ringhomomorphismus. Dann gilt:*

a) $\mathrm{Ker}(f) := \{\, a \in R \mid f(a) = 0 \,\}$ *ist ein Ideal in R.*
   Allgemeiner gilt: Ist $J \subseteq R'$ ein Ideal, so ist das Urbild $f^{-1}(J) = \{\, a \in R \mid f(a) \in J \,\}$ von J unter f ein Ideal in R.
b) *f ist genau dann injektiv, wenn $\mathrm{Ker}(f) = 0$ gilt.*
c) *Ist $I \subseteq R$ ein Ideal in R und $p := p_I : R \to R/I$ die durch*

$$p_I(a) = a + I$$

definierte Projektionsabbildung auf den Faktorring R/I, so ist p_I ein Ringhomomorphismus und $I = \mathrm{Ker}(p_I)$; Ideale sind also genau die Kerne von Ringhomomorphismen.

Beweis a) Sei $J \subseteq R'$ ein Ideal. Sind dann $x, y \in f^{-1}(J), a \in R$, so ist $f(x + ay) = f(x) + f(a)f(y) \in J$ wegen der Idealeigenschaft von J, also $x + ay \in f^{-1}(J)$. Dass $0 \in f^{-1}(J)$ gilt, ist klar, also ist $f^{-1}(J)$ ein Ideal.

Nimmt man hier speziell $J = (0)$, erhält man die Behauptung über $\mathrm{Ker}(f)$.

b) Ist $\mathrm{Ker}(f) = (0)$ so ist f injektiv, denn sind $a, b \in R$ mit $f(a) = f(b)$, so ist $f(a-b) = f(a) - f(b) = 0$, also $a - b \in \mathrm{Ker}(f) = (0)$, also $a = b$. die Gegenrichtung ist klar.

c) Die Behauptung über p_I rechnet man ebenfalls leicht nach. $\square$

Beispiel 4.17
a) Wie in Beispiel 4.15 c)
   sei K ein Körper, $R = K[X_1, \ldots, X_n]$ der Polynomring in n Veränderlichen über K und R' der Ring aller Abbildungen $\varphi : R \to K$. Sei : $\Phi : R \to R'$ der durch $(\Phi(f))(a_1, \ldots, a_n) = f(a_1, \ldots, a_n)$ für $f \in R$ und $(a_1, \ldots, a_n) \in K^n$ gegebene Ringhomomorphismus. Dann ist $\mathrm{Ker}(\Phi)$ das Ideal $I(V)$ aus dem genannten Beispiel.
b) Ist R irgendein Ring und $f : \mathbb{Z} \to R$ der eindeutig bestimmte Homomorphismus von $\mathbb{Z}$ in R, so ist sein Kern ein Ideal in $\mathbb{Z}$, also gleich $(m) = m\mathbb{Z}$ für ein geeignetes $m \in \mathbb{N}_0$. Ist f nicht injektiv, so gibt es also ein (eindeutiges) $m \in \mathbb{N}$, so dass $a \cdot 1_R = f(a) = 0$ für $a \in \mathbb{Z}$ genau dann gilt, wenn a durch m teilbar ist. Für dieses m gilt also $m \cdot 1_R = 0$, und es ist die kleinste natürliche Zahl mit dieser Eigenschaft.

Bemerkung Ist $I \subseteq R$ ein Ideal im Ring R und $f : R \to R'$, so muss $f(I) \subseteq R'$ im Allgemeinen kein Ideal in R' sein. Als Übung zeige man: Genau dann ist $f(I)$ für alle Ideale $I \subseteq R$ ein Ideal in R', wenn f surjektiv ist.

Wir betrachten jetzt weitere Beispiele für Restklassenringe nach Idealen.

Beispiel 4.18

a) Sei $R = \mathbb{Z}$, $m \in \mathbb{N}$ eine natürliche Zahl und $I = m\mathbb{Z}$ das von m erzeugte Ideal in R. Ein vollständiges Restsystem für R/I wird dann durch die Klassen

$$\bar{0} = 0 + I, \bar{1} = 1 + I, \ldots, \overline{m-1} = (m-1) + I$$

gegeben, und $a \in \mathbb{Z}$ gehört genau dann zur Restklasse $\bar{r} = r + I$ (mit $0 \le r < m$), wenn a bei Division durch m den Rest r lässt. Unsere Rechenregeln für Kongruenzen laufen jetzt etwa für die Multiplikation auf folgende Aussage hinaus:

> Lassen a_1 und a_2 bei Division mit Rest durch m die Reste r_1, r_2,
> so lässt $a_1 a_2$ bei Division durch m denselben Rest wie $r_1 r_2$.

Wir haben oben schon gesehen, dass $\mathbb{Z}/m\mathbb{Z}$ für zusammengesetztes m nicht nullteilerfrei ist. Etwas genauer haben wir offenbar:

$\bar{a} = a + m\mathbb{Z}$ ist genau dann ein Nullteiler in $\mathbb{Z}/m\mathbb{Z}$, wenn a nicht durch m teilbar ist und es ein nicht durch m teilbares $b \in \mathbb{Z}$ gibt, für das ab durch m teilbar ist.

Als Übung überlege man sich, dass es für $m > 1$ solche a und b genau dann gibt, wenn m keine Primzahl ist. Es gilt also:

> *Der Restklassenring $\mathbb{Z}/m\mathbb{Z}$ mit $m > 1$ ist genau dann ein Integritätsbereich,*
> *wenn m eine Primzahl ist.*

b) Sei K ein Körper, $R = K[X]$ und $a \in K$ beliebig. Man verifiziert sofort, dass die Menge

$$I = I_a = \{g \in K[X] \mid g(a) = 0\} \subseteq K[X]$$

ein Ideal im Ring R ist. Für Polynome $f_1, f_2 \in K[X]$ ist dann $f_1 \equiv f_2 \bmod I_a$ äquivalent zu $f_1(a) = f_2(a)$. Da $f_1(a)f_2(a) = 0$ genau dann der Fall ist, wenn $f_1(a) = 0$ oder $f_2(a) = 0$ gilt, ist der Ring $K[X]/I_a$ ein Integritätsbereich.

Wenn wir ausnutzen, dass das Ideal I_a von dem linearen Polynom $X - a$ erzeugt wird, sehen wir, dass die konstanten Polynome $\{b \mid b \in K\}$ ein vollständiges Repräsentantensystem von R/I_a bilden, dabei gilt offenbar $(b_1 + I) + (b_2 + I) = (b_1 + b_2) + I$ sowie $(b_1 + I)(b_2 + I) = b_1 b_2 + I$. Die durch $b + I \mapsto b \in K$ definierte Abbildung $R/I_a \to K$ ist also ein Ringisomorphismus, der Restklassenring $K[X]/I_a$ ist isomorph zum Grundkörper K.

c) Allgemeiner sei $n \in \mathbb{N}$ und $R = K[X_1, \ldots, X_n]$ der Polynomring über dem Körper K in n Variablen.

Für eine beliebige Menge $V \in K^n$ setzen wir

$$I(V) := \{g \in K[X_1, \ldots, X_n] \mid g(y_1, \ldots, y_n) = 0 \text{ für alle } (y_1, \ldots, y_n) \in V\},$$

man nennt $I(V)$ auch das *Verschwindungsideal* von V. Wieder sind zwei Polynome $f_1, f_2 \in K[X_1, \ldots, X_n]$ genau dann in der gleichen Restklasse modulo $I(V)$, wenn die beiden Funktionen $(y_1, \dots, y_n) \mapsto f_j(y_1, \dots, y_n) \in K$ von V nach K für $j = 1, 2$ übereinstimmen.

Der Ring $R/I(V)$ kann daher mit der Menge der durch Polynome in n Veränderlichen gegebenen Funktionen $f : V \to K$ identifiziert werden. Er ist allerdings im Allgemeinen kein Integritätsbereich mehr, da es vorkommen kann, dass das Produkt von zwei nicht identisch auf V verschwindenden Funktionen in jedem Punkt von V den Wert 0 annimmt.

Ein Beispiel für diese Situation ist $V = \{(x_1, x_2) \in K^2 \mid x_1^2 = x_2^2\}$. Mit $g_1 = X_1 - X_2$ und $g_2 = X_1 + X_2$ hat man hier $g_1 g_2 = X_1^2 - X_2^2 \in I(V)$, also $(g_1 + I(V))(g_2 + I(V)) = g_1 g_2 + I(V) = 0 + I(V)$, aber g_1 verschwindet, falls $1 + 1 \neq 0$ in K gilt, nicht auf den Punkten $(x, -x) \in V$ und g_2 ist (unter der gleichen Voraussetzung) auf den Punkten $(x, x) \in V$ von 0 verschieden.

Die Menge V kann in diesem Fall als Vereinigung der beiden Geraden $V_1 = \{(x_1, x_2) \in K^2 \mid x_1 - x_2 = 0\}$ und $V_2 = \{(x_1, x_2) \in K^2 \mid x_1 + x_2 = 0\}$ geschrieben werden.

Allgemeiner sieht man: Sind g_1, g_2 Polynome mit $g_1 \notin I(V), g_2 \notin I(V)$ aber $g_1 g_2 \in I(V)$ und schreibt man $V_i := \{\mathbf{x} = (x_1, \dots, x_n) \in V \mid g_i(\mathbf{x}) = 0\}$ für $i = 1, 2$, so sind V_1, V_2 als Nullstellenmengen gegebene echte Teilmengen von V mit $V = V_1 \cup V_2$. In der algebraischen Geometrie sagt man dazu, V sei reduzibel.

d) Sei $K = \mathbb{R}$ der Körper der reellen Zahlen und I das vom Polynom $f = X^2 + 1$ erzeugte Ideal. Die Menge $\{a + bX \mid a, b \in \mathbb{R}\}$ bildet, wie in Beispiel 4.18 festgestellt, ein vollständiges Repräsentantensystem für den Restklassenring R/I. Wegen

$$(a_1 + b_1 X)(a_2 + b_2 X) = a_1 a_2 + (a_1 b_2 + a_2 b_1)X + b_1 b_2 X^2$$

und $b_1 b_2 X^2 + b_1 b_2 \in I$, also $b_1 b_2 X^2 \equiv -b_1 b_2 \bmod I$ gilt in R/I:

$$((a_1 + b_1 X) + I)((a_2 + b_2 X) + I) = ((a_1 a_2 - b_1 b_2) + (a_1 b_2 + a_2 b_1)X) + I.$$

Da offensichtlich auch $((a_1 + b_1 X) + I) + ((a_2 + b_2 X) + I) = ((a_1 + a_2) + (b_1 + b_2)X) + I$ gilt, sehen wir, dass die durch $(a + bX) + I \mapsto a + bi \in \mathbb{C}$ gegebene Abbildung von R/I in den Körper $\mathbb{C}$ der komplexen Zahlen ein Isomorphismus von Ringen ist.

Definition und Lemma 4.19 *Sei R ein kommutativer Ring.*

Ein Ideal $I \subsetneq R$ in R heißt Primideal, wenn gilt: Sind $a, b \in R$ und $ab \in I$, so ist $a \in I$ oder $b \in I$.

Ein Ideal $I \subsetneq R$ heißt ein maximales Ideal, wenn gilt: Ist $J \supseteq I$ ein Ideal in R, so ist $J = I$ oder $J = R$.

Es gilt:

a) *I ist genau dann Primideal, wenn R/I ein Integritätsbereich ist.*
b) *Ein Hauptideal $I = (a)$ ist genau dann ein Primideal, wenn a ein Primelement ist.*
c) *I ist genau dann ein maximales Ideal, wenn R/I ein Körper ist.*

Beweis

a), b) als Übung.

c)   Ist I ein maximales Ideal und $\overline{0} \neq \overline{a} \in R/I$, so ist $a \notin I$, also das von a und I erzeugte
Ideal $(a) + I = \{xa + b \mid x \in R, \ b \in I\}$ echt größer als I und daher gleich R.
Also gibt es $x \in R$ und $b \in I$ mit $xa + b = 1$, d. h.

$$\overline{xa} = \overline{1} \in R/I,$$

$\overline{a}$ ist also invertierbar.
Ist umgekehrt R/I ein Körper, $J \supsetneq I$ ein Ideal, so wählt man $a \in J$ mit $a \notin I$.
Nach Voraussetzung gibt es $x \in R$ mit

$$\overline{xa} = \overline{1} \in R/I,$$

also $xa - 1 \in I \subseteq J$, und wegen $xa \in J$ folgt $1 \in J$, also $J = R$. $\square$

Beispiel 4.20   Für $R = \mathbb{Z}$ sind alle Ideale von der Form $m\mathbb{Z}$ mit $m \in \mathbb{Z}$ (da $\mathbb{Z}$ ein Hauptidealring ist).

Das Ideal $m\mathbb{Z}$ ist genau dann ein Primideal, wenn $m = 0$ ist oder $|m|$ eine Primzahl ist,
da eine Primzahl p auch Primelement in $\mathbb{Z}$ ist, also durch die Eigenschaft:

$$\text{Aus } p \mid a_1 a_2 \text{ folgt } p \mid a_1 \text{ oder } p \mid a_2$$

charakterisiert ist.

Wir haben gesehen, dass $\mathbb{Z}/p\mathbb{Z}$ für Primzahlen p sogar ein Körper ist; die Ideale $p\mathbb{Z}$ für
Primzahlen p sind also auch maximal.

Allgemeiner gilt in jedem Hauptidealring R:

Die Primideale $\neq (0)$ sind genau die maximalen Ideale, sie sind die Ideale, die von unzerlegbaren Elementen (= Primelementen) erzeugt werden.

Dagegen ist im Polynomring $K[X, Y]$ in zwei Veränderlichen das Ideal (Y) zwar ein
Primideal (mit $K[X, Y]/(Y) \cong K[X]$), aber kein maximales Ideal, da der Polynomring
$K[X]$ offenbar kein Körper ist (oder direkter: Weil $(Y) \subsetneq (X, Y) \subsetneq K[X, Y]$ gilt).

Bemerkung   Mit Hilfe des Zorn'schen Lemmas kann man zeigen, dass jedes Ideal $I \neq R$ in
(wenigstens) einem maximalen Ideal von R enthalten ist. Für Ringe, in denen jedes Ideal
endlich erzeugt ist (noethersche Ringe) sieht man das auch ohne Benutzung des Zorn'schen
Lemmas leicht ein.

Korollar 4.21   *Sei R ein kommutativer Ring und $I \subseteq R$ ein Ideal. Dann sind die Ideale im
Restklassenring R/I genau die $\bar{J} = \{a + I \mid a \in J \text{ für Ideale } J \supseteq I \text{ in } R.$*

Beweis Für ein Ideal $J' \subseteq R/I$ ist das Urbild $J := p_I^{-1}(J')$ von J' unter der Projektionsabbildung p_I das gesuchte Ideal in R. $\square$

Beispiel 4.22 Ist I das Ideal $(m) = m\mathbb{Z}$ im Ring $\mathbb{Z}$ der ganzen Zahlen, so sind genau die $n\mathbb{Z}$ mit einem Teiler n von m die Ideale, die $m\mathbb{Z}$ enthalten. Die Ideale im Restklassenring $\mathbb{Z}/m\mathbb{Z}$ sind daher genau die $n\mathbb{Z}/m\mathbb{Z}$ für $n \mid m$. Ist etwa $m = p \cdot q$ mit verschiedenen Primzahlen p, q, so gibt es also genau 4 Ideale in $\mathbb{Z}/m\mathbb{Z}$, nämlich $(0), p\mathbb{Z}/m\mathbb{Z}, q\mathbb{Z}/m\mathbb{Z}, \mathbb{Z}/m\mathbb{Z}$. In $\mathbb{Z}/p\mathbb{Z}$ gibt es dagegen nur die beiden trivialen Ideale $(0), \mathbb{Z}/p\mathbb{Z}$: Für eine Primzahl p ist $\mathbb{Z}/p\mathbb{Z}$ ein Körper, alle Elemente $\neq 0$ sind Einheiten.

Korollar 4.23 *Sind K, K' Körper und ist $f : K \to K'$ ein Ringhomomorphismus, so ist f injektiv.*

Beweis Im Körper K gibt es für das Ideal $\mathrm{Ker}(f)$ nur die Möglichkeiten $\mathrm{Ker}(f) = (0)$ oder $\mathrm{Ker}(f) = K$, die letztere Möglichkeit scheidet aber wegen $f(1_k) = 1_{K'} \neq 0_{K'}$ aus.

Alternativ rechnet man direkt: Ist $0 \neq a \in K$, so ist $1_{K'} = f(1_K) = f(a \cdot a^{-1}) = f(a) \cdot f(a^{-1})$, also $f(a) \neq 0$, daher gilt $\mathrm{Ker}(f) = (0)$. □

Auch der Homomorphiesatz der Vektorraumtheorie hat ein Analogon für die Ringtheorie:

Satz 4.24 (Homomorphiesatz für Ringe) *Seien R, R' kommutative Ringe, $f : R \to R'$ ein Homomorphismus. Dann gilt:*

a) $R/\mathrm{Ker}(f) \cong \mathrm{Im}(f)$
b) *Ist $I \subseteq \mathrm{Ker}(f)$ ein Ideal, so gibt es genau einen Ringhomomorphismus*

$$\bar{f} : R/I \to R',$$

so dass das Diagramm

$$
\begin{array}{ccc}
R & \xrightarrow{\quad f \quad} & R' \\
 {\scriptstyle p_I} \searrow & & \nearrow {\scriptstyle \bar{f}} \\
 & R/I &
\end{array}
$$

kommutativ ist, d. h., so dass $\bar{f} \circ p_I = f$ gilt.
$\bar{f}$ ist genau dann injektiv, wenn $I = \mathrm{Ker}(f)$ gilt, insbesondere wird durch $\bar{f}$ ein (kanonischer) Isomorphismus

$$R/\mathrm{Ker}(f) \xrightarrow{\ \bar{f}\ } \mathrm{Im}(f).$$

gegeben.

Beweis Wir beweisen die Aussage b), aus der a) sofort folgt.

Sind $a, a' \in R$ mit $a + I = a' + I$, so ist $a - a' \in I \subseteq \mathrm{Ker}(f)$ und daher $f(a - a') = 0$, also $f(a) = f(a')$. Wir können also durch

$$\overline{f} : a + I \mapsto f(a) \in R'$$

eine Abbildung $\overline{f} : R/I \to R'$ definieren.

Dass diese ein Ringhomomorphismus ist, folgt sofort aus

$$(a + I) + (b + I) = (a + b) + I$$
$$(a + I)(b + I) = ab + I$$

und der Tatsache, dass f ein Ringhomomorphismus ist. $\overline{f}$ ist eindeutig bestimmt, denn ist $\tilde{f} : R/I \to R'$ ebenfalls so, dass $\tilde{f} \circ p_I = f$ gilt, so ist $\tilde{f}(a + I) = f(a)$ für alle $a \in R$, also $\tilde{f}(a + I) = \overline{f}(a + I)$ für alle $a \in R$ und daher $\tilde{f} = \overline{f}$.

$\overline{f}$ ist genau dann injektiv, wenn $\overline{f}(a+I) = 0$ äquivalent zu $a \in I$ ist; wegen $\overline{f}(a+I) = f(a)$ ist diese Bedingung gleichwertig zu $I = \mathrm{Ker}(f)$. $\square$

Bemerkung

a) Wer den Homomorphiesatz für Vektorräume oder für Gruppen gesehen hat, erkennt, dass der Beweis in allen Fällen praktisch der gleiche ist.

b) Der am häufigsten gebrauchte Teil des Homomorphiesatzes ist die Aussage $R/\mathrm{Ker}(f) \cong \mathrm{Im}(f)$ aus a). Die auf den ersten Blick meistens als weniger eingängig empfundene Aussage in b) ist nicht nur durch die Behandlung beliebiger Ideale $I \subseteq \mathrm{Ker}(f)$ allgemeiner, sie liefert auch im Spezialfall $I = \mathrm{Ker}(f)$ mehr Information, da sie einen Isomorphismus explizit angibt und dessen Eindeutigkeit unter den gegebenen Voraussetzungen feststellt. Wir werden in diesem Buch nur selten Gelegenheit haben, diese vollständige Form des Satzes anzuwenden (etwa in der Bemerkung nach Satz 9.12 und beim Beweis von Satz 9.31), bei tiefer gehenden algebraischen Untersuchungen wird aber ihre Benutzung rasch zur Routine.

c) Die Gleichung $\tilde{f} \circ p_I = f$ drückt man auch aus, indem man sagt, f faktorisiere über p_I (oder über R/I).

Beispiel 4.25

a) Sei $R = \mathbb{Z}$ und K ein Körper. Ist $f : R \to K$ der eindeutig bestimmte Ringhomomorphismus von R in K (durch $f(n) = n \cdot 1_K$ gegeben), so ist nach dem Homomorphiesatz $\mathrm{Im}(f) \cong \mathbb{Z}/m\mathbb{Z}$ mit $m\mathbb{Z} = \mathrm{Ker}(f)$. Da $\mathrm{Im}(f)$ als Teilring des Körpers K keine Nullteiler hat, muss auch $\mathbb{Z}/m\mathbb{Z}$ nullteilerfrei sein, also muss m eine Primzahl p sein oder $m = 0$ gelten. Im ersten Fall bettet der durch den Homomorphiesatz gegebene injektive Ringhomomorphismus $\tilde{f} : \mathbb{Z}/p\mathbb{Z} \to K$ den Körper $\mathbb{Z}/p\mathbb{Z}$ in den Körper K ein, im zweiten Fall enthält K einen zu $\mathbb{Z}$ isomorphen Teilring und daher (da K ein Körper ist) auch einen zu $\mathbb{Q}$ isomorphen Teilkörper.

b) Sei I ein Ideal im Ring R und $\tilde{I} = R[X]I$ das von I erzeugte Ideal im Polynomring $R[X]$. Indem man $f = \sum_{j=0}^{n} c_j X^j \in R[X]$ auf $p_I(f) := \sum_{j=0}^{n} (c_j + I) X^j \in (R/I)[X]$ abbildet, erhält man einen surjektiven Homomorphismus $p_I : R[X] \rightarrow (R/I)[X]$ mit Kern $\tilde{I}$. Nach dem Homomorphiesatz gilt also $(R/I)[X] \cong R[X]/\tilde{I} = R[X]/IR[X]$.

c) Sei K ein Körper, $R = K[X]$, $a \in K$.

Dann ist der Einsetzungshomomorphismus $\varphi_a : R \rightarrow K$, der durch

$$\varphi_a(f) = f(a) \quad (f \in K[X])$$

gegeben ist, surjektiv, da jedes $c \in K$ als $\varphi_a(c)$ (also als Bild des konstanten Polynoms $cX^0 = c$) auftritt.

Offenbar ist $X - a \in \mathrm{Ker}(\varphi_a)$, und da es in $\mathrm{Ker}(\varphi_a)$ keine konstanten Polynome $\neq 0$ gibt, ist $X - a$ das normierte Polynom kleinsten Grades in $\mathrm{Ker}(\varphi_a)$ und daher Erzeuger von $\mathrm{Ker}(\varphi_a)$, d. h., $\mathrm{Ker}(\varphi_a) = (X - a)$ (dies ist nur eine andere Schreibweise für die bekannte Tatsache, dass $f(a) = 0$ genau dann gilt, wenn man aus f den Faktor $X - a$ herausziehen kann, d. h., wenn f durch $X - a$ teilbar ist).

Nach dem Homomorphiesatz induziert φ_a also einen Isomorphismus

$$K[X]/(X - a) \rightarrow K$$
$$f + (X - a) \mapsto f(a).$$

Davon hatten wir uns durch direkte Rechnung bereits in Beispiel 4.18 überzeugt.

d) Schränken wir den Homomorphismus $\varphi_{\sqrt{2}} : \mathbb{R}[X] \rightarrow \mathbb{R}$ auf $\mathbb{Q}[X]$ ein, so liegen alle durch $X^2 - 2$ teilbaren Polynome im Kern. Der Homomorphiesatz liefert also einen Homomorphismus $\bar{\varphi} : \mathbb{Q}[X]/(X^2 - 2) \rightarrow \mathbb{R}$. Diese Situation werden wir in der Körpertheorie in Kap. 9 noch näher betrachten.

e) Es gibt genau einen Ringhomomorphismus ϕ vom Polynomring $\mathbb{R}[X]$ in den Körper $\mathbb{C}$ der komplexen Zahlen, der X auf die imaginäre Einheit i abbildet (nämlich $\sum_{j=0}^{n} c_j X^j \mapsto \sum_{j=0}^{n} c_j i^j$). Man hat $\mathrm{Ker}(\phi) = (X^2 + 1)$, denn $X^2 + 1$ liegt im Kern und Polynome kleineren Grades sind linear oder konstant und liegen daher nicht im Kern. Da ϕ offenbar surjektiv ist, erhalten wir $\mathbb{C} \cong \mathbb{R}[X]/(X^2 + 1)$; auch das hatten wir bereits in Beispiel 4.18 durch direkte Rechnung verifiziert.

f) In Beispiel 4.18 c) hatten wir für eine Menge $V \in K^n$ das Ideal

$$I(V) := \{ g \in K[X_1, \ldots, X_n] \mid g(y_1, \ldots, y_n) = 0 \text{ für alle } (y_1, \ldots, y_n) \in V \},$$

im Polynomring $R = K[X_1, \ldots, X_n]$ über dem Körper K betrachtet. Offenbar ist $I(V)$ der Kern der Abbildung Φ, die jedes Polynom g aus R auf die durch g gegebene Polynomfunktion auf V abbildet und deren Bild der Ring $K[V]$ der durch Polynome gegebenen Funktionen auf V ist ($K[V]$ heißt der affine Koordinatenring von V). Der Homomorphiesatz liefert $R/I(V) \cong K[V]$, wie bereits in Beispiel 4.18 c) direkt nachgerechnet.

4.3   Simultane Kongruenzen und chinesischer Restsatz

Wir können jetzt den *chinesischen Restsatz* (Satz über simultane Lösbarkeit von Kongruenzen) in seiner allgemeinen ringtheoretischen Version beweisen. Im Fall des Rings $\mathbb{Z}$ der ganzen Zahlen erlaubt es dieser Satz, das Rechnen mit Kongruenzen nach einem zusammengesetzten Modul $m = \prod_{i=1}^{r} p_i^{e_i}$ auf das (in vielen Fällen einfachere) Rechnen mit Kongruenzen modulo den in m aufgehenden Primzahlpotenzen $p_i^{e_i}$ zurückzuführen. Zunächst benötigen wir noch eine Definition:

Definition und Satz 4.26
a) *Seien $R_1, \ldots, R_n$ Ringe.*
   Dann werden auf dem kartesischen Produkt

$$R = R_1 \times \cdots \times R_n$$

   durch komponentenweise Verknüpfung, also durch

$$(a_1, \ldots, a_n) + (b_1, \ldots, b_n) = (a_1 + b_1, \ldots, a_n + b_n)$$
$$(a_1, \ldots, a_n)(b_1, \ldots, b_n) = (a_1 b_1, \ldots a_n b_n)$$

   Verknüpfungen definiert, bezüglich deren R ein Ring mit Nullelement $(0, \ldots, 0)$ und Einselement $(1, \ldots, 1)$ ist.
   Dieser Ring R heißt das direkte Produkt *oder die* direkte Summe *der R_i; man schreibt auch $R = R_1 \oplus \cdots \oplus R_n$.*
   R ist genau dann kommutativ, wenn alle R_i kommutativ sind.
b) *Sind $G_1, \ldots, G_n$ Gruppen, so wird auf dem kartesischen Produkt*

$$G = G_1 \times \cdots \times G_n$$

   durch komponentenweise Verknüpfung, also durch

$$(a_1, \ldots, a_n) \circ (b_1, \ldots, b_n) = (a_1 \circ b_1, \ldots, a_n \circ b_n)$$

   eine Verknüpfung definiert, bezüglich der G eine Gruppe mit neutralem Element $(e, \ldots, e)$ ist.
   Diese Gruppe heißt das direkte Produkt *der Gruppen G_i*
   G ist genau dann kommutativ, wenn alle G_i kommutativ sind.

Bemerkung   Sind wenigstens zwei der R_i vom Nullring verschieden, so ist $R_1 \times \cdots \times R_n$ für $n \geq 2$ kein Integritätsbereich, da $(1, 0, \ldots, 0)(0, 1, 0, \ldots, 0) = (0, \ldots, 0)$ gilt.

Satz 4.27 (Chinesischer Restsatz) *Sei R ein kommutativer Ring, seien $I_1, \ldots, I_n \subseteq R$ Ideale mit $I_i + I_j = R$ für $i \neq j$.*
Dann ist die Abbildung

$$p : R \to R/I_1 \times \cdots \times R/I_n$$
$$p(a) = (a + I_1, \ldots, a + I_n)$$

ein surjektiver Ringhomomorphismus mit Kern $I_1 \cap \cdots \cap I_n$ und man hat das kommutative Diagramm

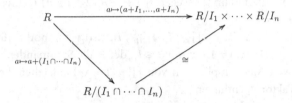

in dem die Abbildung $a + (I_1 \cap \cdots \cap I_n) \mapsto (a + I_1, \ldots, a + I_n)$ einen Isomorphismus

$$R/(I_1 \cap \cdots \cap I_n) \cong R/I_1 \times \cdots R/I_n,$$

liefert.
Insbesondere gibt es zu beliebig vorgegebenen $a_1, \ldots, a_n \in R$ ein modulo $I_1 \cap \cdots \cap I_n$ eindeutig bestimmtes $x \in R$ mit

$$x \equiv a_i \bmod I_i \quad \text{für } 1 \leq i \leq n.$$

Speziell für $R = \mathbb{Z}$ hat man für paarweise teilerfremde natürliche Zahlen $m_1, \ldots, m_n$ mit $\prod_{i=1}^{n} m_i = m$ den Isomorphismus

$$\mathbb{Z}/m_1\mathbb{Z} \times \cdots \times \mathbb{Z}/m_n\mathbb{Z} \cong \mathbb{Z}/m\mathbb{Z}$$

sowie die folgende Aussage über die Lösbarkeit simultaner Kongruenzen:
Sind $m_1, \ldots, m_n$ paarweise teilerfremde natürliche Zahlen und $a_1, \ldots a_n \in \mathbb{Z}$ beliebig vorgegeben, so gibt es modulo $m = \prod_{i=1}^{n} m_i$ genau eine Lösung des Systems simultaner Kongruenzen

$$x \equiv a_1 \bmod m_1$$
$$\vdots$$
$$x \equiv a_n \bmod m_n$$

Beweis Dass p ein Ringhomomorphismus ist und dass $\mathrm{Ker}(p) = I_1 \cap \cdots \cap I_n$ gilt, ist klar. Nach dem Homomorphiesatz (Satz 4.24) hat man also einen durch $\bar{p}(a + I_1 \cap \cdots \cap I_n) = (a + I_1, \ldots, a + I_n)$ definierten Ringisomorphismus $\bar{p} : R/(I_1 \cap \cdots \cap I_n) \to \mathrm{Im}(p) \subseteq R/I_1 \times \cdots \times R/I_n$. Nur die Surjektivität von p (bzw. äquivalent von $\bar{p}$) ist nicht trivial.

Um diese zu zeigen, reicht es offenbar zu zeigen, dass die Elemente

$$e_i = (0 + I_1, \ldots, 0 + I_{i-1}, 1 + I_i, 0 + I_{i+1}, \ldots, 0 + I_n) \quad \text{für } 1 \leq i \leq n$$

im Bild liegen, da dann für beliebige $a_1, \ldots, a_n$ auch $(a_1 + I_1, \ldots, a_n + I_n) = \sum_{i=1}^{n} a_i e_i \in \mathrm{Im}(p)$ gilt.

Wir betrachten o. E. e_1 und finden wegen $I_1 + I_i = R$ $(2 \leq i \leq n)$ Elemente $x_i \in I_1$, $y_i \in I_i$ $(2 \leq i \leq n)$ mit $x_i + y_i = 1$.

Setzt man $y = \prod_{i=2}^{n} y_i$, so ist $y \in \prod_{i=2}^{n} I_i \subseteq \bigcap_{i=2}^{n} I_i$, also $y \equiv 0 \bmod I_i$ für $2 \leq i \leq n$.

Ferner ist $y = \prod_{i=2}^{n}(1 - x_i) = 1 + x$ mit $x \in I_1$, denn alle Summanden außer $1 = \prod_{i=2}^{n} 1$, die beim distributiven Ausmultiplizieren von $\prod_{i=2}^{n}(1 - x_i)$ entstehen, liegen in I_1, da sie wenigstens einen Faktor x_i enthalten.

Also ist $y \equiv 1 \bmod I_1$ und wir haben $p(y) = e_1$.

Schließlich liefert der Homomorphiesatz das angegebene kommutative Diagramm sowie die Aussage, dass aus der Surjektivität von p folgt, dass in diesem Diagramm die Abbildung

$$P : R/\mathrm{Ker}(p) = R/(I_1 \cap \cdots \cap I_n) \to \prod_{i=1}^{n} R/I_i$$

ein Isomorphismus ist.

Ist R ein Hauptidealring, etwa $R = \mathbb{Z}$, so haben wir noch eine einfachere Methode, um Elemente z_i mit $p(z_i) = e_i$ zu konstruieren:

Wir setzen $I_i = (m_i)$ und haben $\mathrm{ggT}(m_i, m_j) = 1$.

Mit $m = \prod_{i=1}^{n} m_i$ setzen wir $\hat{m}_i = \frac{m}{m_i} = \prod_{j \neq i} m_j$.

Dann ist $\mathrm{ggT}(m_i, \hat{m}_i) = 1$, es gibt also $x_i, y_i \in R$ mit $x_i m_i + y_i \hat{m}_i = 1$; ist R euklidisch, so können wir diese mit dem euklidischen Algorithmus bestimmen.

Offenbar ist $y_i \hat{m}_i$ durch alle m_j, $j \neq i$ teilbar, also $y_i \hat{m}_i \equiv 0 \bmod m_j$ für $j \neq i$.

Ferner ist $y_i \hat{m}_i = 1 - x_i m_i \equiv 1 \bmod m_i$. Damit haben wir $p(y_i \hat{m}_i) = e_i$ für $1 \leq i \leq n$.

Sind wieder $a_1, \ldots, a_n \in R$ gegeben, so ist daher

$$p(\sum_{i=1}^{n} a_i y_i \hat{m}_i) = \sum a_i e_i = (a_1 + I_1, \ldots, a_n + I_n),$$

d. h., mit $x = \sum_{i=1}^{n} a_i y_i \hat{m}_i$ gilt

$$x \equiv a_i \bmod m_i \quad \text{für } 1 \leq i \leq n. \qquad \square$$

Beispiel 4.28

a) Wir suchen alle $a \in \mathbb{Z}$, für die gleichzeitig gilt:

$$a \equiv 1 \bmod 3$$
$$a \equiv 1 \bmod 4$$
$$a \equiv \pm - 1 \bmod 7.$$

Mit $m_1 = 3, m_2 = 4, m_3 = 7$ haben wir $\hat{m}_1 = 28, \hat{m}_2 = 21, \hat{m}_3 = 12$. Wir sehen direkt (ohne euklidischen Algorithmus): $(-9) \cdot 3 + 1 \cdot 28 = 1, (-5) \cdot 4 + 1 \cdot 21 = 1, (-5) \cdot 7 + 3 \cdot 12 = 1$. Mit $y_1 = y_2 = 1, y_3 = 3$ haben wir für $a_1 = a_2 = a_3 = 1$ also die Lösung $a = 1 \cdot 1 \cdot 28 + 1 \cdot 1 \cdot 21 + 1 \cdot 3 \cdot 12 = 85 \equiv 1 \bmod 84$ (das hätten wir auch ohne unser Verfahren direkt raten können). Für die ebenfalls gefragte Kongruenz mit $a_3 = -1$ erhalten wir mit den gleichen y_i die Lösung $a \equiv 13 \bmod 84$.

Auch jedes andere System von Kongruenzen nach den gleichen Moduln 3, 4, 7 können wir jetzt direkt durch Einsetzen der entsprechenden a_i lösen. Etwa für

$$a \equiv -1 \bmod 3$$
$$a \equiv 1 \bmod 4$$
$$a \equiv 5 \bmod 7$$

erhalten wir $a = -28 + 21 + 180 = 173 \equiv 5 \bmod 84$.

b) Wir betrachten das folgende klassische Beispiel aus dem Buch „An Introduction to the Theory of Numbers" von G.H. Hardy and E.M. Wright[1], das sicherlich die Ansprüche unserer Leserschaft auf praxisnahe Lehrinhalte erfüllt:

> Six professors begin courses of lectures on Monday, Tuesday, Wednesday, Thursday, Friday, and Saturday, and announce their intentions of lecturing at intervals of two, three, four, one, six, and five days respectively. The regulations of the university forbid Sunday lectures (so that a Sunday lecture must be omitted). When first will all six professors find themselves compelled to omit a lecture?

Ist der fragliche Tag der x-te (beginnend mit dem ersten Montag als Tag 1), so haben wir also die Kongruenzen

$$x \equiv 1 \bmod 2, \quad x \equiv 2 \bmod 3, \quad x \equiv 3 \bmod 4, \quad x \equiv 4 \bmod 1,$$
$$x \equiv 5 \bmod 6, \quad x \equiv 6 \bmod 5, \quad x \equiv 0 \bmod 7$$

zu erfüllen.

Hiervon ist $x \equiv 4 \bmod 1$ stets erfüllt, also keine echte Bedingung. Bei den übrigen Kongruenzen sind die Moduln nicht paarweise teilerfremd, so dass wir den Satz nicht

---

[1] G.H. Hardy, E.M. Wright: An Introduction to the Theory of Numbers, Oxford University Press, 5. Aufl. 1980.

direkt anwenden können. Da $x \equiv 5 \bmod 6$ genau dann gilt, wenn $x \equiv 1 \bmod 2$ und $x \equiv 2 \bmod 3$ gilt, ist unsere Liste äquivalent zu den folgenden Kongruenzen modulo Potenzen von Primzahlen:

$$x \equiv 1 \bmod 2$$

$$x \equiv 3 \bmod 4$$

$$x \equiv 2 \bmod 3$$

$$x \equiv 6 \bmod 5$$

$$x \equiv 0 \bmod 7,$$

wobei die Kongruenzen $x \equiv 1 \bmod 2$ und $x \equiv 2 \bmod 3$ jeweils zweimal vorkommen. Da $x \equiv 1 \bmod 2$ in $x \equiv 3 \bmod 4$ enthalten ist, können wir die erste der Kongruenzen fortlassen und das verbleibende System von Kongruenzen nach den paarweise teilerfremden Moduln $m_1 = 3$, $m_2 = 4$, $m_3 = 5$, $m_4 = 7$ mit dem Verfahren aus dem Beweis des Satzes lösen. Wir haben $\hat{m}_1 = 140 \equiv -1 \bmod 3$, $\hat{m}_2 = 105 \equiv 1 \bmod 4$, $\hat{m}_3 = 84 \equiv -1 \bmod 5$, $\hat{m}_4 = 60 \equiv 4 \bmod 7$, können also $y_1 = -1$, $y_2 = 1$, $y_3 = -1$ wählen und bekommen die Lösung $x = a_1 y_1 \hat{m}_1 + a_2 y_2 \hat{m}_2 + a_3 y_3 \hat{m}_3 = -280 + 315 - 504 = -469$. (Wegen $a_4 = 0$ spielte hier y_4 keine Rolle und musste gar nicht erst bestimmt werden.)
Die kleinste positive Lösung ist dann

$$-469 + 2m = -469 + 840 = 371,$$

der 371-te Tag ist daher der erste Tag, an dem alle Vorlesungen auf einen Sonntag fallen und daher ausfallen.

Bemerkung
a) Im Spezialfall $R = \mathbb{Z}$ folgt die Surjektivität von $\bar{p}$ auch sofort durch ein Abzählargument: Da $\mathbb{Z}/m\mathbb{Z}$ und $\mathbb{Z}/m_1\mathbb{Z} \times \cdots \times \mathbb{Z}/m_n\mathbb{Z}$ beide m Elemente haben, folgt die Surjektivität von $\bar{p}$ aus der Injektivität. Ähnlich kann man für den Polynomring $R = K[X]$ über einem Körper K mit der Dimension der beteiligten K-Vektorräume argumentieren. Allerdings liefert dieser schnelle Beweis kein Lösungsverfahren für ein System von Kongruenzen.
b) Im letzten Beispiel konnte man eine Lösung für sämtliche Kongruenzen finden, obwohl die Moduln der Kongruenzen nicht teilerfremd waren und der Satz daher zunächst nicht die Existenz einer Lösung garantiert. Nach Auflösen aller Kongruenzen in Kongruenzen nach Potenzen von Primzahlen konnten wir aber sehen, dass die Kongruenzen nach Potenzen der gleichen Primzahl einander nicht widersprachen und dann das verbleibende System von Kongruenzen nach Potenzen *verschiedener* Primzahlen lösen.
Das war ein glücklicher Zufall (oder vielmehr in Wahrheit durch geschickte Vorgabe der Werte erreicht), im Allgemeinen muss ein System von Kongruenzen nach *nicht* teilerfremden Moduln nicht lösbar sein, weil es widersprüchliche Kongruenzen enthalten kann.

Ein Beispiel hierfür ist etwa das System

$$x \equiv 1 \bmod 45$$

$$x \equiv 2 \bmod 21.$$

Die erste Kongruenz ist gleichwertig zur Gültigkeit der beiden Kongruenzen $x \equiv 1 \bmod 9$ und $x \equiv 1 \bmod 5$, die zweite ist gleichwertig zu $x \equiv 2 \bmod 3$ und $x \equiv 2 \bmod 7$. Mit $x \equiv 1 \bmod 9$ und $x \equiv 2 \bmod 3$ hat man hier zwei Kongruenzen modulo Potenzen von 3, die nicht gleichzeitig erfüllbar sind, da aus $x \equiv 1 \bmod 9$ erst recht $x \equiv 1 \bmod 3$ folgt. Allgemein sieht man (der Einfachheit halber hier nur für zwei Faktoren) für $m = m_1 m_2$, dass der Kern der Abbildung $\mathbb{Z} \to \mathbb{Z}/m_1\mathbb{Z} \times \mathbb{Z}/m_2\mathbb{Z}$ das Ideal $\mathrm{kgV}(m_1, m_2)\mathbb{Z} \supseteq m_1 m_2 \mathbb{Z}$ mit $\mathrm{kgV}(m_1, m_2) = \frac{m_1 m_2}{\mathrm{ggT}(m_1, m_2)}$ ist. Die induzierte Abbildung $\mathbb{Z}/m_1 m_2 \mathbb{Z} \to \mathbb{Z}/m_1\mathbb{Z} \times \mathbb{Z}/m_2\mathbb{Z}$ ist daher für $\mathrm{ggT}(m_1, m_2) \neq 1$ nicht injektiv und damit (wegen der Gleichheit der Elementanzahlen) auch nicht surjektiv, so dass nicht alle simultanen Kongruenzen nach den Moduln m_1 und m_2 lösbar sind.

c) Der Name „Chinesischer Restsatz" kommt daher, dass die älteste bekannte Form dieses Satzes aus einem Handbuch der Arithmetik des chinesischen Mathematikers Sun Tzu (auch Sun Zi oder Sun Tse geschrieben) aus dem dritten Jahrhundert unserer Zeitrechnung stammt. In China wurde das Verfahren damals vermutlich vor allem in der Astronomie verwendet, um durch Lösen von Kongruenzen nach den Umlaufzeiten verschiedener Planeten das Datum der Wiederkehr bestimmter astronomischer Konstellationen zu berechnen. Es handelte sich also damals tatsächlich um ein Problem der angewandten Mathematik.

Beispiel 4.29 Sei K ein Körper, $R = K[X]$ der Polynomring über K, seien $u_1, \ldots, u_n \in K$ paarweise verschiedene Elemente von K und $f_i = X - u_i \in K[X]$ für $1 \leq i \leq n$.

Die f_i sind offenbar paarweise teilerfremd, nach dem chinesischen Restsatz gibt es daher für beliebige $c_1, \ldots, c_n \in K$ ein Polynom $g \in K[X]$ mit

$$g \equiv c_i \bmod (X - u_i) \quad (1 \leq i \leq n).$$

Wie im Beispiel nach dem Homomorphiesatz sehen wir, dass $g \equiv c_i \bmod (X - u_i)$ gleichwertig zu $g(u_i) = c_i$ ist, wir finden also $g \in K[X]$ mit

$$g(u_i) = c_i \quad \text{für } 1 \leq i \leq n,$$

d. h., g nimmt die Werte c_i in den u_i an.

Das Polynom g ist modulo $F = \prod_{i=1}^{n} f_i$ eindeutig bestimmt, indem wir g nötigenfalls mit Rest durch F dividieren, erhalten wir wegen $\deg(F) = n$ ein eindeutig bestimmtes g vom Grad $\deg(g) < n$ mit $g(u_i) = c_i$ für $1 \leq i \leq n$.

Der Beweis des chinesischen Restsatzes liefert auch ein Verfahren zur Bestimmung von g:

Mit $\hat{f}_i = \prod_{j \neq i} f_j = \prod_{j \neq i} (X - u_j)$ ist offenbar

$$\hat{f}_i \prod_{\substack{j=1 \\ j \neq i}}^{n} \frac{1}{u_i - u_j} = \prod_{j \neq i} \frac{X - u_j}{u_i - u_j} \equiv \begin{cases} 1 \bmod (X - u_i) \\ 0 \bmod (X - u_j) \end{cases} \quad \text{für } j \neq i.$$

Also ist

$$g = \sum_{i=1}^{n} c_i \prod_{i \neq j} \frac{X - u_j}{u_i - u_j}$$

das gesuchte Polynom (g hat offenbar den Grad $\deg(g) < n$); das Polynom g heißt das *Lagrange'sche Interpolationspolynom* für die u_i, c_i.

Als einfaches Zahlenbeispiel suchen wir ein Polynom f mit rationalen Koeffizienten vom Grad ≤ 3, für das $f(0) = 0, f(1) = 1, f(2) = 5, f(3) = 14$ gilt.

Wir erhalten mit obigem Verfahren:

$$f = 1 \frac{X(X-2)(X-3)}{1 \cdot (-1) \cdot (-2)} + 5 \frac{X(X-1)(X-3)}{2 \cdot 1 \cdot (-1)} + 14 \frac{X(X-1)(X-2)}{3 \cdot 2 \cdot 1},$$

also nach Auflösen $f = \frac{X(2X+1)(X+1)}{6}$. Die rechte Seite ergibt bekanntlich (beliebte Übungsaufgabe im ersten Semester beim Üben des Verfahrens der vollständigen Induktion) bei Einsetzen von $n \in \mathbb{N}$ die Formel für $\sum_{j=0}^{n} j^2$, und die vorgegebenen Werte für f in den Punkten $0, 1, 2, 3$ waren genau die Werte dieser Summe für den jeweiligen Wert von n. Man kann diese Formel also auch finden, indem man ein Polynom vom Grad ≤ 3 sucht, das bei Einsetzen von $n = 0, 1, 2, 3$ die richtigen Werte liefert.

Da das erzielte Ergebnis wichtige Anwendungen hat, formulieren wir es als Satz:

Satz 4.30 (Interpolationssatz von Lagrange) *Sind Elemente $u_1, \ldots, u_n, c_1, \ldots, c_n \in K$ gegeben und sind die u_i paarweise verschieden, so gibt es genau ein Polynom $g \in K[X]$ vom Grad $\deg(g) < n$ mit $g(u_i) = c_i$ für $1 \leq i \leq n$.*

Beweis Der Beweis erfolgte diesmal ausnahmsweise vor dem Satz.   □

Bemerkung Der chinesische Restsatz wird auch beim Rechnen mit großen Zahlen im Computer verwendet. Da bei den meisten Multiplikationsverfahren der Rechenaufwand beim Multiplizieren zweier Zahlen der Bitlänge N stärker als linear mit N wächst, ist es vorteilhaft, die Rechnung in r einzelne Rechnungen mit Zahlen der Bitlänge N/r zu zerlegen.

Dies erreicht man durch *modulare Arithmetik*:

Weiß man, dass alle vorkommenden Zahlen dem Betrag nach unterhalb einer festen Schranke C liegen, so sucht man einen Modul $m \in \mathbb{N}$ mit $m > 2C$, den man in ein Produkt $m = m_1 \cdots m_r$ von r etwa gleich großen paarweise teilerfremden m_j zerlegen kann.

Man ersetzt dann alle vorkommenden $a \in \mathbb{Z}$ durch das Tupel $\overline{a} = (a \bmod m_1, \ldots,$ $a \bmod m_r) \in \prod_{i=1}^{r} \mathbb{Z}/m_i\mathbb{Z}$ und rechnet mit diesem weiter, indem man alle Rechnungen modulo den einzelnen m_i durchführt, dabei hat man r Rechnungen mit Zahlen der Bitlänge $\leq \frac{N}{r}$ durchzuführen, wenn N die Bitlänge von m ist.

Nach dem chinesischen Restsatz kann man am Ende das Ergebnis

$$\overline{z} = (z_1 \bmod m_1, \ldots, z_r \bmod m_r)$$

eindeutig zu einem $z \in \mathbb{Z}$ mit $|z| < C$ zusammensetzen, indem man die modulo m eindeutig bestimmte Lösung des Systems simultaner Kongruenzen

$$z \equiv z_1 \bmod m_1$$
$$\vdots$$
$$z \equiv z_r \bmod m_r$$

durch den Repräsentanten von kleinstem Absolutbetrag darstellt.

Man hat bei diesem Verfahren einerseits zusätzlichen Rechenaufwand durch die Konversionen

$$a \mapsto \overline{a} \quad \text{und} \quad \overline{z} \mapsto z,$$

andererseits aber den Vorteil, dass man die Rechnungen modulo den m_j auf mehreren Prozessoren parallel durchführen kann.

Wir schauen uns jetzt noch an, welche Konsequenzen der chinesische Restsatz für die Einheitengruppe des Restklassenrings hat.

Korollar 4.31 *Sei R ein kommutativer Ring, seien $I_1, \ldots, I_n$ paarweise teilerfremde Ideale in R (also $I_i + I_j = R$ für $i \neq j$) und $I = I_1 \cap \cdots \cap I_n$.*

Dann hat die Einheitengruppe $(R/I)^{\times}$ des Faktorrings R/I die Zerlegung

$$(R/I)^{\times} \cong (R/I_1)^{\times} \times \cdots \times (R/I_n)^{\times}$$

in das Produkt der Einheitengruppen der R/I_j.

Speziell gilt für $R = \mathbb{Z}$: Ist $m = m_1 \cdots m_r \in \mathbb{N}$ mit paarweise teilerfremden $m_j \in \mathbb{N}$, so ist

$$(\mathbb{Z}/m\mathbb{Z})^{\times} \cong (\mathbb{Z}/m_1\mathbb{Z})^{\times} \times \cdots \times (\mathbb{Z}/m_r\mathbb{Z})^{\times}.$$

Insbesondere ergibt sich für $m \in \mathbb{N}$ mit der Primfaktorzerlegung $m = \prod_{j=1}^{r} p_j^{e_j}$ die Einheitengruppe von $\mathbb{Z}/m\mathbb{Z}$ als das direkte Produkt der Einheitengruppen der $\mathbb{Z}/p_j^{e_j}\mathbb{Z}$:

$$(\mathbb{Z}/m\mathbb{Z})^{\times} \cong (\mathbb{Z}/p_1^{e_1}\mathbb{Z})^{\times} \times \cdots \times (\mathbb{Z}/p_r^{e_r}\mathbb{Z})^{\times}.$$

Beweis Ist $a \in R$, so ist $a + I$ offenbar genau dann Einheit in R/I, wenn sein Bild

$$\overline{p}(a + I) = (a + I_1, \ldots, a + I_n) \in R/I_1 \times \cdots \times R/I_n$$

unter dem Isomorphismus

$$\overline{p} : R/I \to R/I_1 \times \cdots \times R/I_n$$

eine Einheit ist, wenn also $a + I_j \in (R/I_j)^{\times}$ für $1 \le j \le n$ gilt. □

4.4 Lineare Kongruenzen und prime Restklassengruppe

Wir wollen jetzt noch ein paar Resultate über Kongruenzen beweisen, in denen Variable vorkommen. Der einfachste Typ solcher Kongruenzen sind wieder, genau wie bei den diophantischen Gleichungen, die linearen Kongruenzen. Auch die verwendeten Methoden sind praktisch dieselben wie bei den linearen diophantischen Gleichungen. Das ist klar, denn die Aufgabe, die lineare Kongruenz $ax \equiv b \bmod m$ zu lösen, ist nichts anderes als die Aufgabe, die lineare diophantische Gleichung $ax + my = b$ zu lösen, den Wert von x nur modulo m zu betrachten und den Wert der Variablen y überhaupt nicht weiter zu beachten.

Zunächst brauchen wir ein Lemma.

Lemma 4.32

a) *Sei R ein Integritätsbereich, in dem zu je zwei Elementen ein größter gemeinsamer Teiler existiert, seien $a, b, k, m \in R$ und $d = \mathrm{ggT}(k, m)$. Dann ist die Kongruenz*

$$ka \equiv kb \bmod (m)$$

äquivalent zu

$$a \equiv b \bmod \left(\frac{m}{d}\right).$$

Insbesondere gilt:

$$ka \equiv kb \bmod (m) \Leftrightarrow a \equiv b \bmod (m) \text{ falls } \mathrm{ggT}(k, m) = 1.$$

b) *Sei R ein Integritätsbereich, seien $a, b, m \in R$ und d ein gemeinsamer Teiler von a, b und m.*
Dann ist

$$a \equiv b \bmod (m)$$

äquivalent zu

$$\frac{a}{d} \equiv \frac{b}{d} \mod \left(\frac{m}{d}\right).$$

c) *Sind* $a, b \in \mathbb{Z}$, $m, d \in \mathbb{N}$ *mit* $d \mid m$ *und*

$$a \equiv b \mod m,$$

so gibt es genau d modulo m verschiedene $b' \in \mathbb{Z}$, *für die*

$$a \equiv b' \mod \frac{m}{d}$$

gilt, man erhält diese als

$$b_j = b + j\frac{m}{d} \quad \text{mit } 0 \le j < d.$$

Beweis

a) ist klar: $ka \equiv kb \mod (m)$ heißt, dass $m \mid k(a - b)$ gilt, was wiederum zu

$$\frac{m}{d} \, \Big| \, \frac{k}{d}(a - b)$$

und daher wegen $\mathrm{ggT}(\frac{m}{d}, \frac{k}{d}) = 1$ zu $\frac{m}{d} \mid (a - b)$ äquivalent ist.

b) Offenbar ist $a - b$ genau dann durch m teilbar, wenn $\frac{a}{d} - \frac{b}{d}$ durch $\frac{m}{d}$ teilbar ist.

c) Die in Frage kommenden b' müssen von der Form $b' = b + j\frac{m}{d}$ mit $j \in \mathbb{Z}$ sein, und man erhält offenbar genau dann verschiedene Werte modulo m von $b + j_1\frac{m}{d}$ und $b + j_2\frac{m}{d}$, wenn $j_1 \not\equiv j_2 \mod d$ gilt.

Das heißt, dass man die modulo m verschiedenen $b_j = b + j\frac{m}{d}$ erhält, wenn man j ein beliebiges volles Restsystem mod d durchlaufen lässt, z. B. also die Menge $\{0, 1, \ldots, d-1\}$. $\qquad\square$

Bemerkung Man beachte, dass man beim Dividieren von Kongruenzen stets auch den Modul dividieren muss, wenn das möglich ist, z. B. ist

$$2 \cdot 1 \equiv 2 \cdot 3 \mod 4,$$

$$\text{aber} \quad 1 \not\equiv 3 \mod 4.$$

Beispiel 4.33 Mit $m = 15$ und $d = 5$ haben wir z. B. $a = 16 \equiv b = 1 \mod 15$ und modulo $3 = \frac{m}{d}$ ist $a = 16$ kongruent zu den 5 modulo 15 verschiedenen Werten $1, 4 = 1 + 1 \cdot 3$, $7 = 1 + 2 \cdot 3$, $10 = 1 + 3 \cdot 3$, $13 = 1 + 4 \cdot 3$.

Satz 4.34 *Sei R ein Hauptidealring, $a, b, m \in R$.*
Dann ist die lineare Kongruenz

$$ax \equiv b \bmod m$$

genau dann mit $x \in R$ lösbar, wenn

$$\mathrm{ggT}(a, m) \mid b$$

gilt.
Sind $x', y' \in R$ so, dass $x'a + y'm = d = \mathrm{ggT}(a, m)$ gilt, so ist in diesem Fall

$$x_0 = \frac{b}{d} x'$$

eine Lösung der Kongruenz.
Ist hier speziell $R = \mathbb{Z}$ und $m \in \mathbb{N}$, so sind die

$$x_j = x_0 + j \frac{m}{d} \quad (0 \le j < d)$$

die sämtlichen modulo m inkongruenten Lösungen von

$$ax \equiv b \bmod m.$$

Im allgemeinen Fall durchläuft hier j ein (beliebiges) vollständiges Restsystem modulo d.

Beweis Die Lösbarkeit von $ax \equiv b \bmod m$ ist äquivalent zur Existenz von $x, y \in R$ mit $ax + my = b$, also zu $b \in (a, m) = (\mathrm{ggT}(a, m))$, d. h., zu $\mathrm{ggT}(a, m) \mid b$.
Aus

$$x'a + y'm = d,$$

folgt

$$\frac{b}{d} x'a + \frac{b}{d} y'm = b,$$

so dass (mit $x = \frac{b}{d} x'$)

$$ax \equiv b \bmod m$$

gilt.
Die Aussage für $R = \mathbb{Z}$ folgt dann direkt aus dem vorigen Lemma.   □

Beispiel 4.35

a) Die Kongruenz $40x \equiv 50 \bmod 15$ ist in $\mathbb{Z}$ lösbar, weil $5 = \mathrm{ggT}(40, 15)$ Teiler von $b = 50$ ist. Wir haben $5 = (-1) \cdot 40 + 3 \cdot 15$, erhalten also die Lösung $x_0 = (-1) \cdot \frac{50}{5} = -10$; in der Tat ist $(-10) \cdot 40 = -400 \equiv b \bmod 15$. Als weitere Lösungen erhalten wir $-7 = -10 + 1 \cdot 3$, $-4 = -10 + 2 \cdot 3$, $-1 = -10 + 3 \cdot 3$, $2 = -10 + 4 \cdot 3$.

b) Im Polynomring $\mathbb{Q}[X]$ ist die Kongruenz $(X^2-1) \cdot f \equiv (X-1)(X+3) \bmod (X-1)(X-2)$ lösbar, da $X - 1 = \mathrm{ggT}(X^2 - 1, (X-1)(X-2)$ Teiler von $(X-1)(X+3)$ ist. Wir haben $(X - 1) = \frac{(X^2-1)}{3} - \frac{(X-1)(X-2)}{3}$, erhalten also die Lösung $\frac{1}{3}(X + 3)$; in der Tat ist

$$\frac{1}{3}(X + 3)(X^2 - 1) = (X - 1)(X + 3) + \frac{(X-1)(X-2)(X+3)}{3}$$
$$\equiv (X - 1)(X + 3) \bmod (X - 1)(X - 2).$$

Definition und Korollar 4.36 *Seien $a \in \mathbb{Z}$, $m \in \mathbb{N}$.*

Dann ist die Kongruenz

$$ax \equiv b \bmod m$$

genau dann für alle $b \in \mathbb{Z}$ lösbar, wenn $\mathrm{ggT}(a, m) = 1$ gilt, dies ist ferner äquivalent zur Lösbarkeit von

$$ax \equiv 1 \bmod m.$$

Insbesondere gilt: Die Restklasse $\overline{a}$ von a im Ring $\mathbb{Z}/m\mathbb{Z}$ ist genau dann eine Einheit in diesem Ring, wenn $\mathrm{ggT}(a, m) = 1$ gilt, man hat also

$$(\mathbb{Z}/m\mathbb{Z})^{\times} = \{\overline{a} \in \mathbb{Z}/m\mathbb{Z} \mid \mathrm{ggT}(a, m) = 1\}.$$

Diese Restklassen heißen auch die primen Restklassen *modulo m, und die Einheitengruppe $(\mathbb{Z}/m\mathbb{Z})^{\times}$ des Ringes $\mathbb{Z}/m\mathbb{Z}$ heißt die* prime Restklassengruppe *modulo m.*

Bemerkung Ist $a \in \mathbb{Z}$, $m \in \mathbb{N}$ und $\mathrm{ggT}(a, m) = 1$, so lässt sich das Inverse der Klasse $\overline{a}$ in $\mathbb{Z}/m\mathbb{Z}$ leicht mit Hilfe des euklidischen Algorithmus berechnen.

Sei z. B. $a = 25$, $m = 247$. Dann haben wir

$$247 = 9 \cdot 25 + 22$$
$$25 = 1 \cdot 22 + 3$$
$$22 = 7 \cdot 3 + 1,$$

was wir in

$$1 = 22 - 7 \cdot 3$$
$$= 22 - 7 \cdot (25 - 1 \cdot 22)$$
$$= 8 \cdot 22 - 7 \cdot 25$$
$$= 8 \cdot (247 - 9 \cdot 25) - 7 \cdot 25$$
$$= 8 \cdot 247 - 79 \cdot 25$$

umformen. Also ist

$$-79 \cdot 25 \equiv 1 \bmod 247,$$

d. h., $\overline{-79} = \overline{168}$ ist das (multiplikativ) inverse Element zu $\overline{25}$ in $\mathbb{Z}/247\mathbb{Z}$, in der Tat ist

$$168 \cdot 25 = 17 \cdot 247 + 1.$$

Korollar 4.37 *Für $m \in \mathbb{N}$ ist der Restklassenring $\mathbb{Z}/m\mathbb{Z}$ genau dann ein Körper, wenn m eine Primzahl ist.*

Beweis Das folgt direkt aus dem vorigen Korollar. $\square$

Definition und Korollar 4.38 *Für $m \in \mathbb{N}$ sei der Wert der Euler'schen φ-Funktion gegeben durch*

$$\varphi(m) = \#\{a \in \mathbb{Z} \mid 1 \le a \le m,\ \mathrm{ggT}(a, m) = 1\}.$$

Dann gilt: Sind $m_1, m_2 \in \mathbb{N}$ teilerfremd, so ist

$$\varphi(m_1 m_2) = \varphi(m_1)\varphi(m_2),$$

die φ-Funktion ist also eine multiplikative zahlentheoretische Funktion (siehe Definition 3.17). Insbesondere gilt: Hat m die Primfaktorzerlegung

$$m = \prod_{i=1}^{r} p_i^{v_i} \quad (p_i \text{ verschiedene Primzahlen}, v_i \in \mathbb{N}),$$

so ist

$$\varphi(m) = \prod_{i=1}^{r} \varphi(p_i^{v_i})$$
$$= \prod_{i=1}^{r} p_i^{v_i - 1}(p_i - 1)$$
$$= m \prod_{i=1}^{r} \left(1 - \frac{1}{p_i}\right).$$

Beweis Da $\varphi(m) = |(\mathbb{Z}/m\mathbb{Z})^{\times}|$ gilt, folgt alles außer der letzten Formel aus dem Korollar 4.31 zum chinesischen Restsatz.

Dass $\varphi(p^{\nu}) = p^{\nu} - p^{\nu-1} = p^{\nu-1}(p-1)$ gilt, sieht man leicht daran, dass die zu p^{ν} nicht teilerfremden Zahlen genau die Vielfachen von p sind. $\square$

Beispiel 4.39
a) Man hat also z. B. $\varphi(2) = 1$, $\varphi(3) = \varphi(4) = \varphi(6) = 2$ und $\varphi(m) > 2$ für alle $m > 6$.
b) Das vorige Beispiel zeigt am Fall von $4 = 2 \cdot 2$, dass die Voraussetzung der Teilerfremdheit in der Multiplikativitätsaussage nicht fortgelassen werden kann. Man zeige als Übung, dass sogar $\varphi(m_1 m_2) \neq \varphi(m_1)\varphi(m_2)$ für alle m_1, m_2 mit $\mathrm{ggT}(m_1, m_2) \neq 1$ gilt.

Bemerkung Für die summatorische Funktion $\sum_{d\,|\,n} \varphi(d)$ der φ-Funktion gilt

$$\sum_{d\,|\,n} \varphi(d) = n,$$

siehe Aufgabe 4.16 und Korollar 5.41.

Zum Abschluss dieses Paragraphen erwähnen wir noch den folgenden wichtigen Satz, den wir allerdings mit den zur Verfügung stehenden Mitteln nicht beweisen können.

Satz 4.40 (Primzahlsatz von Dirichlet) *Seien $a, m \in \mathbb{Z}$ mit $\mathrm{ggT}(a, m) = 1$. Dann gibt es unendlich viele Primzahlen $p \equiv a \bmod m$.*

Häufig benutzte äquivalente Formulierungen sind:

Satz über Primzahlen in arithmetischen Progressionen: In jeder arithmetischen Progression aus zur Schrittweite teilerfremden Zahlen gibt es unendlich viele Primzahlen.

Satz über Primzahlen in primen Restklassen: In jeder primen Restklasse modulo m gibt es unendlich viele Primzahlen.

Beweis Der Beweis erfordert ähnliche analytische Methoden wie die in Abschn. 2.4 erwähnten, interessierte LeserInnen werden wieder auf das dort erwähnte Buch von Brüdern verwiesen. Mit diesen Methoden kann man (mit den Bezeichnungen von oben) ohne zusätzlichen Aufwand sogar die folgende quantitative Version beweisen:

$$\lim_{x \to \infty} \frac{|\{p \leq x \mid p \text{ ist Primzahl }\}|}{|\{p \leq x \mid p \equiv a \bmod m, p \text{ ist Primzahl }\}|} = \varphi(m).$$

Ein allgemeiner Beweis des Satzes, der ohne solche Hilfsmittel auskommt, ist nicht bekannt; nur in wenigen Spezialfällen kann man die (qualitative) Aussage des Satzes mit elementaren Tricks beweisen (siehe Übungen). $\square$

Die weitere Untersuchung der primen Restklassengruppe schieben wir zunächst auf, bis wir in den nächsten Kapiteln über Gruppentheorie einige dafür nützliche Hilfsmittel bereitgestellt haben werden.

4.5   Ergänzung: Polynomiale Kongruenzen

Zum Abschluss dieses Kapitels stellen wir noch Ergebnisse zusammen, die sich mit Kongruenzen für Werte ganzzahliger Polynome beschäftigen.

Korollar 4.41   *Sei $f \in \mathbb{Z}[X_1, \ldots, X_n]$ ein ganzzahliges Polynom in n Variablen, $c \in \mathbb{Z}$, $m = \prod_{j=1}^r p_j^{e_j} \in \mathbb{N}$ (wie üblich mit paarweise verschiedenen Primzahlen p_j und Exponenten $e_j \in \mathbb{N}$).*

Dann gilt: Die Kongruenz $f(x_1, \ldots, x_n) \equiv c \bmod m$ hat genau dann eine Lösung in $\mathbb{Z}/m\mathbb{Z}$, wenn alle Kongruenzen $f(x_1, \ldots, x_n) \equiv c \bmod p_j^{e_j}$ lösbar sind.

Genauer gilt: Die Anzahl der Lösungen in $\mathbb{Z}/m\mathbb{Z}$ von $f(x_1, \ldots, x_n) \equiv c \bmod m$ ist das Produkt der Lösungsanzahlen in den $\mathbb{Z}/p_j^{e_j}\mathbb{Z}$ der Kongruenzen $f(x_1, \ldots, x_n) \equiv c \bmod p_j^{e_j}$.

Beweis   Das folgt direkt aus dem chinesischen Restsatz (Satz 4.27).   □

Beispiel 4.42   Die Kongruenzen $x^2 \equiv 1 \bmod 3$ und $x^2 \equiv 1 \bmod 5$ haben jeweils zwei Lösungen in $\mathbb{Z}/3\mathbb{Z}$ bzw. $\mathbb{Z}/5\mathbb{Z}$, nämlich $x = \pm 1 + 3\mathbb{Z}$ bzw. $x = \pm 1 + 5\mathbb{Z}$. Setzt man diese Lösungen nach dem chinesischen Restsatz zusammen, so erhält man die Lösungen $1 + 15\mathbb{Z}$, $4 + 15\mathbb{Z}$, $11 + 15\mathbb{Z}$, $14 + 15\mathbb{Z}$ der Kongruenz $x^2 \equiv 1 \bmod 15$.

Mitunter ist es möglich, sich durch Betrachten hinreichend guter Kongruenzen sogar Lösungen für ganzzahlige Gleichungen zu verschaffen, ein Beispiel dafür haben wir beim modularen Rechnen gesehen, wo man einen Modul betrachtet, der größer ist als das Doppelte der Beträge der beteiligten Zahlen.

Ein erster Schritt bei dieser Strategie ist die Verbesserung einer Kongruenz modulo p^k (p Primzahl, $k \in \mathbb{N}$) zu einer Kongruenz modulo p^{k+1}. Wir sehen uns zum Abschluss dieses Kapitels an, wie man das macht:

Lemma 4.43   *Sei p eine Primzahl, $k \in \mathbb{N}$, seien $a, b \in \mathbb{Z}$ mit*

$$a \equiv b \bmod p^k.$$

Dann ist

$$a^p \equiv b^p \bmod p^{k+1}.$$

Beweis Wir schreiben $a = b + xp^k$ und expandieren a^p nach dem binomischen Lehrsatz:

$$a^p = (b + xp^k)^p$$

$$= \sum_{j=0}^{p} \binom{p}{j}(xp^k)^j b^{p-j}$$

$$\equiv b^p + pxp^k b^{p-1} \bmod p^{2k}$$

$$\equiv b^p \bmod p^{k+1}. \qquad \square$$

Lemma 4.44 (Taylor-Entwicklung) *Seien $R \subseteq S$ Ringe mit Einselement, R kommutativ, $f \in R[X]$ ein Polynom mit Koeffizienten in R und Grad $\deg(f) = n$, $a \in S$.*
Dann gibt es $c_j \in R[a] = \{\sum_{k=0}^{m} b_k a^k \mid m \in \mathbb{N}, b_k \in R\} \subseteq S$ $(2 \le j \le n)$ mit

$$f = f(a) + f'(a)(X - a) + \sum_{j=2}^{n} c_j (X - a)^j$$

(wobei $f'(X)$ die formale Ableitung von f bezeichnet).

Beweis Für $0 \le i \le n$ schreibe man

$$(X - a)^i = \sum_{j=0}^{n} t_{ij} X^j,$$

wobei die Koeffizienten t_{ij} in dem kommutativen Unterring

$$R[a] = \{\sum_{k=0}^{m} b_k a^k \mid m \in \mathbb{N}, b_k \in R\}$$

von S liegen und $t_{ij} = 0$ für $i < j$ sowie $t_{jj} = 1$ gilt.
In Matrizenschreibweise haben wir also

$$\begin{pmatrix} 1 \\ X - a \\ \vdots \\ (X - a)^n \end{pmatrix} = T \cdot \begin{pmatrix} 1 \\ X \\ \vdots \\ X^n \end{pmatrix},$$

wobei die Matrix $T = (t_{ij}) \in M_{n+1}(R[a])$ eine untere Dreiecksmatrix mit Diagonaleinträgen 1 ist, also Determinante 1 hat.
Die Komplementärmatrix (Adjungierte, Adjunkte) U von T in $M_{n+1}(R[a])$ erfüllt dann $UT = E_{n+1}$, also ist

$$U \begin{pmatrix} 1 \\ X - a \\ \vdots \\ (X - a)^n \end{pmatrix} = \begin{pmatrix} 1 \\ X \\ \vdots \\ X^n \end{pmatrix},$$

d. h.,

$$X^i = \sum_{j=0}^{n} u_{ij}(X - a)^j \quad \text{für } 0 \leq i \leq n.$$

Schreiben wir

$$f = \sum_{i=0}^{n} a_i X^i$$

$$= \sum_{i=0}^{n} a_i \sum_{j=0}^{n} u_{ij}(X - a)^j$$

$$= \sum_{j=0}^{n} (\sum_{i=0}^{n} a_i u_{ij})(X - a)^j,$$

so haben wir mit $c_i = \sum_{j=0}^{n} a_i u_{ij} \in R[a]$ unsere gesuchte Schreibweise für f gefunden.

Dabei ist offenbar $f(a) = c_0$ (Einsetzen von a), und durch Einsetzen von a in die formale Ableitung

$$f'(X) = \sum_{i=1}^{n} i\, c_i (X - a)^{i-1}$$

erhalten wir

$$f'(a) = c_1$$

(man beachte hierfür, dass die formale Ableitung eine R-lineare Abbildung $R[X] \to R[X]$ definiert und dass für sie die Produktregel gilt, so dass also in der Tat $i(X-a)^{i-1}$ die formale Ableitung von $(X - a)^i$ ist). $\qquad\qquad\qquad\qquad\qquad\qquad\qquad\qquad\square$

Bemerkung Ist in diesem Lemma $R = S = K$ ein im Körper $\mathbb{C}$ der komplexen Zahlen enthaltener Körper (insbesondere etwa $K = \mathbb{R}$ oder $K = \mathbb{C}$), so kann man die Koeffizienten c_j natürlich nach der aus der Analysis vertrauten Formel

$$c_j = \frac{f^{(j)}(a)}{j!}$$

berechnen. Die etwas kompliziertere Formulierung des obigen Lemmas kommt daher, dass man in einem allgemeinen Ring R das durch $j!$-maliges Aufaddieren von 1_R erhaltene Ringelement $j!\,1_R$ nicht invertieren kann, die Taylorentwicklung aber dennoch so gut wie möglich hinschreiben möchte.

Satz 4.45 (Hensels Lemma) *Seien p eine Primzahl, $f \in \mathbb{Z}[X]$, $k \in \mathbb{N}$ und $a \in \mathbb{Z}$ mit*

$$f(a) \equiv 0 \bmod p^k, \quad f'(a) \not\equiv 0 \bmod p.$$

Dann gibt es $b \in \mathbb{Z}$ mit $a \equiv b \mod p^k$ und

$$f(b) \equiv 0 \mod p^{k+1}.$$

Beweis Wir lösen die Kongruenz

$$y \cdot f'(a) \equiv -\frac{f(a)}{p^k} \mod p \quad \text{mit } y \in \mathbb{Z}$$

und setzen

$$b = a + yp^k.$$

Dann haben wir

$$\begin{aligned} f(b) &= f(a + yp^k) \\ &= f(a) + yp^k f'(a) + y^2 p^{2k} g(yp^k) \end{aligned}$$

mit einem Polynom $g \in \mathbb{Z}[X]$ (Taylor-Entwicklung nach dem vorigen Lemma).
Modulo p^{k+1} erhalten wir:

$$\begin{aligned} f(b) &\equiv f(a) + yp^k f'(a) \mod p^{k+1} \\ &\equiv f(a) - f(a) \mod p^{k+1} \\ &\equiv 0 \mod p^{k+1}. \end{aligned}$$ □

Bemerkung Der Beweis hat zudem noch gezeigt, dass die Kongruenz

$$f(x) \equiv 0 \mod p^{k+1}$$

modulo p^{k+1} genauso viele Lösungen hat wie die Kongruenz

$$f(x) \equiv 0 \mod p^k$$

modulo p^k.

Beispiel 4.46 Wir betrachten das Polynom $f(X) = X^2 - 2$. Modulo 7 haben wir $f(3) = 9 - 2 = 7 \equiv 0 \mod 7$. Um eine Lösung von $f(x) \equiv 0 \mod 49$ (oder äquivalent: $x^2 \equiv 2 \mod 49$) zu erhalten, lösen wir (dem Beweis des Hensel'schen Lemmas folgend) die Kongruenz

$$yf'(3) \equiv -1 \mod 7$$

(mit $f'(3) = 2 \cdot 3$) durch $y = 1$ und erhalten die Lösung $x = 3 + 7 = 10$; in der Tat ist $10^2 = 100 \equiv 2 \mod 49$. Startet man hier mit $f(4) = 16 - 2 = 14 \equiv 0 \mod 7$, so erhält man in der gleichen Weise die zweite Lösung $x = 4 + 5 \cdot 7 = 39 \equiv -10 \mod 49$ von $f(x) \equiv 0 \mod 49$. Rechnet man mit diesen beiden Lösungen einen weiteren Schritt, so erhält man die Lösungen ± 108 der Kongruenz $x^2 \equiv 2 \mod 343$.

4.6   Ergänzung: Gauß'sche Primzahlen

Wir hatten im Beispiel nach Satz 3.9 gezeigt, dass der Ring

$$\mathbb{Z}[i] = \{a + bi \mid a, b \in \mathbb{Z}\} \subseteq \mathbb{C}$$

der ganzen Gauß'schen Zahlen mit der Funktion

$$a + bi \mapsto a^2 + b^2 = |a + bi|^2$$

ein euklidischer Ring ist. Nach Satz 3.6 und der nachfolgenden Bemerkung über die Hierarchie der Ringe folgt insbesondere, dass $\mathbb{Z}[i]$ ein faktorieller Ring ist, dass also jede Nichteinheit $\neq 0$ in $\mathbb{Z}[i]$ eine bis auf Assoziiertheit und Reihenfolge eindeutige Zerlegung in ein Produkt unzerlegbarer Elemente hat (und diese gleichzeitig Primelemente im Ring $\mathbb{Z}[i]$ sind). Die Frage liegt nahe, ob wir eine explizite Beschreibung der Primelemente in $\mathbb{Z}[i]$ geben können, die sie mit den Primzahlen in $\mathbb{Z}$ verbindet. Diese Beschreibung wollen wir im Folgenden herleiten.

Lemma 4.47
 a) *Sind $z, z' \in \mathbb{Z}[i]$ mit $z \mid z'$, so ist $|z|^2$ ein Teiler von $|z'|^2$ in $\mathbb{Z}$.*
 b) *Die Einheiten in $\mathbb{Z}[i]$ sind $1, -1, i, -i$.*

Beweis a) folgt aus $|z_1 z_2| = |z_1| |z_2|$. Wegen a) gilt $|\varepsilon|^2 = 1$ für alle Einheiten in $\mathbb{Z}[i]$, und da $a^2 + b^2 = 1$ in $\mathbb{Z}$ nur die Lösungen $a = 0, b = \pm 1$ und $b = 0, a = \pm 1$ hat, folgt b).   □

Definition und Satz 4.48 *Ist $\pi \in \mathbb{Z}[i]$ ein Primelement, so gibt es genau eine Primzahl $p \in \mathbb{N}$ mit $\pi \mid p$. Weiter gilt:*

a) *Die Primteiler von 2 in $\mathbb{Z}[i]$ sind die zueinander assoziierten Elemente $1 + i, 1 - i, -1 + i, -1 - i$.*
  Ist π eine dieser Zahlen, so ist π^2 zu 2 assoziiert; man sagt, 2 sei verzweigt *in $\mathbb{Z}[i]$.*
b) *Ist $p \equiv 3 \bmod 4$ eine Primzahl in $\mathbb{N}$, so ist p auch Primelement in $\mathbb{Z}[i]$.*
  Die Primelemente $\pi \in \mathbb{Z}[i]$ mit $\pi \mid p$ sind $p, -p, ip, -ip$, für diese gilt $|\pi|^2 = p^2$.
  Man sagt, p sei träge *in $\mathbb{Z}[i]$.*
c) *Ist $p \equiv 1 \bmod 4$ eine Primzahl in $\mathbb{N}$, so ist p in $\mathbb{Z}[i]$ nicht prim.*
  In $\mathbb{Z}[i]$ zerfällt p als $p = \pi\bar{\pi}$ mit einem Primelement π, für das $|\pi|^2 = p$ gilt und für das die komplex konjugierte Zahl $\bar{\pi}$ ein zu π nicht assoziiertes Primelement ist. Man sagt, p sei zerlegt *in $\mathbb{Z}[i]$.*
  Die Elemente $\pm\pi, \pm i\pi, \pm\bar{\pi}, \pm i\bar{\pi}$ sind die sämtlichen Primteiler von p in $\mathbb{Z}[i]$. Man erhält sie als die $a + bi \in \mathbb{Z}[i]$, für die $a^2 + b^2 = p$ gilt; sie entsprechen also bijektiv den Zerlegungen von p in eine Summe $a^2 + b^2$ von zwei Quadraten in $\mathbb{Z}$.

Beweis Ist $\pi = a + bi \in \mathbb{Z}[i]$ ein Primelement, so ist $m = \pi\overline{\pi} = a^2 + b^2 \in \mathbb{Z}$ keine Einheit. π teilt also, weil es Primelement ist, wenigstens einen Primteiler p von m in $\mathbb{Z}$, und nach dem Lemma folgt $|\pi|^2 \mid p^2$, also $|\pi|^2 = p$ oder $|\pi|^2 = p^2$.

Man sieht zugleich, dass π keine weiteren Primzahlen in $\mathbb{N}$ teilen kann, es also in der Tat genau eine Primzahl $p \in \mathbb{N}$ gibt, die durch π teilbar ist. Ferner folgt aus dem Lemma, dass im Fall $|\pi|^2 = p^2$ das Primelement π zu p assoziiert ist. Die weiteren Behauptungen ergeben sich dann so:

a) Man rechnet sofort nach, dass die aufgeführten Zahlen zueinander assoziiert sind und dass das Quadrat ihres komplexen Absolutbetrags 2 ist; da $a^2 + b^2 = 2$ in $\mathbb{Z}$ nur die Lösungen $a = \pm1, b = \pm1$ zulässt, sind sie auch alle Elemente mit dieser Eigenschaft. Primelemente, für die das Quadrat des Absolutbetrags 4 ist, wären wieder zu 2 assoziiert, also im Widerspruch zu ihrer Unzerlegbarkeit durch $1 + i$ teilbar, also haben wir alle Primteiler von 2 in $\mathbb{Z}[i]$ gefunden.

b) Ist $p \equiv 3 \bmod 4$ eine Primzahl und $\pi = a + bi \in \mathbb{Z}[i]$ ein Primteiler von p, so kann nach Satz 4.8 nicht $a^2 + b^2 = p$ gelten, also ist $|\pi|^2 = a^2 + b^2 = p^2$. Nach dem Lemma ist dann π assoziiert zu p, also ist π eines der Elemente $\pm p, \pm ip$.

c) Dies ist der schwierigste Teil des Beweises, da wir jetzt die echten Primteiler $\pi, \overline{\pi}$ von p in $\mathbb{Z}[i]$ konstruieren müssen.

   Wir werden in Satz 8.31 als ersten Ergänzungssatz zum quadratischen Reziprozitätsgesetz zeigen, dass für $p \equiv 1 \bmod 4$ die Kongruenz $x^2 \equiv -1 \bmod p$ lösbar ist. Wir wählen ein solches x mit $1 \le x \le p - 1$ und betrachten das von p und $x + i$ erzeugte Ideal $I = \{z_1 p + z_2(x + i) \mid z_1, z_2 \in \mathbb{Z}[i]\} \subseteq \mathbb{Z}[i]$. Da

$$|z_1 p + z_2(x + i)|^2 = p^2|z_1|^2 + (x^2 + 1)|z_2|^2 + p\big(z_1\overline{z_2}(x + i) + \overline{z_1}z_2\overline{(x + i)}\big)$$

   für alle $z_1, z_2 \in \mathbb{Z}[i]$ durch p teilbar ist, ist $I \ne \mathbb{Z}[i]$, und da $\mathbb{Z}[i]$ ein Hauptidealring ist, ist $I = (\pi)$ für ein $\pi \in \mathbb{Z}[i]$.

   Es gilt $\pi \mid p$ und $\pi \mid (x + i)$, also ist $|\pi|^2$ ein Teiler von p^2 und von $|x + i|^2 = x^2 + 1 < (p-1)^2 + 1 < p^2$. Da π wegen $I \ne \mathbb{Z}[i]$ keine Einheit ist, muss also $|\pi|^2 = p$ gelten, und das Lemma zeigt, dass π unzerlegbar und damit auch Primelement in $\mathbb{Z}[i]$ ist. Schreiben wir $\pi = a + bi$, so ist $a \ne 0, b \ne 0, a \ne b$ und deshalb $\overline{\pi} \notin \{\pm\pi, \pm i\pi\}$, also $\overline{\pi}$ nicht assoziiert zu π, und da p in $\mathbb{Z}[i]$ die eindeutige Zerlegung $p = \pi\overline{\pi}$ in Primfaktoren hat, sind alle Primteiler von p in $\mathbb{Z}[i]$ zu π oder zu $\overline{\pi}$ assoziiert. Der Rest der Behauptung ist klar. $\qquad\square$

Beispiel 4.49 Für $p = 5$ bekommen wir die beiden nicht assoziierten Primteiler $\pi_1 = 2 + i$, $pi_1' = 2 - i$, für $p = 13$ bekommen wir die beiden nicht assoziierten Primteiler $pi_2 = 2 + 3i$, $pi_2' = 2 - 3i$. Dabei erzeugt $2 + 3i = 3(5 + i) - 13$ das von $5 + i$ und 13 erzeugte Ideal, $2 - 3i = -3(-5 + i) - 13$ erzeugt das von $-5 + I$ und 13 erzeugte Ideal; man beachte dabei, dass 5 und -5 die beiden Lösungen modulo 13 von $x^2 \equiv -1 \bmod 13$ sind.

Die vollständige Beschreibung der Summen von zwei ganzen Quadraten ist jetzt eine leichte Folgerung.

Theorem 4.50 (Euler) *Eine natürliche Zahl n ist genau dann Summe von zwei ganzen Quadraten, wenn in der Zerlegung von n in ein Produkt von Primzahlpotenzen Primzahlen $p \equiv 3 \bmod 4$ nur zu geraden Potenzen vorkommen.*

Eine primitive Darstellung von n als Summe von zwei ganzen Quadraten, d. h. eine Darstellung $n = a^2 + b^2$ mit $a, b \in \mathbb{Z}, \mathrm{ggT}(a, b) = 1$, ist genau dann möglich, wenn n nicht durch 4 teilbar ist und durch keine Primzahl $p \equiv 3 \bmod 4$ teilbar ist.

In diesem Fall ist mit $n = 2^{\mu_0} \prod_{j=1}^{r} p_j^{\mu_j}$ die Anzahl der Paare (a, b) mit $a, b \in \mathbb{Z}$, $\mathrm{ggT}(a, b) = 1$ und $n = a^2 + b^2$ gleich $4 \cdot 2^r$.

Beweis Ist $n = 2^{\mu_0} \prod_{j=1}^{r} p_j^{\mu_j}$ mit $\mu_0 \in \mathbb{N}_0, \mu_j \in \mathbb{N}$ für $j \geq 1$ und $n = a^2 + b^2 = |a + bi|^2$, so hat $a + bi$ in $\mathbb{Z}[i]$ die Primfaktorzerlegung

$$a + bi = (1 + i)^{\mu_0} \prod_{\substack{j=1 \\ p_j \equiv 1 \bmod 4}}^{r} (\pi_j^{\nu_j} \overline{\pi}_j^{\nu_j'}) \prod_{\substack{j=1 \\ p_j \equiv 3 \bmod 4}}^{r} p_j^{\nu_j}$$

mit gewissen $\nu_j, \nu_j' \in \mathbb{N}_0$, für die

$$\nu_j + \nu_j' = \mu_j \quad \text{falls } p_j \equiv 1 \bmod 4$$

$$2\nu_j = \mu_j \quad \text{falls } p_j \equiv 3 \bmod 4$$

gilt; dabei haben wir für die $p_j \equiv 1 \bmod 4$ jeweils ein Paar $\pi_j, \overline{\pi}_j$ von nicht assoziierten Primteilern von p_j ausgewählt.

Es folgt, dass μ_j für $p_j \equiv 3 \bmod 4$ gerade sein muss. Ferner sieht man, dass

$$a + bi = (1 + i)^{\mu_0} \prod_{\substack{j=1 \\ p_j \equiv 1 \bmod 4}}^{r} (\pi_j^{\nu_j} \overline{\pi}_j^{\nu_j'}) \prod_{\substack{j=1 \\ p_j \equiv 3 \bmod 4}}^{r} p_j^{\mu_j/2}$$

mit ν_j, ν_j' wie oben im Fall, dass die μ_j für $p_j \equiv 3 \bmod 4$ sämtlich gerade sind, in der Tat eine Darstellung $a^2 + b^2 = n$ liefert.

Für jede solche Darstellung ist $\mathrm{ggT}(a, b)$ durch $2^{\lfloor \mu_0/2 \rfloor} \prod_{j=1, p_j \equiv 3 \bmod 4}^{r} p_j^{\mu_j/2}$ teilbar, primitive Darstellungen $n = a^2 + b^2$ (also solche mit $\mathrm{ggT}(a, b) = 1$) existieren daher höchstens dann, wenn keine $p_j \equiv 3 \bmod 4$ in der Zerlegung von n vorkommen und $\mu_0 \in \{0, 1\}$ gilt.

In diesem Fall gilt für

$$a + bi = (1 + i)^{\mu_0} \prod_{j=1}^{r} (\pi_j^{\nu_j} \overline{\pi}_j^{\nu_j'})$$

genau dann $\mathrm{ggT}(a, b) = 1$, wenn für jedes j entweder $\nu_j = 0$ oder $\nu_j' = 0$ gilt.

Die primitiven Darstellungen $a^2 + b^2 = n$ entsprechen also genau den $a + b\mathrm{i}$, die zu einer der Zahlen

$$(1 + \mathrm{i})^{\mu_0} \prod_{\substack{j=1 \\ j \in K}}^{r} \pi_j^{\mu_j} \prod_{\substack{j=1 \\ j \notin K}}^{r} \overline{\pi}_j^{\mu_j}$$

mit einer beliebigen Teilmenge $K \subseteq \{1, \ldots, r\}$ assoziiert sind.

Da es 2^r solche Teilmengen gibt, folgt die Behauptung über die Anzahl der primitiven Darstellungen. □

Beispiel 4.51 für $n = 65 = 5 \cdot 13$ erhalten wir mit Hilfe der oben gegebenen Primfaktoren von 5 und 13 in $\mathbb{Z}[\mathrm{i}]$ zunächst die Zahlen $a + b\mathrm{i} = (\pm 2 \pm \mathrm{i})(\pm 2 \pm 3\mathrm{i})$, also $\pm 1 \pm 8\mathrm{i}$ und $\pm 7 \pm 4\mathrm{i}$ und daraus die wesentlich verschiedenen Darstellungen $65 = 1^2 + 8^2 = 7^2 + 4^2$ von 65 als Summe von zwei Quadraten. Die Gesamtzahl von $16 = 4 \cdot 2^2$ Darstellungen ergibt sich durch Hinzufügen beliebiger Vorzeichen an a und b und Vertauschen von a und b.

4.7 Übungen

4.1 Rekapitulieren Sie den Aufbau des alten ISBN-Codes (bis 2006) von Büchern aus diesem Kapitel und zeigen Sie:

a) Hat man nur 9 der 10 Symbole des alten ISBN-Codes eines Buches, so kann man das fehlende Symbol berechnen, wenn man weiß, an welcher Stelle es fehlt.
b) Werden in einem alten ISBN-Code zwei Ziffern vertauscht, so ist die Prüfsummenbedingung nicht mehr erfüllt.
c) Man kann Beispiele konstruieren, in denen man aus zwei gültigen alten ISBN-Codes durch Vertauschen zweier Ziffern in jeder der beiden die gleiche ungültige Nummer erhält.

Überprüfen Sie ferner, ob das neue System die gleichen Eigenschaften hat.

4.2 Stellen Sie analog zur Neunerprobe eine (allerdings notwendig etwas unhandlichere) Regel für Teilbarkeit durch 7 auf!

4.3 Stellen Sie Regeln für Teilbarkeit durch 3, 5 und 17 an Hand der Zifferndarstellung von im Hexadezimalsystem (also im Stellenwertsystem zur Basis 16) geschriebene Zahlen auf!

4.4 Zeigen Sie, dass es unendlich viele Primzahlen p gibt, für die $p \equiv 3 \bmod 4$ gilt, und dass es ebenfalls unendlich viele Primzahlen p gibt, für die $p \equiv 5 \bmod 6$ gilt. (Hinweis: Modifizieren Sie Euklids Beweis der Unendlichkeit der Primzahlmenge und zeigen und benutzen Sie dabei, dass eine Zahl, deren sämtliche Primfaktoren kongruent zu 1 modulo m sind, selbst kongruent zu 1 modulo m sein muss.)

4.5 Sei R ein (nicht notwendig nullteilerfreier) kommutativer Ring, in dem jedes Ideal ein Hauptideal ist und $I \subseteq R$ ein Ideal. Zeigen Sie, dass auch im Faktorring R/I jedes Ideal ein Hauptideal ist.

4.6 Zeigen Sie durch vollständige Induktion:

Ist R ein kommutativer Ring und sind $I_1, \ldots, I_n$ Ideale in R mit

$$I_i + I_j = R \quad \text{für } i \neq j,$$

so ist

$$I_1 \cdots I_n = I_1 \cap \ldots \cap I_n.$$

4.7 Sei R ein kommutativer Ring und $I \subseteq R$ ein Ideal.

a) Zeigen Sie, dass

$$\mathrm{rad}(I) := \{ a \in R \mid a^n \in I \text{ für ein } n \in \mathbb{N} \}$$

ein Ideal ist. (Für $I = \{0\}$ nennt man dieses Ideal das Nilradikal des Rings.)

b) Sei jetzt R faktoriell und $I = (a)$ mit $a \in R$, $a \neq 0$, $a \notin R^\times$ ein nicht triviales Hauptideal, sei $a = \prod_{j=1}^r p_j^{v_j}$ mit $v_j \in \mathbb{N}$ und paarweise nicht assoziierten Primelementen p_j. Zeigen Sie, dass $\mathrm{rad}(I) = (\prod_{j=1}^r p_j)$ gilt. (Man nennt dann $\prod_{j=1}^r p_j$ auch das Radikal von a.)

4.8 Zeigen Sie für $k, m, n \in \mathbb{N}$:

a) $2^m \equiv 2^n \bmod (2^k - 1)$ ist äquivalent zu $m \equiv n \bmod k$.

b) $\mathrm{ggT}(2^m - 1, 2^n - 1) = 2^{\mathrm{ggT}(m,n)} - 1$.

c) Ist $\mathrm{ggT}(k, m) = 1$, $m \equiv m' \bmod k$ und $rm \equiv 1 \bmod k$, so ist $2^m - 1$ modulo $2^k - 1$ invertierbar und es gilt

$$(2^m - 1) \cdot \sum_{j=1}^r 2^{(j-1)m'} \equiv 1 \bmod (2^k - 1).$$

(Diese Aufgabe ist nützlich, um für das modulare Rechnen im Computer zueinander teilerfremde Moduln zu finden, die für das Rechnen in Binärdarstellung besonders geeignet sind.)

4.9 Sei R ein Hauptidealring und $m \in R$ keine Einheit. Zeigen Sie:

a) Genau dann ist m unzerlegbar, wenn $R/(m)$ ein Körper ist.

b) Genau dann ist m unzerlegbar, wenn das Ideal (m) ein maximales Ideal ist, d. h., wenn gilt:

Ist $I \subseteq R$ ein Ideal mit $(m) \subseteq I$, so ist $(m) = I$ oder $I = R$.

4.10 Untersuchen Sie von den folgenden Systemen simultaner Kongruenzen, ob sie lösbar sind, und bestimmen Sie ggf. die kleinste positive Lösung und die Lösung mit kleinstmöglichem Absolutbetrag.

a)
$$x \equiv 2 \bmod 5,$$
$$x \equiv 5 \bmod 8,$$
$$x \equiv 17 \bmod 28.$$

b)
$$x \equiv 7 \bmod 15,$$
$$x \equiv 2 \bmod 7,$$
$$x \equiv 5 \bmod 6.$$

4.11 Bestimmen Sie die Lösungsmenge des folgenden Systems simultaner Kongruenzen im Polynomring $\mathbb{Q}[X]$:

$$f \equiv X^2 + X + 1 \quad \bmod X^2 - 1$$
$$f \equiv \quad\;\;\; 3X + 4 \quad \bmod X^2 + X$$
$$f \equiv \quad\; -X + 4 \quad \bmod X^2 - X.$$

4.12 Zeigen Sie für $m_1, m_2 \in \mathbb{N}$, dass

$$\mathbb{Z}/m_1\mathbb{Z} \times \mathbb{Z}/m_2\mathbb{Z} \cong \mathbb{Z}/\operatorname{ggT}(m_1, m_2)\mathbb{Z} \times \mathbb{Z}/\operatorname{kgV}(m_1, m_2)\mathbb{Z}$$

gilt und geben Sie für $m_1 = 18$, $m_2 = 12$ einen Isomorphismus an.

Hinweis: Reduzieren Sie das Problem mit Hilfe des chinesischen Restsatzes auf den Fall, dass m_1 und m_2 Potenzen der gleichen Primzahl p sind.

4.13 Untersuchen Sie in den folgenden Fällen, ob die Kongruenz $ax \equiv b \bmod m$ mit $x \in \mathbb{Z}$ lösbar ist, und bestimmen Sie ggf. alle modulo m verschiedenen Lösungen:

a) $a = 13$, $b = 32$, $m = 35$
b) $a = 33$, $b = 15$, $m = 273$
c) $a = 51$, $b = 35$, $m = 119$

4.14 Basteln Sie selbst zu den beiden letzten Aufgaben analoge Aufgaben und lösen Sie diese!

4.15 Zeigen Sie, dass für die Euler'sche φ-Funktion gilt: Sind $m, n \in \mathbb{N}$ und $m \mid n$, so ist $\varphi(m) \mid \varphi(n)$.

4.16 Benutzen Sie $\varphi(p^r) = p^r - p^{r-1}$ und die Multiplikativität der Euler'schen φ-Funktion, um $\sum_{d \mid n} \varphi(d) = n$ zu zeigen (für einen anderen Beweis dieser Aussage siehe Korollar 5.41).

4.17 Zeigen Sie, dass die Einheitengruppe des Polynomrings $\mathbb{Z}/m\mathbb{Z}[X]$ genau dann endlich ist, wenn m quadratfrei ist (wenn also m für keine Primzahl p durch p^2 teilbar ist), und bestimmen Sie für quadratfreies m die Anzahl der Einheiten. (Hinweis: Finden Sie für $m = p^r$ mit $r \geq 2$ für jedes n ein Polynom $f_n = 1 + aX^n$ mit $f_n^p = 1$.)

4.18

a) Zeigen Sie, dass $2 + 2i$ und $2 - 2i$ im Ring

$$\mathbb{Z}[2i] = \{a + 2bi \mid a, b \in \mathbb{Z}\} \subseteq \mathbb{Z}[i] \subseteq \mathbb{C}$$

   größten gemeinsamen Teiler 1 haben.

b) Zeigen Sie, dass $4 + 4i$ und $4 - 4i$ in $\mathbb{Z}[2i]$ gemeinsame Vielfache von $2 + 2i$ und $2 - 2i$ sind.

c) Zeigen Sie, dass $2 + 2i$ und $2 - 2i$ in $\mathbb{Z}[2i]$ kein kleinstes gemeinsames Vielfaches haben.

d) Seien $I = (2 + 2i)$ und $J = (2 - 2i)$ die von $2 + 2i$ bzw. $2 - 2i$ in $\mathbb{Z}[2i]$ erzeugten Ideale. Zeigen Sie $I \cap J = (4 + 4i, 4 - 4i)$ und folgern Sie, dass $8 \in IJ$ aber $8 \notin (I + J)(I \cap J)$ gilt.

Gruppen

5

Wie angekündigt verlassen wir jetzt vorerst die Zahlentheorie und wenden uns in diesem und den beiden folgenden Kapiteln der Gruppentheorie zu. Da es keinen einheitlichen Standard dafür gibt, wie viel Gruppentheorie in der Grundvorlesung über lineare Algebra behandelt wird, beginnen wir sicherheitshalber noch einmal mit der vermutlich bereits wohlbekannten Definition einer Gruppe und wiederholen hier auch das, was wir im Kap. 0 bereits über Gruppen aufgelistet haben. Auch die nachfolgenden ersten Eigenschaften und Beispiele von Gruppen bis hin zu Satz 5.37 über zyklische Gruppen oder doch wenigstens Satz 5.25 (Satz von Lagrange) dürften einem Teil der Leserinnen und Leser aus den Grundvorlesungen bekannt sein. Wer hier Bescheid weiß und keine Wiederholung braucht, kann also weiter hinten in diesem Kapitel einsteigen.

5.1 Grundbegriffe

Wir beginnen mit den bereits in Kap. 0 erwähnten Grundbegriffen.

Definition 5.1 *Sei G eine nicht leere Menge, $e \in G$. Ist auf G eine Verknüpfung*

$$\circ : G \times G \to G; (a, b) \mapsto a \circ b = ab,$$

gegeben, so heißt G eine Gruppe *bezüglich (oder mit) der Verknüpfung $\circ$ mit neutralem Element e falls gilt:*

(G1) *$(ab)c = a(bc)$ für alle $a, b, c \in G$ (Assoziativität).*
(G2) *Es gilt $ea = a$ für alle $a \in G$ gilt (e ist ein linksneutrales Element).*
(G3) *Zu jedem $a \in G$ gibt es ein Element $a^{-1} \in G$ mit $a^{-1}a = e$ (Existenz eines linksinversen Elements).*

G heißt abelsch (kommutativ), *wenn gilt:*

(GK) *$ab = ba \ \forall a, b \in G$.*

R. Schulze-Pillot, *Einführung in Algebra und Zahlentheorie*, DOI 10.1007/978-3-642-55216-8_5,   111
© Springer-Verlag Berlin Heidelberg 2015

Satz 5.2 *In einer Gruppe G mit linksneutralem Element e gilt:*

a) *Das linksneutrale Element e ist auch rechtsneutral, d. h., es gilt auch* $ae = a$ *für alle* $a \in G$.
b) *Es gibt in G nur ein linksneutrales Element, d. h., ist* $e' \in G$ *mit* $e'a = a$ *für alle* $a \in G$, *so ist* $e' = e$.
c) *Für alle* $a \in G$ *ist* $aa^{-1} = e$ *(ein linksinverses Element ist auch rechtsinvers).*
d) *Das zu einem Element a (links)inverse Element ist eindeutig bestimmt, d. h., sind* $a, b \in G$ *mit* $ba = e$ *so ist* $b = a^{-1}$.
e) $(ab)^{-1} = b^{-1}a^{-1}$ *für alle* $a, b \in G$
f) $(a^{-1})^{-1} = a$ *für alle* $a \in G$.
g) $ax = b$ *und* $ya = b$ *haben eindeutige Lösungen* x, y *in G (nämlich* $x = a^{-1}b, y = ba^{-1}$).
h) *In G gilt die Kürzungsregel, d. h., für alle* $a, b, x, y \in G$ *gilt:*

$$ax = bx \;\Rightarrow\; a = b, \quad ya = yb \;\Rightarrow\; a = b$$

Beweis c): Man hat

$$aa^{-1} = a(ea^{-1}) = (ae)a^{-1} = (a(a^{-1}a))a^{-1} = ((aa^{-1})a)a^{-1}) = (aa^{-1})(aa^{-1}).$$

Multipliziert man diese Gleichung von links mit einem zu aa^{-1} linksinversen Element, so erhält man $e = aa^{-1}$.

a): Es gilt $ae = a(a^{-1}a) = (aa^{-1})a = ea = a$. Das Element e ist also auch rechtsneutral.

b): Sei jetzt e' ein weiteres linksneutrales Element. Dann ist $e'e$ gleich e weil e' linksneutral ist, und gleich e', weil e auch rechtsneutral ist. Also ist $e = e'$. Es gibt daher nur ein linksneutrales Element in G, und dieses ist auch rechtsneutral, man spricht daher, wie in der Definition bereits vorweggenommen, einfach von dem neutralen Element der Gruppe.

d): Ist a^{-1} zu a linksinvers und $b \in G$ ein weiteres zu a linksinverses Element, also $ba = e$, so ist nach c) auch $ab = e$, also
$$a^{-1} = a^{-1}e = a^{-1}ab = (a^{-1}a)b = b.$$

Als Übung zeige man die restlichen Behauptungen durch ähnliche Umformungen. □

Bemerkung
a) Da rechtsneutral mit linksneutral und rechtsinvers mit linksinvers zusammenfällt und man die Eindeutigkeitsaussagen b), d) hat, redet man nur von dem neutralen Element der Gruppe und dem zu a inversen Element a^{-1}.
Man sieht jetzt auch, dass die in Kap. 0 gegebene pragmatische Definition der Gruppe inhaltlich von der jetzigen nicht abweicht. Sie hat den Vorteil, alle praktisch benutzten Eigenschaften der Gruppe aufzulisten und den Nachteil, der Anforderung der Minimalität an das Axiomensystem nicht zu genügen, da (wie jetzt gesehen) ein Teil der geforderten Eigenschaften aus den anderen hergeleitet werden kann.
b) (**Warnung:**) Sei M eine Menge mit der Verknüpfung $a \circ b = a$ für alle $a, b \in M$. Diese Verknüpfung ist assoziativ, und jedes Element ist rechtsneutral. Man kann nun ein

beliebiges Element auswählen und es e nennen. Dann gilt $e \circ b = e$ für alle $b \in M$, das Element e ist also linksinvers für jedes b in M. Offensichtlich ist $(M, \circ)$ keine Gruppe, falls M mehr als ein Element hat. Man darf also in der Definition die Seiten, bezüglich deren man neutrales und inverses Element fordert, nicht mischen, und der weiteren Minimalisierung des Axiomensystems sind Grenzen gesetzt.

Bemerkung In abelschen Gruppen wird die Verknüpfung häufig mit "+", das neutrale Element mit "0" und das inverse Element mit "$-a$" bezeichnet.

Beispiel 5.3 Gruppen treten am häufigsten in einem der beiden folgenden Zusammenhänge auf:

- G ist die Menge aller Symmetrien irgendeines mathematischen Objekts, wobei man unter einer Symmetrie ganz allgemein eine bijektive Abbildung des Objekts in sich auffasst, die (ebenso wie ihre Umkehrabbildung) irgendwelche spezifizierten Eigenschaften von Teilmengen des Objekts respektiert bzw. die mit gewissen vorgegebenen Strukturen des Objekts verträglich ist.
- G ist die additive oder multiplikative Gruppe bzw. die Einheitengruppe eines Körpers oder eines (nicht notwendig kommutativen) Rings oder die additive Gruppe eines Vektorraums über einem Körper oder eines Moduls über einem Ring.
- G ist eine Untergruppe (siehe Definition 5.6) einer Gruppe wie in a), b).

Wir listen ein paar derartige Beispiele auf:

a) $(\mathbb{Z}, +), (\mathbb{Q}, +), (\mathbb{Q}^* = \mathbb{Q} \setminus \{0\}, \cdot)$ sind abelsche Gruppen, $(\mathbb{N}, +), (\mathbb{Z}, \cdot)$ sind keine Gruppen.

b) Ist K ein beliebiger Körper, so ist

$$GL_n(K) = \{A \in M_n(K) \mid A \text{ ist invertierbar}\}$$

eine multiplikative Gruppe, die *allgemeine lineare Gruppe* (general linear group) vom Grad n. $GL_n(K)$ ist die Einheitengruppe des (für $n \geq 2$ nicht kommutativen) Matrizenrings $M_n(K)$.

c) Ist V ein Vektorraum über dem Körper K, so ist die Menge $\mathrm{Aut}(V)$ der bijektiven linearen Abbildungen von V in sich eine Gruppe. Im oben besprochenen Sinn ist $\mathrm{Aut}(V)$ die Symmetriegruppe des Vektorraums. $\mathrm{Aut}(V)$ ist nämlich die Menge aller bijektiven Abbildungen von V in sich, die mit der Vektorraumstruktur verträglich sind. Aus der linearen Algebra ist bekannt, dass man für $\dim(V) = n < \infty$ nach Festlegen einer Basis des Vektorraums eine bijektive und multiplikative Abbildung von $\mathrm{Aut}(V)$ auf $GL_n(K)$ erhält, indem man jedem Automorphismus seine Matrix bezüglich dieser Basis zuordnet.

d) Die Menge der Bewegungen (abstandserhaltende Transformationen) der euklidischen Ebene und des euklidischen Raumes sind Gruppen.

Man kann zeigen[1]: Jede solche Bewegung kann als Hintereinanderausführung von Translationen, Drehungen und Spiegelungen geschrieben werden (in der Ebene Spiegelung an einer Achse, im Raum an einer Ebene oder einem Punkt).

Auch hier haben wir eine Symmetriegruppe im oben besprochenen Sinn, nämlich die Menge aller bijektiven Abbildungen der Ebene bzw. des Raumes in sich, die für jedes Paar von Punkten den Abstand dieser Punkte nicht verändern.

e) Gewisse Teilmengen der Bewegungsgruppe, etwa die Symmetriegruppe für das gleichseitige Dreieck bzw. den Würfel sind Gruppen. Dabei ist mit „Symmetriegruppe des gleichseitigen Dreiecks" die Menge aller Bewegungen gemeint, die ein festes Dreieck in sich überführen, also Ecken in Ecken und Kanten in Kanten, analog für den Würfel.

f) Sei $X \neq \varnothing$ irgendeine Menge.

Die Menge $\mathrm{Perm}(X) = S_X$ der bijektiven Abbildungen von X in sich (*Permutationen* von X) ist eine Gruppe. Sie ist gewissermaß en die allgemeinste Symmetriegruppe, da hier überhaupt keine Eigenschaften oder Strukturen angegeben sind, die respektiert werden sollen.

Insbesondere hat man für $X = \{1, \ldots, n\}$ (oder irgendeine beliebige n-elementige Menge): Die Menge S_n (die *symmetrische Gruppe* auf n Elementen) der *Permutationen* von n Elementen ist eine Gruppe.

Wir fassen die Dinge, die man üblicherweise in der Vorlesung über lineare Algebra über die Permutationsgruppe S_n lernt, in der folgenden Proposition zusammen:

Proposition 5.4 *Jede Permutation kann als Produkt von Transpositionen (Permutationen, die zwei Elemente vertauschen und alle anderen fest lassen) geschrieben werden. Die Funktion*

$$\sigma \mapsto \mathrm{sgn}(\sigma)$$

mit

$$\mathrm{sgn}(\sigma) := \begin{cases} +1 & \textit{falls } \sigma \textit{ Produkt einer geraden Anzahl von Transpositionen ist} \\ -1 & \textit{falls } \sigma \textit{ Produkt einer ungeraden Anzahl von Transpositionen ist} \end{cases}$$

ist wohldefiniert und multiplikativ; $\mathrm{sgn}(\sigma)$ *heißt das* signum *oder das* Vorzeichen *von* σ.

Eine Permutation $\sigma \in S_n$ *heißt ein* Zykel der Länge r (oder r-Zykel), *wenn gilt:*

Es gibt paarweise verschiedene $a_1, \ldots, a_r \in \{1, \ldots, n\}$ *mit* $\sigma(a_i) = a_{i+1}$ *für* $1 \leq i \leq r - 1$, $\sigma(a_r) = a_1$ *und* $\sigma(j) = j$ *für alle* $j \notin \{a_1, \ldots, a_r\}$. *Man schreibt dann*

$$\sigma = (a_1 \cdots a_r) = (a_2 \cdots a_r a_1) = \cdots = (a_r a_1 \cdots a_{r-1})$$

und nennt σ *auch eine* zyklische Permutation *der Elemente* $a_1, \ldots, a_r$.

---

[1] Zum Beispiel: M. Artin: Algebra. Birkhäuser 1993.

Elementfremde Zykeln sind miteinander vertauschbar, und jede Permutation kann in bis auf die Reihenfolge eindeutiger Weise als Produkt paarweise elementfremder Zykeln $\zeta_1, \ldots, \zeta_t$ geschrieben werden. Ist dabei ζ_j ein r_j-Zykel ($1 \le j \le t$), so heißt $(r_1, \ldots, r_t)$ der Typ der Zykelzerlegung.

Beweis Beweise dieser Aussagen finden Sie in den Lehrbüchern der linearen Algebra. Die Aussage über Zykelzerlegungen werden wir zudem im nächsten Kapitel beweisen.   □

Beispiel 5.5 Die symmetrische Gruppe S_3 der Permutationen von 3 Elementen $1, 2, 3$ schreibt sich in Zykelschreibweise als

$$S_3 = \{\mathrm{Id}, (12), (13), (23), (123), (132)\}.$$

Sie ist die kleinste nicht abelsche Gruppe, man rechne etwa nach, dass $(12)(123) \neq (123)(12)$ gilt.

Bemerkung In einer Gruppe G gilt, wie man leicht durch vollständige Induktion zeigt, das Assoziativgesetz auch für die Verknüpfung einer (beliebigen) endlichen Anzahl von Elementen und das Setzen einer beliebigen Anzahl von Klammern in einer solchen Verknüpfung.

Insbesondere erlaubt dies für $a \in G$ die Schreibweise a^n für das n-fache ($n \in \mathbb{N} \setminus \{0\}$) Produkt $a \circ \ldots \circ a$. Man schreibt $a^0 = e, a^{-n} = (a^{-1})^n$ für $n \in \mathbb{N}$ und hat $a^{n+m} = a^n \circ a^m$ für alle $n, m \in \mathbb{Z}$. Ist die Gruppe kommutativ, so gilt auch das Kommutativgesetz für die Verknüpfung einer (beliebigen) endlichen Anzahl von Elementen.

Definition und Lemma 5.6 *Sei $(G, \circ)$ eine Gruppe mit neutralem Element e. Die Teilmenge $U \subseteq G$ heißt* Untergruppe, *wenn gilt:*

a) $e \in U$
b) $a, b \in U \Rightarrow a \circ b \in U$
c) $a \in U \Rightarrow a^{-1} \in U$

Man schreibt dann auch $U \le G$ oder $U < G$.

Eine Untergruppe der Gruppe G ist mit der von G übernommenen Verknüpfung selbst eine Gruppe.

Beweis Die Forderung b) in der Definition sorgt dafür, dass die Verknüpfung von G auch eine Verknüpfung $U \times U \to U$ definiert. Deren Assoziativität ist dann klar, und (G2), (G3) aus der Definition der Gruppe folgen aus a) und c).   □

Bemerkung
a) Die Forderungen b), c) kann man auch in der einen Anforderung $a^{-1}b \in U$ für alle $a, b \in U$ zusammenfassen.
b) Statt a) kann man auch $U \neq \emptyset$ verlangen und zeigen, dass dann automatisch $e \in U$ gilt.

Beispiel 5.7

a) In der additiven Gruppe $(\mathbb{Z}, +)$ ist für jedes $n \in \mathbb{Z}$ die Menge $n\mathbb{Z} := \{na \mid a \in \mathbb{Z}\}$ eine Untergruppe.

b) In der Gruppe S_4 ist die (Kleinsche) *Vierergruppe*

$$V_4 = \{\mathrm{Id}, a = (12)(34), b = (13)(24), c = (14)(23)\}$$

mit der Verknüpfungstafel

$\circ$	Id	a	b	c
Id	Id	a	b	c
a	a	Id	c	b
b	b	c	Id	a
c	c	b	a	Id

eine Untergruppe (dabei bezeichnet $(i\,j)$ die Vertauschung von i und j, siehe oben). Dass die für eine Untergruppe geforderten Eigenschaften erfüllt sind, sieht man an der angegebenen Verknüpfungstafel. Man kann diese Gruppe auch ohne Bezug auf die größere Gruppe S_4 durch die Verknüpfungstafel definieren, dann muss man statt der Untergruppeneigenschaften die Gruppenaxiome verifizieren, also insbesondere die Assoziativität nachprüfen.

c) Die Symmetriegruppe des Dreiecks ist eine Untergruppe der Bewegungsgruppe der Ebene.

d) Für jedes $n \in \mathbb{N}$ ist die Menge

$$A_n := \{\sigma \in S_n \mid \mathrm{sgn}(\sigma) = 1\}$$

eine Untergruppe, sie heißt die *alternierende Gruppe* (auf n Elementen). Ihre Elemente werden auch die *geraden* Permutationen genannt, entsprechend nennt man die Elemente mit signum -1 *ungerade* Permutationen.

Man rechnet leicht nach, dass ein Zykel genau dann Signum 1 hat, wenn seine Länge ungerade ist (Aufgabe 5.3).

Speziell für $n = 4$ haben wir in Zykelschreibweise

$$A_4 = \{\mathrm{Id}, (12)(34), (13)(24), (14)(23),$$
$$(123), (132), (124), (142), (134), (143), (234), (243)\},$$

insbesondere ist also die Vierergruppe V_4 Untergruppe der alternierenden Gruppe A_4.

e) In der symmetrischen Gruppe S_n betrachten wir die Untergruppe D_n derjenigen Permutationen der mit $1, \ldots, n$ nummerierten Ecken des regelmäßigen n-Ecks, die durch Drehungen und Spiegelungen in der Ebene bewirkt werden. Für $n = 3$ ist das die volle symmetrische Gruppe S_3, für $n = 4$ sieht man leicht, dass D_n aus den 8 Permutationen besteht, die durch Drehungen um Vielfache von $90°$, durch Spiegelungen an den Mit-

Abb. 5.1 5-Eck und 6-Eck mit
Symmetrieachsen

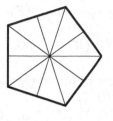

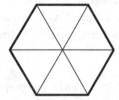 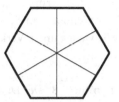

telsenkrechten der Seiten und durch Spiegelungen an den Diagonalen gegeben werden.
In Zykelschreibweise haben wir

$$D_4 = \{\text{Id}, (1234), (13)(24), (1324), (12)(34), (14)(23), (24), (13)\},$$

insbesondere ist D_4 nicht in A_4 enthalten.

Analog sieht man für beliebiges n, dass D_n eine Untergruppe der symmetrischen Gruppe S_n mit $2n$ Elementen ist, die aus den n Drehungen um Vielfache von $\frac{2\pi}{n}$ und den Spiegelungen an den n Symmetrieachsen besteht. Letztere sind für ungerades n die n Mittelsenkrechten auf den Kanten (jeweils durch den gegenüber liegenden Punkt), für gerades n die $\frac{n}{2}$ Mittelsenkrechten von Paaren gegenüber liegender Geraden und die ebenfalls $\frac{n}{2}$ Diagonalen durch gegenüber liegende Punkte (Abb. 5.1).

Die Gruppe D_n heißt die *Diedergruppe* der Ordnung $2n$.

f) Ist V ein Vektorraum über dem Körper K, so ist die Menge $\text{Aut}_K(V) = \text{Aut}(V)$ der invertierbaren linearen Abbildungen von V in sich eine Untergruppe der Menge aller bijektiven Abbildungen von V in sich (dass die Umkehrabbildung eines $f \in \text{Aut}(V)$ auch wieder linear ist, zeigt man in der Linearen Algebra).

g) Ebenso ist wegen Lemma 4.14 die Menge $\text{Aut}(R)$ der Automorphismen eines Rings R ebenfalls eine Untergruppe der Gruppe aller bijektiven Selbstabbildungen von R, die *Automorphismengruppe* des Rings.

h) Die *orthogonale Gruppe*

$$O_n(K) = \{A \in GL_n(K) \mid {}^t A = A^{-1}\}$$

ist eine Untergruppe der allgemeinen linearen Gruppe $GL_n(K)$, die *spezielle lineare Gruppe*

$$SL_n(K) = \{A \in GL_n(K) \mid \det(A) = 1\}$$

ist eine Untergruppe von $GL_n(K)$, die *spezielle orthogonale Gruppe*

$$SO_n(K) = \{A \in O_n(K)|\ \det(A) = 1\} = O_n(K) \cap SL_n(K)$$

ist eine Untergruppe der orthogonalen Gruppe $O_n(K)$ (und natürlich auch eine Untergruppe von $GL_n(K)$).

i) Dagegen sind $\{(123), (132)\}$ und $\{\mathrm{Id}, (123), (12)\}$ keine Untergruppen der symmetrischen Gruppe S_3. Bei der ersteren Menge sieht man das sofort daran, dass das neutrale Element von S_3 nicht zu der Menge gehört, bei der letzteren prüft man nach, dass sie weder unter Verknüpfung von Elementen noch unter Inversenbildung abgeschlossen ist.

Lemma 5.8 *Der Durchschnitt von (beliebig vielen) Untergruppen ist eine Untergruppe. Dagegen ist die Vereinigung von Untergruppen im Allgemeinen keine Untergruppe.*

Beweis Übung.   □

Definition 5.9 *Ist $S \subseteq G$ eine Teilmenge der Gruppe G, so heißt*

$$\langle S \rangle := \bigcap_{\substack{U \subseteq G\ \text{Untergruppe} \\ U \supseteq S}} U$$

die von S erzeugte Untergruppe.

Ist $S = \{s_1, \ldots, s_n\}$ endlich, so schreibt man oft $\langle S \rangle = \langle s_1 \ldots, s_n \rangle$.

Bemerkung Man überlege sich als Übung: $\langle S \rangle$ ist die Menge aller Elemente von G, die sich als endliche Produkte $x_1 \cdots x_r$ mit $x_i \in S$ oder $x_i^{-1} \in S$ schreiben lassen (für $S = \varnothing$ mit der üblichen Konvention, nach der das leere Produkt gleich dem neutralen Element ist).

Beispiel 5.10

a) Die Gruppe $\mathbb{Z}$ wird von 1 erzeugt.

b) Die Vierergruppe V_4 wird von den beiden Elementen $a = (12)(34)$, $b = (13)(24)$ erzeugt. In Zeichen: $V_4 = \langle a, b \rangle$.

c) Die alternierende Gruppe A_4 wird von den beiden 3-Zykeln (123), (124) erzeugt (Aufgabe 5.8).

d) Die Diedergruppe D_n der Ordnung $2n$ wird erzeugt von der Drehung d um den Winkel $\frac{2\pi}{n}$ und der Spiegelung s an einer der Symmetrieachsen, man hat $s^2 = \mathrm{Id} = d^n$ und $sds = d^{-1}$, kann also jedes Produkt von Faktoren s, s^{-1}, d, d^{-1} auf die Gestalt d^j oder sd^j mit $1 \le j \le n$ bringen.

e) Die allgemeine lineare Gruppe $GL_n(K)$ ist das Erzeugnis der Elementar- und Diagonalmatrizen. In der Tat zeigt man in der linearen Algebra, dass sich jede Matrix $A \in GL_n(K)$ durch elementare Zeilen- und Spaltenumformungen (ohne Benutzung von Zeilen- oder Spaltenvertauschungen) in die Einheitsmatrix überführen lässt. Da diese Zeilen- und Spaltenumformungen nichts anderes sind als Multiplikationen von links bzw. von rechts mit Elementar- oder Diagonalmatrizen, erhält man eine Darstellung von A als Produkt derartiger Matrizen (wobei man noch benutzt, dass die Inversen von Elementar- und Diagonalmatrizen wieder von diesem Typ sind) (siehe Fischer[2], Lineare Algebra, Satz 2.7.3).

f) Ist S eine erzeugende Menge der Gruppe G, so nennen wir ein Produkt $\prod_{i=1}^{n} x_i$ mit $x_i \in S$ oder $x_i^{-1} \in S$ für alle i reduziert, wenn es kein Paar (x_i, x_{i+1}) mit $x_i = x_{i+1}^{-1}$ enthält. Falls gilt: *Sind* $\prod_{i=1}^{n} x_i$ *und* $\prod_{j=1}^{m} y_j$ *reduzierte Produkt wie oben mit* $\prod_{i=1}^{n} x_i = \prod_{j=1}^{m} y_j$, *so gilt* $n = m$ *und* $x_i = y_i$ *für alle* i, so sagt man, die Gruppe G sei *frei* mit Erzeugendenmenge S. Ist $|S| = n$ so spricht man von der freien Gruppe F_n mit n Erzeugern. Zu jeder Menge X kann man eine solche freie Gruppe konstruieren; Einzelheiten findet man etwa in Kap. 6 des Buches „Algebra" von M. Artin[3].

Definition 5.11 *Seien* $(G, \cdot), (H, \circ)$ *Gruppen. Eine Abbildung* $f : G \to H$ *heißt* Homomorphismus, *wenn für alle* $g, g' \in G$ *gilt:*

$$f(g \cdot g') = f(g) \circ f(g')$$

Die Menge

$$\mathrm{Ker}(f) := \{g \in G \mid f(g) = e_H\}$$

heißt Kern *von* f, *die Menge*

$$f(G) := \mathrm{Im}(f) := \{h \in H \mid h = f(g) \text{ für ein } g \in G\}$$

heißt Bild *von* f.

Ist f *bijektiv, so heißt* f *ein* Isomorphismus.

G *heißt isomorph zu* H ($G \cong H$), *wenn es einen Isomorphismus* $f : G \to H$ *gibt.*

Ist $H = G$, *so heißen Isomorphismen* $f : G \to G$ *auch* Automorphismen. *Die Menge aller Automorphismen von* G *wird mit* $\mathrm{Aut}(G)$ *bezeichnet.*

Bemerkung Im Weiteren werden wir in der Regel alle Gruppen ohne gesondertes Verknüpfungszeichen multiplikativ schreiben, also auch nicht mehr wie in obiger Definition die Verknüpfungen zweier Gruppen G und H unterschiedlich notieren. Auch die Unterscheidung der neutralen Elemente e_G und e_H wird meistens fortgelassen und die Bezeichnung e für das neutrale Element jeder der vorkommenden Gruppen benutzt.

---

[2] G. Fischer, Lineare Algebra, Vieweg Verlag, 15. Auflage 2005.
[3] M. Artin: Algebra, Birkhäuser 1993.

Beispiel 5.12

a) Sind $(V, +)$ und $(W, +)$ die additiven Gruppen der K-Vektorräume V, W, so ist jede K-lineare Abbildung von V nach W erst recht ein Homomorphismus dieser (additiv geschriebenen) Gruppen. Im Allgemeinen gilt aber die Umkehrung nicht.

   Zum Beispiel kann man eine $\mathbb{Q}$-lineare (und daher additive) Abbildung $f : \mathbb{R} \to \mathbb{R}$ definieren, indem man die Werte auf einer Basis des (unendlich-dimensionalen) $\mathbb{Q}$-Vektorraums $\mathbb{R}$ beliebig vorgibt und $\mathbb{Q}$-linear fortsetzt, die einzigen $\mathbb{R}$-linearen Abbildungen unter diesen Homomorphismen der additiven Gruppe $(\mathbb{R}, +)$ auf sich sind aber die durch $f_a(x) = ax$ für $a \in \mathbb{R}$ gegebenen Abbildungen.

b) Ist V ein n-dimensionaler Vektorraum über dem Körper K und $\mathcal{B}$ eine Basis von V, so ist die Abbildung $\varphi : \mathrm{Aut}(V) \to GL_n(K)$, die jedem Automorphismus $f \in \mathrm{Aut}(V)$ von V seine Matrix bezüglich der Basis $\mathcal{B}$ zuordnet, ein Isomorphismus von Gruppen.

c) Ist K ein Körper, so ist die Abbildung $\det : GL_n(K) \to K^{\times}$ ein Homomorphismus von Gruppen, da die Determinante bekanntlich multiplikativ ist. Der Kern von $\det$ ist die spezielle lineare Gruppe $SL_n(K)$, das Bild ist ganz $K^{\times}$.

d) Ist $n \in \mathbb{N}$, so ist die Signumsabbildung $\mathrm{sgn} : S_n \to \mathbb{R}^{\times}$ ein Homomorphismus von Gruppen.

   Als Bildbereich können wir hier natürlich auch die aus zwei Elementen bestehende Untergruppe $\mathrm{Im}(\mathrm{sgn}) = \{\pm 1\} \subseteq \mathbb{R}^{\times}$ wählen, dann wird der Homomorphismus für $n > 1$ surjektiv.

   Für $n \geq 2$ ist dieser Homomorphismus nicht injektiv; sein Kern ist die alternierende Gruppe A_n.

Lemma 5.13 *Sei $f : G \to H$ ein Homomorphismus von Gruppen. Dann gilt:*

a) $f(e_G) = e_H$

b) *Für alle $a \in G$ ist $f(a^{-1}) = f(a)^{-1}$.*

c) *Ist $U \subseteq G$ eine Untergruppe von G ist, so ist*

$$\mathrm{Im}(f|_U) = f(U) \subseteq H$$

   eine Untergruppe von H.

d) *Ist $V \subseteq H$ eine Untergruppe von H, so ist $f^{-1}(V) \subseteq G$ eine Untergruppe von G. Insbesondere ist $\mathrm{Ker}(f) = f^{-1}(\{e_H\})$ eine Untergruppe von G.*

e) *Ist f injektiv, so ist $G \cong f(G) = \mathrm{Im}(f)$.*

f) *Ist f ein Isomorphismus, so ist auch f^{-1} ein Isomorphismus.*

g) *Sind $f_1 : G_1 \to G_2$ und $f_2 : G_2 \to G_3$ Homomorphismen von Gruppen, so ist auch $f_2 \circ f_1 : G_1 \to G_3$ ein Homomorphismus von Gruppen.*

h) *Die Menge $\mathrm{Aut}(G)$ der Automorphismen von G ist mit der Komposition von Abbildungen als Verknüpfung eine Gruppe, die* Automorphismengruppe.

Beweis

a) $f(e_G) \cdot f(e_G) = f(e_G e_G) = f(e_G) = e_H \cdot f(e_G)$.
   Wegen der Kürzungsregel folgt $f(e_G) = e_H$.

b) $f(a)f(a^{-1}) = f(aa^{-1}) = f(e_G) = e_H$

c) Wir prüfen die in der Definition einer Untergruppe geforderten Eigenschaften nach:
   - $e_H \in f(U)$ gilt wegen $f(e_G) = e_H$.
   - Für alle $a, b \in U$ ist $f(a) \cdot f(b) = f(ab) \in f(U)$
   - Für alle $a \in U$ ist $f(a)^{-1} = f(a^{-1}) \in f(U)$

d) Wir prüfen wieder die in der Definition einer Untergruppe geforderten Eigenschaften nach:
   - $f(e_G) = e_H \Rightarrow e_G \in f^{-1}(V)$
   - $f(x_1) = y_1 \in V, f(x_2) = y_2 \in V \Rightarrow f(x_1 x_2) = y_1 y_2 \in V \Rightarrow x_1 x_2 \in f^{-1}(V)$
   - $f(a)^{-1} = f(a^{-1}) \Rightarrow$ mit a ist auch a^{-1} in $f^{-1}(V)$.

e) Klar

f) Wegen

$$f(f^{-1}(a)f^{-1}(b)) = f(f^{-1}(a)) \cdot f(f^{-1}(b)) = ab = f(f^{-1}(ab))$$

folgt aus der Injektivität von f, dass

$$f^{-1}(a)f^{-1}(b) = f^{-1}(ab)$$

gilt, dass also f^{-1} ein Homomorphismus ist.

g) Übung.

h) Klar nach f) und g). □

Beispiel 5.14

a) Ist $U \subseteq G$ eine Untergruppe der Gruppe G, so ist die Inklusion $\iota : U \to G$ ein Homomorphismus. Für abelsche Gruppen ist auch die durch $g \mapsto g^n$ gegebene Abbildung ein Homomorphismus. Am Beispiel der Gruppe S_3 oder auch der Gruppe $GL_n(K)$ für $n > 1$ prüfe man nach, dass man hier die Bedingung der Kommutativität nicht fortlassen kann.

b) Die Abbildung von der Symmetriegruppe des gleichseitigen Dreiecks in der Ebene auf S_3, die jeder Symmetrie die zugehörige Permutation der Ecken zuordnet, ist ein Isomorphismus. Dagegen ist die analoge Abbildung von der Symmetriegruppe D_n des regelmäßigen n-Ecks in S_n für $n > 3$ nicht surjektiv, da die Diedergruppe D_n nur $2n$ Elemente hat und $2n < n!$ für $n > 3$ gilt. Ebenso ist die analoge Abbildung von der Symmetriegruppe des Würfels in S_8 zwar ein injektiver Homomorphismus, aber kein Isomorphismus, denn eine Permutation der Ecken, die zwei zueinander benachbarte Ecken in zwei einander diagonal gegenüber liegende Ecken abbildet, ist offenbar nicht abstandserhaltend, liegt also nicht im Bild des Homomorphismus.

c) Sei Δ_1 ein gleichseitiges Dreieck in der Ebene, $\Delta_1 \neq \Delta_2$ ein dazu kongruentes Dreieck und ϕ eine Bewegung, die Δ_1 in Δ_2 überführt, U_1 bzw. U_2 die jeweilige Symmetriegruppe.

Dann wird durch $U_1 \ni f \mapsto \phi \circ f \circ \phi^{-1} =: \Phi(f)$ ein Isomorphismus $\Phi : U_1 \to U_2$ gegeben (die *Konjugation* mit ϕ). Die Untergruppen U_1 und U_2 sind zwar nicht elementweise identisch, haben aber genau die gleichen Eigenschaften.

d) Ist G irgendeine Gruppe, $g \in G$, so wird durch

$$i_g : G \to G; x \mapsto g x g^{-1}$$

(Konjugation von x mit g) ein Automorphismus von G definiert, der zu g gehörige *innere Automorphismus*.

Um das zu sehen, prüfen wir zunächst nach, dass i_g ein Homomorphismus von G auf sich selbst ist:

Sind $x, y \in G$, so ist

$$i_g(xy) = g x y g^{-1} = g x g^{-1} g y g^{-1} = i_g(x) i_g(y).$$

Offenbar ist $i_{g^{-1}}$ die inverse Abbildung zu i_g, also ist i_g in der Tat ein Automorphismus. Die durch $g \mapsto i_g$ gegebene Abbildung $G \to \mathrm{Aut}(G)$ ist auch wieder ein Homomorphismus, ihr Kern ist das *Zentrum*

$$Z(G) = \{x \in G \mid xy = yx \ \forall y \in G\}$$

der Gruppe G.

Um das zu sehen, rechnen wir die Multiplikativität von $g \mapsto i_g$ nach:

Für $g_1, g_2 \in G$ gilt

$$\begin{aligned}
i_{g_1 g_2}(x) &= (g_1 g_2) x (g_1 g_2)^{-1} = g_1 g_2 x g_2^{-1} g_1^{-1} \\
&= g_1 (g_2 x g_2^{-1}) g_1^{-1} \\
&= i_{g_1}(i_{g_2}(x)) \\
&= (i_{g_1} \circ i_{g_2})(x)
\end{aligned}$$

für alle $x \in G$, also ist $i_{g_1 g_2} = i_{g_1} \circ i_{g_2}$ für alle $g_1, g_2 \in G$. Man überzeuge sich als Übung selbst, dass das Zentrum von G der Kern der Abbildung $g \mapsto i_g$ ist.

e) (*lineare Darstellungen*): Seien K ein Körper, V ein K-Vektorraum, $\rho : G \to GL_n(K)$ ein Homomorphismus. Man nennt einen solchen Homomorphismus auch eine lineare Darstellung der Gruppe G (über dem Körper K), da er gewissermaßen eine Matrixinterpretation der Gruppe liefert. Insbesondere für injektives ρ (*treue Darstellung*) hat man in $\rho(G)$ eine zu G isomorphe Gruppe von Matrizen, die unter Umständen für konkrete Rechnungen einfacher zu handhaben ist als die Gruppe selbst.

Die Untersuchung der linearen Darstellungen einer Gruppe ist ein wichtiges Werkzeug der Gruppentheorie.

f) (*Permutationsdarstellungen*): Ist $G = \{g_1, \ldots, g_n\}$ eine endliche Gruppe, so erhält man eine injektive Abbildung

$$f : G \to S_n; h \mapsto \sigma_h,$$

indem man σ_h für $h \in G$ so definiert, dass für $1 \le j \le n$ gilt: $hg_j = g_{\sigma_h(j)}$.
Für $h, h' \in G$ hat man dann für $1 \le j \le n$

$$
\begin{aligned}
g_{\sigma_{hh'}(j)} &= (hh')g_j \\
&= h(h'g_j) \\
&= h(g_{\sigma_{h'}(j)}) \\
&= g_{\sigma_h(\sigma_{h'}(j))} \\
&= g_{(\sigma_h \circ \sigma_{h'})(j)},
\end{aligned}
$$

also ist

$$f(hh') = \sigma_{hh'} = \sigma_h \circ \sigma_{h'} = f(h)f(h'),$$

d. h., die Abbildung f ist ein Homomorphismus.
Die (beliebige) endliche Gruppe G ist also isomorph zur Untergruppe $f(G)$ von S_n, und wir haben gezeigt:

Satz 5.15 (Satz von Cayley) *Jede endliche Gruppe ist isomorph zu einer Untergruppe einer Permutationsgruppe.*

Die im Beispiel vorkommenden Definitionen sammeln wir noch:

Definition 5.16 *Sei G eine Gruppe.*

a) *Das* Zentrum *von G ist*

$$Z(G) := \{x \in G \mid gx = xg \text{ für alle } g \in G\}.$$

b) *Für $g \in G$ heißt die durch $i_g : x \mapsto gxg^{-1}$ gegebene Abbildung $i_g : G \to G$ die* Konjugation *mit g oder der* innere Automorphismus i_g *zu g.*
c) *Elemente x, x' von G heißen* konjugiert *zueinander, wenn es $g \in G$ gibt mit $x' = gxg^{-1}$.*
d) *Untergruppen U_1, U_2 von G heißen* konjugiert *zueinander, wenn es $g \in G$ gibt mit $U_2 = gU_1g^{-1}$.*

Beispiel 5.17 Die Diedergruppe D_n der Ordnung $2n$ hat für gerades n Zentrum $\{\pm \mathrm{Id}\}$, für ungerades n ist ihr Zentrum trivial (Aufgabe 5.22).

Lemma 5.18 *Sei* $f : G \to H$ *ein Homomorphismus von Gruppen. Dann gilt:*

a) f *ist genau dann injektiv, wenn* $\mathrm{Ker}(f) = \{e\}$ *gilt.*
b) $f(x) = f(y)$ *ist äquivalent zu* $y^{-1}x \in \mathrm{Ker}(f)$.
c) *Für alle* $g \in G$ *ist* $g\,\mathrm{Ker}(f)g^{-1} = \mathrm{Ker}(f)$.
   Äquivalent: $\mathrm{Ker}(f)$ *ist stabil unter allen inneren Automorphismen* i_g *von G.*

Beweis Wegen $f(y^{-1}x) = f(y^{-1})f(x) = (f(y))^{-1}f(x)$ ist $f(y) = f(x)$ äquivalent zu $f(y^{-1}x) = e$, also gilt b), und daraus folgt unmittelbar a). Die Behauptung von c) rechne man als Übung nach.   □

Definition 5.19 *Eine Untergruppe* $N \subseteq G$ *heißt* Normalteiler *in G, wenn* $gNg^{-1} = N$ *für alle* $g \in G$ *gilt.*
   Man schreibt dann auch $N \lhd G$ *oder* $N \unlhd G$.
   Äquivalent dazu ist: N *ist invariant (oder stabil) unter allen inneren Automorphismen von G bzw. unter Konjugation mit beliebigen* $g \in G$.

Bemerkung
   a) N ist genau dann ein Normalteiler in G, wenn gilt: Ist $g \in G, a \in N$, so gibt es $a' \in N$ mit $ga = a'g$.
   b) Als Übung zeige man, dass die folgende scheinbar schwächere Bedingung äquivalent zu der in der Definition angegebenen ist: N ist genau dann Normalteiler in G, wenn $gNg^{-1} \subseteq N$ für alle $g \in G$ gilt.

Beispiel 5.20
   a) In einer abelschen Gruppe ist jede Untergruppe ein Normalteiler.
   b) In jeder Gruppe G ist das Zentrum $Z(G) = \{x \in G \mid xy = yx \ \forall y \in G\}$ ein Normalteiler.
   c) Der Kern eines Gruppenhomomorphismus ist nach Lemma 5.18 stets ein Normalteiler. Insbesondere ist also $SL_n(K)$ ein Normalteiler in $GL_n(K)$, und für alle $n \in \mathbb{N}$ ist die alternierende Gruppe A_n ein Normalteiler in der symmetrischen Gruppe S_n.
   d) In der alternierenden Gruppe A_4 ist die Vierergruppe V_4 ein Normalteiler (Übung).
   e) In der symmetrischen Gruppe S_n für $n \geq 3$ ist $\{\mathrm{Id}, (12)\}$ kein Normalteiler, wie man durch Konjugation mit (13) feststellt.
   Ebenso ist etwa die Untergruppe $\{\mathrm{Id}, (12)(34)\}$ zwar ein Normalteiler in der (kommutativen) Vierergruppe V_4, aber nicht in A_4 (Übung). Die Eigenschaft, ein Normalteiler zu sein, ist also nicht transitiv.
   f) Wir hatten in Beispiel 5.10 gesehen, dass die Diedergruppe D_n der Ordnung $2n$ von zwei Elementen s (Spiegelung) und d (Drehung der Ordnung n) mit $s^2 = e = \mathrm{Id}, d^n = e$, $sds^{-1} = d^{-1}$ erzeugt wird und dass man in ihr alle Elemente als d^j oder sd^j mit $0 \leq j < n$ schreiben kann. Ist also $D' \subseteq \langle d \rangle$ eine Untergruppe der von d erzeugten Untergruppe von D_n, so ist für $d^i \in D'$ auch $d^j \cdot d^i \cdot (d^j)^{-1} = d^i \in D'$ und $sd^j \cdot d^i \cdot (sd^j)^{-1} = d^{-i} \in D'$, jede solche Untergruppe D' ist also ein Normalteiler in D_n. Genauso zeigt man, dass

$D' \cup \{sd^i \mid d^i \in D'\}$ ein Normalteiler in D_n ist. Dagegen ist $dsd^{-1} = sd^{-2}$, die Untergruppe $\{1, s\}$ von D_n ist also für $n > 2$ kein Normalteiler in D_n, und das gleiche gilt für die von den anderen Spiegelungen sd^j erzeugten zweielementigen Untergruppen $\{\mathrm{Id}, sd^j\}$.

g) Sei G eine Gruppe,

$$K = \{(ab)(ba)^{-1} = aba^{-1}b^{-1} \mid a, b \in G\}$$

die Menge der *Kommutatoren* in G, es sei $[G, G] := \langle K \rangle$ die von K erzeugte Untergruppe von G (die *Kommutatorgruppe*). Sie ist offenbar genau dann von der trivialen Gruppe $\{e\}$ verschieden, wenn G nicht kommutativ ist. Die Untergruppe $[G, G]$ ist ein Normalteiler in G.

In der Tat ist für einen Kommutator $xyx^{-1}y^{-1} \in K$:

$$gxyx^{-1}y^{-1}g^{-1} = gx(g^{-1}g)y(g^{-1}g)x^{-1}(g^{-1}g)y^{-1}g^{-1}$$
$$= (gxg^{-1})(gyg^{-1})(gxg^{-1})^{-1}(gyg^{-1})^{-1}$$

für alle $g \in G$, und genauso rechnet man nach, dass auch ein Produkt mehrerer Kommutatoren durch Konjugation mit $g \in G$ wieder in ein solches Produkt übergeht.

Da das Inverse eines Kommutators wieder ein Kommutator ist, folgt die Normalteilereigenschaft von $[G, G]$.

Eine Gruppe heißt *perfekt*, wenn $G = [G, G]$ ist.

Lemma 5.21 *Sei $f : G \to G'$ ein Gruppenhomomorphismus, $N' \subseteq G'$ ein Normalteiler in G. Dann ist $f^{-1}(N') \subseteq G$ ein Normalteiler in G.*

Beweis Übung, siehe Aufgabe 5.12. $\qquad\qquad\qquad\qquad\qquad\qquad\qquad\qquad\qquad\qquad$ □

Bemerkung Dagegen ist das Bild eines Normalteilers unter einem Homomorphismus im allgemeinen kein Normalteiler, siehe auch Aufgabe 5.12.

5.2 Nebenklassen, Faktorgruppe und Homomorphiesatz

Definition und Lemma 5.22 *Sei $U \subseteq G$ eine Untergruppe der Gruppe G. Für $x \in G$ sei*

$$Ux = \{gx \mid g \in U\}$$

die Rechtsnebenklasse *von x bzgl. U in G, ebenso sei*

$$xU = \{xg \mid g \in U\}$$

die Linksnebenklasse *von x bzgl. U in G. Dann gilt:*

a) *Durch* $x \sim_l y \Leftrightarrow y^{-1}x \in U$ *und* $x \sim_r y \Leftrightarrow xy^{-1} \in U$ *werden Äquivalenzrelationen in*
   G definiert, deren Äquivalenzklassen die Links- bzw. Rechtsnebenklassen sind.

b) *Für* $x, y \in G$ *gelten*
   $$y \in xU \Leftrightarrow yU = xU \Leftrightarrow x^{-1}y \in U \Leftrightarrow xU \cap yU \neq \emptyset,$$
   $$y \in Ux \Leftrightarrow Uy = Ux \Leftrightarrow yx^{-1} \in U \Leftrightarrow Ux \cap Uy \neq \emptyset.$$

c) *G ist disjunkte Vereinigung der Linksnebenklassen von U in G und ebenso die disjunkte*
   Vereinigung der Rechtsnebenklassen von U in G.

d) *Die Linksnebenklassen von U und die Rechtsnebenklassen von U haben alle die gleiche*
   Mächtigkeit.

e) *Die Anzahl der Linksnebenklassen von U in G ist gleich der Anzahl der Rechtsnebenklas-*
   sen von U in G. Diese Anzahl heißt der Index *(G : U) von U in G.*

f) *U ist genau dann ein Normalteiler in G, wenn die Linksnebenklassen gleich den Rechts-*
   nebenklassen sind, wenn also $xU = Ux$ *für alle* $x \in G$ *gilt.*

Beweis Für a) bis d) reicht es, die Behauptungen für die Linksnebenklassen und die Relation $\sim_l$ zu zeigen, die Beweise für die Rechtsnebenklassen und die Relation $\sim_r$ gehen analog.

Wir zeigen zunächst, dass $\sim_l$ eine Äquivalenzrelation ist:

Für jedes $x \in G$ ist $xx^{-1} = e \in U$, also gilt $x \sim_l x$ (Reflexivität).

Sind $x, y \in G$ mit $x \sim_l y$, so ist $y^{-1}x \in U$, also $x^{-1}y = (y^{-1}x)^{-1} \in U$, also gilt $y \sim_l x$
(Symmetrie).

Sind $x, y, z \in G$ mit $x \sim_l y, y \sim_l z$, so ist $y^{-1}x \in U, z^{-1}y \in U$, also ist

$$(z^{-1}y)(y^{-1}x) = z^{-1}(yy^{-1})x = z^{-1}x \in U,$$

also $x \sim_l z$ (Transitivität).

Ist y aus der Äquivenzklasse von x bezüglich $\sim_l$, so ist $h := x^{-1}y \in U$ (wegen der Symmetrie), also $y = xh$ mit $h \in U$. Ist umgekehrt $y = xh$ mit $h \in U$, so ist $x^{-1}y = x^{-1}xh = h \in U$,
also $y \sim_l x$, also ist y ein Element der Äquivalenzklasse von x. bezüglich $\sim_l$. Es gilt also
wie behauptet, dass die Äquivalenzklasse von x bezüglich $\sim_l$ genau die Linksnebenklasse
$xU = \{xh \mid h \in U\}$ ist.

Damit haben wir a) sowie b) bis auf die letzte Äquivalenz in b) gezeigt. Diese letzte
Äquivalenz und c) folgen daraus, dass für jede Äquivalenzrelation auf einer Menge X die
Menge X die disjunkte Vereinigung der Äquivalenzklassen ist.

Aus der Definition der Linksnebenklasse xU folgt sofort, dass die Abbildung $u \mapsto xu$
eine bijektive Abbildung von $U = eU$ auf die Nebenklasse xU ist (mit Umkehrabbildung
$w \mapsto x^{-1}w$), diese Nebenklassen also gleich mächtig sind, dass also d) gilt.

Insbesondere sieht man für endliches $U = \{u_1, \ldots, u_n\}$, dass die Linksnebenklassen
$xU = \{xu_1, \ldots, xu_n\}$ genau $n = |U|$ Elemente haben.

Um e) zu zeigen, überlegen wir uns, dass durch $xU \mapsto Ux^{-1}$ eine wohldefinierte Abbildung von der Menge der Linksnebenklassen auf die Menge der Rechtsnebenklassen von U
gegeben wird, die bijektiv ist:

Ist $xU = yU$, so ist $y^{-1}x = y^{-1}(x^{-1})^{-1} \in U$, also ist $Uy^{-1} = Ux^{-1}$ wegen b), die Abbildung
ist also tatsächlich wohldefiniert, da die Rechtsnebenklasse Ux^{-1} nicht davon abhängt, wel-

chen Repräsentanten der Linksnebenklasse xU man zu ihrer Definition heranzieht. Die Injektivität der Abbildung ergibt sich daraus, dass auf Grund der gleichen Rechnung (in Gegenrichtung) aus $Uy^{-1} = Ux^{-1}$ folgt, dass $xU = yU$ gilt. Die Surjektivität ist offensichtlich. Alternativ kann man natürlich die Bijektivität auch dadurch nachweisen, dass man die Umkehrabbildung $Uz \mapsto z^{-1}U$ konstruiert.

Für die Behauptung f) über Normalteiler schließlich prüft man nach, dass $xUx^{-1} = U$ zu $xU = Ux$ äquivalent ist. Da die Linksnebenklasse xU und die Rechtsnebenklasse Ux das Element x gemeinsam haben, müssen sie zusammenfallen, wenn Ux gleichzeitig eine Linksnebenklasse ist, denn zwei Linksnebenklassen sind (als Äquivalenzklassen) entweder identisch oder elementfremd. □

Beispiel 5.23 In der Gruppe $\mathbb{Z}$ der ganzen Zahlen betrachten wir für $n \in \mathbb{N}$ die Untergruppe $U := n\mathbb{Z}$. Da $\mathbb{Z}$ abelsch ist, macht es keinen Unterschied, ob wir Links- oder Rechtsnebenklassen betrachten. Zwei Zahlen $a, b \in \mathbb{Z}$ gehören genau dann zur gleichen Nebenklasse von U, wenn ihre Differenz durch n teilbar ist, man schreibt dann $a \equiv b \bmod n$ und sagt, a sei zu b kongruent modulo n (siehe auch Kap. 4).

Korollar 5.24 *Sei G eine Gruppe und U eine Untergruppe vom Index 2. Dann ist U ein Normalteiler in G.*

Beweis Für $x \in G \setminus U$ ist $xU = G \setminus U = Ux$, für $x \in U$ ist $xU = U = Ux$. Also sind die Linksnebenklassen gleich den Rechtsnebenklassen und daher U ein Normalteiler. □

Der Beweis des folgenden wichtigen Satzes ist jetzt nahezu trivial.

Satz 5.25 (Satz von Lagrange) *Ist G eine endliche Gruppe, $U \subseteq G$ eine Untergruppe, so ist*

$$|G| = |U| \cdot (G : U).$$

Insbesondere gilt: Die Ordnung einer Untergruppe ist ein Teiler der Gruppenordnung.

Beweis Nach dem vorigen Lemma ist G die disjunkte Vereinigung der $(G : U)$ Nebenklassen xU, von denen jede $|U|$ Elemente hat. □

Beispiel 5.26
a) Ist $f : G \to H$ ein Homomorphismus von Gruppen und $U := \mathrm{Ker}(f)$, so gilt nach Lemma 5.18b) für alle $x \in G$

$$xU = \{y \in G \mid f(y) = f(x)\}.$$

Die Linksnebenklassen bezüglich $\mathrm{Ker}(f)$ sind also genau die (auch die *Fasern* von f genannten) Urbildmengen $f^{-1}(h)$ von Elementen h aus dem Bild von f. Der Satz von Lagrange übersetzt sich in dieser Situation in die Aussage, dass G die disjunkte Vereinigung der $(G : \mathrm{Ker}(f))$ Fasern von f ist, von denen jede genau $|\mathrm{Ker}(f)|$ Elemente enthält.

b) Ist $G = (V, +)$ die additive Gruppe des Vektorraums V über dem Körper K und $U \subseteq G = V$ ein Untervektorraum, so ist die Menge der Linksnebenklassen $x + U$ der aus der linearen Algebra (hoffentlich) bekannte Faktor- oder Quotientenraum V/U. Ist der Körper K endlich mit $|K| = q$ und $\dim(V) = n$, $\dim(U) = k$, so ist bekanntlich $|V| = q^n$, $|U| = q^k$ und der Satz von Lagrange liefert $|V/U| = q^{n-k}$, im Einklang mit der ebenfalls aus der linearen Algebra bekannten Formel $\dim(V/U) = \dim(V) - \dim(U)$.

Hat man statt einer beliebigen Untergruppe einen Normalteiler der Gruppe G, so kann man die nunmehr von rechts und links unabhängige Nebenklassenmenge G/U in ähnlicher Weise mit einer eigenen Struktur ausstatten, wie wir das bereits beim Restklassenring nach einem Ideal gesehen haben:

Definition und Satz 5.27 *Sei G eine Gruppe, $U \subseteq G$ ein Normalteiler. Dann wird auf der Nebenklassenmenge G/U (Linksnebenklassen = Rechtsnebenklassen) eine Verknüpfung definiert durch*

$$(xU) \circ (yU) := xyU.$$

Bezüglich dieser Verknüpfung ist G/U eine Gruppe, die Faktorgruppe *von G nach U.*
  Die Abbildung

$$p_U : G \to G/U; \quad x \mapsto xU$$

ist ein surjektiver Gruppenhomomorphismus mit Kern U, die Projektion *auf G/U.*

Beweis Wir müssen zunächst zeigen, dass die Verknüpfung wohldefiniert ist, d. h., wir müssen zeigen, dass das Ergebnis der Verknüpfung der Nebenklasse $N_1 = xU = x'U$ mit der Nebenklasse $N_2 = yU = y'U$ nicht davon abhängt, welche mögliche Darstellung der Nebenklassen man ausgewählt hat. Genauer ist zu zeigen:
  Sind $x, x', y, y' \in G$ mit $xU = x'U$, $yU = y'U$, so gilt $xyU = x'y'U$.
  Wir nutzen dafür aus, dass U ein Normalteiler ist, benutzen, dass man beim Rechnen mit Nebenklassen Klammern versetzen darf, dass also

$$(xy)U = \{(xy)h \mid h \in U\} = \{x(yh) \mid h \in U\} = \{xz \mid z \in yU\} = x(yU)$$

gilt, und erhalten:

$$x'y'U = x'(y'U) \quad \text{wegen der Klammerregel}$$
$$= x'(yU) \quad \text{weil } yU = y'U \text{ gilt}$$
$$= x'(Uy) \quad \text{weil } U \text{ Normalteiler ist}$$
$$= (x'U)y \quad \text{wegen der Klammerregel}$$
$$= (xU)y \quad \text{weil } xU = x'U \text{ gilt}$$
$$= x(Uy) \quad \text{wegen der Klammerregel}$$
$$= x(yU) \quad \text{weil } U \text{ Normalteiler ist}$$
$$= (xy)U \quad \text{wegen der Klammerregel}.$$

(Wer mag, kann auch stattdessen nachrechnen, dass aus $x' = xh_1$, $y' = yh_2$ folgt, dass es ein $h_3 \in U$ mit $x'y' = xyh_3$ gibt. Man muss dabei ausnutzen, dass man wegen der Normalteilereigenschaft von U ein $h_1' \in U$ mit $h_1 y = y h_1'$ finden kann.)

Dass für die so definierte Verknüpfung das Assoziativgesetz gilt, folgt dann sofort aus dem Assoziativgesetz für G. Auch dass die Nebenklasse $U = eU$ neutrales Element bezüglich dieser Verknüpfung ist und dass die Nebenklasse $a^{-1}U$ invers zur Nebenklasse aU ist, sieht man sofort. $\qquad\square$

Beispiel 5.28

a) Für $n \in \mathbb{N}$ betrachten wir die Untergruppe $n\mathbb{Z}$ der additiven Gruppe $(\mathbb{Z}, +)$ der ganzen Zahlen. Da $\mathbb{Z}$ abelsch ist, können wir die Faktorgruppe $\mathbb{Z}/n\mathbb{Z}$ bilden, wir haben dann $(a+n\mathbb{Z}) + (b+n\mathbb{Z}) = (a+b) + n\mathbb{Z}$. Das neutrale Element dieser Verknüpfung ist $0 + n\mathbb{Z}$, die zu $a + n\mathbb{Z}$ inverse Klasse ist $(-a) + n\mathbb{Z}$. Die Elemente $a + n\mathbb{Z}$ der Faktorgruppe sind die Klassen von Zahlen, die bei Division mit Rest durch n den gleichen Rest lassen, die Faktorgruppe hat die n Elemente $0 + n\mathbb{Z}, \ldots, (n-1) + n\mathbb{Z}$.

b) Als Übung bestimme man Verknüpfungstabellen für die Faktorgruppen S_4/A_4 und A_4/V_4.

c) Sei $S = \{s_1, \ldots, s_n\}$ Erzeugendenmenge der Gruppe G und F_n die freie Gruppe mit n Erzeugern $x_1, \ldots, x_n$. Man kann zeigen, dass es einen Normalteiler N in F_n gibt, so dass $G \cong F_n/N$ gilt. Genauer hat man dann einen Isomorphismus $\varphi : F_n/N \to G$ mit $\varphi(x_i N) = s_i$ für $1 \le i \le n$.

Sind $w_1 = g_1^{(1)} \cdots g_{k_1}^{(1)}, \ldots, w_t = g_1^{(t)} \cdots g_{k_t}^{(t)}$ mit $g_i^{(j)} \in X \cup X^{-1} = \{x_1, \ldots, x_n\} \cup \{x_1^{-1}, \ldots, x_n^{-1}\}$ Elemente von N, so dass N der kleinste Normalteiler von F_n ist, der sie enthält, nennt man

$$\varphi(w_1) = \varphi(g_1^{(1)}) \cdots \varphi(g_{k_1}^{(1)}) = e, \ldots, \varphi(w_t) = \varphi(g_1^{(t)}) \cdots \varphi(g_{k_t}^{(t)}) = e$$

(wo jedes der Produkte $\varphi(g_1^{(j)}) \cdots \varphi(g_{k_j}^{(j)})$ ein Produkt von Elementen aus S und deren Inversen ist) *definierende Relationen* für G zwischen den Erzeugern s_j und schreibt

$$G = \left\langle s_1, \ldots, s_r \mid \varphi(g_1^{(1)}) \cdots \varphi(g_{k_1}^{(1)}), \ldots, \varphi(g_1^{(t)}) \cdots \varphi(g_{k_t}^{(t)}) \right\rangle.$$

Man nennt diese Schreibweise eine *Präsentation* von G durch die Erzeuger s_i und die angegebenen Relationen. Zum Beispiel hat die Diedergruppe D_n die Präsentation

$$D_n = \langle s, d \mid s^2, d^n, (sd)^2 \rangle,$$

und die alternierende Gruppe A_5 hat die Präsentation

$$A_5 = \langle a, b \mid a^2, b^3, (ab)^5,$$

wobei man als konkret gegebene Gruppenelemente etwa $a = (12)(34)$, $b = (135)$ nehmen kann[4].

Präsentationen sind besonders gut geeignet, um Gruppen im Computer zu behandeln. Etwa im gruppentheoretischen Computeralgebrasystem GAP gibt man die alternierende Gruppe A_5 entweder direkt als Permutationsgruppe oder in der Form

```
gap> F2 := FreeGroup( "a", "b");
gap> A5 := F2 / [ F2.1^2, F2.2^3, (F2.1*F2.2)^5 ];
```

wobei also zunächst die freie Gruppe F_2 mit zwei Erzeugern definiert und dann der von den Elementen a^2, b^3, $(ab)^5$ erzeugte Normalteiler (d. h., der kleinste Normalteiler, der diese Elemente enthält) heraus dividiert wird.

Die Anfrage nach der Elementanzahl und die Antwort darauf sehen dann so aus:

```
gap> Size( A5 );
60.
```

In MAPLE sieht das Ganze so aus:

```
grouporder(grelgroup({a, b}, {[a, a], [b, b, b],
                      [a, b, a, b, a, b, a, b, a, b]}));
60.
```

Für Einzelheiten sei wieder auf das oben erwähnte Lehrbuch von M. Artin und die dort angegebene weiterführende Literatur hingewiesen.

In der Gruppentheorie versucht man, Informationen über die Struktur einer vorgelegten Gruppe G dadurch zu gewinnen, dass man Normalteiler N bestimmt und die Faktorgruppen G/N untersucht; da diese im Fall endlicher Gruppen immerhin weniger Elemente haben, erhält man dadurch häufig ein leichter zu behandelndes Problem.

Die Fälle, in denen dieses Verfahren besonders gut oder besonders schlecht funktioniert, erhalten eigene Namen, die wir der Vollständigkeit halber in der folgenden Definition festhalten, ohne aber diese (für die Gruppentheorie fundamentalen) Fragen hier weiter zu verfolgen, als dies in den auf die Definition folgenden Bemerkungen geschieht.

---

[4] Atlas of finite group representations, http://brauer.maths.qmul.ac.uk/Atlas/v3/.

Definition 5.29 *Sei G eine Gruppe.*

a) $G \neq \{e\}$ *heißt* einfach, *wenn* $\{e\}$ *und G die einzigen Normalteiler in G sind.*

b) *Eine Folge* $\{e\} = G_0 \trianglelefteq G_1 \trianglelefteq \ldots \trianglelefteq G_n = G$ *heißt* Normalreihe *(häufig auch Subnormalreihe) in G. Gilt zusätzlich* $G_{i-1} \neq G_i$ *für* $i = 1, \ldots, n$, *so spricht man von einer (Sub-)Normalreihe* ohne Wiederholungen. *Sie heißt* Kompositionsreihe, *wenn alle Faktoren* G_{i+1}/G_i *einfache Gruppen* ($\neq \{e\}$) *sind.*

c) *Die Gruppe G heißt* auflösbar, *wenn sie eine Subnormalreihe mit abelschen Faktorgruppen* G_{i+1}/G_i *besitzt.*

d) *Zwei Subnormalreihen* $\{e\} = G_0 \trianglelefteq G_1 \trianglelefteq \ldots \trianglelefteq G_n = G$ *und* $\{e\} = H_0 \trianglelefteq H_1 \trianglelefteq \ldots \trianglelefteq H_m = G$ *heißen* isomorph, *wenn* $n = m$ *ist und ein* $\sigma \in S_n$ *existiert mit* $G_{i+1}/G_i \cong H_{\sigma(i)+1}/H_{\sigma(i)}$ *für* $i = 1, \ldots, n$.

Bemerkung

a) In der Praxis treten Normalreihen mit Wiederholungen fast nur in Beweisen auf, in denen man dadurch Fallunterscheidungen vermeiden kann. Ansonsten betrachtet man eigentlich nur Normalreihen ohne Wiederholungen.

b) Der Satz von Jordan-Hölder sagt aus, dass je zwei Kompositionsreihen einer endlichen Gruppe G die gleichen *Kompositionsfaktoren* G_{i+1}/G_i haben, wobei aber die Reihenfolge, in der diese Faktorgruppen auftreten, unterschiedlich sein kann. Den Beweis dieses Satzes geben wir im ergänzenden Abschn. 5.6.

c) In Aufgabe 7.10 werden wir als Konsequenz des Hauptsatzes über endliche abelsche Gruppen (Satz 7.8) sehen, dass für jede endliche auflösbare Gruppe die Faktoren G_{i+1}/G_i in einer Kompositionsreihe isomorph zu $\mathbb{Z}/p_i\mathbb{Z}$ mit Primzahlen p_i sind.

d) Schreibt man $G^{(1)} = [G, G]$ für die Kommutatorgruppe der Gruppe G und definiert rekursiv $G^{(n+1)} = [G^{(n)}, G^{(n)}]$ für $n \in \mathbb{N}$, so erhält man die *abgeleitete Reihe* oder *Reihe der abgeleiteten Gruppen* von G. Man überlegt sich leicht, dass G genau dann auflösbar ist, wenn die abgeleitete Reihe nach endlich vielen Schritten mit der trivialen Gruppe $\{e\}$ endet.

Beispiel 5.30 Die symmetrischen Gruppen S_3 und S_4 sind auflösbar mit Kompositionsreihen $\{e\} \triangleleft \langle(123)\rangle = A_3 \triangleleft S_3$, $\{e\} \triangleleft \langle(12)(34)\rangle) \triangleleft V_4 \triangleleft A_4 \triangleleft S_4$. Dagegen sind S_5 und A_5 nicht auflösbar (in den Übungen zum nächsten Kapitel werden wir sehen, dass A_5 eine einfache Gruppe ist). Man kann zeigen, dass die Untergruppe der oberen Dreiecksmatrizen in der allgemeinen linearen Gruppe $GL_n(K)$ eines Körpers K eine auflösbare Gruppe ist (für $n = 2, 3$ zeige man das als Übung). Als Anwendung der Theorie der Operationen von Gruppen auf Mengen werden wir im nächsten Kapitel sehen, dass alle Gruppen, deren Ordnung eine Potenz einer Primzahl ist (sogenannte p-Gruppen) auflösbar sind. Nach einem (sehr viel tiefer liegenden) Satz von Feit und Thompson (1962) gilt ferner: Alle endlichen Gruppen ungerader Ordnung sind auflösbar.

Bemerkung

a) Die endlichen einfachen Gruppen sind seit ca. 1980 vollständig klassifiziert, d. h., man hat eine vollständige Liste von Repräsentanten der Isomorphieklassen endlicher einfacher Gruppen. Diese Liste enthält eine Reihe unendlicher Serien (z. B. $\mathbb{Z}/p\mathbb{Z}$ für p Primzahl, A_n ($n \geq 5$), gewisse Untergruppen oder Faktorgruppen von Untergruppen der Gruppen $GL_n(K)$ für endliche Körper K und $n \in \mathbb{N}$) und 26 so genannte sporadische Gruppen, deren größte (Monstergruppe oder Friendly Giant genannt) Ordnung

$$2^{46} \cdot 3^{20} \cdot 5^9 \cdot 7^6 \cdot 11^2 \cdot 13^3 \cdot 17 \cdot 19 \cdot 23 \cdot 29 \cdot 31 \cdot 41 \cdot 47 \cdot 59 \cdot 71 \approx 8{,}080174248 \cdot 10^{53}$$

hat.

b) Eine Kompositionsreihe gibt stets nur einen Teil der Struktur einer Gruppe wieder; z. B. haben die Kleinsche Vierergruppe V_4 und $\mathbb{Z}/4\mathbb{Z}$ beide Kompositionsreihen $G_2 = G \supseteq G_1 \supseteq G_0$ mit Faktorgruppen $\cong \mathbb{Z}/2\mathbb{Z}$.

Satz 5.31 (Homomorphiesatz) *Sei $f : G \to H$ ein Gruppenhomomorphismus, $U \subseteq \mathrm{Ker}(f)$ ein Normalteiler in G.*

Dann gibt es genau einen Homomorphismus $f_U : G/U \to H$, so dass $f = f_U \circ p_U$ gilt; dabei ist p_U die durch

$$g \mapsto gU$$

definierte Projektion von G auf G/U. Man sagt auch: Das Diagramm

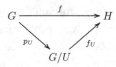

ist kommutativ (oder kommutiert).

Die Abbildung f_U ist genau dann injektiv, wenn $U = \mathrm{Ker}(f)$ ist. Sie definiert dann einen Isomorphismus $f_U = \bar{f}$ von G/U auf das Bild $\mathrm{Im}(f)$ von f; es gilt also insbesondere:

$$G/\mathrm{Ker}(f) \cong \mathrm{Im}(f).$$

Beweis Der Beweis geht analog zum Beweis des Homomorphiesatzes für Ringe:

Sind $x, x' \in G$ mit $xU = x'U$, so ist $x^{-1}x' \in U \subseteq \mathrm{Ker}(f)$ und daher $f(x^{-1}x') = e$, also $f(x) = f(x')$. Wir können also durch

$$f_U : xU \mapsto f(x) \in H$$

eine Abbildung $f_U : G/U \to H$ definieren.

Dass diese ein Gruppenhomomorphismus ist, folgt sofort aus $(xU)(yU) = xyU$ und der Tatsache, dass f ein Gruppenhomomorphismus ist. f_U ist eindeutig bestimmt, denn ist $\tilde{f} : G/U \to H$ ebenfalls so, dass $\tilde{f} \circ p_U = f$ gilt, so ist $\tilde{f}(xU) = f(x)$ für alle $x \in G$, also $\tilde{f}(xU) = f_U(xU)$ für alle $x \in G$ und daher $\tilde{f} = f_U$.

f_U ist genau dann injektiv, wenn $f_U(xU) = e$ äquivalent zu $x \in U$ ist; wegen $f_U(xU) = f(x)$ ist diese Bedingung gleichwertig zu $U = \mathrm{Ker}(f)$. □

Bemerkung Die am häufigsten gebrauchte Form der Aussage des Homomorphiesatzes ist (wie schon bei den Ringhomomorphismen) die zuletzt formulierte Teilaussage $G/\mathrm{Ker}(f) \cong \mathrm{Im}(f)$.

Beispiel 5.32

a) Sei K ein Körper, $G = GL_n(K)$, $H = K^\times$ und $f = \det$ die Determinantenabbildung. Da der Kern von $f = \det$ die Untergruppe $SL_n(K)$ ist, erhalten wir einen Isomorphismus $\tilde{f} : GL_n(K)/SL_n(K) \to K^\times$.

b) Sei G die symmetrische Gruppe S_n und $H = \{\pm 1\}$ sowie $f = \mathrm{sgn}$ die Signum-Abbildung. Da die alternierende Gruppe A_n der Kern von f ist, erhalten wir einen Isomorphismus von S_n/A_n auf $\{\pm 1\}$; insbesondere ist der Index von A_n in S_n gleich 2.

c) Seien G, H Gruppen, H sei kommutativ, $f : G \to H$ sei ein Homomorphismus. Für jeden Kommutator $k = xyx^{-1}y^{-1}$ in der Kommutatorgruppe $[G, G]$ ist

$$
\begin{aligned}
f(k) &= f(x)f(y)f(x^{-1})f(y^{-1}) \\
&= f(x)(f(x))^{-1}f(y)(f(y))^{-1} \\
&= e,
\end{aligned}
$$

da H abelsch ist.

Also ist die von den Kommutatoren erzeugte Untergruppe $[G, G]$ in $\mathrm{Kern}(f)$ enthalten, es gibt also nach dem Homomorphiesatz genau einen Homomorphismus $\overline{f} : G/[G, G] \to H$, der das Diagramm

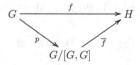

kommutativ macht: Jeder Homomorphismus von G in eine abelsche Gruppe faktorisiert über die *Faktorkommutatorgruppe*

$$ G/[G, G] =: G^{ab} $$

(die Faktorgruppe $G/[G, G]$ heißt auch die abelsch gemachte Gruppe G^{ab}).

Die Faktorkommutatorgruppe $G^{ab} = G/[G,G]$ ist durch diese Eigenschaft bis auf Isomorphie eindeutig charakterisiert, d. h., hat man irgendeine Gruppe $\tilde{G}$ mit einem surjektiven Homomorphismus $\tilde{p}: G \to \tilde{G}$, für die ebenfalls jeder Homomorphismus von G in eine kommutative Gruppe H in eindeutiger Weise über $\tilde{G}$ faktorisiert, so ist $\tilde{G}$ zu G^{ab} isomorph. Man kann diese Aussage noch schärfer fassen: Es gibt dann genau einen Isomorphismus F von G^{ab} auf $\tilde{G}$, so dass das Diagramm

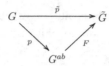

kommutativ ist.

Offenbar gilt: G ist genau dann perfekt, wenn die triviale Gruppe $\{e\}$ der einzige abelsche Quotient von G ist.

Mehr Beispiele finden Sie im weiteren Verlauf dieses Kapitels, z. B. im Beweis von Satz 5.37 sowie bei den Beweisen der beiden Isomorphiesätze Satz 5.44 und Satz 5.47.

5.3 Zyklische Gruppen und Ordnung eines Elements

Definition 5.33 *Sei G eine Gruppe. G heißt zyklisch, wenn es ein $x \in G$ gibt mit $\langle x \rangle = G$.*

Beispiel 5.34
a) $\mathbb{Z}$ wird von 1, aber auch von -1 erzeugt, ist also zyklisch. Gleichzeitig sehen wir, dass eine zyklische Gruppe mehrere erzeugende Elemente haben kann.
b) $\mathbb{Z}/m\mathbb{Z}$ wird von $\bar{1}$ erzeugt. (Allgemein: G werde von $g_1,\ldots,g_r$ erzeugt, N sei Normalteiler von G, dann wird G/N von $g_1 N,\ldots,g_r N$ erzeugt.)
c) Ist G eine endliche Gruppe von Primzahlordnung p, so ist G zyklisch, denn jedes Element $x \neq e$ von G erzeugt eine Untergruppe, deren Ordnung nach dem Satz von Lagrange p teilt, also gleich p ist. In diesem Fall ist also $\langle x \rangle = G$ für jedes $x \neq e$.

Definition 5.35 *Sei G eine Gruppe, $x \in G$. Dann heißt*

$$\mathrm{ord}(x) := \min\{n \in \mathbb{N}\setminus\{0\} \,|\, x^n = e\}$$

die Ordnung von x. Ist $x^n \neq e$ für alle $n \in \mathbb{N}\setminus\{0\}$, so setzt man $\mathrm{ord}(x) = \infty$.

Beispiel 5.36
a) Das neutrale Element e der Gruppe G hat Ordnung 1 und ist das einzige Element dieser Ordnung.

b) Jedes Element der additiven Gruppe $\mathbb{Z}$ der ganzen Zahlen auß er 0 hat unendliche Ordnung in $\mathbb{Z}$.

c) In $\mathbb{Z}/4\mathbb{Z}$ hat $\bar{2}$ die Ordnung 2.

d) $\bar{1}$ hat Ordnung m in $\mathbb{Z}/m\mathbb{Z}$.

e) In der symmetrischen Gruppe S_n haben Transpositionen (ij) Ordnung 2. Allgemeiner: Ein Zykel der Länge $r \leq n$ in der symmetrischen Gruppe S_n hat die Ordnung r. Das Produkt elementfremder Zykel in S_n hat als Ordnung das kleinste gemeinsame Vielfache der Ordnungen der Zykel (Aufgabe 5.27). Insbesondere haben die Elemente der Vierergruppe V_4 Ordnung 2, und in der alternierenden Gruppe A_4 haben wir ein Element der Ordnung 1 (wie in jeder Gruppe), drei Elemente der Ordnung 2 und 8 Elemente der Ordnung 3.

f) In der Diedergruppe D_n der Ordnung $2n$ haben die n Elemente sd^j mit $1 \leq j \leq n$ alle die Ordnung 2, geometrisch sind sie die Spiegelungen an den n Symmetrieachsen des n-Ecks (machen Sie sich für $n = 3, 4, 5, 6$ eine Zeichnung!).

Satz 5.37 *Sei G eine zyklische Gruppe.*

a) *Jede Untergruppe $U \subseteq G$ von G ist zyklisch.*

b) *Es gilt $G \cong \mathbb{Z}$, falls G unendliche Ordnung hat, und $G \cong \mathbb{Z}/m\mathbb{Z}$ falls G endlich ist mit $|G| = m$.*

c) *Ist $x \in G$ mit $\langle x \rangle = G$, so gilt: $\mathrm{ord}(x) = |G|$.*

Beweis

a) Sei $G = \langle x \rangle$ und $U \subseteq G$ eine Untergruppe von G. Wir setzen $d := \min\{j \in \mathbb{N} \mid x^j \in U\}$ und behaupten, dass $U = \langle x^d \rangle$ gilt. Ist nämlich x^n mit $n \in \mathbb{N}$ ein beliebiges Element von U, so schreiben wir mittels Division mit Rest $n = dq + r$ mit $q \in \mathbb{Z}, 0 \leq r < d$ und haben $x^r = x^{n-dq} = x^n(x^d)^{-q} \in U$, wegen der Minimalität von d ist also $r = 0$ und daher $x^n = (x^d)^q \in \langle x^d \rangle$.

b) Sei $x \in G$ ein fixierter Erzeuger von G. Wir definieren durch $f(n) = x^n$ einen Homomorphismus $f : \mathbb{Z} \to G$. Da f nach Voraussetzung surjektiv ist, folgt mit dem Homomorphiesatz, dass $\mathbb{Z}/\mathrm{Ker}(f) \cong G$ gilt. Da $\mathrm{Ker}(f)$ nach a) zyklisch, also erzeugt von einem $m \in \mathbb{N}_0$ ist, folgt sofort die Behauptung.

c) $m = \mathrm{ord}(x)$ folgt aus b). $\qquad\qquad\qquad\qquad\qquad\qquad\qquad\qquad\qquad\qquad\qquad$ $\square$

Korollar 5.38 *Jede Untergruppe von $\mathbb{Z}$ ist von der Form $m\mathbb{Z}$ für ein $m \in \mathbb{N}_0$.*

Das folgende Korollar stellt die wesentlichen Eigenschaften zyklischer Gruppen und ihrer Untergruppen sowie auch der Ordnung eines Elements einer beliebigen Gruppe zusammen. Wir sehen dabei insbesondere, dass man in einer zyklischen Gruppe G eine vollständige Übersicht darüber hat, wie viele Elemente und wie viele Untergruppen einer gegebenen Ordnung es in G gibt und wie man diese durch einen gegebenen Erzeuger von G ausdrücken kann.

Das Korollar wird in Kap. 8 die Grundlage für die Untersuchung der primen Restklassengruppe modulo einer Primzahlpotenz sein.

Korollar 5.39 *Sei G eine Gruppe und $x \in G$. Dann gilt:*

a) $\text{ord}(x)$ *teilt* $|G|$, *falls G endlich ist.*

b) *Ist G endlich, so gilt* $x^{|G|} = e$ *für alle* $x \in G$.

c) *Für alle* $n \in \mathbb{Z}$ *gilt: Genau dann ist* $x^n = e$, *wenn* $\text{ord}(x)$ *ein Teiler von n ist.*

d) *Hat* $x \in G$ *endliche Ordnung und ist* $j \in \mathbb{N}$, *so ist*

$$\text{ord}(x^j) = \frac{\text{ord}(x)}{\text{ggT}(\text{ord}(x), j)}.$$

e) *Hat* $x \in G$ *endliche Ordnung n und ist* $d \in \mathbb{N}$ *mit* $d \,|\, n$, *so sind die Elemente einer Ordnung* $d' \,|\, d$ *in der von x erzeugten zyklischen Gruppe* $\langle x \rangle$ *genau die* $x^{k\frac{n}{d}}$ *mit* $k \in \mathbb{N}$. *Dabei hat das Element* $x^{k\frac{n}{d}}$ *genau dann Ordnung d, wenn* $\text{ggT}(k, d) = 1$ *gilt.*

f) *Hat* $x \in G$ *endliche Ordnung n und und ist* $d \in \mathbb{N}$ *ein Teiler von n, so gibt es in der von x erzeugten Untergruppe* $\langle x \rangle \subseteq G$ *genau* $\varphi(d)$ *Elemente der Ordnung d (wobei φ die Euler'sche φ-Funktion bezeichnet, d. h., $\varphi(d)$ ist die Anzahl der zu d teilerfremden $a \in \mathbb{N}$ mit $1 \leq a < d$). Insbesondere gibt es in einer zyklischen Gruppe der Ordnung n genau $\varphi(n)$ erzeugende Elemente.*

g) *Ist G zyklisch von der Ordnung n, so gibt es zu jedem Teiler $d \,|\, n$ von n genau eine Untergruppe U_d der Ordnung d in G.*
   Ist $G = \langle x \rangle$, so ist $U_d = \langle x^{\frac{n}{d}} \rangle$; die Untergruppe U_d besteht genau aus den Elementen von G, deren Ordnung ein Teiler von d ist.

Beweis

a) ist klar, weil $\text{ord}(x) = |\langle x \rangle|$ die Ordnung der von x erzeugten Untergruppe von G ist und daher nach dem Satz von Lagrange die Gruppenordnung $|G|$ teilt.

b) erhält man aus a), indem man $|G| = \text{ord}(x) \frac{|G|}{\text{ord}(x)}$ schreibt.

c) Wir setzen $m = \text{ord}(x)$ und betrachten wieder den durch $f(n) = x^n$ gegebenen Homomorphismus $f : \mathbb{Z} \to G$. Der Beweis von Satz 5.37 hat gezeigt, dass $\text{Ker}(f) = m\mathbb{Z}$ ist; die Behauptung folgt hieraus.

d) Sei $d = \text{ggT}(\text{ord}(x), j)$ und $m = \text{ord}(x)$ sowie $r = \text{ord}(x^j)$.
   Wegen $(x^j)^r = e$ folgt nach c), dass $m \,|\, rj$ und daher $\frac{m}{d} \,|\, r\frac{j}{d}$ gilt. Mit $\text{ggT}(\frac{m}{d}, \frac{j}{d}) = 1$ folgt dann $\frac{m}{d} \,|\, r$.

   Umgekehrt folgt aus $(x^j)^{\frac{m}{d}} = (x^m)^{\frac{j}{d}} = e$, dass auch $r \,|\, \frac{m}{d}$ gilt.

e) Nach d) gilt $\text{ord}(x^j) = \frac{n}{\text{ggT}(n,j)}$. Ist die Ordnung d' von x^j ein Teiler von d, so gilt also $\frac{n}{\text{ggT}(n,j)} \,|\, d$ und daher $\frac{n}{d} \,|\, \text{ggT}(n, j) \,|\, j$, wir können also $x^j = x^{k\frac{n}{d}}$ schreiben.
   Offenbar ist dabei genau dann $d' = d$, wenn $\frac{n}{d} = \text{ggT}(n, j)$ gilt; mit $j = \frac{kn}{d}$ ist das zu $\text{ggT}(k, d) = 1$ gleichwertig.

f) folgt aus e).

g) Nach e) ist $U_d := \langle x^{\frac{n}{d}} \rangle$ eine Untergruppe der Ordnung d von G; diese enthält alle Elemente von G, deren Ordnung ein Teiler von d ist.

Eine beliebige Untergruppe der Ordnung d von G ist also in U_d enthalten und daher gleich U_d.   □

Bemerkung Die Aussage b) („Element hoch Gruppenordnung ist neutral") kann man für endliche abelsche Gruppen noch leichter so beweisen: Ist $G = \{g_1, \ldots, g_n\}$, so ist $\{xg_1, \ldots, xg_n\} = G = \{g_1, \ldots, g_n\}$, also ist $x^n \prod_{j=1}^{n} g_j = \prod_{j=1}^{n}(xg_j) = \prod_{j=1}^{n} g_j$, also $x^n = e$ nach der Kürzungsregel.

Beispiel 5.40

a) Die Gruppe $\mathbb{Z}/12\mathbb{Z}$ hat die $\varphi(12) = 4$ erzeugenden Elemente $1 + 12\mathbb{Z}$, $5 + 12\mathbb{Z}$, $7 + 12\mathbb{Z}$, $11 + 12\mathbb{Z}$. Sie hat Untergruppen der Ordnungen $1, 2, 3, 4, 6, 12$. Die Untergruppe der Ordnung 2 hat den eindeutigen Erzeuger $6 + 12\mathbb{Z}$, die der Ordnung 3 wird von $4 + 12\mathbb{Z}$ sowie von $8 + 12\mathbb{Z}$ erzeugt, die der Ordnung 4 von $3 + 12\mathbb{Z}$ sowie von $9 + 12\mathbb{Z}$, die der Ordnung 6 von $2 + 12\mathbb{Z}$ sowie von $10 + 12\mathbb{Z}$.

b) In der Diedergruppe D_n der Ordnung $2n$ gibt es in der von der Drehung d der Ordnung n erzeugten zyklischen Untergruppe n zu jedem Teiler k von n genau $\varphi(k)$ Elemente der Ordnung k. Zusammen mit den n Spiegelungen sd^j der Ordnung 2 für $1 \leq j \leq n$ haben wir also einen vollständigen Überblick über die vorkommenden Elementordnungen und die Anzahlen der Elemente der jeweiligen Ordnung.

Wir ziehen ein erstes zahlentheoretisches Korollar:

Korollar 5.41   *Für $n \in \mathbb{N}$ gilt $\sum_{d \mid n} \varphi(d) = n$.*

Beweis Nach e) des vorigen Korollars gibt es in $\mathbb{Z}/n\mathbb{Z}$ für jedes $d \mid n$ genau $\varphi(d)$ Elemente der Ordnung d.

Da $\mathbb{Z}/n\mathbb{Z}$ die disjunkte Vereinigung der Teilmengen

$$M_d = \{x \in \mathbb{Z}/n\mathbb{Z} \mid \mathrm{ord}(x) = d\}$$

für die $d \mid n$ ist, folgt die Behauptung.

Ein anderer Beweis dieser Aussage findet sich in Aufgabe 4.16.   □

Korollar 5.42   *Sei $f : G \to G'$ ein Homomorphismus von Gruppen, $x \in G$ von endlicher Ordnung r. Dann ist die Ordnung von $f(x)$ ein Teiler von r.*

Beweis Übung (siehe Aufgabe 5.25).   □

Korollar 5.43   *Sei G ein Gruppe, seien $x, y \in G$ mit $xy = yx$, $\langle x \rangle \cap \langle y \rangle = \{e\}$ und so, dass x und y die endlichen Ordnungen m, n haben.*

Dann ist die Ordnung von xy das kleinste gemeinsame Vielfache von m und n.

Beweis Übung 5.27.   □

Bemerkung Vertauschen x und y nicht miteinander, so ist die obige Aussage im Allgemeinen falsch.

Zum Beispiel hat in der Gruppe S_3 das Produkt$(12)(123) = (23)$ die Ordnung 2 und nicht $6 = \mathrm{kgV}(2,3)$, und in A_4 hat $(123)(124) = (13)(24)$ die Ordnung 2, obwohl beide Faktoren die Ordnung 3 haben.

Andererseits kann das Produkt xy, wenn x und y nicht vertauschen, unendliche Ordnung haben, auch wenn x und y beide endliche Ordnung haben. Zum Beispiel seien $s = \left(\begin{smallmatrix} 0 & 1 \\ -1 & 0 \end{smallmatrix}\right), u = \left(\begin{smallmatrix} 0 & 1 \\ -1 & -1 \end{smallmatrix}\right) \in GL_2(\mathbb{Z})$. Dann hat s Ordnung 4 und u Ordnung 3, aber $su = -\left(\begin{smallmatrix} 1 & 1 \\ 0 & 1 \end{smallmatrix}\right)$ hat unendliche Ordnung, da $(su)^n = (-1)^n \left(\begin{smallmatrix} 1 & n \\ 0 & 1 \end{smallmatrix}\right)$ für alle $n \in \mathbb{N}$ gilt.

5.4 Isomorphiesätze und direktes Produkt

Bei der Behandlung von gruppentheoretischen Problemen ebenso wie bei Anwendungen der Gruppentheorie hat man es häufig mit Situationen zu tun, in denen gleichzeitig mehrere Untergruppen bzw. Normalteiler einer Gruppe auftreten. Wir sammeln jetzt ein paar (eher technisch aussehende) Aussagen, die in solchen Situationen sehr nützliche Hilfsmittel sind.

Satz 5.44 (1. Isomorphiesatz) *Sei G eine Gruppe mit Untergruppen H, N, so dass N von H normalisiert wird, d. h., es gilt $hNh^{-1} \subseteq N$ für alle $h \in H$ (das ist z. B. der Fall, wenn N ein Normalteiler in G ist). Dann gilt:*

a) *$H \cap N$ ist Normalteiler in H.*
b) *$HN = \{hn \mid h \in H, n \in N\}$ ist eine Untergruppe von G, in der N Normalteiler ist.*
c)

$$HN/N \cong H/(H \cap N).$$

Wir haben also das Diagramm

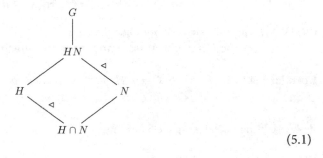

$$(5.1)$$

Beweis
a) Für $x \in H$ gilt $xNx^{-1} \subseteq N$ und $xHx^{-1} = H$, also $x(H \cap N)x^{-1} \subseteq H \cap N$.
b) Wir prüfen die definierenden Eigenschaften einer Untergruppe nach:
   i) $e \in HN$ ist klar.

ii) Ist $hn \in HN$ mit $h \in H$, $n \in N$, so ist

$$(hn)^{-1} = n^{-1}h^{-1}$$
$$= h^{-1}hn^{-1}h^{-1}$$
$$= \underbrace{h^{-1}}_{\in H} \underbrace{(hn^{-1}h^{-1})}_{\in N}.$$

iii) Sind $h_1 n_1, h_2 n_2 \in HN$ mit $h_1, h_2 \in H$, $n_1, n_2 \in N$, so ist $n_1' := h_2^{-1} n_1 h_2 \in N$, da N nach Voraussetzung von H normalisiert wird. Wir haben also

$$(h_1 n_1)(h_2 n_2) = \underbrace{h_1 h_2}_{\in H} \underbrace{n_1' n_2}_{N}.$$

Dass $N \trianglelefteq HN$ gilt, ist klar. $\qquad\qquad\square$

Bemerkung Im Allgemeinen ist für zwei Untergruppen H_1, H_2 der Gruppe G die Menge $\{h_1 h_2 \mid h_1 \in H_1, h_2 \in H_2\}$ keine Gruppe, sondern eine echte Teilmenge der von H_1 und H_2 erzeugten Gruppe $\langle H_1 \cup H_2 \rangle$.

Beispiel 5.45
a) Sei $G = S_3, H = \{\text{Id}, (12)\}, N = \{\text{Id}, (123), (213)\} = A_3$. Dann ist $G = HN$.
   Ist etwa $h_1 = h_2 = (12)$ und $n_1 = (123), n_2 = (213)$, so ist $h_1 n_1 = (23), h_2 n_2 = (13)$ und daher $(h_1 n_1)(h_2 n_2) = (123) = \text{Id}\, n_1 \in HN$.
b) Sei $G = S_4, H_1 = \{\text{Id}, (14)\}, H_2 = \{\text{Id}, (123), (213)\}$. Weder H_1 noch H_2 ist ein Normalteiler in G.
   Die Menge $\{h_1 h_2 \mid h_1 \in H_1, h_2 \in H_2\}$ ist gleich $H_2 \cup \{(14), (1234), (1324)\}$.
   Diese Menge ist keine Untergruppe von S_4, da etwa das Element $(1234)^2 = (13)(24)$ nicht in dieser Menge liegt.
c) Sei $G = \mathbb{Z}, H = a\mathbb{Z}, N = b\mathbb{Z}$.
   Dann ist

$$H + N = d\mathbb{Z} \quad \text{mit } d = \text{ggT}(a, b),$$
$$H \cap N = m\mathbb{Z} \quad \text{mit } m = \text{kgV}(a, b).$$

Wir haben

$$|(H + N)/N| = \frac{b}{d}, \quad |H/(H \cap N)| = \frac{m}{a},$$

also $\frac{m}{a} = \frac{b}{d}$ oder $md = ab$, wie in Lemma 3.2 gezeigt.

Bemerkung Man merkt sich die Aussage dieses Satzes meistens als Kürzungsregel: Im Quotienten HN/N kürzt man N so gut es geht. Im Diagramm (5.1) sieht man als weitere Merkregel, dass die beiden durch Parallelverschiebung auseinander hervorgehenden Quotienten zueinander isomorph sind.

Wir betrachten jetzt Situationen mit geschachtelten Untergruppen.

Lemma 5.46 *Sei* $f : G \to G'$ *ein surjektiver Homomorphismus und* $K = \mathrm{Ker}(f)$. *Dann werden durch* $\varphi : H \mapsto f(H)$ *und* $\psi : H' \mapsto f^{-1}(H')$ *zueinander inverse Bijektionen zwischen der Menge der Untergruppen* $H \supseteq K$ *von* G *und der Menge der Untergruppen* H' *von* G' *gegeben, diese führen Normalteiler in Normalteiler über. Im Diagramm:*

$$
\begin{array}{ccc}
G & & G' \\
| & & | \\
H = f^{-1}(H') & \overset{\varphi}{\underset{\psi}{\rightleftarrows}} & H' = f(H) \\
| & & | \\
K & & \{e\}
\end{array}
$$

$$(5.2)$$

Insbesondere gilt: Ist K *ein Normalteiler in* G, *so sind die Untergruppen der Faktorgruppe* G/K *genau die Gruppen* H/K, *wo* H *die Untergruppen von* G *durchläuft, die* K *enthalten.*

Beweis Es gilt $f(f^{-1}(H')) = H'$, weil f surjektiv ist, also ist $\varphi \circ \psi = \mathrm{Id}$. Andererseits gilt

$$f^{-1}(f(H)) = \{g \in G \mid f(g) = f(h) \text{ für ein } h \in H\} \supseteq H.$$

Wir müssen zeigen, dass diese Menge in H enthalten ist. Seien also $g \in G$, $h \in H$ mit $f(g) = f(H)$.

Dann ist $f(g^{-1}h) = e$, also $g^{-1}h \in K = \mathrm{Ker}(f) \subseteq H$ und damit $g^{-1} \in H$, also $g \in H$.

Wir haben also $f^{-1}(f(H)) = H$ und somit $\psi \circ \varphi = \mathrm{Id}$; es folgt, dass ψ und φ zueinander inverse Bijektionen sind.

Schließlich ist noch zu zeigen, dass unter diesen Bijektionen Normalteiler in Normalteiler übergehen:

Wenn H' ein Normalteiler in G' ist und $f : G \to G'$ ein beliebiger Homomorphismus, so ist $f^{-1}(H')$ nach Lemma 5.21 ein Normalteiler in G.

Sei jetzt $H \subseteq G$ Normalteiler. Sind $g' \in G'$, $h \in H$, so gibt es $g \in G$ mit $f(g) = g'$, und es folgt:

$$
\begin{aligned}
g'f(h)g'^{-1} &= f(g)f(h)f(g)^{-1} \\
&= f(ghg^{-1}) \\
&\in f(H) \quad (\text{da } H \text{ Normalteiler ist}).
\end{aligned}
$$

Also gilt $g'f(H)g'^{-1} \subseteq f(H)$ für alle $g' \in G'$. $\qquad\qquad\square$

Satz 5.47 (2. Isomorphiesatz) *Sei* G *eine Gruppe und* $N \supseteq K$ *Untergruppen von* G.

a) *Es gilt* $(G : K) = (G : N)(N : K)$.
b) *Sind* N, K *Normalteiler in* G, *so st* N/K *Normalteiler in* G/K *und es gilt*

$$(G/K)/(N/K) \cong G/N.$$

Beweis

a) Sei $x_1, \ldots, x_r$ ein Repräsentantensystem der Linksnebenklassen von N in G und $y_1, \ldots, y_s$ ein Repräsentantensystem der Linksnebenklassen von K in N.

Behauptung: Die Elemente $x_i y_j$ bilden ein Repräsentantensystem der Linksnebenklassen von K in G.

Wir zeigen dafür zunächst, dass die Nebenklassen $x_i y_j K$ paarweise verschieden sind:

$$x_i y_j K = x_k y_l K$$
$$\Rightarrow \quad \underbrace{x_k^{-1} x_i}_{\subseteq N} \underbrace{y_j K = y_l K}_{\subseteq N}$$
$$\Rightarrow \quad x_k^{-1} x_i \in N$$
$$\Rightarrow \quad x_i = x_k.$$

Kürzen von $x_i = x_k$ liefert $y_j = y_l$ und wir erhalten in der Tat, dass die Nebenklassen $x_i y_j K$ paarweise verschieden sind.

Um zu zeigen, dass die $x_i y_j$ alle Nebenklassen von K in G repräsentieren, betrachten wir ein beliebiges Element $g \in G$. Für ein geeignetes i ist $g \in x_i N$. Das Element $x_i^{-1} g \in N$ von N ist dann in der Nebenklasse $y_j K$ mit einem geeigneten Index j. Daraus folgt

$$y_j^{-1} x_i^{-1} g \in K, \ g \in x_i y_j K.$$

Also repräsentieren die $x_i y_j$ alle Nebenklassen von K in G.

b) Wir nehmen jetzt an, dass N und K Normalteiler in G sind.

N/K ist Bild von N unter der surjektiven Abbildung $G \to G/K$, also nach dem vorigen Satz ein Normalteiler in G/K. Sei $f : G/K \to G/N$ durch $gK \mapsto gN$ gegeben. Dies ist ein (wohldefinierter) surjektiver Gruppenhomomorphismus mit Kern N/K.

Nach dem Homomorphiesatz folgt

$$(G/K)/\underbrace{(N/K)}_{\mathrm{Ker}(f)} \cong \underbrace{G/N}_{\mathrm{Im}(f)} . \qquad \square$$

Beispiel 5.48 In $G = \mathbb{Z}$ sei $K = mn\mathbb{Z}$, $N = n\mathbb{Z}$, d. h. $G/K = \mathbb{Z}/nm\mathbb{Z}$, $N/K = n\mathbb{Z}/nm\mathbb{Z} \cong \mathbb{Z}/m\mathbb{Z}$.

$$(G/K)/(N/K) = \underbrace{(\mathbb{Z}/nm\mathbb{Z})}_{\#:\, nm} / \underbrace{(n\mathbb{Z}/nm\mathbb{Z})}_{\#:\, \frac{nm}{n}=m} \cong \underbrace{\mathbb{Z}/n\mathbb{Z}}_{\#:\, n}$$

Bemerkung Auch diesen Satz merkt man sich als Kürzungssatz: Im „Doppelbruch" $(G/K)/(N/K)$ kann K gekürzt werden.

Wir hatten bereits im vorigen Kapitel in Definition und Satz 4.26 das direkte Produkt von Gruppen definiert und wiederholen diese Definition hier:

Definition 5.49 *Sind $G_1, \ldots, G_n$ Gruppen, so wird auf dem kartesischen Produkt*

$$G = G_1 \times \cdots \times G_n$$

durch komponentenweise Verknüpfung, also durch

$$(a_1, \ldots, a_n) \circ (b_1, \ldots, b_n) = (a_1 \circ b_1, \ldots, a_n \circ b_n)$$

eine Verknüpfung definiert, bezüglich der G eine Gruppe mit neutralem Element $(e, \ldots, e)$ ist.

Diese Gruppe heißt das (äußere) direkte Produkt *der Gruppen G_i.*

G ist genau dann kommutativ, wenn alle G_i kommutativ sind.

Lemma 5.50 *Seien H_1, H_2 Gruppen und $H_1 \times H_2$ ihr direktes Produkt. Dann gilt in der Gruppe $H_1 \times H_2$:*

a) $|H_1 \times H_2| = |H_1| \cdot |H_2|$

b) $\widetilde{H}_1 := \{(h_1, e_2) \mid h_1 \in H_1\} \cong H_1$ *und* $\widetilde{H}_2 := \{(e_1, h_2) \mid h_2 \in H_2\} \cong H_2$ *sind Normalteiler in $H_1 \times H_2$ mit $\widetilde{H}_1 \cap \widetilde{H}_2 = \{(e_1, e_2)\}$, die elementweise miteinander vertauschbar sind, d. h.*

$$\widetilde{h}_1 \widetilde{h}_2 = \widetilde{h}_2 \widetilde{h}_1 \quad \forall \widetilde{h}_1 \in \widetilde{H}_1, \widetilde{h}_2 \in \widetilde{H}_2.$$

c) $H_1 \times H_2 = \widetilde{H}_1 \widetilde{H}_2$

d) $(H_1 \times H_2)/\widetilde{H}_1 \cong H_2$ *und umgekehrt*

Beweis Klar.   □

Wir sehen jetzt, dass diese Eigenschaften bis auf Isomorphie charakteristisch für das direkte Produkt von Gruppen sind:

Lemma 5.51 *Sei G Gruppe mit Untergruppen H_1, H_2. Es gelte:*

a) $H_1 \cap H_2 = \{e\}$

b) H_1 *und H_2 sind elementweise vertauschbar*

c) *Mit $H_1 H_2 := \{h_1 h_2 \mid h_1 \in H_1, h_2 \in H_2\}$ gilt $H_1 H_2 = G$.*

Dann ist

$$H_1 \times H_2 \cong G \quad via \ (h_1, h_2) \mapsto h_1 h_2,$$

und H_1, H_2 sind Normalteiler in G mit $G/H_1 \cong H_2$ und $G/H_2 \cong H_1$.

Beweis $(h_1, h_2) \mapsto h_1 h_2$ ist ein Homomorphismus, da für alle $(h_1, h_2), (h_1', h_2') \in H_1 \times H_2$ gilt

$$(h_1, h_2)(h_1', h_2') = (h_1 h_1', h_2 h_2') \mapsto h_1 h_1' h_2 h_2' = \underbrace{h_1 h_2}_{\text{Bild von } (h_1, h_2)} \underbrace{h_1' h_2'}_{\text{Bild von } (h_1', h_2')} .$$

Die Abbildung ist surjektiv, da $H_1 H_2 = G$ gilt. Sie ist auch injektiv, denn (h_1, h_2) wird genau dann auf e abgebildet, wenn $h_1 h_2 = e$, also $h_1 = h_2^{-1} \in H_2$ gilt und somit $h_1 \in H_1 \cap H_2 = \{e\}$ und damit auch $h_2 = e$ ist.

Die Behauptung über die Faktorgruppen G/H_1 und G/H_2 zeige man als Übung.   □

Bemerkung
 a) Man kann die Eigenschaft

$$H_1, H_2 \text{ vertauschen elementweise}$$

   ersetzen durch

$$H_1, H_2 \text{ sind Normalteiler}$$

 b) Eine analoge Aussage gilt für endlich viele Untergruppen $H_1, \ldots, H_r$, die paarweise miteinander vertauschbar sind, zusammen G erzeugen und für die

$$H_i \cap (H_1 \ldots H_{i-1} H_{i+1} \ldots H_r) = \{e\}$$

   für alle i gilt.

Beispiel 5.52   In der Klein'schen Vierergruppe aus Beispiel 5.7 sind die beiden zu $\mathbb{Z}/2\mathbb{Z}$ isomorphen Untergruppen $H_1 = \langle a \rangle$, $H_2 = \langle b \rangle$ direkte Faktoren, man hat $V_4 \cong H_1 \times H_2 \cong \mathbb{Z}/2\mathbb{Z} \times \mathbb{Z}/2\mathbb{Z}$. Dagegen gilt in der symmetrischen Gruppe S_3 mit $H_1 = \{\text{Id}, (12)\}$, $H_2 = \{\text{Id}, (123), (132)\}$ zwar $H_1 \cap H_2 = \{\text{Id}\}$, aber H_1 ist kein Normalteiler, die Gruppe ist also nicht direktes Produkt von H_1, H_2.

5.5   Ergänzung: Semidirektes Produkt

Zum Abschluss dieses Kapitels behandeln wir noch eine Verallgemeinerung des direkten Produkts, die wir zwar im weiteren Verlauf dieses Buches nicht benutzen werden, die aber bei weiterführenden Untersuchungen in Gruppen äußerst wichtig ist.

Bemerkung   Ist H eine Untergruppe und N ein Normalteiler in der Gruppe G mit $H \cap N = \{e\}$, so ist HN nach Satz 5.44 eine Untergruppe von G. In dieser gilt

$$(hn) \cdot (h'n') = hh'(h'^{-1} n h')n' \text{ für alle } h, h' \in H, n, n' \in N.$$

Dabei ist $(h'^{-1}nh') \in N$, da N ein Normalteiler ist, das Produkt $(hn) \cdot (h'n')$ schreibt sich also als $h''n''$ mit

$$h'' = hh' \in H, n'' = (h'^{-1}nh')n' \in N.$$

Führt man auf der Menge $H \times N$ das neue Produkt

$$(h, n) \circ (h', n') = (hh', (h'^{-1}nh')n')$$

ein, so wird $H \times N$ mit dieser Verknüpfung eine Gruppe, das *semidirekte Produkt $H \ltimes N$* (falls H und N elementweise vertauschen, ist das gleich dem direkten Produkt).

Das kartesische Produkt $H \times N$ mit dieser Verknüpfung ist dann, wie man sofort nachrechnet, durch $(h, n) \mapsto hn$ isomorph zur Untergruppe HN von G.

In ganz analoger Weise kann man mit vertauschten Faktoren auch $N \rtimes H$ mit dem Produkt

$$(n, h) \circ (n', h') = (n(hn'h^{-1}), hh')$$

auf der Menge $N \times H$ definieren und hat dann den Isomorphismus $(n, h) \mapsto nh$ von $N \rtimes H$ auf $NH = HN$; man beachte, dass die Spitze des Dreiecks im Zeichen $\rtimes$ ebenso wie in $\ltimes$ zum Normalteiler zeigt.

Eine gewissermaßen externe Version dieses Produkts wird durch die folgende Kombination aus Definition und Lemma gegeben:

Definition und Lemma 5.53 *Seien G_1, G_2 Gruppen, $\varphi : G_2 \to \mathrm{Aut}(G_1)$ ein Gruppenhomomorphismus (mit den Begriffen des nächsten Kapitels ausgedrückt: G_2 operiert via φ durch Automorphismen auf G_1). Dann wird auf der Menge $G_1 \times G_2$ durch*

$$(g_1, g_2)(g_1', g_2') = (g_1 \; \varphi(g_2)(g_1'), g_2 g_2')$$

eine Gruppenstruktur gegeben.

$G_1 \times G_2$ mit dieser Struktur wird mit $G_1 \rtimes_\varphi G_2$ bezeichnet und heißt semidirektes Produkt von G_1 und G_2 bezüglich (über) φ.

$\widetilde{G}_1 = \{(g_1, e_2) | g_1 \in G\}$ und $\widetilde{G}_2 = \{(e_1, g_2) | g_2 \in G\}$ sind Untergruppen, $\widetilde{G}_1$ ist Normalteiler von $G_1 \rtimes_\varphi G_2$.

Beweis Übung   □

Beispiel 5.54 $G_1 = \mathbb{Z}/n\mathbb{Z}$, $G_2 = \{\pm 1\}$, $\varphi(-1)(x) = -x \quad \forall x \in G_1$.

$G_1 \rtimes_\varphi G_2$ ist isomorph zur Symmetriegruppe D_n des regelmäßigen n-Ecks (der Diedergruppe der Ordnung $2n$).

Diese hat nämlich die zyklische Untergruppe $H_1 \cong \mathbb{Z}/n\mathbb{Z}$, die von der Drehung d um den Winkel $\frac{2\pi}{n}$ erzeugt wird, und die Untergruppe H_2 der Ordnung 2, die von der Spiegelung s an der Mittelsenkrechten einer beliebig fixierten Seite erzeugt wird. Man überlege sich, dass in der Tat $sds^{-1} = d^{-1}$ gilt und daher durch

$$G_1 \rtimes_\varphi G_2 \ni (j \cdot \bar{1}, (-1)^k) \mapsto d^j s^k \in H_1 H_2 = D_n$$

ein Isomorphismus von $G_1 \rtimes_\varphi G_2$ auf D_n gegeben wird. Insbesondere erhält man für $n = 3$, dass die Gruppe $S_3 \cong D_3$ semidirektes Produkt $H_2 \rtimes H_1$ der beiden Untergruppen $H_1 = \{\mathrm{Id}, (12)\}$, $H_2 = \{\mathrm{Id}, (123), (132)\}$ ist.

5.6 Ergänzung: Der Satz von Jordan-Hölder

Satz 5.55 (Schreier/Jordan-Hölder) *Sei G eine Gruppe. Dann gilt*

a) *Je zwei Subnormalreihen von G besitzen isomorphe Verfeinerungen.*
b) *Je zwei Kompositionsreihen von G sind isomorph.*
c) *Jede Normalreihe lässt sich zu einer Kompositionsreihe verfeinern.*

Beweis
a) Seien

$$G = G_r \supseteq \ldots \supseteq G_0 = \{e\}$$

und

$$G = H_s \supseteq \ldots \supseteq H_0 = \{e\}$$

zwei Normalreihen. Setze jetzt

$$G_{ij} = G_{i-1}(H_j \cap G_i) \text{ mit } G_{i0} = G_{i-1}$$

und

$$G_{ji} = H_{j-1}(G_i \cap H_j) \text{ mit } H_{j0} = H_{j-1}.$$

Dies liefert Verfeinerungen der beiden Reihen. Nach dem nachfolgenden Lemma 5.56 (Schmetterlingslemma von Zassenhaus) ist

$$G_{ij}/G_{i,j-1} \cong H_{ji}/H_{j,i-1}.$$

Die beiden Verfeinerungen sind also isomorph, wie behauptet.
b) Folgt aus a).
c) Folgt aus a). □

Lemma 5.56 (Schmetterlingslemma von Zassenhaus) *Sei G eine Gruppe, $U, V \leq G$ Unter-gruppen und $U_0 \unlhd U$, $V_0 \unlhd V$. Dann gilt*

$$U_0(U \cap V_0) \unlhd U_0(U \cap V), \quad (U_0 \cap V)V_0 \unlhd (U \cap V)V_0$$

und man hat die Isomorphie von Faktorgruppen:

$$U_0(U \cap V)/U_0(U \cap V_0) \cong (U \cap V)V_0/(V_0 \cap V)V_0.$$

Beweis Man betrachte das Diagramm (nach dem das Lemma benannt ist):

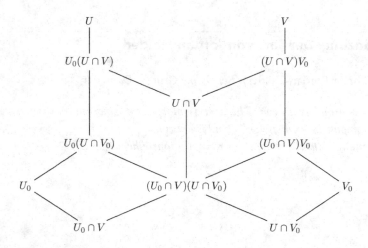

Dass $(U_0 \cap V)(U \cap V_0)$ normal in $(U \cap V)$ ist, ist klar, und der erste Isomorphiesatz (Satz 5.44) liefert (mit $H = U \cap V$, $N = U_0(U \cap V)$, $H \cap N = (U_0 \cap V)(U \cap V_0)$):

$$(U \cap V)/(U_0 \cap V)(U \cap V_0) \cong U_0(U \cap V)/U_0(U \cap V_0).$$

Man beachte hierbei

$$(U \cap V) \cdot U_0(U \cap V_0) = U_0(U \cap V)(U \cap V_0) = U_0(U \cap V)$$

und

$$(U \cap V) \cap U_0(U \cap V_0) = (U_0 \cap V)(U \cap V_0).$$

Die rechte Seite dieser Isomorphie ist der Quotient auf der linken Seite des Diagramms. Genauso zeigt man auf der rechten Seite des Diagramms:

$$(U \cap V)/(U_0 \cap V)(U \cap V_0) \cong (U \cap V)U_0/(U_0 \cap V)V_0$$

und erhält die Behauptung.   □

5.7 Übungen

5.1 Auf der endlichen Menge M sei eine Verknüpfung $\circ$ definiert, die assoziativ ist, und für die es ein rechtsneutrales Element gibt (($M, \circ$) ist ein Monoid). Ferner gelte in M die folgende Kürzungsregel:

Sind $a, b, x \in G$ mit $ax = bx$, so ist $a = b$.

Entscheiden Sie (Beweis oder Angabe eines Gegenbeispiels), ob ($M, \circ$) zwangsläufig eine Gruppe ist! Untersuchen Sie die gleiche Frage für unendliches M!

5.2

a) Sei G eine (multiplikativ geschriebene) endliche abelsche Gruppe. Zeigen Sie: Dann ist

$$\prod_{g \in G} g^2 = e.$$

b) Sei G eine Gruppe, in der gilt

$$g^2 = e \quad \text{für alle } g \in G.$$

Zeigen Sie: G ist abelsch.

5.3 Zeigen Sie, dass in S_n ein Zykel genau dann Signum 1 hat (eine gerade Permutation ist), wenn er ungerade Länge hat.

5.4 Sei G eine Gruppe.

a) Zeigen Sie: Sind U_1, U_2 Untergruppen von G, so ist $U_1 \cup U_2$ genau dann Untergruppe von G, wenn $U_1 \subseteq U_2$ oder $U_2 \subseteq U_1$ gilt.

b) Geben Sie wenigstens zwei Beispiele von Untergruppen U_1, U_2 einer Gruppe G, für die $U_1 \cup U_2$ keine Untergruppe ist und zeigen Sie in diesen Beispielen direkt, welches Axiom verletzt ist.

5.5 Sei K ein Körper, $n \in \mathbb{N}$. Die Menge $\mathrm{GL}_n(K)$ der invertierbaren $n \times n$-Matrizen ist bekanntlich eine Gruppe bezüglich der Matrixmultiplikation.

Zeigen Sie, dass die Menge der invertierbaren oberen Dreiecksmatrizen

$$\{(a_{ij}) \in \mathrm{GL}_n(K) \mid a_{ij} = 0 \text{ für } i > j\}$$

eine Untergruppe von $\mathrm{GL}_n(K)$ ist.

5.6 In welchen der folgenden Fälle ist H eine Untergruppe von G?

a) $H = (\mathbb{R}_{\geq 0}, +)$, $G = (\mathbb{R}, +)$

b) $H = (\mathbb{R}_{>0}, \cdot)$, $G = (\mathbb{R}^\times = \mathbb{R} \smallsetminus \{0\}, \cdot)$

c) $H = (\mathbb{Z}, +)$, $G = (\mathbb{R}, +)$

5.7

a) Sei G eine Gruppe, $X \subseteq G$ eine Teilmenge. Zeigen Sie: Die von X erzeugte Untergruppe $\langle X \rangle$ besteht genau aus den Elementen g von G, die sich als endliches Produkt $g = a_1 \cdots a_r$ mit $a_i \in X$ oder $a_i^{-1} \in X$ schreiben lassen.

b) Zeigen Sie, dass man für endliches G mit den $a_i \in X$ auskommt.

5.8 Zeigen Sie: Die alternierende Gruppe A_4 wird von den beiden 3-Zykeln $(123), (124)$ erzeugt.

5.9 Untersuchen Sie die folgenden Paare von Gruppen auf Isomorphie. Geben Sie jeweils einen Isomorphismus an oder zeigen Sie, dass es einen solchen nicht geben kann.

a) $(\mathbb{R}, +)$ und $(\mathbb{R}_{>0}, \cdot)$
b) D_4, die Diedergruppe, und $(\mathbb{Z}/8\mathbb{Z}, +)$
c) Die Vierergruppe V_4 und $(\mathbb{Z}/4\mathbb{Z}, +)$
d) Die Vierergruppe V_4 und $(\mathbb{Z}/2\mathbb{Z}, +) \times (\mathbb{Z}/2\mathbb{Z}, +)$

5.10 Beweisen Sie die Aussagen von Satz 5.2!

5.11 Beweisen Sie Lemma 5.8!

5.12 Sei $f : G \to H$ ein Homomorphismus von Gruppen.

a) Zeigen Sie: Ist V ein Normalteiler in H, so ist das Urbild $f^{-1}(V)$ von V unter f ein Normalteiler in G.
b) Zeigen Sie: Ist f surjektiv und U ein Normalteiler in G, so ist $f(U)$ ein Normalteiler in H.
c) Finden Sie ein Beispiel, in dem U ein Normalteiler in G ist, aber $f(U)$ kein Normalteiler in H ist.

5.13 Seien $m, n \in \mathbb{N}$ mit $m \mid n$.

a) Zeigen Sie, dass es einen (natürlichen) surjektiven Homomorphismus von $(\mathbb{Z}/n\mathbb{Z})^\times$ auf $(\mathbb{Z}/m\mathbb{Z})^\times$ gibt und bestimmen Sie dessen Kern.
b) Benutzen Sie a), um einen neuen gruppentheoretischen Beweis dafür zu finden, dass $\varphi(m) \mid \varphi(n)$ aus $m \mid n$ folgt (siehe Aufgabe 4.15).

5.14 Sei G eine Gruppe, U eine Untergruppe.

a) Sei $N(U) = \{x \in G \mid xUx^{-1} = U\}$ der *Normalisator* von U in G. Zeigen Sie, dass U Normalteiler in $N(U)$ ist und dass $N(U)$ die größte Untergruppe von G ist, in der U Normalteiler ist. (Das heißt, $N(U)$ enthält alle Untergruppen V, für die $U \trianglelefteq V$ ist.)

b) Finden Sie ein Beispiel, in dem die Menge $\{x \in G \mid xUx^{-1} \subseteq U\}$ eine echte Obermenge von $N(U)$ ist und beweisen Sie, dass diese Menge in jedem solchen Fall keine Untergruppe von G ist!

c) Zeigen Sie, dass $N(U)$ alle Untergruppen H von G enthält, die U normalisieren, für die also $hUh^{-1} \subseteq U$ für alle $h \in H$ gilt.

5.15 Bestimmen Sie alle Untergruppen der zyklischen Gruppe der Ordnung 50 und von jeder dieser Untergruppen einen Erzeuger und die Anzahl der Erzeuger.

5.16 Sei G eine Gruppe und $U \subseteq G$ eine Untergruppe. Zeigen Sie, dass der *Zentralisator*

$$Z_G(U) := \{g \in G \mid gu = ug \text{ für alle } u \in U\}$$

von U in G eine in $N(U)$ enthaltene Untergruppe von G ist und überprüfen Sie, ob $Z_G(U)$ in G bzw. in $N(U)$ ein Normalteiler ist.

5.17 Sei $G = GL_2(\mathbb{R})$, sei $T \subseteq G$ die Teilmenge der invertierbaren Diagonalmatrizen. Zeigen Sie, dass T eine (nicht normale) Untergruppe von G ist und bestimmen Sie den Normalisator und den Zentralisator von T in G.

5.18 Sei $G = GL_2(\mathbb{R})$, seien B die Menge der oberen Dreiecksmatrizen und $U \subseteq B$ die Menge der oberen Dreiecksmatrizen mit Einsen auf der Diagonale in G. Zeigen Sie, dass B und U Untergruppen sind und untersuchen Sie, ob B Normalteiler in G und ob U Normalteiler in B ist.

5.19 Sei G eine Gruppe und $\mathrm{Int}(G) \subseteq \mathrm{Aut}(G)$ die Gruppe der inneren Automorphismen. Zeigen Sie:

a) $\mathrm{Int}(G) \cong G/Z(G)$.

b) $\mathrm{Int}(G)$ ist ein Normalteiler in $\mathrm{Aut}(G)$. (Die Faktorgruppe $\mathrm{Aut}(G)/\mathrm{Int}(G) =: \mathrm{Out}(G)$ heißt die Gruppe der *äußeren Automorphismen*.)

c) Bestimmen Sie $\mathrm{Out}(A_3)$.

5.20 In der Gruppe $GL_2(\mathbb{C})$ sei Q die von

$$I = \begin{pmatrix} i & 0 \\ 0 & -i \end{pmatrix} \quad \text{und} \quad J = \begin{pmatrix} 0 & 1 \\ -1 & 0 \end{pmatrix}$$

erzeugte Untergruppe. Zeigen Sie:

a) $I^2 = J^2 = -E_2$, $IJ = -JI$.

b) Die *Quaternionengruppe* Q ist eine nicht abelsche Gruppe der Ordnung 8, in der jede Untergruppe Normalteiler ist.

c) Bestimmen Sie die Faktorgruppen von Q nach seinen Normalteilern.

5.21 Zeigen Sie:

a) Die Klein'sche Vierergruppe V_4 ist die Kommutatoruntergruppe $[A_4, A_4]$ der alternierenden Gruppe A_4.
b) Das Zentrum $Z(S_4)$ der symmetrischen Gruppe S_4 ist trivial, d. h. $Z(S_4) = \{\mathrm{Id}\}$.

5.22 Sei $n \in \mathbb{N}$, $n \geq 3$ ungerade.

a) Zeigen Sie, dass die Diedergruppe D_n der Ordnung $2n$ triviales Zentrum hat.
b) Zeigen Sie, dass die Diedergruppe D_{2n} das direkte Produkt ihres Zentrums mit einer zu D_n isomorphen Untergruppe ist.

5.23 Seien $n, r \in \mathbb{N}$, $r \leq n$. Zeigen Sie:

a) Ein r-Zykel $\zeta \in S_n$ hat Ordnung r.
b) Ist $\sigma \in S_n$ und $\zeta = (i_1 \ldots i_r) \in S_n$ ein r-Zykel, so ist $\sigma \zeta \sigma^{-1} = (\sigma(i_1) \ldots \sigma(i_r))$, insbesondere ist $\sigma \zeta \sigma^{-1}$ ebenfalls ein r-Zykel.
c) Hat $\rho \in S_n$ die Zykelzerlegung $\rho = \zeta_1 \ldots \zeta_t$ mit elementfremden r_j-Zykeln ζ_j, so hat für jedes $\sigma \in S_n$ auch $\sigma \rho \sigma^{-1}$ eine Zerlegung in t elementfremde Zykel der Längen $r_1, \ldots, r_t$.
d) Umgekehrt gilt: Haben $\rho, \rho' \in S_n$ Zykelzerlegungen vom gleichen Typ $(r_1, \ldots, r_t)$, so sind sie zueinander konjugiert, d. h., es gibt $\sigma \in S_n$ mit $\sigma \rho \sigma^{-1} = \rho'$.

5.24 Zeigen Sie: Ist $\zeta \in S_n$ ein n-Zykel und τ eine Transposition, so erzeugen ζ und τ die ganze Gruppe S_n.

5.25 Sei $f : G \to G'$ ein Homomorphismus von Gruppen, $x \in G$ von endlicher Ordnung r. Zeigen Sie, dass die Ordnung von $f(x)$ ein Teiler von r ist.

5.26 Sei G eine Gruppe mit Normalteiler N, dieser habe die zusätzliche Eigenschaft, dass für jede Untergruppe $H \leq G$ mit $N \leq H$ bereits $H = N$ oder $H = G$ gilt.

Zeigen Sie: Sind H_1, H_2 nicht-triviale Untergruppen von G mit $H_1 \cap N = \{e\} = H_2 \cap N$, so sind H_1 und H_2 isomorph.

Hinweis: Wenden Sie den ersten Isomorphiesatz an!

5.27

a) Seien G eine Gruppe, $x, y \in G$ mit $xy = yx$ und $\langle x \rangle \cap \langle y \rangle = \{e\}$. Zeigen Sie:

$$\mathrm{ord}(xy) = \mathrm{kgV}(\mathrm{ord}(x), \mathrm{ord}(y)) \, .$$

b) Die Permutation $\sigma \in S_n$ sei Produkt der elementfremden Zykeln $c_1, \ldots, c_r$ der Längen $m_1, \ldots, m_r$. Bestimmen Sie die Ordnung von σ.
c) Untersuchen Sie, welche Elementordnungen in den Gruppen S_4, S_5 vorkommen.

Operationen von Gruppen auf Mengen

6

Wir hatten bereits bemerkt, dass einem Gruppen vor allem deshalb in allen Bereichen der Mathematik begegnen, weil man immer dann automatisch auf Gruppen stößt, wenn man die Symmetrien irgendeines mathematischen Objekts betrachtet.

Diesen Aspekt von Gruppen wollen wir jetzt formalisieren und einige Aussagen herleiten, die in jedem derartigen Zusammenhang nützlich sind.

6.1 Grundbegriffe

Definition 6.1 *Sei G eine Gruppe, X eine Menge, $S_X = \mathrm{Perm}(X)$ die Menge aller bijektiven Abbildungen von X auf sich und*

$$\phi : G \to S_X = \mathrm{Perm}(X)$$

ein Gruppenhomomorphismus. Dann sagt man, G operiere (mittels ϕ) auf X. Man schreibt auch

$$g.x := \phi(g)(x).$$

Ist speziell K ein Körper, $V = X$ ein K-Vektorraum und $\phi : G \to \mathrm{Aut}(V) \subseteq S_V$ ein Gruppenhomomorphismus, so heißt ϕ eine lineare Darstellung *von G über K. Die lineare Darstellung von G heißt* treu *wenn ϕ injektiv ist.*

Bemerkung Operiert die Gruppe G durch $\phi : G \to S_X$ auf der Menge X und ist ϕ injektiv, so ist $\phi(G)$ eine zu G isomorphe Untergruppe von S_X, man hat also G als eine Gruppe von Symmetrien von X realisiert. Im allgemeinen Fall ist die Untergruppe $\phi(G)$ von S_X nach dem Homomorphiesatz isomorph zur Faktorgruppe $G/\mathrm{Ker}(\phi)$.

R. Schulze-Pillot, *Einführung in Algebra und Zahlentheorie*, DOI 10.1007/978-3-642-55216-8_6, 151
© Springer-Verlag Berlin Heidelberg 2015

Satz 6.2

a) *Sei G eine Gruppe, X eine Menge, $\phi : G \to S_X$ ein Gruppenhomomorphismus und $g.x :=$*
   $\phi(g)(x)$ für $g \in G, x \in X$.
   Dann gilt für die durch $(g, x) \mapsto g.x$ definierte Abbildung $G \times X \to X$ für alle $x \in X$ und
   alle $g_1, g_2 \in G$:

$$(g_1 g_2).x = g_1.(g_2.x)$$
$$e.x = x$$

b) *Sei umgekehrt eine Abbildung $\omega : G \times X \to X$; $\omega(g, x) =: g.x$ gegeben, so dass $(g_1 g_2).x =$*
   $g_1.(g_2.x)$ und $e.x = x$ für alle $x \in X$ und $g_1, g_2 \in G$ gilt.
   Für $g \in G$ werde eine Abbildung $\phi(g) : X \to X$ durch

$$\phi(g)(x) := g.x \text{ für alle } x \in X$$

definiert. Dann ist $\phi(g) \in S_X$ für alle $g \in G$, und die durch $g \mapsto \phi(g)$ gegebene Abbildung

$$\phi : G \to S_X$$

ist ein Gruppenhomomorphismus.

Beweis

a)
$$(g_1 g_2).x = \phi(g_1 g_2)(x) = (\phi(g_1) \circ \phi(g_2))(x)$$
$$= \phi(g_1)(\phi(g_2)(x)) = \phi(g_1)(g_2.x)$$
$$= g_1.(g_2.x)$$
$$e.x = \phi(e)(x) = \mathrm{Id}_X(x) = x \quad \forall x \in X$$

b) $\phi(g) \in S_X$, denn

$$(\phi(g^{-1}) \circ \phi(g))(x) = \phi(g^{-1})(g.x) = g^{-1}.(g.x)$$
$$= (g^{-1}g).x = e.x = x \quad \forall x \in X$$

und genauso $\phi(g) \circ \phi(g^{-1}) = \mathrm{Id}_X$, also ist $\phi(g^{-1})$ die Umkehrabbildung zu $\phi(g)$.
Dass $g \mapsto \phi(g)$ ein Homomorphismus ist, ist klar:

$$\phi(g_1 g_2)(x) = (g_1 g_2).x = g_1.(g_2.x)$$
$$= \phi(g_1)(\phi(g_2)(x))$$
$$= (\phi(g_1) \circ \phi(g_2))(x) \qquad \square$$

Bemerkung Bei der Behandlung von Gruppenoperationen benutzt man meistens die
Schreibweise $(g, x) \mapsto g.x$.

Sehr häufig werden dann auch die Eigenschaften $(g_1 g_2).x = g_1.(g_2.x)$ und $e.x = x$ für
alle $x \in X$ und $g_1, g_2 \in G$ als Definition der Gruppenoperation verwendet.

Beispiel 6.3

a) $G = S_n$ operiert auf $\{1, \ldots, n\}$.

b) $GL_n(K)$ operiert durch Multiplikation von links auf K^n. Ebenso operiert $GL_n(K)$ für jedes $r \leq n$ auf der Menge der r-dimensionalen Unterräume von K^n.

c) G operiert auf G via $i : G \to \mathrm{Aut}(G)$; $g \mapsto i_g$ mit $i_g(x) = gxg^{-1}$.

d) $GL_n(K)$ operiert auf $M_n(K)$ durch Konjugation: $g.A = gAg^{-1}$.

e) $GL_n(K)$ operiert auf der Menge $M_n^{sym}(K)$ der symmetrischen $n \times n$-Matrizen durch $A \mapsto gA\,{}^tg$.

f) G operiert auf der Menge der Untergruppen von G durch Konjugation: $g.U := gUg^{-1}$.

g) G operiert auf G durch Linkstranslation $x \mapsto gx$.

h) G operiert *nicht* auf G durch Rechtstranslation $x \mapsto xg$.

Definition und Satz 6.4

a) *Die Gruppe G operiere auf der Menge X, es sei $x \in X$. Dann ist*

$$G_x := \mathrm{Stab}_G(x) := \{g \in G \mid g.x = x\} \subseteq G$$

eine Untergruppe von G; diese heißt der Stabilisator (die Standgruppe, die Isotropiegruppe) *von x in G.*

b) *Ein Element $x \in X$ heißt* Fixpunkt *der Operation, wenn $G_x = G$ gilt.*

c) *Die Operation von G heißt* transitiv*, wenn es zu $x, y \in X$ stets ein $g \in G$ gibt mit $g.x = y$.*

d) *Die Menge*

$$Gx := O_x := \{g.x \mid g \in G\} \subseteq X$$

der Elemente von X, die man durch Anwenden von Elementen aus G auf x erreicht, heißt die Bahn *(der* Orbit*) von x unter (der Operation von) G.*

Die Bahn von x ist die Äquivalenzklasse von x unter der Äquivalenzrelation

$$x \sim y \iff \exists g \in G : g.x = y.$$

Insbesondere zerfällt X unter der Operation in die disjunkte Vereinigung der Bahnen von G in X.

Beweis Klar.   □

Lemma 6.5 *Die Gruppe G operiere auf der Menge X, es sei $x_0 \in X$.*

a) *Die Operation von G ist genau dann transitiv, wenn es zu jedem $y \in X$ ein $g \in G$ gibt mit $g.x_0 = y$.*

b) *Die Operation von G auf X ist genau dann transitiv, wenn es nur eine Bahn unter der Operation von G in X gibt.*

c) *G operiert für jedes $x \in X$ transitiv auf der Bahn O_x von x.*

Beweis Für a) müssen wir zeigen, dass es unter der angegebenen Voraussetzung zu *jedem* $x \in X$ und jedem $y \in X$ ein $g \in G$ mit $g.x = y$ gibt. Sind aber $x, y \in X$ beliebig, so gibt es nach der Voraussetzung von a) zunächst $g_1 \in G$ mit $g_1.x_0 = x$ und ein $g_2 \in G$ mit $g_2 x_0 = y$.

Mit $g = g_2 g_1^{-1}$ ist dann in der Tat (unter Anwendung der Rechenregeln für Gruppenoperationen in Teil a) von Satz 6.2)

$$\begin{aligned} g.x &= \left(g_2 g_1^{-1}\right).\left(g_1.x_0\right) \\ &= \left(g_2 g_1^{-1} g_1\right).x_0 \\ &= g_2 x_0 \\ &= y. \end{aligned}$$

Die Aussagen b) und c) sind klar.   □

Beispiel 6.6 In den oben diskutierten Beispielen für Gruppenoperationen gilt:

a) S_n operiert transitiv auf $\{1, \dots, n\}$, der Stabilisator von 1 ist isomorph zu S_{n-1}.

b) $GL_n(K)$ operiert transitiv auf $K^n \smallsetminus \{0\}$ nach dem Basisergänzungssatz. Ist nämlich $\mathbf{0} \neq \mathbf{x} \in K^n$, so gibt es eine Basis $\mathbf{b}_1 = \mathbf{x}, \mathbf{b}_2, \dots, \mathbf{b}_n$ des K^n. Die Matrix $B \in M_n(K)$ mit den Spalten $\mathbf{b}_1 = \mathbf{x}, \mathbf{b}_2, \dots, \mathbf{b}_n$ ist dann (als Matrix eines Basiswechsels) invertierbar, also in $GL_n(K)$, und man hat $B\mathbf{e}_1 = \mathbf{x}$, wenn $\mathbf{e}_1$ wie üblich den ersten Vektor der Standardbasis des K^n bezeichnet.

Ebenso operiert $GL_n(K)$ für $r \le n$ transitiv auf der Menge der r-dimensionalen Unterräume von K^n (Beweis als Übung).

Man kann analog zeigen: $GL_n(\mathbb{Z})$ operiert transitiv auf

$$\{{}^t\mathbf{a} = {}^t(a_1, \dots, a_n) \mid \mathrm{ggT}(a_1, \dots, a_n) = 1\};$$

diese Aussage ist äquivalent zu der folgenden ganzzahligen Version des Basisergänzungssatzes:

> Ist $\mathbf{a} \in \mathbb{Z}^n$ mit $\mathrm{ggT}(a_1, \dots, a_n) = 1$,
> so kann $\mathbf{a}$ zu einer Basis des $\mathbb{Z}$-Moduls $\mathbb{Z}^n$ ergänzt werden

(wer den Begriff des $\mathbb{Z}$-Moduls und den einer Basis eines solchen $\mathbb{Z}$-Moduls noch nicht aus der Grundvorlesung kennt, schaue dieses Beispiel noch einmal an, wenn diese Begriffe in Kap. 7 definiert worden sind).

c) Die Bahnen der Operation von G auf G durch Konjugation sind die Klassen zueinander konjugierter Elemente (*Konjugationsklassen*) .

d) Die Bahnen der Operation von $GL_n(K)$ auf $M_n(K)$ durch $g.A = gAg^{-1}$ sind die Klassen zueinander ähnlicher Matrizen. Für $K = \mathbb{C}$ sind die möglichen Jordanformen (modulo Permutationen der Blöcke) ein Repräsentantensystem der Bahnen.

e) Die Bahnen der Operation von $GL_n(K)$ auf $M_n^{sym}(K)$ sind die Klassen zueinander kongruenter Matrizen (symmetrische Matrizen A, B heißen kongruent, wenn es $g \in GL_n(K)$ gibt mit $B = {}^t g A g$; das ist äquivalent dazu, dass sie der gleichen symmetrischen Bilinearform bezüglich verschiedener Basen des zu Grunde liegenden K-Vektorraums zugeordnet sind).

Der Stabilisator von E_n ist $\{g \in G \mid g\,{}^t g = E_n\} = O_n(K)$. Allgemeiner ist

$$\mathrm{Stab}(A) = \{g \in G \mid g A\,{}^t g = A\} = O(A)$$

die orthogonale Gruppe der symmetrischen Bilinearform

$$(\mathbf{x}, \mathbf{y}) \mapsto \mathbf{x} A\,{}^t \mathbf{y}.$$

f) Operiert G durch Konjugation auf der Menge der Untergruppen von G, so ist der Stabilisator der Untergruppe $U \subseteq G$ der *Normalisator*

$$N_G(U) := \{g \in G \mid g U g^{-1} = U\}$$

von U in G.

g) Die Operation von G durch Linkstranslation auf sich ist transitiv, wobei jedes Element trivialen Stabilisator $\{e\}$ hat.

6.2 Bahnformel und Klassengleichung

Hat man eine Operation der Gruppe G auf der Menge X, so kann man die Wirkung dieser Operation getrennt auf den Bahnen der Operation untersuchen, da ja die verschiedenen Bahnen bezüglich der Operation keinerlei Verbindung miteinander haben. Über diese Operation auf einer (beliebig fixierten) Bahn haben wir den folgenden einfachen, aber wichtigen Satz:

Satz 6.7 *Die Gruppe G operiere auf der Menge X, es sei $x \in X$. Dann gilt:*

a) $g_1.x = g_2.x \Leftrightarrow g_1^{-1} g_2 \in G_x \Leftrightarrow g_1 G_x = g_2 G_x.$

b) *Durch $g G_x \mapsto g.x$ wird eine Bijektion von der Menge der Linksnebenklassen des Stabilisators G_x in G auf die Bahn O_x von x definiert. Insbesondere ist*

$$(G : G_x) = |O_x|$$

und

$$|G| = |G_x|\,|O_x|$$

(Bahnformel), *und die Länge $|O_x|$ der Bahn von $x \in X$ ist für alle $x \in X$ ein Teiler von $|G|$.*

c) *Für $y = g.x$ ist $G_y = g G_x g^{-1}$.*

d) *G_x ist genau dann Normalteiler, wenn alle $y \in Gx = O_x$ den gleichen Stabilisator $G_y = G_x$ haben.*

Beweis Wieder sieht man durch Anwenden der Rechenregeln für Gruppenoperationen in Teil a) von Satz 6.2, dass $g_1.x = g_2.x$ zu $(g_1^{-1}g_2).x = x$, also zu $g_1^{-1}g_2 \in G_x$ äquivalent ist. Die zweite Äquivalenz in a) kennen wir aus dem vorigen Kapitel (Definition der Nebenklassen). Aus a) folgt dann in b) sofort, dass die angegebene Abbildung bijektiv ist, und die Formel $(G : G_x) = |O_x|$ ist damit auch klar, da ja $(G : G_x)$ gerade die Anzahl der Nebenklassen von G_x in G ist. Die Formel $|G| = |G_x||O_x|$ folgt dann aus dem Satz von Lagrange. Die Aussagen c) und d) zeige man als Übung.   □

Bemerkung Die Bahnformel und die ihr zu Grunde liegende Bijektion erlauben es, manche Untersuchungen der Menge X (die keine für diese Untersuchung relevante Struktur hat) in die Gruppe G (die immerhin eine Gruppenstruktur hat) zu transferieren. Die folgenden Beispiele überzeugen die LeserInnen hoffentlich davon, dass dies ein Schritt ist, der die Untersuchung erheblich vereinfachen kann.

Beispiel 6.8 Wir zeigen durch Induktion nach n, dass sich jede Permutation $\sigma \in S_n$ als Produkt elementfremder Zykel schreiben lässt.

Der Fall $n = 1$ ist klar. Sei $n > 1$ und die Behauptung für S_m mit $m < n$ gezeigt.

Sei $\sigma \in S_n$, $U = \langle \sigma \rangle \subseteq S_n$ die von σ erzeugte zyklische Untergruppe, $t = \mathrm{ord}(\sigma)$. Für $a \in \{1, \ldots, n\}$ ist die Bahn $Ua = \{\sigma^j a | 1 \le j \le t\}$. Mit $U_a = \mathrm{Stab}_U(a)$ und $s = \min\{j | \sigma^j \in U_a\}$ ist $U_a = \langle \sigma^s \rangle$ und $|U_a| = \frac{t}{s}$; die verschiedenen Elemente von Ua sind genau $a, \sigma a, \ldots, \sigma^{s-1}a$ (entsprechend den verschiedenen Nebenklassen von U_a in U), und all diese Elemente haben den gleichen Stabilisator U_a.

Sei $\rho = (a, \sigma a, \ldots, \sigma^{s-1}a)$ der aus den Elementen von Ua gebildete Zykel. Dann ist $\rho^{-1}\sigma$ eine Permutation der $(n-s)$-elementigen Menge $\{1, \ldots, n\} \setminus Ua$. Nach Induktionsannahme zerlegt sich $\rho^{-1}\sigma$ in elementfremde Zykel $\zeta_1, \ldots, \zeta_m$, in denen die Elemente von Ua nicht vorkommen. Also ist $\sigma = \rho\zeta_1 \ldots \zeta_m$ eine Zerlegung von σ in paarweise elementfremde Zykel.

Man sieht an diesem Beweis, dass die Zykel, die in der Zerlegung von σ vorkommen, bijektiv den Bahnen der Operation von $\langle \sigma \rangle$ auf $\{1, \ldots, n\}$ entsprechen. Daraus folgt etwa, dass die Zykelzerlegungen von zwei zueinander konjugierten Permutationen $\sigma, \sigma' = \rho\sigma\rho^{-1}$ die gleiche Struktur haben (was man natürlich auch leicht direkt einsehen kann, siehe Aufgabe 5.23).

Beispiel 6.9 Die Gruppe $G = S_n$ operiert für $n = n_1 + \cdots + n_r$ in natürlicher Weise auf der Menge

$$Z(n_1, \ldots, n_r) = \Big\{(M_1, \ldots, M_r) \in (\mathfrak{P}(\{1, \ldots, n\}))^r \,|$$
$$|M_i| = n_i, M_i \cap M_j = \varnothing, \bigcup_{i=1}^{r} M_i = \{1, \ldots, n\}\Big\}$$

der Zerlegungen von $\{1, \ldots, n\}$ in r zueinander disjunkte Teilmengen der Elementanzahlen $n_1, \ldots, n_r$.

Ist

$$z = (M_1, \ldots, M_r) \in Z(n_1, \ldots, n_r),$$

so besteht der Stabilisator G_z von z in $G = S_n$ offenbar aus denjenigen Permutationen, die für jedes i eine Permutation der $j \in M_i$ liefern; er hat also $n_1! \cdots n_r!$ Elemente. Da klar ist, dass die Operation transitiv ist, liefert die Bahnformel

$$|Z(n_1, \ldots, n_r)| = \frac{n!}{n_1! \cdots n_r!}.$$

Speziell für $r = 2$ mit $n_1 = k$, $n_2 = n - k$ erhalten wir

$$|Z(k, n - k)| = \binom{n}{k};$$

das ist gleich der Anzahl der Möglichkeiten, k Elemente aus n Elementen auszuwählen, d. h., die Menge $\{1, \ldots, n\}$ in eine k-elementige Teilmenge aus ausgewählten Elementen und eine $(n - k)$-elementige Teilmenge aus nicht ausgewählten Elementen zu zerlegen.

Beispiel 6.10

a) Ein regelmäßiges Tetraeder liege mit Zentrum (Schwerpunkt) O in $\mathbb{R}^3$. G sei die Gruppe der euklidischen Bewegungen des $\mathbb{R}^3$, die das Tetraeder in sich überführt, also die Symmetriegruppe des Tetraeders.

(Wie in Abschn. 5.1 bemerkt, ist G eine Untergruppe der Gruppe der orthogonalen Endomorphismen des $\mathbb{R}^3$, besteht also aus linearen Abbildungen, deren Matrizen bezüglich der Standardbasis des $\mathbb{R}^3$ zur Gruppe $O_3(\mathbb{R}) = \{A \in M_3(\mathbb{R}) \mid {}^t A = A^{-1}\}$ gehören.)

G operiert auf der Menge $\mathcal{F}$ der Flächen des Tetraeders, auf der Menge $\mathcal{K}$ der Kanten des Tetraeders und auf der Menge $\mathcal{E}$ der Ecken des Tetraeders.

Für $F \in \mathcal{F}$ wird der Stabilisator G_F von den beiden folgenden Elementen erzeugt: Der Drehung d um die zu F senkrechte Achse durch den Schwerpunkt (= Umkreismittelpunkt = Inkreismittelpunkt) des gleichseitigen Dreiecks F um 120° und der Spiegelung s an der Ebene, die von dieser Achse und einer der Höhen des Dreiecks F aufgespannt wird, die Einschränkungen der Elemente von G_F auf F liefern also gerade die volle Symmetriegruppe von F.

Die Gruppe G_F hat 6 Elemente und ist zur Gruppe S_3 der Permutationen der Ecken von F isomorph. Offenbar operiert G transitiv auf den Flächen, die Bahnformel liefert also

$$|\mathcal{F}| = 4 = (G : G_F) = \frac{|G|}{6},$$

und man sieht $|G| = 24$. Da man andererseits eine natürliche Einbettung von G in die Permutationsgruppe S_4 bekommt, in dem man jedes $g \in G$ auf die von g induzierte Permutation der 4 Eckpunkte des Tetraeders abbildet und S_4 ebenfalls 24 Elemente hat, ist

G isomorph zu S_4. Die Untergruppe der Elemente von G, deren Matrix Determinante $+1$ hat (die also zur Drehgruppe $SO_3(\mathbb{R})$ gehören), hat 12 Elemente und ist zu A_4 isomorph.

Genauso überlegt man sich:

Für eine Kante $K \in \mathcal{K}$ des Tetraeders hat der Stabilisator G_K 4 Elemente, die Bahnformel liefert

$$6 = |\mathcal{K}| = (G : G_K) = \frac{|G|}{4},$$

und wir haben auch auf diesem Wege $|G| = 24$ gezeigt.

Für $E \in \mathcal{E}$ hat der Stabilisator G_E wieder 6 Elemente, die Bahnformel liefert

$$4 = |\mathcal{E}| = (G : G_E) = \frac{|G|}{6},$$

erneut erhalten wir (zur allgemeinen Erleichterung) $|G| = 24$.

b) Analog kann man die Symmetriegruppen der anderen platonischen Körper (Würfel = Hexaeder, mit Quadraten als Seitenflächen, Oktaeder = Doppelpyramide mit Dreiecken als Seitenflächen, Dodekaeder mit Fünfecken als Seitenflächen, Ikosaeder mit Dreiecken als Seitenflächen) behandeln und erhält Gruppen der Ordnungen 48, 48, 120, 120, deren Untergruppe der Drehungssymmetrien jeweils die halbe Ordnung hat (Übung). In jedem der Fälle ist der Stabilisator einer Seitenfläche F in natürlicher Weise (nämlich durch Einschränkung auf F) isomorph zur Symmetriegruppe (D_4, S_3, D_5, S_3) von F.

Die Gleichheit der Ordnungen der Symmetriegruppen in den Paaren Würfel–Oktaeder, Dodekaeder–Ikosaeder liegt an der Dualität dieser Körper: Verbindet man die Mittelpunkte angrenzender Flächen im Würfel, so erhält man die Kanten des Oktaeders, verbindet man die Mittelpunkte angrenzender Flächen des Dodekaeders, so erhält man die Kanten des Ikosaeders.

Zu den platonischen Körpern finden Sie viele schöne Illustrationen und Bastelanleitungen im Internet, beginnend (wie immer) mit http://de.wikipedia.org/wiki/Platonischer_Körper, oder einer Suche nach „icosahedron" oder „platonic solid" in youtube, auch Apps für Ihre Android- oder iOS-Mobilgeräte gibt es zu diesem Thema. In Computeralgebrasystemen können Sie sich leicht selbst drehbare Modelle der platonischen Körper erzeugen, etwa in MAPLE durch

```
display(icosahedron([0,0,0], 1), orientation=[45, 0]);
```

Auf statische und in schwarz-weiß reproduzierte Abbildungen verzichte ich daher hier lieber und fordere Sie statt dessen zu einem ebenso unterhaltsamen wie instruktiven Ausflug in die bunte Welt des Webs auf.

c) Ebenso können wir bestätigen (siehe Beispiel 5.7), dass die Symmetriegruppe des regulären n-Ecks in der Ebene Ordnung $2n$ hat: Offenbar operiert die Symmetriegruppe

G transitiv auf den n Ecken, und eine Ecke wird genau von der Identität und der Spiegelung an der durch sie verlaufenden Symmetrieachse fixiert, hat also Stabilisator der Ordnung 2. Die Bahnformel ergibt, dass die Symmetriegruppe Ordnung $2n$ hat.

In den bisher behandelten Beispielen hatten wir jeweils eine transitive Operation, also nur eine einzige Bahn der Operation. Hat man eine Operation mit mehreren Bahnen, so wird man auf die folgende Aussage geführt:

Satz 6.11 (Bahnengleichung/Klassengleichung) *Sei R ein Repräsentantensystem der Bahnen von G auf X, also*

$$X = \bigcup{}_{s \in R}^{\cdot} Gs.$$

Dann gilt die Bahnengleichung

$$|X| = \sum_{s \in R}(G : G_s).$$

Ist speziell X = G und operiert G durch Konjugation auf X, ist ferner R ein Repräsentantensystem der Konjugationsklassen, so gilt mit $Z_G(s) := \{g \in G \,|\, gsg^{-1} = s\}$ die Klassengleichung

$$|G| = \sum_{s \in R}(G : Z_G(s)) = |Z(G)| + \sum_{\substack{s \in R \\ s \notin Z(G)}}(G : Z_G(s)).$$

Die einelementigen Bahnen sind dabei genau die Mengen $\{s\}$ mit $s \in Z(G)$.

Beweis Die Bahnengleichung folgt aus der Tatsache, dass X disjunkte Vereinigung der Bahnen unter der Operation von G ist, wenn man die bereits bewiesene Bahnformel aus Satz 6.7 benutzt.

Anwendung der Bahnengleichung auf die spezielle Situation der Operation von G durch Konjugation auf sich selbst liefert dann sofort die Klassengleichung. $\square$

Beispiel 6.12

a) Wir betrachten die Aktion der alternierenden Gruppe $G = A_4$ auf sich selbst durch Konjugation. Zunächst erinnern wir daran, dass in der symmetrischen Gruppe S_n Konjugation nicht den Zykeltyp ändert, jede Bahn besteht also aus Elementen des gleichen Zykeltyps. Das neutrale Element Id hat, wie in jeder Gruppe, die gesamte Gruppe als Zentralisator, also als Stabilisator unter dieser Operation, es liegt in einer 1-elementigen Bahn. Für die drei anderen Elemente der in A_4 enthaltenen Viergruppe V_4 ist V_4 im Zentralisator $Z_G(x)$ enthalten, da V_4 abelsch ist, und aus $V_4 \subseteq Z_G(x) \subseteq A_4$ folgt wegen $|A_4| = 12$, dass $Z_G(x)$ für $x \in V_4 \setminus \{\text{Id}\}$ gleich V_4 oder gleich A_4 ist. Da andererseits, wie man sofort nachprüft, V_4 nicht im Zentrum von A_4 liegt, scheidet die Möglichkeit $Z_G(x) = A_4$ aus. Nach der Bahnformel liegt jedes Element von V_4 also in einer

Bahn der Länge 3, und da sie die einzigen Elemente von V_4 sind, die Produkt von 2 elementfremden Zykeln sind, liegen sie in einer gemeinsamen Bahn. Für einen 3-Zykel liegt offensichtlich die von ihm erzeugte Untergruppe im Zentralisator, und man sieht leicht, dass sie der ganze Zentralisator ist. Jeder 3-Zykel liegt also nach der Bahnformel in einer Bahn der Länge 4, und da es in A_4 insgesamt 8 solche 3-Zykel gibt, hat man zwei Bahnen aus jeweils 4 Dreizykeln. Insgesamt erhalten wir für A_4 also die Klassengleichung $12 = 1 + 3 + 4 + 4$.

b) Die Diedergruppe D_n der Ordnung $2n$ hat bekanntlich triviales Zentrum, wenn n ungerade ist (Aufgabe 5.22) und Zentrum $\{\pm \mathrm{Id}\}$, wenn $n = 2m$ gerade ist, sie wird von zwei Elementen d, s mit $d^n = \mathrm{Id} = s^2, sds = d^{-1}$ erzeugt und besteht aus den d^j, sd^j mit $0 \leq j < n$. Der Zentralisator von sd^j ist daher für ungerades n gleich $\{\mathrm{Id}, sd^j\}$, der von d^j ist $\langle d \rangle$. Die Elemente sd^j liegen daher jeweils in einer Bahn der Länge n unter Konjugation mit Gruppenelementen, und da sie alle Elemente der Ordnung 2 in der Gruppe sind, liegen sie alle in einer gemeinsamen Bahn. Die d^j mit $0 < j < n$ liegen jeweils in einer 2-elementigen Bahn, diese ist $\{d^j, d^{-j}\}$. Die Klassengleichung von D_n mit ungeradem $n = 2m + 1$ ist daher

$$2n = 1 + \underbrace{2 + \cdots + 2}_{m\text{-mal}} + n.$$

Als Übung (Aufgabe 6.7) zeige man, dass D_{2m} die Klassengleichung

$$4m = 2 + \underbrace{2 + \cdots + 2}_{(m-1)\text{-mal}} + m + m$$

hat. Dabei zerfallen die Spiegelungen in zwei Bahnen aus jeweils m Elementen; geometrisch macht man sich klar, dass die eine aus den Spiegelungen an Mittelsenkrechten von Paaren gegenüberliegender Seiten des n-Ecks besteht, die andere aus Spiegelungen an Diagonalen durch gegenüberliegende Eckpunkte.

6.3 Ergänzung: Sätze von Sylow

Zum Abschluss dieses Kapitels behandeln wir gruppentheoretische Anwendungen der entwickelten Theorie.

Definition 6.13 *Sei G endliche Gruppe, p Primzahl.*

a) *G heißt p-Gruppe, wenn $|G| = p^r$ für ein $r \in \mathbb{N}_0$ gilt.*
b) *Ist $|G| = p^k m$ mit $p \nmid m$, so heißt eine Untergruppe $H \leq G$ mit $|H| = p^k$ eine p-Sylowgruppe (p-Sylow-Untergruppe) von G.*

Satz 6.14 *Sei G eine endliche Gruppe, p Primzahl mit p | |G| und |G| = $p^k m$ mit p $\nmid$ m. Dann gibt es zu jedem $1 \le r \le k$ eine Untergruppe H von G mit |H| = p^r.*

Insbesondere hat G für jedes solche p eine p-Sylow-Untergruppe und es gilt (Satz von Cauchy): Für jede Primzahl p | |G| gibt es in G ein Element der Ordnung p.

Beweis Wir zeigen zunächst die letzte Aussage für den Spezialfall einer abelschen Gruppe G. Es reicht, zu zeigen, dass es in G ein Element g einer durch p teilbaren Ordnung r = pk gibt, da g^k dann Ordnung p hat.

Das zeigen wir durch Induktion nach |G| =: n.

n = 1 ist klar.

Die Behauptung sei gezeigt für G' mit |G'| < n. Ist $e \ne x \in G$ mit $p \nmid$ ord(x), so teilt p die Ordnung der Faktorgruppe G' := G/⟨x⟩ (da G abelsch ist, ist ⟨x⟩ sicher ein Normalteiler in G). Nach Induktionsannahme gibt es dann in G' ein Element g' einer Ordnung r mit p | r, und wir können g' = $p_x(g)$ mit $g \in G$ schreiben, wo p_x die Projektion von G auf die Faktorgruppe G' := G/⟨x⟩ bezeichnet. Nach Korollar 5.42 ist dann r ein Teiler der Ordnung von g, also ist auch p ein Teiler der Ordnung von g.

Wir zeigen jetzt den Rest der Behauptung, erneut durch Induktion nach |G| =: n.

n = 1 ist klar.

Die Behauptung sei gezeigt für G' mit |G'| < n. Gibt es eine echte Untergruppe $U \subsetneq G$ mit $p^k | |U|$, so folgt die Behauptung aus der Induktionsannahme.

Andernfalls gilt p | (G : U) für jede echte Untergruppe U. Nach der Klassengleichung ist

$$|G| = |Z(G)| + \sum_{s \in R'} (G : Z_G(s)),$$

wobei $s \in R$ ein Repräsentantensystem R' der Konjugationsklassen mit mehr als einem Element durchläuft, insbesondere sind alle $Z_G(s)$ in der Summe echte Untergruppen.

Es gilt also $p | (G : Z_G(s))$ für alle Summanden, und daher (wegen p | |G|) auch p | |Z(G)|. Nach dem bereits bewiesenen Teil des Satzes hat Z(G) (als abelsche Gruppe) eine Untergruppe K der Ordnung p; diese ist (wie jede Untergruppe des Zentrums) Normalteiler in G.

Nach Induktionsannahme gibt es für $0 \le r' \le k - 1$ eine Untergruppe S' von G/K mit |S'| = $p^{r'}$. Dann hat S := $\pi_K^{-1}(S')$ die Ordnung $p^r = p^{r'+1}$. □

Satz 6.15 (Sylow'sche Sätze) *Sei G eine endliche Gruppe, p ein Primteiler von |G|. Dann gilt:*

a) *Jede p-Untergruppe $H \subseteq G$ ist in einer p-Sylowgruppe enthalten.*

b) *Alle p-Sylowgruppen in G sind zueinander konjugiert.*

c) *Die Anzahl n_p der p-Sylow-Untergruppen von G ist ein Teiler von |G| mit $n_p \equiv 1 \mod p$.*

Beweis Σ sei die Menge der p-Sylow-Gruppen von G. G operiert durch Konjugation auf Σ. Ist $S \in \Sigma$, so gilt $\mathrm{Stab}_G(S) \supseteq S$ für den Stabilisator $\mathrm{Stab}_G(S)$ von S in G, also $p \nmid (G : \mathrm{Stab}_G(S))$ und daher $p \nmid |O_S|$ wegen der Bahnformel.

Sei jetzt $H \subsetneqq G$ eine p-Untergruppe ($H = G$ ist trivial), $|H| = p^t$. Die Operation von H auf $O_S \subseteq \Sigma$ hat Bahnen $\Sigma_1, \ldots, \Sigma_k$ ($k \in \mathbb{N}$ geeignet), repräsentiert von $S_1, \ldots, S_k$. Weil $|\Sigma_j| = (H : \mathrm{Stab}_H(S_j))$ nach dem Satz von Lagrange $|H| = p^t$ teilt, sind alle $|\Sigma_j|$ Potenzen von p.

Die G-Bahn O_S von S hat eine durch p nicht teilbare Ordnung, sie zerfällt in eine disjunkte Vereinigung von H-Bahnen. Von diesen hat wenigstens eine (o. E. Σ_1) eine durch p nicht teilbare Ordnung.

Da andererseits $|\Sigma_1| = (H : \mathrm{Stab}_H(S_1))$ eine Potenz von p sein muss, folgt $|\Sigma_1| = (H : \mathrm{Stab}_H(S_1)) = 1$ und damit $H \subseteq \mathrm{Stab}_G(S_1)$, das heißt, S_1 wird von H normalisiert. HS_1 ist deshalb nach Satz 5.44 eine Untergruppe von G mit Normalteiler S_1 und $HS_1/S_1 \cong H/H\cap S_1$, der Index $(HS_1 : S_1) = (H : H \cap S_1)$ ist also eine p-Potenz.

Da S_1 eine p-Sylowgruppe ist, also seine Ordnung die maximale p-Potenz enthält, die in $|G|$ aufgeht, muss $HS_1 = S_1$, also $H \subseteq S_1 \in O_S$ gelten; es folgt a).

Aussage b) des Satzes folgt sofort, wenn man H als eine p-Sylowgruppe wählt.

Für c) sei erneut $H = S_1$ eine p-Sylow-Untergruppe.

Nach der Klassengleichung ist

$$|\Sigma| = \sum_{i=1}^{k}(H : \mathrm{Stab}_H(S_i)).$$

Der erste Term hierin ist 1, für die anderen S_j liegt nach dem vorigen Schluss H wegen $H \nsubseteq S_j$ auch nicht im Normalisator, also ist der zugehörige Summand durch p teilbar. Es folgt $n_p \equiv 1 \mod p$.

Die Aussage $n_p \mid |G|$ folgt aus $n_p = (G : \mathrm{Stab}_G(S_1))$. $\square$

Beispiel 6.16

a) Die symmetrische Gruppe S_3 hat eine 3-Sylowuntergruppe (erzeugt von (123)) und drei 2-Sylowuntergruppen (erzeugt von den drei Transpositionen).

b) Die symmetrische Gruppe S_4 hat vier 3-Sylowuntergruppen (jeweils erzeugt von einem 3-Zykel). Eine 2-Sylowuntergruppe hat Ordnung 8 und ist isomorph zur Diedergruppe D_4 der Ordnung 8, es gibt davon eine ungerade Anzahl (die zudem 24 teilt), also genau eine oder genau drei. Welche Anzahl richtig ist, bestimme man als Übung.

c) Die alternierende Gruppe A_5 hat sechs 5-Sylowuntergruppen, die jeweils von einem 5-Zykel erzeugt werden. Als Übung bestimme man auch die Anzahlen der 2- und 3-Sylowuntergruppen.

d) Sei G eine Gruppe der Ordnung 15. Die Anzahl der 3-Sylowgruppen ist $\equiv 1 \mod 3$ und ein Teiler von 15, also gleich 1. Die Anzahl der 5-Sylowgruppen ist $\equiv 1 \mod 5$ und ein Teiler von 15, also ebenfalls gleich 1.

Sei U_3 die 3-Sylowgruppe, U_5 die 5-Sylowgruppe. Beide Untergruppen sind nach dem oben gesagten Normalteiler, ihr Durchschnitt ist offenbar $\{e\}$. Nach der Bemerkung zu Lemma 5.51 folgt

$$G \cong U_3 \times U_5 \cong \mathbb{Z}/3\mathbb{Z} \times \mathbb{Z}/5\mathbb{Z} \cong \mathbb{Z}/15\mathbb{Z}.$$

Bis auf Isomorphie ist also $\mathbb{Z}/15\mathbb{Z}$ die einzige Gruppe der Ordnung 15.

e) Als Übung zeige man, dass es für eine Primzahl p bis auf Isomorphie nur zwei Gruppen der Ordnung $2p$ gibt, nämlich $\mathbb{Z}/2p\mathbb{Z}$ und die Diedergruppe D_p, die die Symmetriegruppe des regelmäßigen p-Ecks ist.

Korollar 6.17 *Sei G eine endliche Gruppe.*

a) *Ist p ein Primteiler der Ordnung $|G|$ von G und H eine p-Sylow-Untergruppe von G, so ist H genau dann ein Normalteiler in G, wenn es in G nur eine p-Sylow-Untergruppe gibt.*

b) *Jede endliche abelsche Gruppe A ist direktes Produkt ihrer (eindeutigen) p-Sylow-Untergruppen für die Primzahlen $p \mid |G|$.*

Beweis Übung.   □

Zum Abschluss zeigen wir noch eine weitere Anwendung der Klassengleichung:

Lemma 6.18 *Sei p eine Primzahl, sei G eine endliche p-Gruppe. Dann ist $Z(G) \neq \{e\}$.*

Beweis Man betrachte die Klassengleichung. Da alle Terme der Summe durch p teilbar sind (genau wie $|G|$), folgt, dass p die Mächtigkeit von $Z(G)$ teilt, also $Z(G) \neq \{e\}$.   □

Korollar 6.19 *Sei G eine Gruppe der Ordnung p^2, p Primzahl. Dann ist G abelsch.*

Beweis $G/Z(G)$ hat Ordnung p, ist also zyklisch, es gibt also ein $x \in G$, so dass sich jedes $y \in G$ als $y = x^j z$ mit $j \in \mathbb{N}$ und $z \in Z(G)$ schreiben lässt. Daraus folgt sofort, dass G abelsch ist.   □

6.4 Übungen

6.1 Sei X eine endliche Menge, G eine Gruppe, die auf X transitiv operiert, $U \subseteq X$ eine Teilmenge. Zeigen Sie, dass die Mengen gU ($g \in G$) die Menge X gleichmäßig überdecken, d. h., dass gilt:

Jedes Element von X kommt in gleich vielen der Mengen gU vor.

6.2 Zeigen Sie, dass durch folgende Vorschriften Gruppenoperationen einer Gruppe G auf einer Menge X definiert werden und bestimmen Sie die Bahnen.

a) $n \in \mathbb{N}$, $G = S_n$, $X = \{1, \ldots, n\}^2$, $\sigma.(a, b) := (\sigma(a), \sigma(b))$ für $\sigma \in S_n$ und $(a, b) \in X$.

b) $G = S_3$, $X = \mathbb{R}^3$, $\sigma.(x_1, x_2, x_3) := (x_{\sigma(1)}, x_{\sigma(2)}, x_{\sigma(3)})$ für $\sigma \in S_3$ und $(x_1, x_2, x_3) \in X$.

6.3 (Operation einer Gruppe von rechts) Seien eine Gruppe G, eine Menge X und eine Abbildung

$$G \times X \to X, \quad (g, x) \mapsto x^g$$

gegeben. *(Hierbei ist x^g nur eine Schreibweise für die Operation von rechts und hat nichts mit Potenzieren zu tun!)*

  Zeigen Sie, dass die folgenden Aussagen äquivalent sind:

a) Für alle $g_1, g_2 \in G$, $x \in X$ gilt:
   i) $(x^{g_1})^{g_2} = x^{g_1 g_2}$,
   ii) $x^e = x$.
b) $(g, x) \mapsto x^{(g^{-1})}$ definiert eine Operation von G auf X.
c) Für jedes $g \in G$ ist die durch $\phi_g : X \to X$, $\phi_g(x) := x^g$ gegebene Abbildung bijektiv, und die Abbildung $\phi : g \mapsto \phi_g$ von G in die Gruppe der Permutationen von X erfüllt

$$\phi(g_1 g_2) = \phi(g_2)\phi(g_1) \quad \text{für alle } g_1, g_2 \in G$$

   (ϕ ist ein *Antihomomorphismus*).

6.4 Die Gruppe $GL_n(K)$ operiert für einen Körper K transitiv auf $K^n \smallsetminus \{0\}$.

a) Bestimmen Sie den Stabilisator von $e_1 = {}^t(1, 0, \ldots, 0)$.
b) Sei jetzt $K = \mathbb{F}_q$ ein endlicher Körper mit q Elementen. Benutzen Sie die Bahnformel und a), um eine Rekursionsformel für die Anzahl der Elemente von $GL_n(K)$ (in Abhängigkeit von n) zu beweisen. Leiten Sie daraus induktiv ab, dass $GL_n(K)$ genau $\prod_{j=0}^{n-1}(q^n - q^j)$ Elemente hat.
c) Zeigen Sie für $r \leq n$, dass $GL_n(K)$ auch transitiv auf der Menge der r-dimensionalen Unterräume von K^n operiert und bestimmen Sie (immer noch im Fall $K = \mathbb{F}_q$) die Ordnung des Stabilisators eines (beliebigen) r-dimensionalen Unterraums.
d) Bestimmen Sie mit Hilfe von b) und c) (im Fall $K = \mathbb{F}_q$) die Anzahl der r-dimensionalen Unterräume von K^n.

6.5 Sei G eine Gruppe mit Untergruppen H, K. Zeigen Sie (durch Betrachten der Operation von H auf der Nebenklassenmenge G/K), dass

$$(H : H \cap K) \leq (G : K)$$

gilt.

6.6 Eine Gruppe der Ordnung 55 operiere auf einer Menge X mit 39 Elementen. Zeigen Sie: Die Operation hat einen Fixpunkt.

6.7 Bestimmen Sie die Klassengleichung der Diedergruppe D_{2m} der Ordnung $4m$ für $m > 1$.

6.8 Welche der folgenden Gleichungen können nicht als Klassengleichung einer Gruppe der Ordnung 10 auftreten?

$$1 + 1 + 1 + 2 + 5 = 10 \qquad 1 + 2 + 2 + 5 = 10$$
$$1 + 2 + 3 + 4 = 10 \quad 1 + 1 + 2 + 2 + 2 + 2 = 10$$

6.9 Wie viele verschiedene Perlenketten gibt es, die aus sechs weißen und drei schwarzen Perlen bestehen?

(Hinweis: Betrachten Sie eine geeignete Gruppenoperation der Diedergruppe D_9.)

6.10

a) Bestimmen Sie zu der Gruppe $G = A_4$ die Anzahlen der Elemente der Ordnungen 1, 2, 3, 4 und zeigen Sie, dass keine weiteren Elementordnungen vorkommen.

b) Betrachten Sie die Operation von $G = A_4$ auf sich selbst durch Konjugation. Bestimmen Sie dafür
   i) die Anzahl der Bahnen.
   ii) die vorkommenden Elementanzahlen von Bahnen und von Stabilisatoren (Fixgruppen).
   iii) die Klassengleichung.

6.11 Untersuchen Sie für die Operation der Symmetriegruppe des regelmäßigen Oktaeders

a) auf den Seitenflächen
b) auf den Kanten
c) auf den Ecken

die Bahnengleichung und bestimmen Sie daraus die Ordnung der Gruppe.

6.12 Bestimmen Sie für die Gruppen S_3, S_4, A_5 die Anzahl der Sylow-Untergruppen für alle Primteiler der jeweiligen Gruppenordnung.

6.13 Sei G eine Gruppe mit 12 Elementen.

a) Bestimmen Sie die Möglichkeiten für die Anzahlen n_2 und n_3 der 2- bzw. 3-Sylow-Gruppen in G.

b) Zeigen Sie, dass mindestens eine der Sylow-Gruppen ein Normalteiler ist.

6.14 Sei p eine Primzahl, $2 \leq n \in \mathbb{N}$.

a) Bestimmen Sie eine p-Sylowgruppe von $GL_n(\mathbb{F}_p)$, wo $\mathbb{F}_p$ der endliche Körper mit p Elementen ist.
b) Bestimmen Sie für eine p-Sylowgruppe den Normalisator und anschließend mit Hilfe der Bahnformel die Anzahl der p-Sylowgruppen in $GL_n(\mathbb{F}_p)$.

6.15 Sei G eine endliche Gruppe der Ordnung $2p$, $p \neq 2$ eine Primzahl. Zeigen Sie: Es gilt

$$G \cong \mathbb{Z}/2p\mathbb{Z} \quad \text{oder} \quad G \cong D_p,$$

und im zweiten Fall ist G semidirektes, aber nicht direktes Produkt der p-Sylowgruppe mit einer (beliebigen) 2-Sylowgruppe. (Hinweis: Zeigen Sie:

a) Ist allgemeiner G eine endliche Gruppe und sind p, q verschiedene Primzahlen, so haben eine p-Sylowgruppe und eine q-Sylowgruppe Durchschnitt $\{e\}$.
b) Es gibt in G (der Ordnung $2p$) nur eine p-Sylow-Untergruppe $\langle x \rangle$.
c) Ist $y \in G$, so ist $yx = xy$ oder $yxy = x^{-1}$ mit $y^2 = e$.

und folgern Sie hieraus die Behauptung.)

6.16 Sei G eine endliche Gruppe und $N \lhd G$ ein Normalteiler in G, der eine p-Gruppe ist. Zeigen Sie, dass N im Durchschnitt aller p-Sylowgruppen von G enthalten ist.

6.17 Sei G eine endliche Gruppe. Zeigen Sie:

a) Ist p ein Primteiler der Ordnung $|G|$ von G und H eine p-Sylow-Untergruppe von G, so ist H genau dann ein Normalteiler in G, wenn es in G nur eine p-Sylow-Untergruppe gibt.
b) Ist G abelsch, so ist G direktes Produkt ihrer (eindeutigen) p-Sylow-Untergruppen für die Primzahlen $p \,|\, |G|$.

6.18 Sei G eine endliche Gruppe, $H \subseteq G$ eine Untergruppe und p eine Primzahl mit $p \,|\, |H|$. Zeigen Sie: Es gibt eine p-Sylowgruppe U in G, für die $U \cap H$ eine p-Sylow-Gruppe in H ist.

6.19

a) Zeigen Sie (durch Abzählen oder durch Benutzen der Bahnformel), dass es in der alternierenden Gruppe A_5 genau 15 Elemente der Ordnung 2 gibt, die alle zueinander konjugiert sind, genau 20 Elemente der Ordnung 3, die ebenfalls eine einzige Konjugationsklasse bilden, und genau 24 Elemente der Ordnung 5, die in zwei Konjugationsklassen zerfallen.

b) Zeigen Sie durch Betrachten der Möglichkeiten für die Klassengleichung eines Normalteilers von A_5, dass es keinen solchen Normalteiler geben kann, dass also A_5 eine einfache Gruppe ist.

6.20 Sei G eine einfache Gruppe der Ordnung 60.

Bestimmen Sie für $p = 2, 3, 5$ die Anzahl der p-Sylowgruppen (das geht am einfachsten, wenn man in umgekehrter Reihenfolge vorgeht).

Abelsche Gruppen und Charaktere 7

Während die Klassifikation (also die explizite Auflistung aller Isomorphietypen) beliebiger Gruppen selbst im Fall endlicher Gruppen eine praktisch unlösbare Aufgabe ist, können wir die Möglichkeiten für den Isomorphietyp einer abelschen Gruppe recht einfach bestimmen, wenn wir uns auf endlich erzeugte abelsche Gruppen beschränken.

Der Beweis des entsprechenden Satzes (Hauptsatz über endlich erzeugte abelsche Gruppen) für endliche Gruppen wird das erste Hauptergebnis dieses Kapitels sein.

7.1 Abelsche Gruppen und der Hauptsatz

Definition 7.1 *Sei G eine Gruppe. Wenn es eine Zahl $n \in \mathbb{N}$ mit $x^n = e$ für alle $x \in G$ gibt, so heißt die kleinste derartige Zahl der* Exponent *von G.*

Satz 7.2 *Sei G eine endliche Gruppe, $n = |G|$.*

a) *Der Exponent von G ist das kleinste gemeinsame Vielfache der Ordnungen der Elemente von G.*

b) *Ist $m \in \mathbb{N}$ mit $g^m = e$ für alle $g \in G$, so ist m durch den Exponenten von G teilbar.*

c) *Der Exponent von G ist ein Teiler von $|G|$.*

Beweis Nach Korollar 5.39 ist genau dann $g^k = e$, wenn $\mathrm{ord}(g)|k$. Die Definition des Exponenten impliziert daher, dass der Exponent ein gemeinsames Vielfaches aller Elementordnungen ist und dass er die kleinste natürliche Zahl mit dieser Eigenschaft ist, also gilt a).

Nach Definition des kleinsten gemeinsamen Vielfachen folgt dann sofort b), und c) folgt aus b), weil $g^n = e$ für alle $g \in G$ gilt. $\square$

R. Schulze-Pillot, *Einführung in Algebra und Zahlentheorie*, DOI 10.1007/978-3-642-55216-8_7, 169
© Springer-Verlag Berlin Heidelberg 2015

Beispiel 7.3

a) In der Klein'schen Vierergruppe $V_4 \cong \mathbb{Z}/2\mathbb{Z} \times \mathbb{Z}/2\mathbb{Z}$ (siehe Beispiel 5.7) haben alle Elemente Ordnung 1 oder 2, der Exponent ist also 2.

b) In der symmetrischen Gruppe S_3 gibt es Elemente der Ordnungen 1 (die Identität), 2 (die Transpositionen) und 3 (die 3-Zykel), die Gruppe hat den Exponenten 6. Man überlege sich als Übung, dass die Gruppe S_4 den Exponenten 12 und ihre Untergruppe A_4 den Exponenten 6 hat.

c) Sei $G = H_1 \times \cdots \times H_r$ das direkte Produkt der Gruppen H_i der Exponenten e_i. Als Übung zeige man, dass der Exponent von G das kleinste gemeinsame Vielfache der einzelnen Exponenten e_i ist.

Wir erinnern daran, dass abelsche Gruppen in der Regel additiv geschrieben werden, wobei „in der Regel" heißt:

Reden wir von einer allgemeinen abelschen Gruppe A, so schreiben wir die Verknüpfung als $+$, das neutrale Element als 0 sowie na für die n-malige Addition des Elements a und $A \oplus B$ (*direkte Summe*) für das direkte Produkt zweier abelscher Gruppen A, B. Tritt eine abelsche Gruppe hingegen in einem anderen Kontext auf, etwa als Untergruppe einer nicht kommutativen Gruppe oder als Untergruppe eines bekannten Zahlbereichs bezüglich einer der in diesem erklärten Verknüpfungen, so wird die Verknüpfung so geschrieben, wie es sich aus diesem Kontext ergibt.

Satz 7.4 *Sei $(A, +)$ eine endliche abelsche Gruppe.*

a) *Ist p eine Primzahl mit $p \,|\, |A|$, so hat A eine Untergruppe der Ordnung p.*

b) *Sei n der Exponent von A. Dann gibt es ein $m \in \mathbb{N}$ so dass $|A|$ ein Teiler von n^m ist.*

Beweis a) haben wir bereits in Satz 6.14 gezeigt. Die Aussage in b) folgt daraus, dass jeder Primteiler von $|A|$ auch die Ordnung wenigstens eines Elements von A und damit den Exponenten von A teilt. $\square$

Definition und Lemma 7.5 *Sei $(A, +)$ eine abelsche Gruppe (mit neutralem Element 0). Dann ist*

$$A_{\mathrm{tor}} := \{ a \in A \mid \exists n \in \mathbb{N} \setminus \{0\} \text{ mit } na = 0\}$$

eine Untergruppe, die Torsionsgruppe *von A.*

Ist $A_{\mathrm{tor}} = \{0\}$, so heißt A torsionsfrei*. Die Faktorgruppe A/A_{tor} ist torsionsfrei.*

Die Elemente von A_{tor} heißen auch Torsionselemente*.*

Beweis Als Übung zeige man, dass A_{tor} Untergruppe von A ist. Ist $a + A_{\mathrm{tor}}$ ein Element endlicher Ordnung in der Faktorgruppe A/A_{tor}, so sei $n \in \mathbb{N}$ so, dass $n(a + A_{\mathrm{tor}}) = 0 + A_{\mathrm{tor}}$ gilt. Dann ist $na \in A_{\mathrm{tor}}$, also gibt es $m \in \mathbb{N}$ mit $m(na) = 0$. Damit hat a wegen $mna = 0$

endliche Ordnung, gehört also zu A_{tor}, und das heißt $a + A_{\mathrm{tor}} = 0 + A_{\mathrm{tor}}$ ist das Nullelement von A/A_{tor}. □

Bemerkung
a) Das Wort „Torsion" erinnert an die Drehung in der Ebene um Winkel $\frac{2\pi j}{n}$ ($j, n \in \mathbb{N}$) (von dem lateinischen Wort "torquere" =drehen).
b) Für endliche abelsche Gruppen ist $A = A_{\mathrm{tor}}$.

Beispiel 7.6
a) In $A = (\mathbb{C}\backslash\{0\}, \cdot) = \mathbb{C}^*$ ist A_{tor} die Menge der Einheitswurzeln, also derjenigen komplexen Zahlen z, die für ein $n \in \mathbb{N}\backslash\{0\}$ Nullstellen des Polynoms $X^n - 1$ sind: $A_{\mathrm{tor}} = \bigcup_{n\in\mathbb{N}\backslash\{0\}} \mu_n$ mit $\mu_n = \{z \in \mathbb{C} \mid z^n = 1\}$.
b) In $\mathbb{R}^*$ ist $\mathbb{R}^*_{\mathrm{tor}} = \{\pm 1\}$.
c) In

$$\Delta_n = \left\{ \begin{pmatrix} a_1 & & 0 \\ & \ddots & \\ 0 & & a_n \end{pmatrix} \in GL_n(\mathbb{C}) \right\}$$

ist

$$(\Delta_n)_{\mathrm{tor}} = \left\{ \begin{pmatrix} a_1 & & 0 \\ & \ddots & \\ 0 & & a_n \end{pmatrix} \in \Delta_n \;\middle|\; a_j \text{ ist Einheitswurzel für alle } j \right\}.$$

d) Aus der linearen Algebra weiß man: Jede Matrix endlicher Ordnung in $GL_n(\mathbb{C})$ ist konjugiert zu einer Matrix in $(\Delta_n)_{\mathrm{tor}}$.

Als Übung bestimme man die Torsionselemente in den Gruppen $\mathbb{R}/\mathbb{Z}$, $\mathbb{Q}/\mathbb{Z}$ sowie $\mathbb{C}/(\mathbb{Z} + \mathbb{Z}i)$.

Das folgende technische Lemma ist der Schlüssel zur Klassifikation der endlichen abelschen Gruppen.

Lemma 7.7 *Sei $(A, +)$ eine endliche abelsche Gruppe, $Z = \langle a \rangle \subseteq A$ eine zyklische Untergruppe maximaler Ordnung n von A und $U \supseteq Z$ eine Untergruppe von A, für die $U/Z \subseteq A/Z$ ebenfalls zyklisch ist. Dann gibt es $b \in U$ mit $\mathrm{ord}(b) = |U/Z|$.*

Beweis Sei $k := |U/Z|$ und $c + Z$ mit $c \in U$ ein Erzeuger von U/Z, also k die Ordnung des Elements $c + Z$ von U/Z. Offenbar ist k dann ein Teiler von $\mathrm{ord}(c')$ für jedes $c' \in c + Z$; wir müssen zeigen, dass es in der Nebenklasse $c + Z$ ein Element b der Ordnung k, also mit $kb = 0$ gibt. Da $kc \in Z$ gilt und Z von a erzeugt wird, ist $kc = sa$ für ein geeignetes $s \in \mathbb{N}$.

Division von s durch k mit Rest liefert $s = qk + r$ mit $0 \leq r < k$, und mit $b := c - qa \in c + Z$ erhalten wir

$$kb = kc - qka = \underbrace{kc - sa}_{=0} + ra = ra.$$

Die Restklasse $b + Z = c + Z$ von b hat Ordnung k, die Ordnung von b ist daher durch k teilbar. Ferner hat $kb = ra$ nach Korollar 5.39 die Ordnung

$$\frac{n}{\mathrm{ggT}(n,r)} = \frac{\mathrm{ord}(b)}{\mathrm{ggT}(k,\mathrm{ord}(b))} = \frac{\mathrm{ord}(b)}{k} \leq \frac{n}{k},$$

die letzte Ungleichung gilt dabei, weil n nach Voraussetzung die maximale Ordnung eines Elements von A ist.

Also ist $\mathrm{ggT}(n,r) \geq k$, aber $0 \leq r < k$. Das impliziert $r = 0$ und damit $kb = ra = 0$, und die Behauptung ist gezeigt. □

Satz 7.8 (Hauptsatz über endliche abelsche Gruppen, Teil 1) *Jede endliche abelsche Gruppe ist direkte Summe von zyklischen Untergruppen.*

Beweis Induktion nach $|A|$. $|A| = 1$ ist trivial. Sei $|A| = m > 1$ und die Behauptung gezeigt für alle abelschen Gruppen kleinerer Ordnung. Wir wissen wegen $a \neq \{0\}$, dass A nicht triviale zyklische Untergruppen hat. Ist Z eine zyklische Untergruppe maximaler Ordnung von A, so ist daher nach Induktionsannahme

$$A/Z \cong V_1 \oplus \cdots \oplus V_t$$

mit zyklischen Untergruppen $V_j = U_j/Z$, dabei können wegen Lemma 7.7 die b_j so gewählt werden, dass

$$V_j = \langle b_j + Z \rangle \text{ mit } \mathrm{ord}(b_j) = |V_j| = |U_j/Z|$$

für $1 \leq j \leq t$ gilt.

Sei $U := \langle b_1, \ldots, b_t \rangle$ die von den b_j erzeugte Untergruppe von A. Offenbar ist $Z + U = A$.

Es gilt auch $Z \cap U = \{0\}$, denn ist $b = \sum_{i=1}^{t} v_i b_i \in Z \cap U$ mit $0 \leq v_i < \mathrm{ord}(b_i) = \mathrm{ord}(b_i + Z)$, so ist $\sum_{i=1}^{t} v_i (b_i + Z) = 0 + Z$ in A/Z. Da A/Z direkte Summe der $V_i = \langle b_i + Z \rangle$ ist, folgt

$$v_i(b_i + Z) = 0 \text{ für alle } i \in \{1, \ldots, t\}$$

also (wegen $v_i < \mathrm{ord}(b_i + Z)$) auch $v_i = 0$ für alle $i \in \{1, \ldots, t\}$ und damit $b = 0$. Wir haben also $A = Z \oplus U$. Nach Induktionsannahme ist U direkte Summe zyklischer Untergruppen, alternativ sieht man auch mit dem gleichen Argument wie eben direkt, dass $U \cong \langle b_1 \rangle \oplus \cdots \oplus \langle b_t \rangle$ eine solche direkte Summe ist; die Behauptung folgt. □

Satz 7.9 (Zweiter Teil des Hauptsatzes über endliche abelsche Gruppen) *In der Zerlegung von Satz 7.8 kann man die zyklischen direkten Summanden wahlweise wie folgt wählen:*

a) $A \cong \bigoplus_{j=1}^{t} \mathbb{Z}/q_j\mathbb{Z}$, $q_j = p_j^{r_j}$ *Primzahlpotenz (nicht notwendig paarweise verschieden).*
b) $A \cong \bigoplus_{j=1}^{s} \mathbb{Z}/d_j\mathbb{Z}$ *mit* $1 < d_1 \mid d_2 \mid \ldots \mid d_s$.

Die auftretenden q_j und d_j sind eindeutig bestimmt.

Beweis

a) Da wir schon wissen, dass A sich in eine direkte Summe zyklischer Gruppen zerlegen lässt, reicht es, die Behauptung für eine zyklische Gruppe $C = \langle x \rangle$ zu zeigen.
   Ist für diese $|C| =: m = \prod_{i=1}^{r} p_i^{v_i}$ mit paarweise verschiedenen Primzahlen p_i und $v_i \in \mathbb{N}$, so kann man die Behauptung direkt aus dem chinesischen Restsatz (Satz 4.27) folgern. Wollen wir rein gruppentheoretisch argumentieren, so sei $m_i = \prod_{j \neq i} p_j^{v_j}$ und $C_i := \langle m_i x \rangle$.
   Man hat dann $|C_i| = p_i^{v_i}$ für $1 \leq i \leq r$ und die von den C_i erzeugte Untergruppe $C' \subseteq C$ ist isomorph zur direkten Summe der C_i, hat also Ordnung $m = |C|$, es folgt $C \cong C_1 \oplus \cdots \oplus C_r$.

b) Seien $p_1, \ldots, p_k$ die verschiedenen Primteiler von $|A|$. Wir zerlegen A zunächst wie in a), fügen aber noch so viele Summanden $\{0\} \cong \mathbb{Z}/p_1^0\mathbb{Z}$ hinzu, dass die Zerlegung die Gestalt

$$A \cong \left(\bigoplus_{j_1=1}^{s} \mathbb{Z}/p_1^{v_{j_1}^{(1)}} \mathbb{Z} \right) \oplus \cdots \oplus \left(\bigoplus_{j_k=1}^{s} \mathbb{Z}/p_k^{v_{j_k}^{(k)}} \mathbb{Z} \right)$$

mit $0 \leq v_1^{(i)} \leq \ldots \leq v_s^{(i)}$ für $1 \leq i \leq k$ und $v_1^{(i)} > 0$ für wenigstens ein i erhält (so dass also die Anzahl der Summanden für jede der Primzahlen p_i die gleiche Zahl s ist und für wenigstens eine der Primzahlen p_i nur Summanden $\neq \{0\}$ erscheinen).
Für $1 \leq j \leq s$ setzen wir dann $d_j = \prod_{i=1}^{k} p_i^{v_j^{(i)}}$. Dann gilt $d_1 \mid \ldots \mid d_s$ und

$$\mathbb{Z}/d_j\mathbb{Z} \cong \mathbb{Z}/p_1^{v_j^{(1)}} \mathbb{Z} \oplus \cdots \oplus \mathbb{Z}/p_k^{v_j^{(k)}} \mathbb{Z},$$

also $A \cong \mathbb{Z}/d_1\mathbb{Z} \oplus \ldots \oplus \mathbb{Z}/d_s\mathbb{Z}$.

Für die Eindeutigkeit betrachten wir wieder zunächst die Zerlegung gemäß a), die wir jetzt als

$$A \cong \left(\bigoplus_{j_1=1}^{s_1} \mathbb{Z}/p_1^{v_{j_1}^{(1)}} \mathbb{Z} \right) \oplus \cdots \oplus \left(\bigoplus_{j_k=1}^{s_k} \mathbb{Z}/p_k^{v_{j_k}^{(k)}} \mathbb{Z} \right)$$

mit $0 < v_1^{(i)} \leq \cdots \leq v_{s_i}^{(i)} =: \mu_i$ für $1 \leq i \leq k$ schreiben.

Für $p = p_i$ ist die p-Komponente $\bigoplus_{j_i=1}^{s_i} \mathbb{Z}/p_i^{\nu_{j_i}^{(1)}}\mathbb{Z}$ dieser Zerlegung gleich $\{a \in A \mid p_i^\mu a = 0\}$ und damit ohne Bezug auf die betrachtete Zerlegung eindeutig durch A festgelegt; man sieht letzteres auch daran, dass diese p-Komponente eine p-Sylowgruppe von A ist und es in einer abelschen Gruppe A zu jedem $p \mid\mid A\mid$ nur eine p-Sylowgruppe gibt. Wir können uns also auf den Fall beschränken, dass die Ordnung der Gruppe A eine Potenz einer einzigen Primzahl p ist.

Die Zerlegung ist dann von der etwas einfacheren Gestalt

$$A \cong \bigoplus_{j=1}^{s} \mathbb{Z}/p^{\nu_j}\mathbb{Z} \quad \text{mit } 0 < \nu_1 \le \cdots \le \nu_s.$$

Man überlege sich als Übung, dass dann

$$p^s = \mid {}_pA\mid := \mid\{a \in A \mid pa = 0\}\mid$$

gilt und daher die Anzahl s der Summanden unabhängig von der Wahl der Zerlegung ist.

Wir beenden den Eindeutigkeitsbeweis der Zerlegung in a) dann durch Induktion nach der Ordnung von A, wobei wir uns weiter auf A beschränken, deren Ordnung eine Potenz der fixierten Primzahl p ist:

Der Induktionsanfang ist offenbar trivial. Wir nehmen an, die Eindeutigkeit sei für abelsche Gruppen von kleinerer p-Potenz-Ordnung gezeigt. Da p^{ν_1} die kleinste Potenz p^ν von p ist, für die die Untergruppe $p^\nu A$ sich in weniger Summanden zerlegt als A, ist damit auch ν_1 eindeutig bestimmt.

Ist $s - r$ die (eindeutig feststehende) Anzahl der von $\{0\}$ verschiedenen Summanden in einer Zerlegung der Untergruppe

$$p^{\nu_1}A \cong \bigoplus_{j=2}^{s} \mathbb{Z}/p^{\nu_j - \nu_1}\mathbb{Z},$$

so ist zunächst r gleich der Anzahl der j mit $\nu_j = \nu_1$, also liegt auch diese Anzahl eindeutig fest.

Da auch die Folge der $\nu_j - \nu_1$ für $j > r$ nach der Induktionsannahme (angewendet auf $p^{\nu_1}A$) unabhängig von der Wahl der Zerlegung ist, ist schließlich das ganze s-Tupel $(\nu_1, \ldots, \nu_s)$ unabhängig von der Wahl der Zerlegung.

Für den Beweis der Eindeutigkeit der in b) betrachteten Zerlegung geht man ähnlich vor. Bei jeder Zerlegung dieses Typs ist d_1 durch wenigstens eine Primzahl p teilbar. Für jedes solche p ist dann wie oben

$$p^s = \mid {}_pA\mid := \mid\{a \in A \mid pa = 0\}\mid,$$

und für jede Primzahl $p' \mid\mid A\mid$ mit $p' \nmid d_1$ ist

$$\mid {}_{p'}A\mid = \mid\{a \in A \mid p'a = 0\}\mid \le (p')^{s-1}.$$

Die Anzahl s der in der Zerlegung vorkommenden Summanden ist also das Maximum der Zahlen $\log_p(|_pA|)$ für die $p \mid |A|$ und damit unabhängig von der Wahl der Zerlegung.

d_1 ist dann der ggT aller d, für die dA weniger Faktoren hat als A, also ist auch d_1 eindeutig bestimmt. Ist $s - r$ die Anzahl der Summanden in einer Zerlegung der Untergruppe d_1A, so ist r die Anzahl der $d_i = d_1$. Ein Induktionsargument wie oben zeigt dann, dass die $d_{r+1}/d_1, \ldots, d_s/d_1$ als die Ordnungen der in der Zerlegung von d_1A vorkommenden Summanden eindeutig bestimmt sind, so dass zu guter Letzt auch die d_j eindeutig bestimmt (d. h., unabhängig von der gewählten Zerlegung) sind. □

Beispiel 7.10 In Aufgabe 4.12 haben wir gezeigt, dass

$$\mathbb{Z}/m_1\mathbb{Z} \times \mathbb{Z}/m_2\mathbb{Z} \cong \mathbb{Z}/\mathrm{ggT}(m_1, m_2)\mathbb{Z} \times \mathbb{Z}/\mathrm{kgV}(m_1, m_2)\mathbb{Z}$$

für $m_1, m_2 \in \mathbb{N}$ gilt. Die rechte Seite dieser Isomorphie ist die Darstellung aus b) des vorigen Satzes, da $\mathrm{ggT}(m_1, m_2)$ offensichtlich ein Teiler von $\mathrm{kgV}(m_1, m_2)$ ist. Verfolgt man den oben gegebenen Beweis für die Zerlegung nach b), so erhält man einen erneuten Beweis für die Aussage dieser Übungsaufgabe.

Auch abelsche Gruppen, die nicht endlich sind, kann man in ähnlicher Weise wie in den beiden vorigen Sätzen in eine direkte Summe zyklischer Gruppen zerlegen, sofern sie wenigstens endlich erzeugt sind:

Satz 7.11 (Hauptsatz über endlich erzeugte abelsche Gruppen) *Sei A eine endlich erzeugte abelsche Gruppe. Dann gilt:*

a) *Ist A torsionsfrei, so ist $A \cong \mathbb{Z} \times \ldots \times \mathbb{Z}$, und die Anzahl r der vorkommenden Faktoren $\mathbb{Z}$ ist eindeutig bestimmt; sie heißt der* Rang $\mathrm{rg}(A)$ *von A.*

b) *Ist A torsionsfrei und $B \leq A$ eine Untergruppe, so ist $s = \mathrm{rg}(B) \leq \mathrm{rg}(A) = r$, und es gibt eine Zerlegung $A = A_1 \oplus \ldots \oplus A_r$ mit $A_i \cong \mathbb{Z}$ und eindeutig bestimmte $d_1, \ldots, d_s \in \mathbb{N}$ mit $d_1 \mid d_2 \mid \ldots \mid d_s$, so dass $B = d_1A_1 \oplus \ldots \oplus d_sA_s$ gilt.*

c) *A hat eine Zerlegung $A \cong \mathbb{Z}^r \oplus A_{\mathrm{tor}}$ mit eindeutig bestimmtem r; dieses r heißt der* Rang *von A.*

Beweis Dieser Satz ist Spezialfall eines allgemeineren Satzes für Moduln über Hauptidealringen (des Elementarteilersatzes); wir werden ihn in einem ergänzenden Abschnitt am Ende dieses Kapitels in diesem allgemeineren Kontext beweisen. □

Bemerkung Wir nennen Elemente $a_1, \ldots, a_r$ unendlicher Ordnung einer abelschen Gruppe A eine Basis von A, wenn

$$A \cong \langle a_1 \rangle \oplus \cdots \oplus \langle a_r \rangle$$

gilt, äquivalent dazu ist, dass sich jedes Element $a \in A$ eindeutig als

$$a = \sum_{j=1}^{r} n_j a_j \quad \text{mit } n_j \in \mathbb{Z}$$

schreiben lässt. Offenbar kann eine solche Basis nur für torsionsfreie abelsche Gruppen existieren.

Teil b) des Hauptsatzes lässt sich dann auch so ausdrücken:

Es gibt eine Basis $(a_1, \ldots, a_r)$ *von A und eindeutig bestimmte* $d_1, \ldots, d_s \in \mathbb{N}$ *(s ≤ r) mit* $d_1 \mid d_2 \mid \ldots \mid d_s$, *so dass* $(d_1 a_1, \ldots, d_s a_s)$ *eine Basis von B ist.*

In dieser Version sieht man, dass der Satz die in dieser Situation gültige Form des Basisergänzungssatzes der linearen Algebra ist, nach dem man jede Basis eines Untervektorraums U des K-Vektorraums V zu einer Basis von V ergänzen kann. Für eine Untergruppe B einer (torsionsfreien) abelschen Gruppe A ist eine solche Basisergänzung im Allgemeinen nicht möglich, es gibt im Allgemeinen sogar überhaupt keine Basis von B, die Teilmenge einer Basis von A ist. Man kann aber immerhin eine Basis von B finden, die aus geeigneten Vielfachen von Elementen einer Basis von A besteht. Das nachfolgende Beispiel zeigt, dass es zwar eine solche Basis von B gibt, dass aber nicht jede Basis von B diese Eigenschaft hat.

Beispiel 7.12 Sei $A = \mathbb{Z}^2$, $B = \left\{ \binom{x_1}{x_2} \in \mathbb{Z}^2 \mid x_1 + x_2 \in 2\mathbb{Z} \right\}$ die Untergruppe der Vektoren mit gerader Summe der Koeffizienten.

Man überzeugt sich leicht, dass $(\mathbf{e}_1 - \mathbf{e}_2, \mathbf{e}_1 + \mathbf{e}_2)$ eine Basis von B ist. Da genau dann $n(\mathbf{e}_1 \pm \mathbf{e}_2) \in \mathbb{Z}^2$ ist, wenn $n \in \mathbb{Z}$ ist, besteht diese Basis nicht aus Vielfachen einer Basis von A (da man in $\mathbb{Z}$ nicht dividieren kann, gibt es in $\mathbb{Z}^2$ echte Untergruppen, die auch eine Basis aus 2 Elementen haben – im Gegensatz zur Situation bei Vektorräumen über einem Körper).

Dagegen erhält man mit $\mathbf{a}_1 = \mathbf{e}_1$, $\mathbf{a}_2 = \mathbf{e}_1 - \mathbf{e}_2$ eine Basis von A, für die $(2\mathbf{a}_1, \mathbf{a}_2)$ eine Basis von B ist.

7.2 Charaktergruppe

Nachdem wir nun die Klassifikation der endlich erzeugten abelschen Gruppen abgeschlossen haben, kommen wir zum zweiten Thema dieses Kapitels, den Charakteren abelscher Gruppen.

Definition 7.13 *Sei G eine abelsche Gruppe. Ein* Charakter *von G ist ein Homomorphismus*

$$\chi : G \to \mathbb{C}^\times = \mathbb{C} \setminus \{0\}$$

mit $\chi(G) \subseteq S^1 = \{ z \in \mathbb{C} \mid |z| = 1 \}$.

Die Menge der Charaktere von G bildet mit der Multiplikation

$$(\chi_1\chi_2)(g) = \chi_1(g)\chi_2(g) \quad \forall g \in G$$

eine abelsche Gruppe mit neutralem Element $\chi_0(g) \equiv 1$ (χ_0 heißt der triviale Charakter), die Charaktergruppe $\widehat{G}$.

Bemerkung

a) Obwohl die Charaktergruppe offensichtlich eine abelsche Gruppe ist, wird sie immer multiplikativ geschrieben, da ihre Verknüpfung durch Rückführung auf die Multiplikation in $\mathbb{C}$ definiert wurde.

b) Ist $\varphi : G \to H$ ein Homomorphismus von Gruppen, so erhält man durch $\chi \mapsto \chi \circ \varphi$ (Zurückziehen des Charakters χ von H auf G mittels φ) einen Gruppenhomomorphismus $\varphi^* : \widehat{H} \to \widehat{G}$, der injektiv ist, wenn φ surjektiv ist.

c) Ist die Gruppe G nicht abelsch, so faktorisieren nach Teil c) von Beispiel 5.32 alle Charaktere von G über die Faktorkommutatorgruppe $G^{ab} = G/[G,G]$, die Charaktergruppe von G ist daher natürlich isomorph zu der von G^{ab}. Es reicht daher, sich im Folgenden auf Charaktere von abelschen Gruppen zu beschränken.

d) Mitunter wird auch die Anforderung $\chi(G) \subseteq S^1$ in der Definition des Begriffs Charakter fortgelassen, Charaktere χ mit $\chi(G) \subseteq S^1$ nennt man dann *unitäre Charaktere*. Verwendet man die oben gegebene Definition, so nennt man hingegen beliebige Homomorphismen $\chi : G \to \mathbb{C}^\times$ *Quasicharaktere*.

Da wir uns im weiteren auf endliche abelsche Gruppen konzentrieren werden und für deren Charaktere die genannte Bedingung automatisch gilt (siehe das folgende Lemma), ist die Unterscheidung für uns unerheblich.

e) Dass Charaktere abelscher Gruppen wichtige Anwendungen haben, haben die LeserInnen bereits in den Grundvorlesungen über Analysis gesehen: Für jedes $y \in \mathbb{R}$ ist die Abbildung

$$\chi_y : x \mapsto \exp(2\pi \mathrm{i} x y)$$

ein Charakter der abelschen Gruppe $(\mathbb{R}, +)$, und diese Charaktere spielen die zentrale Rolle in der Theorie der Fouriertransformation.

Ebenso ist für jedes $n \in \mathbb{Z}$ die Abbildung $\chi_n : x \bmod \mathbb{Z} \mapsto \exp(2\pi \mathrm{i} n x)$ ein Charakter der abelschen Gruppe $(\mathbb{R}/\mathbb{Z}, +)$. Periodische Funktionen auf $\mathbb{R}$ mit Periode 1 sind nichts anderes als Funktionen auf $\mathbb{R}/\mathbb{Z}$, und in der Theorie der Entwicklung periodischer Funktionen in Fourier'sche Reihen spielen die Charaktere χ_n die zentrale Rolle.

In der Tat kann man in beiden Fällen zeigen, dass man mit den aufgeführten Charakteren bereits die volle Charaktergruppe hat, wenn man in der Definition eines Charakters noch zusätzlich Stetigkeit fordert. Da die durch $y \mapsto \chi_y$ gegebene Abbildung $(\mathbb{R}, +) \to \widehat{\mathbb{R}}$ ein injektiver Homomorphismus ist, ist die Gruppe der stetigen Charaktere von $\mathbb{R}$ also zu $\mathbb{R}$ isomorph. Genauso sehen wir, dass die Gruppe der stetigen Charaktere von $\mathbb{R}/\mathbb{Z}$ zu $\mathbb{Z}$ isomorph ist.

f) Die Charaktergruppe $\widehat{G}$ der abelschen Gruppe G nennt man auch die zu G *duale Gruppe*, sie spielt eine ähnliche Rolle wie der Dualraum eines Vektorraums in der linearen Algebra. Ist etwa V ein $\mathbb{R}$-Vektorraum und $f : V \to \mathbb{R}$ eine Linearform auf V, so wird durch $\chi_f(v) := \exp(2\pi \mathrm{i} f(v))$ ein Charakter χ_f der abelschen Gruppe $(V, +)$ definiert, und die durch $f \mapsto \chi_f$ gegebene Abbildung $V^* \to \widehat{V}$ des Dualraums V^* in die Charaktergruppe $\widehat{V}$ ist wieder ein injektiver Homomorphismus. Auch hier kann man zeigen, dass sein Bild für endlich-dimensionales V die Gruppe der stetigen Charaktere von $(V, +)$ ist.

Im Rest dieses Kapitels wollen wir uns mit der bemerkenswerten Tatsache beschäftigen, dass man für die Charaktere endlicher abelscher Gruppen eine Theorie aufstellen kann, die ganz ähnlich wie die Fourier'sche Theorie in der Analysis aussieht; wegen dieser Analogie heißt sie *diskrete Fourieranalysis* oder Theorie der *diskreten Fouriertransformation*. Diese Theorie findet unter anderem in der Bild- und Signalverarbeitung wichtige Anwendungen.

Als ersten Schritt wollen wir die Charaktergruppe einer endlichen abelschen Gruppe explizit bestimmen.

Lemma 7.14 *Sei G eine Gruppe vom Exponenten m und $\chi : G \to \mathbb{C}^\times$ ein Homomorphismus. Dann ist $\chi(G)$ in der Gruppe*

$$\mu_m = \{ z \in \mathbb{C} \mid z^m = 1 \}$$

der m-ten Einheitswurzeln *enthalten.*

Inbesondere ist $\chi(G) \subseteq \mu_n$, wenn G eine endliche Gruppe der Ordnung n ist.

Beweis Für alle $g \in G$ ist $g^m = e$ und daher

$$(\chi(g))^m = \chi(g^m) = \chi(e) = 1. \qquad \qquad \square$$

Beispiel 7.15 Die Klein'sche Vierergruppe $V_4 = \{\mathrm{Id}, a, b, c\}$ (Beispiel 5.7) hat Exponenten 2, also ist $\chi(V_4) \subseteq \{\pm 1\}$ für alle Charaktere χ von V_4. Ferner hat man $\chi(\mathrm{Id}) = 1$ und $\chi(c) = \chi(ab) = \chi(a)\chi(b)$ für alle Charaktere χ von V_4, und es bleiben (durch beliebiges Festlegen von $\chi(a) \in \{\pm 1\}, \chi(b) \in \{\pm 1\}$) vier Möglichkeiten für Charaktere von V_4. Man prüft nach, dass alle vier Möglichkeiten (mit $\chi(\mathrm{Id}) = 1$ und $\chi(c) = \chi(ab) = \chi(a)\chi(b)$ wie oben) Charaktere liefern, die Charaktergruppe hat also ebenfalls Ordnung 4.

Satz 7.16

a) *Sei $n \in \mathbb{N}$ und $A = \mathbb{Z}/n\mathbb{Z}$. Dann ist die Charaktergruppe $\widehat{A}$ ebenfalls zyklisch von der Ordnung n und wird von dem Charakter χ_1 mit*

$$\chi_1(\bar{j}) = \exp\left(\frac{2\pi \mathrm{i} j}{n}\right) = \zeta_n^j \text{ mit } \zeta_n := \exp\left(\frac{2\pi \mathrm{i}}{n}\right)$$

erzeugt.

b) *Sei A eine endliche abelsche Gruppe. Dann ist $\widehat{A} \cong A$.*

Beweis a) Nach dem vorigen Lemma ist $\chi(A) \subseteq \mu_n$. Die Abbildung $f : \chi \mapsto \chi(\bar{1})$ ist dann (weil χ durch seinen Wert auf dem Erzeuger $\bar{1}$ bestimmt ist) ein injektiver Homomorphismus $\widehat{A} \to \mu_n$ von A in die Gruppe der n-ten Einheitswurzeln, wobei

$$\mu_n = \{\zeta_n = e^{\frac{2\pi i}{n}}, \ldots, \zeta_n^{n-1} = e^{2\pi i \frac{n-1}{n}}, \zeta_n^n = 1\}$$

(mit $i := \sqrt{-1}$) gilt.

μ_n ist daher ebenfalls eine zyklische Gruppe der Ordnung n mit Erzeuger ζ_n, also $\mu_n \cong \mathbb{Z}/n\mathbb{Z}$. Also ist $f : \widehat{A} \to \mu_n$ ein Isomorphismus und damit $\widehat{A} \cong \mathbb{Z}/n\mathbb{Z} = A$ zyklisch von der Ordnung n mit Erzeuger $\chi_1 = f^{-1}(\zeta_n)$.

   b) Ist $A = H_1 \oplus \cdots \oplus H_r$, so ist die Abbildung

$$\chi \mapsto (\chi|_{H_1}, \ldots, \chi|_{H_r})$$

offenbar ein Isomorphismus

$$\widehat{A} \to \widehat{H}_1 \times \ldots \times \widehat{H}_r.$$

Nach Satz 7.8 ist A eine direkte Summe zyklischer Gruppen, die Behauptung folgt also aus a). □

Bemerkung

a) Für eine abelsche Gruppe A, die nicht endlich ist, gilt die Aussage b) des Satzes im Allgemeinen nicht, so ist etwa die Gruppe der (unitären) Charaktere von $\mathbb{Z}$ isomorph zu $\mathbb{R}/\mathbb{Z}$ (die Charaktere sind die Abbildungen $n \mapsto \exp(2\pi i n a)$ für $a \in \mathbb{R}$).

b) Der explizit angegebene Isomorphismus im zyklischen Fall hing von der Auswahl des Erzeugers $\bar{1}$ von $Z/n\mathbb{Z}$ ab, ist also nicht kanonisch; damit ist auch die Isomorphie $\widehat{A} \cong A$ nicht kanonisch, sondern von Auswahlen abhängig. Dies ist ähnlich wie bei der nicht kanonischen Isomorphie eines endlich dimensionalen Vektorraums mit seinem Dualraum in der linearen Algebra. Ebenfalls ganz analog erhält man aber eine kanonische Isomorphie von A mit der Charaktergruppe von $\widehat{A}$:

Korollar 7.17 *Ist A eine endliche abelsche Gruppe, so wird durch*

$$i : a \mapsto i(a) = \tilde{a} \text{ mit } \tilde{a}(\chi) := \chi(a)$$

ein kanonischer Isomorphismus

$$i : A \to \widehat{(\widehat{A})}$$

gegeben.

Beweis Zunächst ist $i(a)$ für alle $a \in A$ ein Charakter von $\widehat{A}$, weil $i(a)(\chi_1\chi_2) = (\chi_1\chi_2)(a) = \chi_1(a)\chi_2(a) = (i(a)(\chi_1))(i(a)(\chi_2))$ für alle $\chi_1, \chi_2 \in \widehat{A}$ gilt.

Für $a, b \in A$ und $\chi \in \widehat{A}$ haben wir ferner $i(a + b)(\chi) = \chi(a + b) = \chi(a)\chi(b) = i(a)(\chi)i(b)(\chi)$, also gilt $i(a + b) = i(a)i(b)$ für alle $a, b \in A$, die Abbildung i ist also ein Homomorphismus von A in $\widehat{(\widehat{A})}$.

Die Abbildung ist injektiv, denn ist $a \in \text{Ker}(i)$, so ist $\chi(a) = 1$ für alle $\chi \in \widehat{A}$. Der Beweis von Satz 7.16 zeigt aber, dass es für ein Element $a \neq 0$ von A wenigstens einen Charakter χ von A mit $\chi(a) \neq 1$ gibt (man sieht das zunächst für zyklische Gruppen und folgert es dann für beliebiges A mit Hilfe der Zerlegung in ein direktes Produkt zyklischer Gruppen).

Da wir nach Satz 7.16 bereits wissen, dass A und $\widehat{(\widehat{A})}$ die gleiche Ordnung haben, muss die Abbildung dann sogar bijektiv sein, ist also ein Isomorphismus. □

Der folgende recht einfache Satz ist der Dreh- und Angelpunkt für alles weitere in diesem Kapitel, er beruht auf der wohl bekannten Formel für die Partialsummen der geometrischen Reihe.

Satz 7.18 *Sei G eine endliche abelsche Gruppe. Dann gilt*

a) *Ist $\chi \in \widehat{G}$ ein Charakter von G, so ist*

$$\sum_{g \in G} \chi(g) = \begin{cases} |G| & \text{falls } \chi = \chi_0 = 1 \\ 0 & \text{sonst.} \end{cases}$$

b) *Ist $g \in G$, so ist*

$$\sum_{\chi \in \widehat{G}} \chi(g) = \begin{cases} |G| & \text{falls } g = 0 \\ 0 & \text{sonst.} \end{cases}$$

Beweis Zerlegt man G als $G = C_1 \oplus \cdots \oplus C_r$ in eine direkte Summe zyklischer Gruppen $C_1, \ldots, C_r$, so wird

$$\sum_{g \in G} \chi(g) = \left(\sum_{g_1 \in C_1} \chi(g_1) \right) \cdots \left(\sum_{g_r \in C_r} \chi(g_r) \right)$$

und

$$\sum_{\chi \in \widehat{G}} \chi(g) = \left(\sum_{\chi_1 \in \widehat{C_1}} \chi_1(g) \right) \cdots \left(\sum_{\chi_r \in \widehat{C_r}} \chi_r(g) \right),$$

es reicht also, die Behauptung für zyklisches G zu beweisen.

Wir können also $G = \mathbb{Z}/n\mathbb{Z}$ mit $n \in \mathbb{N}$ annehmen. Für a) setzen wir $\chi(\bar{1}) = z \in \mathbb{C}$ und haben

$$\sum_{g \in G} \chi(g) = \sum_{j=0}^{n-1} \chi(\bar{j}) = \sum_{j=0}^{n-1} z^j = \begin{cases} \frac{z^n-1}{z-1} & \text{falls } z \neq 1 \\ n & \text{falls } z = 1. \end{cases}$$

Wegen $z^n = \chi(\bar{n}) = \chi(\bar{0}) = 1$ und weil $z = 1$ genau dann gilt, wenn $\chi = \chi_0$ ist, folgt die Behauptung a).

Für b) können wir a) und den kanonischen Isomorphismus $G \cong \widehat{(\widehat{G})}$ benutzen oder direkt so argumentieren:

$\widehat{G} \cong G$ ist zyklisch, erzeugt von einem Element χ_1 mit $\chi_1(\bar{1}) =: \zeta = e^{\frac{2\pi i}{n}}$, also $\chi_1(\bar{j}) \neq 1$ für $\bar{j} \neq \bar{0}$.

Dann ist

$$\sum_{\chi \in \widehat{G}} \chi(\bar{j}) = \sum_{k=0}^{n-1} (\chi_1(\bar{j}))^k = \sum_{k=0}^{n-1} (\zeta^j)^k$$

$$= \begin{cases} \frac{\zeta^{jn}-1}{\zeta^j-1} & \text{falls } \bar{j} \neq \bar{0} \\ n & \text{falls } \bar{j} = \bar{0}, \end{cases}$$

und wegen $\zeta^n = 1$ folgt die Behauptung. $\qquad\square$

Bemerkung

a) Aussage a) des vorigen Satzes kann man kurz und elegant auch so beweisen: Für jedes $h \in G$ ist

$$\chi(h) \sum_{g \in G} \chi(g) = \sum_{g \in G} \chi(g+h) = \sum_{g' \in G} \chi(g').$$

Ist $\chi \neq \chi_0$ so gibt es ein $h \in G$ mit $\chi(h) \neq 1$ und aus obiger Gleichungskette folgt $\sum_{g \in G} \chi(g) = 0$. Analog kann man für b) argumentieren, wenn man zunächst zeigt, dass es zu jedem $g \neq 0$ ein $\chi \in \widehat{G}$ mit $\chi(g) \neq 1$ gibt.

Der oben gegebene Beweis zeigt vielleicht etwas direkter, warum die Summe $\sum_{g \in G} \chi(g)$ für $\chi \neq \chi_0$ den Wert 0 liefert.

b) Setzt man für eine endliche abelsche Gruppe

$$\langle \chi_1, \chi_2 \rangle := \frac{1}{|G|} \sum_{g \in G} \chi_1(g) \overline{\chi_2(g)},$$

für $\chi_1, \chi_2 \in \widehat{G}$, so folgt aus dem vorigen Satz die *Orthogonalitätsrelation*

$$\langle \chi_1, \chi_2 \rangle = \begin{cases} 1 & \chi_1 = \chi_2 \\ 0 & \chi_1 \neq \chi_2. \end{cases}$$

Diese Orthogonalitätsrelation ist das diskrete Analogon eines aus der Grundvorlesung Analysis bekannten Sachverhalts:

Betrachtet man auf dem Raum der komplexwertigen quadratintegrierbaren Funktionen (modulo Gleichheit außerhalb einer Nullmenge) auf dem Einheitsintervall $[0,1]$ das Skalarprodukt

$$\langle f, g \rangle := \int_0^1 f(x)\overline{g(x)}dx,$$

so bilden die für $n \in \mathbb{Z}$ durch $f_n(x) := \exp(2\pi i n x)$ gegebenen Funktionen $[0,1]$ ein Orthonormalsystem.

c) Für eine nicht notwendig abelsche endliche Gruppe G und eine lineare Darstellung $\rho : G \to \mathrm{GL}_n(\mathbb{C})$ $(n \in \mathbb{N})$ betrachtet man die Abbildung

$$\chi_\rho : G \to \mathbb{C}$$
$$\chi_\rho(g) := \mathrm{tr}(\rho(g)),$$

wobei $\mathrm{tr}(\rho(g))$ die Spur der Matrix $\rho(g)$ ist.

Diese Abbildung χ_ρ ist in der Regel nicht multiplikativ, heißt aber in der Gruppentheorie ein Charakter der Gruppe G (der Charakter der Darstellung ρ), dieser heißt irreduzibel, wenn die Darstellung ρ irreduzibel ist, d. h., wenn $\mathbb{C}^n$ keinen unter allen $\rho(g)$ invarianten Teilraum außer den trivialen Teilräumen $\{0\}$ und $\mathbb{C}^n$ hat.

Für die irreduziblen Charaktere einer endlichen Gruppe G gilt eine ähnliche Orthogonalitätsrelation wie in a).

7.3 Diskrete Fouriertransformation

Nach diesen Vorbereitungen (die natürlich auch eigenständige Bedeutung haben) kommen wir zu den angekündigten Anwendungen in der Theorie der diskreten Fouriertransformation. Um den Vergleich mit den Ergebnissen über die klassische (kontinuierliche) Fouriertransformation aus der Analysis zu erleichtern, rufen wir diese kurz in Erinnerung. Wir zitieren dabei aus dem Lehrbuch *Analysis 2*[1] von K. Königsberger, Kap. 10.

Definition 7.19 *Sei $f \in \mathcal{L}^1(\mathbb{R}^n)$, also $f : \mathbb{R}^n \to \mathbb{R}$ eine Funktion, für die $|f|$ integrierbar ist. Dann ist die* Fourier-Transformierte *zu f die Funktion $\hat{f} : \mathbb{R}^n \to \mathbb{C}$ mit*

$$\hat{f}(x) := \frac{1}{(2\pi)^{n/2}} \int_{\mathbb{R}^n} f(t)e^{-i\langle x,t\rangle}dt, \qquad x \in \mathbb{R}^n, \tag{7.1}$$

wobei $\langle \cdot, \cdot \rangle$ das Standardskalarprodukt im $\mathbb{R}^n$ bezeichnet.

---

[1] K. Königsberger: Analysis 2, Springer-Verlag, 5. Auflage 2004.

Satz 7.20 (Fourierscher Umkehrsatz) *Es sei* $f \in \mathcal{L}^1(\mathbb{R}^n)$ *eine Funktion, deren Fourier-Transformierte ebenfalls zu* $\mathcal{L}^1(\mathbb{R}^n)$ *gehört. Dann gilt fast überall*

$$f(t) = \frac{1}{(2\pi)^{n/2}} \int_{\mathbb{R}^n} \hat{f}(x) e^{i\langle x,t\rangle} dt; \tag{7.2}$$

kurz $\hat{\hat{f}}(t) = f(-t)$. *Gleichheit besteht in jedem Punkt* $t \in \mathbb{R}^n$, *in dem* f *stetig ist.*

Definition und Satz 7.21 (Faltung) *Seien* $f, g \in \mathcal{L}^1(\mathbb{R}^n)$. *Dann ist die Faltung (Konvolution)* $f * g$ *definiert durch*

$$(f * g)(y) = \int_{\mathbb{R}^n} f(x)g(y-x)dx, \tag{7.3}$$

(fortgesetzt durch 0 in den Punkten y *der Nullmenge, in der das Integral nicht existiert).*
    Es gilt die Faltungsregel

$$\widehat{f * g} = (2\pi)^{n/2} \hat{f} \cdot \hat{g} \tag{7.4}$$

Satz 7.22 (Poisson'sche Summenformel) *Sei* $f \in \mathcal{L}^1(\mathbb{R})$ *eine stetige Funktion. Sowohl* f *als auch* $\hat{f}$ *mögen eine Abklingbedingung*

$$|f(x)| \le \frac{c}{|x|^{1+\varepsilon}}, \quad |\hat{f}(x)| \le \frac{C}{|x|^{1+\eta}} \quad (c, C, \varepsilon, \eta > 0) \tag{7.5}$$

erfüllen.
    Dann gilt für positive $T, \hat{T}$ *mit* $T\hat{T} = 2\pi$

$$\sqrt{T} \sum_{n=-\infty}^{\infty} f(nT) = \sqrt{\hat{T}} \sum_{k=-\infty}^{\infty} \hat{f}(k\hat{T}). \tag{7.6}$$

Nach dieser Erinnerung an die Analysis können wir uns daran machen, die entsprechenden Definitionen und Sätze für die diskrete Fouriertransformation zu formulieren und zu beweisen.

Definition 7.23 *Sei* $(A, +)$ *eine endliche abelsche Gruppe,* $f : A \to \mathbb{C}$ *eine Funktion.*
    Die Fourier-Transformierte $\hat{f}$ *von* f *ist die Funktion* $\hat{f} : \hat{A} \to \mathbb{C}$, *die durch*

$$\hat{f}(\chi) := \sum_{a \in A} \overline{\chi}(a)f(a)$$

definiert ist.

Bemerkung Ist $A = \mathbb{Z}/n\mathbb{Z}$, so ist $\widehat{A} = \langle \chi_1 \rangle$, wo

$$\chi_1(\bar{j}) = e^{2\pi i \frac{j}{n}} \quad \text{für } 1 \le j \le n$$

gilt. Wir haben dann

$$\hat{f}(\chi_1^y) = \sum_{x=0}^{n-1} \exp\left(-2\pi i \frac{xy}{n}\right) f(\overline{x}),$$

was an die Fourier-Transformation

$$\hat{f}(y) = \int_{-\infty}^{\infty} f(x) e^{-2\pi i x y} dx$$

erinnert.

Die diskrete Fourier-Transformation ist ein in vielen Anwendungen (z. B. Signalverarbeitung) benutztes Verfahren.

Lemma 7.24 *Sei A eine endliche abelsche Gruppe, $B \subseteq A$ eine Untergruppe, $\widehat{A}^B := \{\chi \in \widehat{A} \mid \chi|_B = 1\}$ der Annullator von B in A.*

Dann wird durch

$$\widehat{A/B} \ni \psi \mapsto \chi_\psi \in \widehat{A}$$

$$\chi_\psi(a) = \psi(a + B)$$

ein Isomorphismus $\widehat{A/B} \to \widehat{A}^B$ gegeben.

Beweis Offenbar ist χ_ψ ein Charakter mit $\chi_\psi|_B = 1$, also $\chi_\psi \in \widehat{A}^B$.

Ist umgekehrt $\chi \in \widehat{A}^B$, so definiert man $\psi_\chi : A/B \to \mathbb{C}^\times$ durch

$$\psi_\chi(a + B) = \chi(a).$$

Das ist wegen $\chi|_B = 1$ wohldefiniert und offenbar ein Charakter von A/B.

Man sieht, dass

$$\psi \mapsto \chi_\psi$$

$$\chi \mapsto \psi_\chi$$

zueinander inverse Bijektionen sind. Da beide Abbildungen offenbar Homomorphismen sind, sind sie Isomorphismen.   □

Satz 7.25 *Sei A eine endliche abelsche Gruppe. Dann gilt:*

a) *(Fourier'sche Umkehrformel)*
   Identifiziert man $\widehat{(\widehat{A})}$ mittels des Isomorphismus $\iota : A \to \widehat{(\widehat{A})}$ aus Korollar 7.17 mit A (also $\iota(a)(\chi) = \chi(a)$), so gilt

$$\hat{\hat{f}}(a) = |A| f(-a) \quad \text{für alle } a \in A$$

   für jede Funktion $f : A \to \mathbb{C}$.

b) (Poisson'sche Summenformel)

Sei $B \subseteq A$ eine Untergruppe, $\widehat{A}^B = \{\chi \in \widehat{A} \mid \chi|_B = 1\}$ der Annullator von B in $\widehat{A}$. Dann gilt

$$\frac{1}{|B|} \sum_{b \in B} f(b) = \frac{1}{|A|} \sum_{\psi \in \widehat{A}^B} \hat{f}(\psi).$$

c) (Faltung, Konvolution)

Definiert man die Faltung (Konvolution) $f_1 * f_2$ durch

$$(f_1 * f_2)(a) := \sum_{x \in A} f_1(a - x) f_2(x) \quad (a \in A)$$

für Funktionen $f_1, f_2 : A \to \mathbb{C}$, so gilt

$$\hat{f_1} \cdot \hat{f_2} = \widehat{f_1 * f_2}$$

für alle $f_1, f_2 : A \to \mathbb{C}$.

Beweis

a) Es ist

$$\hat{\hat{f}}(a) = \sum_{\psi \in \widehat{A}} \overline{\psi(a)} \hat{f}(\psi)$$

$$= \sum_{\psi \in \widehat{A}} \overline{\psi(a)} \sum_{x \in A} \overline{\psi}(x) f(x)$$

$$= \sum_{x \in A} \Big(\sum_{\overline{\psi} \in \widehat{A}} \overline{\psi}(x + a) \Big) f(x)$$

$$= |A| f(-a)$$

wegen

$$\sum_{\overline{\psi} \in \widehat{A}} \overline{\psi}(x + a) = \begin{cases} |A| & x + a = 0 \\ 0 & \text{sonst.} \end{cases}$$

b) Für $f : A \to \mathbb{C}$ setzen wir

$$f_B(a + B) = \sum_{b \in B} f(a + b)$$

und erhalten so eine Funktion $f_B : A/B \to \mathbb{C}$.

Für $\chi \in \widehat{A^B} \cong \widehat{A/B}$ ist

$$
\begin{aligned}
\widehat{f_B}(\chi) &= \sum_{a+B\in A/B} f_B(a+B)\overline{\chi}(a+B) \\
&= \sum_{a+B\in A/B} \sum_{b\in B} f(a+b)\overline{\chi}(a) \\
&= \sum_{a+B\in A/B} \sum_{b\in B} f(a+b)\overline{\chi}(a+b) \\
&= \sum_{x\in A} f(x)\overline{\chi}(x) = \widehat{f}(\chi).
\end{aligned}
$$

Die Umkehrformel für die Gruppe A/B liefert

$$
\begin{aligned}
f_B(a+B) &= \frac{|B|}{|A|} \sum_{\chi\in\widehat{A/B}} \widehat{f_B}(\chi)\overline{\chi}(-a+B) \\
&= \frac{|B|}{|A|} \sum_{\chi\in\widehat{A^B}} \widehat{f}(\chi)\chi(a),
\end{aligned}
$$

also

$$
\frac{1}{|B|} \sum_{b\in B} f(a+b) = \frac{1}{|A|} \sum_{\chi\in\widehat{A^B}} \widehat{f}(\chi)\chi(a) \quad \text{für alle } a \in A.
$$

Auswerten in $a = 0$ liefert die Behauptung.

c) Es ist

$$
\begin{aligned}
(\widehat{f_1 * f_2})(\chi) &= \sum_{a\in A} \overline{\chi}(a)(f_1 * f_2)(a) \\
&= \sum_{a\in A} \sum_{x\in A} \overline{\chi}(a)f_1(a-x)f_2(x) \\
&= \sum_{x\in A} \sum_{y\in A} \overline{\chi}(y)\overline{\chi}(x)f_1(y)f_2(x) \quad (y = a - x) \\
&= \widehat{f_1}(\chi)\widehat{f}_2(\chi). \qquad \qquad \qquad \square
\end{aligned}
$$

Korollar 7.26 *Sei $n \in \mathbb{N}$ und $A = \mathbb{Z}/n\mathbb{Z}$. Für eine Abbildung $f : A \to \mathbb{C}$ sei*

$$
P_f(X) := \sum_{j=0}^{n-1} f(\bar{j})X^j \in \mathbb{C}[X]
$$

und $\overline{P_f} \in \mathbb{C}[X]/(X^n - 1)$ die Klasse von P_f im Restklassenring $\mathbb{C}[X]/(X^n - 1)$.

   Mit $\zeta = e^{2\pi i/n}$ sei für $k \in \mathbb{Z}$ der Charakter $\chi_k \in \widehat{A}$ von $A = \mathbb{Z}/n\mathbb{Z}$ durch $\chi_k(\bar{j}) = \zeta^{kj}$ definiert.

Dann gilt:

a) *Für jede Abbildung $f : A \to \mathbb{C}$ ist*

$$\widehat{f}(\chi_k) = P_f(\zeta^{-k})$$

für alle $k \in \mathbb{Z}$.

b) *Sind $f, g : A \to \mathbb{C}$ Abbildungen, so ist*

$$\overline{P_{f*g}} = \overline{P_f} \cdot \overline{P_g}$$

im Restklassenring $\mathbb{C}[X]/(X^n - 1)$.

Beweis Übung. $\square$

Beispiel 7.27 Das vorige Korollar ist die Grundlage für ein Verfahren zur schnellen Multiplikation von Polynomen.

Überlegen wir dafür zunächst, wie viele Rechenoperationen man braucht, um zwei Polynome $P = \sum_{i=0}^{n-1} a_i X^i$, $Q = \sum_{j=0}^{n-1} b_j X^j$ modulo $X^n - 1$ bei direkter Umsetzung der Definition des Produktes von Polynomen zu multiplizieren: Ist $R := P \cdot Q = \sum_{k=0}^{2n-2} c_k X^k$, so ist bekanntlich $c_k = \sum_{i=0}^{n-1} a_i b_{k-i}$, wobei $b_j = 0$ für $j \geq n$ gesetzt wird. Zur Berechnung von c_k muss man also für $k \leq n - 1$ genau $k + 1$ Produkte berechnen und addieren, für $n - 1 < k \leq 2n - 2$ sind es genau $2n - 1 - k$ Produkte. Insgesamt müssen wir also $n + 2 \sum_{k=0}^{n-2}(k + 1) = n^2$ Produkte berechnen, wenn wir alle c_k bestimmen wollen. Geht man schließlich zur Restklasse von R modulo $X^n - 1$ über, so erhält man $\overline{R} = \sum_{k=0}^{n-1}(c_k + c_{k+n})X^k$.

Schreiben wir $P = P_f$, $Q = P_g$ mit Funktionen $f, g : \mathbb{Z}/n\mathbb{Z} \to \mathbb{C}$, die durch $f(\bar{j}) = a_j$, $g(\bar{j}) = b_j$ gegeben sind, so ist nach dem Korollar $P \cdot Q$ modulo $X^n - 1$ gleich dem Polynom P_{f*g}. Aus Satz 7.25 folgt, dass

$$(f * g)(-x) = (\widehat{\hat{f}} * \widehat{\hat{g}})(x) = \overline{(\widehat{f} \cdot \widehat{g})}(x)$$

für alle $x \in \mathbb{Z}/n\mathbb{Z}$ gilt (Übung).

Hat man $\widehat{f}$ und $\widehat{g}$ berechnet, so benötigt man zur Berechnung von $\widehat{f} \cdot \widehat{g}$ offensichtlich nur n Multiplikationen. Wenn es möglich ist, die Fouriertransformation einer beliebigen Funktion $h : \mathbb{Z}/n\mathbb{Z} \to \mathbb{C}$ schneller als in $O(n^2)$ Schritten zu berechnen, so hat man daher ein Verfahren, auch das Produkt von P und Q modulo $X^n - 1$ schneller als auf dem oben skizzierten direkten Weg zu berechnen; man berechnet nämlich zunächst $\widehat{f}$ und $\widehat{g}$, sodann $\widehat{f} \cdot \widehat{g}$ und schließlich $\overline{\widehat{f} \cdot \widehat{g}}$ und hat damit die Koeffizienten von $P \cdot Q$ modulo $X^n - 1$ bestimmt. In der Tat gibt es ein solches Verfahren, die *schnelle Fouriertransformation* (*Fast Fourier Transform, FFT*). Man kann zeigen, dass dieses Verfahren die Fouriertransformation mit $O(n \log(n))$ Additionen und $O(\frac{n}{2} \log(n))$ Multiplikationen mit $\zeta = \exp(\frac{2\pi i}{n})$ berechnet[2].

---

[2] Siehe z. B.: D. Knuth, The Art of Computer Programming, vol. 2, Addison Wesley, 3. Aufl. 1981, sowie J. v. z. Gathen und J. Gerhard: Modern Computer Algebra, Cambridge University Press, 2. Aufl. 2003.

7.4 Ergänzung: Moduln über Hauptidealringen

Das Material dieses Abschnitts wird manchmal bereits in der Vorlesung über lineare Algebra behandelt, wo es zum Beweis der Sätze über die Jordan'sche Normalform (oder allgemeiner der rationalen Normalform) einer Matrix nützlich ist. Da es sich im wesentlichen um eine ganzzahlige Version des Gauß'schen Eliminationsverfahrens handelt, gehört es auch thematisch in die lineare Algebra.

Definition 7.28 *Sei R ein Ring. Eine abelsche Gruppe $(M, +)$ mit einer Verknüpfung $\cdot : R \times M \to M$ heißt ein R-Modul, wenn gilt:*

a) $(ab)m = a(bm)$, $a, b \in R$, $m \in M$,
b) $a(m_1 + m_2) = am_1 + am_2$, $(a_1 + a_2)m = a_1 m + a_2 m$, $a, a_1, a_2 \in R$, $m, m_1, m_2 \in M$
c) $1 \cdot m = m$, $m \in M$

(Die Anforderung c) wird in der Literatur mitunter fortgelassen.)

Beispiel 7.29
a) Ist $R = K$ ein Körper, so sind die K-Moduln genau die K-Vektorräume.
b) Ist M irgendeine abelsche Gruppe, so wird M durch

$$a \cdot m := \begin{cases} \underbrace{m + \cdots + m}_{a\text{-mal}} & a \geq 0 \\ -\underbrace{(m + \cdots + m)}_{|a|\text{-mal}} & a < 0 \end{cases}$$

zu einem $\mathbb{Z}$-Modul.
Insbesondere wird $\mathbb{Z}/m\mathbb{Z}$ durch $a \cdot \overline{j} := \overline{aj}$ zu einem $\mathbb{Z}$-Modul.
Die Theorie der $\mathbb{Z}$-Moduln ist also das Gleiche wie die Theorie der abelschen Gruppen.
c) Sei K ein Körper, $R = M_n(K)$ der Ring der $n \times n$-Matrizen. Dann wird K^n durch die Verknüpfung $(A, \mathbf{x}) \mapsto A \cdot \mathbf{x}$ zu einem R-Modul.
d) Genauso wird ein K-Vektorraum V durch $(f, v) \mapsto f(v) \in V$ zu einem $\mathrm{End}(V)$-Modul.
e) Ist K ein Körper, $A \in M_n(K)$, so hat man den Einsetzungshomomorphismus $K[X] \to M_n(K)$, der durch $p \mapsto p(A)$ (Einsetzen von A in das Polynom f) definiert ist (siehe Lemma 0.12). Das vom Minimalpolynom μ_A von A erzeugte Ideal $I := (\mu_A)$ ist der Kern des Einsetzungshomomorphismus, der daher nach dem Homomorphiesatz über $K[X]/I$ faktorisiert. Der Vektorraum K^n wird dann durch $(p, \mathbf{x}) \mapsto p(A)\mathbf{x}$ zu einem $K[X]$-Modul bzw. durch $(p + I, \mathbf{x}) \mapsto p(A)\mathbf{x}$ zu einem $K[X]/I$-Modul. Genauso wird ein beliebiger K-Vektorraum mit einem Endomorphismus $f \in \mathrm{End}(V)$ durch $p \cdot v := p(f)(v)$ für $p \in K[X]$, $v \in V$ zu einem $K[X]$-Modul.
Mit Hilfe dieser Modulstruktur und der nachfolgenden Sätze lassen sich elegante Beweise der Sätze der linearen Algebra über die Jordan'sche Normalform bzw. über die

rationale Normalform von Matrizen über einem beliebigen Körper formulieren, siehe der folgende Abschnitt oder etwa das Lehrbuch *Lineare Algebra II* von F. Lorenz[3].

f) Umgekehrt ist jeder $K[X]$-Modul V auch ein K-Vektorraum, für den durch $f_X(v) :=$ $X \cdot v$ ein Endomorphismus $f_X \in \text{End}(V)$ definiert wird. Die Theorie der $K[X]$-Moduln für einen Körper K ist daher das Gleiche wie die Theorie der Paare (V, f) aus einem K-Vektorraum V und einem fixierten Endomorphismus f von V.

g) Ist R ein Integritätsbereich und M ein R-Modul, so definiert man analog zu Definition und Lemma 7.5 den Torsions-Untermodul $M_{\text{tor}} := \{m \in M \mid \text{es gibt } a \in R \smallsetminus \{0\} \text{ mit } a \cdot m = 0\}$ und analog zu Definition 7,1 den Annullator $\text{Ann}(M) := \{a \in R \mid a \cdot m = 0$ für alle $m \in M\}$.

Definition 7.30 *Sind* M, M' *zwei* R-*Moduln, so heißt* $f : M \to M'$ *ein* R-*Modulhomomorphismus, wenn gilt:*

a) $f(m_1 + m_2) = f(m_1) + f(m_2)$, $m_1, m_2 \in M$,
b) $f(am) = af(m)$ $a \in R, m \in M$.

Ist f *zusätzlich bijektiv, so heißt es* Isomorphismus von R-Moduln.

Beispiel 7.31 Ist $R = K$ Körper, so sind die K-Modulhomomorphismen genau die linearen Abbildungen.

Bemerkung Die Begriffe Unterraum, Linearkombination, lineare Hülle, Summe, lineare Abhängigkeit/Unabhängigkeit übertragen sich sinngemäß von Vektorräumen auf Moduln, auch der Faktormodul (Quotientenmodul) M/N lässt sich genauso wie der Faktorraum (Quotientenvektorraum) in der linearen Algebra als Faktorgruppe, versehen mit der offensichtlichen Multiplikation mit Skalaren aus dem Grundring R, bilden. Ferner gilt auch der Homomorphiesatz für Homomorphismen $f : M \to M'$ von Moduln, man hat also insbesondere $M/\text{Ker}(f) \cong f(M)$ für jeden Homomorphismus f von Moduln.

Definition 7.32 *Ein* R-*Modul* M *heißt* frei, *wenn es eine Teilmenge* $B \subseteq M$ *gibt, so dass jedes* $m \in M$ *sich eindeutig als*

$$m = \sum_{b \in B} a(b) \cdot b$$

mit $a(b) \in R$, $a(b) \neq 0$ *für nur endlich viele* $b \in B$ *schreiben lässt.*

(Ist $B = \{b_1, \ldots, b_r\}$ *endlich, so heißt das also: Jedes* $m \in M$ *lässt sich eindeutig als* $m = \sum_{i=1}^{r} a_i b_i$ *mit* $a_i \in R$ *schreiben.)*

Eine solche Teilmenge B *heißt eine* Basis *von* M. *Der* R-*Modul* M *heißt* endlich erzeugt, *wenn es Elemente* $m_1, \ldots, m_r \in M$ *gibt, so dass jedes Element von* M *sich als* $m = \sum_{i=1}^{r} a_i m_i$ *mit* $a_i \in R$ *schreiben lässt, die Menge* $\{m_1, \ldots, m_r\}$ *heißt dann ein* Erzeugendensystem.

---

[3] F. Lorenz, Lineare Algebra II, Spektrum-Verlag, 3. Aufl. 1992.

Beispiel 7.33
a) Ist $R = K$ ein Körper, so ist jeder K-Modul frei (da jeder Vektorraum eine Basis hat), er ist genau dann endlich erzeugt, wenn er endliche Dimension hat.
b) In $\mathbb{Z}/m\mathbb{Z}$ (als $\mathbb{Z}$-Modul) mit $m \neq 0$ gibt es keine Basis, da für jedes $v \neq \mathbf{0}$ in $\mathbb{Z}/m\mathbb{Z}$ gilt: $m \cdot v = \mathbf{0}$ (und Darstellungen als Linearkombination daher niemals eindeutig sind).

Im Rest dieses Abschnitts ist, sofern nicht ausdrücklich etwas anderes vorausgesetzt wird, stets $R = \mathbb{Z}$ oder $R = K[X]$ mit einem Körper K.

Die Hauptaussagen dieses Abschnitts gelten allgemeiner auch für einen beliebigen Hauptidealring R, einige Beweise vereinfachen sich aber in der angegebenen Situation deutlich.

Wir betrachten dann die für $a \in R$ durch

$$N(a) = \begin{cases} |a| & R = \mathbb{Z} \\ 2^{\deg(a)} & R = K[X], a \neq 0 \\ 0 & a = 0 \end{cases} \qquad (7.7)$$

gegebene euklidische Normfunktion des euklidischen Rings R.

Die Funktion $N : R \to \mathbb{N}_0$ ist multiplikativ, erfüllt also

$$N(ab) = N(a)N(b) \quad \text{für alle } a, b \in R.$$

Ferner ist $N(a) = 1$ genau dann, wenn a in R ein multiplikatives Inverses hat (Einheit im Ring R ist), wenn also

$$a = \begin{cases} \pm 1 & \text{falls } R = \mathbb{Z} \\ c \in K, c \neq 0 & \text{falls } R = K[X] \end{cases}$$

gilt.

Wir wissen aus dem Abschnitt über euklidische Ringe, dass man in jedem der beiden Fälle eine Division mit Rest in R hat:

Sind $a, b \in R, b \neq 0$, so gibt es $q, r \in R$, mit $N(r) < N(b)$, so dass $a = qb + r$ gilt. Ferner wissen wir, dass es in R zu je zwei Elementen a_1, a_2 einen größten gemeinsamen Teiler $d = \mathrm{ggT}(a_1, a_2)$ gibt.

Lemma 7.34 *Sei R ein Integritätsbereich. Dann ist eine Matrix $A \in M_n(R)$ genau dann in $M_n(R)$ invertierbar, wenn $\det(A)$ eine Einheit in R ist.*
Die Menge der invertierbaren Matrizen in $M_n(R)$ wird mit $GL_n(R)$ bezeichnet.

Beweis Die eine Richtung folgt unmittelbar aus der Multiplikativität der Determinante, die andere sieht man durch Benutzung der Komplementärmatrix ein. Zur Sicherheit sei noch angemerkt, dass die Determinante für Matrizen über einem beliebigen kommutativen Ring genauso durch die Formel von Leibniz definiert werden kann wie über einem Körper und auch in dieser allgemeineren Situation die gewohnten Eigenschaften hat.   □

Satz 7.35 (Elementarteilersatz, Smith-Normalform) *Sei $A \in M(p \times n, R)$, $A \neq 0$. Dann gibt es Matrizen $S \in GL_p(R)$, $T \in GL_n(R)$, so dass*

$$SAT = \begin{pmatrix} d_1 & \dots & 0 & & \\ & \ddots & & & 0 \\ 0 & \dots & d_r & & \\ 0 & \dots & \dots & \dots & 0 \\ \vdots & \vdots & \vdots & \vdots & \vdots \\ 0 & \dots & \dots & \dots & 0 \end{pmatrix} \tag{7.8}$$

mit $d_j \neq 0$ und $d_j \mid d_{j+1}$ für $1 \le j \le r-1$ gilt.

Die Diagonalelemente $d_1, \dots, d_r$ heißen Elementarteiler *der Matrix A, die Matrix (7.8) heißt* Elementarteilerform (Smith-Normalform) *von A.*

Der erste Elementarteiler d_1 ist dabei der größte gemeinsame Teiler der Einträge a_{ij} der Matrix A.

Beweis Bevor wir den eigentlichen Beweis beginnen, erinnern wir daran, dass die elementaren Zeilenumformungen einer Matrix $A \in M(p \times n, R)$ der drei Typen

i) Addition der mit $\lambda \in R$ multiplizierten j-ten Zeile zur i-ten Zeile (also ${}^t\mathbf{z}_i \mapsto {}^t\mathbf{z}_i' = {}^t\mathbf{z}_i + \lambda {}^t\mathbf{z}_j$) für $i \neq j$.

ii) Multiplikation der i-ten Zeile mit einer Einheit $\lambda \in R^\times$.

iii) Vertauschen von i-ter Zeile und j-ter Zeile

durch Multiplikation von links mit einer Matrix aus $GL_p(R)$ realisiert werden können (nämlich mit einer Elementarmatrix $T_{ij}(\lambda)$, einer Diagonalmatrix $D_i(\lambda)$ bzw. einer Permutationsmatrix P_{ij}). Genauso werden die elementaren Spaltenumformungen durch Multiplikation von rechts mit der entsprechenden Matrix aus $GL_n(R)$ realisiert.

Wir können also die Behauptung beweisen, indem wir zeigen, dass A sich durch elementare Zeilen- und Spaltenumformungen der angegebenen Typen in die angegebene Gestalt bringen lässt.

Das zeigen wir jetzt durch Induktion nach der Anzahl p der Zeilen von A (wie schon beim Gauß-Algorithmus über einem Körper K kann man den Beweis auch als Angabe eines rekursiven Algorithmus auffassen).

Für $p = 1$ nehmen wir an, dass A nicht die Nullzeile ist (sonst ist nichts zu zeigen) und erreichen durch Spaltenvertauschungen, dass $a_{11} \neq 0$ die kleinste Norm unter allen $a_{1j} \neq 0$ hat. Anschließend teilen wir alle a_{1j} mit Rest durch a_{11}, schreiben also $a_{1j} = \lambda_j a_{11} + a_{1j}'$ mit $N(a_{1j}') < N(a_{11})$ und ziehen die mit λ_j multiplizierte 1-te Spalte von A von der j-ten ab.

Wir erhalten eine Zeile, in der entweder alle Einträge außer a_{11} gleich 0 sind oder die minimale Norm eines von 0 verschiedenen Eintrags kleiner als $N(a_{11})$ ist, im letzteren Fall platzieren wir ein Element minimaler Norm durch Spaltenvertauschungen in Position $1, 1$ und beginnen von vorn. Da die Norm eines Elements in $\mathbb{N}_0$ liegt, kann diese minimale

Norm nur endlich oft verkleinert werden, nach endlich vielen Schritten erhalten wir also eine Zeile der Form $(d_1, 0, \ldots, 0)$.

In dieser ist offenbar d_1 der größte gemeinsame Teiler aller Einträge. Da eine Umformung $a_{1j} \mapsto a'_{1j} = a_{1j} - \lambda_j a_{11}$ den größten gemeinsamen Teiler aller Einträge nicht ändert, ist $d_1 = \mathrm{ggT}(a_{11}, \ldots, a_{1n})$.

Sei jetzt $p > 1$ und die Behauptung für Matrizen mit weniger als p Zeilen gezeigt.

Wir bringen zunächst durch Zeilen - und Spaltenvertauschungen einen Eintrag minimaler Norm in die Position 1, 1 und erreichen dann in der gleichen Weise wie eben durch Zeilen- und Spaltenumformungen, dass in der ersten Zeile und der ersten Spalte alle Elemente außer $a_{11} =: d_1$ gleich 0 sind; die minimale Norm eines Eintrags der Matrix hat sich dabei vermindert oder ist gleich geblieben, und $N(d_1)$ ist nicht größer als die anfängliche minimale Norm eines Eintrags der Matrix.

Falls jetzt alle Einträge der Matrix durch d_1 teilbar sind, führt man die Matrix $A' \in M((p-1) \times (n-1), R)$, die man durch Streichen der ersten Zeile und Spalte erhält, mit Hilfe der Induktionsannahme in die Form

$$\begin{pmatrix} d_1 & \cdots & 0 & & \\ & \ddots & & 0 & \\ 0 & \cdots & d_r & & \\ 0 & \cdots & \cdots & \cdots & 0 \\ \vdots & \vdots & \vdots & \vdots & \vdots \\ 0 & \cdots & \cdots & \cdots & 0 \end{pmatrix}$$

mit $d_j \neq 0$ und $d_j \mid d_{j+1}$ für $2 \leq j \leq r-1$ über, dabei ist d_2 als größter gemeinsamer Teiler der Einträge von A' durch d_1 teilbar.

Andernfalls sei etwa a_{ij} nicht durch $a_{11} = d_1$ teilbar. Man addiert dann die erste Zeile zur i-ten und dividiert a_{ij} mit Rest durch d_1. Mit $a_{ij} = \lambda_j d_1 + a'_{ij}$ subtrahiert man die mit λ_j multiplizierte (neue) 1-te Spalte von der j-ten und hat einen Eintrag a'_{ij} erzeugt, dessen Norm kleiner als $N(d_1)$ und damit kleiner als die anfängliche minimale Norm eines Eintrags der Matrix ist. Man beginnt dann das Verfahren von Neuem. Da die Norm Werte in $\mathbb{N}_0$ nimmt, kann die minimale Norm nur endlich oft vermindert werden, nach endlich vielen Schritten muss also der Fall erreicht werden, in dem alle Einträge durch den Eintrag d_1 in Position 1, 1 teilbar sind und man die Induktionsannahme anwenden kann. □

Bemerkung Lässt man nur Multiplikation von links bzw. von rechts mit einer invertierbaren Matrix zu, so erreicht man untere bzw. obere Dreiecksgestalt (Hermite-Normalform)

Satz 7.36 *Sei $A \in M(p \times n, R)$, $T \in M(p \times p, R)$. Dann gilt für $1 \leq r \leq p$:*

Die $r \times r$ Unterdeterminanten ($r \times r$ Minoren) von TA sind Linearkombinationen (mit Koeffizienten in R) der $r \times r$ Unterdeterminanten von A.

Das Gleiche gilt für AS mit $S \in M(n \times n, R)$.

Insbesondere gilt für $S \in GL_p(R)$, $T \subset GL_n(R)$:

a) *Der größte gemeinsame Teiler der r × r Unterdeterminanten von A ist (bis auf Multiplikation mit Einheiten) gleich dem größten gemeinsamen Teiler der r × r Unterdeterminanten von SAT.*

b) *Ist*

$$
SAT = \begin{pmatrix} d_1 & \dots & 0 & & & \\ & \ddots & & & 0 & \\ 0 & \dots & d_r & & & \\ 0 & \dots & \dots & \dots & & 0 \\ \vdots & \vdots & \vdots & \vdots & & \vdots \\ 0 & \dots & \dots & \dots & & 0 \end{pmatrix} \tag{7.9}
$$

in Elementarteilergestalt, so ist für $1 \leq j \leq r$ der größte gemeinsame Teiler der $j \times j$ Unterdeterminanten von A gleich $d_1 \dots d_j$; er heißt der j-te Determinantenteiler *von A.*

c) *Die Elementarteiler $d_1, \dots, d_j$ der Matrix A sind bis auf Multiplikation mit Einheiten eindeutig bestimmt.*

Beweis Die erste Behauptung wird im Rahmen der Determinantentheorie etwa im Lehrbuch *Lineare Algebra I* von F. Lorenz[4] bewiesen. Die restlichen Behauptungen folgen daraus sofort. □

Beispiel Sei $R = \mathbf{Q}[X]$,

$$
A = \begin{pmatrix} X^3 + X^2 - 2X - 2 & X^5 - 4X \\ X^5 - 4X & X^5 - X^4 - 4X + 4 \end{pmatrix}.
$$

Wir bringen A durch elementare Umformungen über $R = \mathbf{Q}[X]$ in Elementarteilergestalt:

$$
\begin{pmatrix} X^3 + X^2 - 2X - 2 & X^5 - 4X \\ X^5 - 4X & X^5 - X^4 - 4X + 4 \end{pmatrix}
$$

$\xrightarrow{Z_{II} \mapsto Z_{II} - (X^2 - X + 3)Z_I}$
$$
\begin{pmatrix} X^3 + X^2 - 2X - 2 & X^5 - 4X \\ -3X^2 + 6 & -X^7 + X^6 - 2X^5 - X^4 + 4X^3 - 4X^2 + 8X + 4 \end{pmatrix}
$$

$\xrightarrow{Z_I \leftrightarrow Z_{II}, Z_{II} \mapsto 3Z_{II}}$
$$
\begin{pmatrix} -3X^2 + 6 & -X^7 + X^6 - 2X^5 - X^4 + 4X^3 - 4X^2 + 8X + 4 \\ 3(X^3 + X^2 - 2X - 2) & 3(X^5 - 4X) \end{pmatrix}
$$

$\xrightarrow{Z_{II} \mapsto Z_{II} + (X+1)Z_I, S_I \mapsto -S_I/3}$
$$
\begin{pmatrix} X^2 - 2 & -X^7 + X^6 - 2X^5 - X^4 + 4X^3 - 4X^2 + 8X + 4 \\ 0 & -X^8 - X^6 + 3X^4 + 4X^2 + 4 \end{pmatrix}
$$

$\xrightarrow{S_{II} \mapsto S_{II} - (-X^5 + X^4 - 4X^3 + X^2 - 4X - 2)S_I}$
$$
\begin{pmatrix} X^2 - 2 & 0 \\ 0 & -(X^2 - 2)(X^2 + 2)(X^2 - X + 1)(X^2 + X + 1) \end{pmatrix}
$$

---

[4] F. Lorenz, Lineare Algebra I, Spektrum-Verlag, 3. Aufl. 1992.

Wir kommen jetzt zu der angekündigten Verallgemeinerung des Hauptsatzes über endlich erzeugte abelsche Gruppen:

Satz 7.37

a) *Sei $M \subseteq R^p$ ein (endlich erzeugter) R-Untermodul. Dann gibt es Elemente $x_1, \ldots, x_p \in R^p$, $r \in \mathbb{N}$, $d_1, \ldots, d_r \in R$ mit $d_j \neq 0$ für $1 \leq j \leq r$ und $d_j \mid d_{j+1}$, so dass gilt:*

 i) *$(x_1, \ldots, x_p)$ ist Basis von R^p.*

 ii) *$(d_1 x_1, \ldots, d_r x_r)$ ist Basis von M.*

 Insbesondere ist M ein freier Modul.

 Die Basen $(x_1, \ldots, x_p)$ von R^p und $(d_1 x_1, \ldots, d_r x_r)$ von M heißen Elementarteilerbasen *des Modulpaars $M \subseteq R^p$, die $d_i \neq 0$ heißen die* Elementarteiler *von M in R^p.*

b) *Ist M ein endlich erzeugter R-Modul, so gibt es $x_1, \ldots, x_n \in M$ sowie $c_1, \ldots, c_n \in R$, die nicht Einheiten in R sind, mit $c_1, \ldots, c_r \neq 0, c_{r+1} = \cdots = c_n = 0$ (für ein $r \leq n$) und $c_i \mid c_{i+1}$ für $i < r$, so dass $M_i := R x_i \cong R / c_i R$ und $M = \bigoplus_{i=1}^n M_i$ gilt.*

 Insbesondere lässt sich jedes $v \in M$ als

$$v = \sum_{i=1}^n a_i x_i$$

 mit modulo c_i eindeutig bestimmten $a_i \in R$ schreiben.

c) *In b) kann man statt der Summanden $R / c_i R$ für die $c_i \neq 0$ mit der Bedingung der sukzessiven Teilbarkeit der c_i auch Summanden $R / q_j^{\mu_j} R$ mit Potenzen $q_j^{\mu_j}$ von nicht notwendig verschiedenen Primelementen von R erreichen, wobei auch die q_j bis auf Assoziiertheit und die Exponenten μ_j sowie die Anzahlen der jeweiligen Summanden eindeutig bestimmt sind.*

Beweis a) Im folgenden Lemma werden wir sehen, dass ein beliebiger Untermodul von R^p zwangsläufig endlich erzeugt ist (diese Aussage gilt nicht über einem beliebigen kommutativen Ring R, die Ringe, für die sie gilt, heißen *noethersch*).

Sei also $\mathbf{w}^{(1)}, \ldots, \mathbf{w}^{(n)}$ ein Erzeugendensystem von M und $A \in M(p \times n, R)$ die Matrix mit Spalten $\mathbf{w}^{(1)}, \ldots, \mathbf{w}^{(n)}$.

Nach dem Elementarteilersatz für Matrizen (Satz 7.35) findet man $S \in GL_p(R)$, $T \in GL_n(R)$, so dass SAT die folgende Elementarteilergestalt hat:

$$\begin{pmatrix} d_1 & \cdots & 0 & & & \\ & \ddots & & & 0 & \\ 0 & \cdots & d_r & & & \\ 0 & \cdots & \cdots & \cdots & 0 \\ \vdots & \vdots & \vdots & \vdots & \vdots \\ 0 & \cdots & \cdots & \cdots & 0 \end{pmatrix}$$

Wir setzen $\tilde{S} := S^{-1}$ und bezeichnen die Spalten von $\tilde{S}$ mit $\mathbf{v}^{(1)}, \ldots, \mathbf{v}^{(p)}$; diese Vektoren bilden wegen $S \in GL_p(R)$ eine Basis von R^p.

Ebenso erzeugen die Vektoren $\mathbf{u}^{(k)} := \sum_{l=1}^{n} t_{lk}\mathbf{w}^{(l)}$ für $1 \leq k \leq n$ wegen $T \in GL_n(R)$ den gleichen Untermodul von R^p wie die Vektoren $\mathbf{w}^{(1)}, \ldots, \mathbf{w}^{(n)}$, nämlich M. Da die Koeffizienten b_{ik} von $B = SAT$ die Vektoren $\mathbf{u}^{(k)}$ als

$$\mathbf{u}^{(k)} = \sum_{i=1}^{p} b_{ik}\mathbf{v}^{(i)}$$

durch die $\mathbf{v}^{(i)}$ ausdrücken, haben wir schließlich

$$\mathbf{u}^{(k)} = \begin{cases} d_k \mathbf{v}^{(k)} & k \leq r \\ \mathbf{0} & k > r \end{cases}$$

wie behauptet.

Für b) sei M erzeugt von $y_1, \ldots, y_n$ und $f : R^n \to M$ die durch

$$f\left(\begin{pmatrix} a_1 \\ \vdots \\ a_n \end{pmatrix}\right) := \sum_{i=1}^{n} a_i y_i$$

gegebene lineare Abbildung; diese ist surjektiv, da die y_i den Modul M erzeugen.

Wir finden dann nach a) eine Basis $(x_1', \ldots, x_n')$ von R^n und $c_1, \ldots c_n \in R$ und $r \in \mathbb{N}$ mit $c_i \mid c_{i+1}$ und $c_i = 0$ für $r < i \leq n$, so dass $(c_1 x_1', \ldots, c_r x_r')$ eine Basis des Untermoduls $N := \mathrm{Ker}(f) \subseteq R^n$ ist.

Da f surjektiv ist, erhält man dann mit Hilfe des Homomorphiesatzes für Moduln einen Isomorphismus $R^n / \mathrm{Ker}(f) \cong M$. Offensichtlich ist

$$M \cong R^n / \mathrm{Ker}(f) \cong Rx_1' / Rc_1 x_1' \oplus \cdots \oplus Rx_r' / Rc_r x_r'$$
$$\cong R/c_1 R \oplus \cdots \oplus R/c_r R,$$

was die Behauptung beweist (man wähle $x_i \in M$ als das Bild von $x_i' \in R^n$ unter f).

c) folgt aus dem chinesischen Restsatz, indem man jedes der c_i in ein Produkt von Potenzen von Primelementen zerlegt. $\qquad\square$

Definition 7.38 *Ist M ein endlich erzeugter R-Modul, so heißt die Anzahl $n - r$ der Summanden R in der Zerlegung in b) des Satzes der* Rang *des R-Moduls M.*

Bemerkung Teil a) des Satzes kann man als die für Moduln über R gültige Version des Basisergänzungssatzes aus der Theorie von Vektorräumen über Körpern ansehen. Zwar kann man eine beliebige Basis des Untermoduls $M \subseteq R^p$ nicht mehr unbedingt zu einer Basis von R^p ergänzen, aber man kann immerhin eine Basis von M finden, die aus Vielfachen eines Teils der Vektoren einer geeigneten Basis von R^p besteht. Offenbar kann man hier auch den Modul R^p durch einen beliebigen endlich erzeugten freien Modul N vom Rang p ersetzen.

Teil b) gibt die für einen beliebigen endlich erzeugten R-Modul gültige Version des Satzes von der Existenz von Basen in K- Vektorräumen: Die Koeffizienten in der Schreibweise eines beliebigen Vektors aus M als Linearkombination der Erzeugenden $x_1, \ldots, x_n$ sind zwar nicht mehr wie bei einer Basis eindeutig bestimmt, aber immerhin eindeutig modulo den c_i. Mehr lässt sich hier, wie das Beispiel des Z-Moduls $\mathbb{Z}/2\mathbb{Z}$ zeigt, nicht erreichen.

Lemma 7.39 *Jeder Untermodul von R^n ($n \in \mathbb{N}$) ist endlich erzeugt.*

Beweis Wir schreiben für $1 \le r \le n$

$$
F_r := \left\{ \begin{pmatrix} x_1 \\ \vdots \\ x_r \\ 0 \\ \vdots \\ 0 \end{pmatrix} \in R^n \right\},
$$

also $R^n := F_n$, und setzen $M_r := F_r \cap M$, ferner betrachten wir für $1 \le j \le n$ die j-te Koordinatenabbildung $\pi_j : R^n \to R$

$$
\begin{pmatrix} x_1 \\ \vdots \\ x_n \end{pmatrix} \mapsto x_j.
$$

Wir zeigen durch Induktion nach r, dass M_r ein Erzeugendensystem mit $m(r) \le r$ Elementen hat, insbesondere also endlich erzeugt ist (schaut man im Beweis genauer hin, so sieht man, dass dieses Erzeugendensystem sogar eine Basis ist).

Für alle j und r ist $\pi_j(M_r)$ offenbar ein Ideal in R, also (da in R jedes Ideal ein Hauptideal ist) ein Hauptideal.

Induktionsanfang: Ist $\pi_1(M_1)$ erzeugt von a_1, so ist also

$$
M_1 = \left\{ \begin{pmatrix} x a_1 \\ 0 \\ \vdots \\ 0 \end{pmatrix} \in R^n \;\middle|\; x \in R \right\},
$$

d. h., der Vektor $\begin{pmatrix} a_1 \\ 0 \\ \vdots \\ 0 \end{pmatrix}$ ist eine Basis (und damit ein Erzeugendensystem) von M_1.

Ist jetzt $r > 1$ und die Behauptung für M_s mit $s < r$ gezeigt, so betrachten wir das Hauptideal $\pi_r(M_r) = (a_r)$ mit einem $a_r \in R$, und es gibt einen Vektor $\mathbf{a} = \begin{pmatrix} a_1 \\ \vdots \\ a_r \\ 0 \\ \vdots \\ 0 \end{pmatrix} \in M_r$.

Ist dann $\mathbf{x} = \begin{pmatrix} x_1 \\ \vdots \\ x_r \\ 0 \\ \vdots \\ 0 \end{pmatrix} \in M_r$, so ist $x_r = ca_r$ mit $c \in R$, also ist $\mathbf{x} - c\mathbf{a} \in M_{r-1}$. In M_{r-1}

gibt es nach Induktionsannahme ein Erzeugendensystem $\{\mathbf{y}_1, \ldots, \mathbf{y}_s\} \subseteq M_{r-1}$ mit $s \leq r-1$, und man sieht, dass $\{\mathbf{y}_1, \ldots, \mathbf{y}_s, \mathbf{y}_{s+1} := \mathbf{a}\}$ ein Erzeugendensystem von M_r mit $s+1 \leq r$ Elementen ist (in der Tat sogar eine Basis, wenn $\{\mathbf{y}_1, \ldots \mathbf{y}_s\} \subseteq M_{r-1}$ eine Basis war). $\quad\square$

Beispiel 7.40 Durch $M := \left\{ \mathbf{x} \in \mathbb{Z}^3 \;\middle|\; \begin{pmatrix} 1 & 2 & 1 \\ 1 & 2 & 4 \\ 1 & 0 & 3 \end{pmatrix} \mathbf{x} \equiv \mathbf{0} \bmod 3 \right\} \subseteq \mathbb{Z}^3$ wird ein $\mathbb{Z}$-Untermodul von $\mathbb{Z}^3$ definiert. Wir wollen Elementarteilerbasen von $M \subseteq \mathbb{Z}^3$ bestimmen.

Wir schreiben $A = \begin{pmatrix} 1 & 2 & 1 \\ 1 & 2 & 4 \\ 1 & 0 & 3 \end{pmatrix}$. Durch das Umformungsverfahren finden wir die beiden Matrizen $S = \begin{pmatrix} 1 & 0 & 0 \\ -1 & 0 & 1 \\ -1 & 1 & 0 \end{pmatrix}$, $T = \begin{pmatrix} 1 & 2 & 3 \\ 0 & -1 & 1 \\ 0 & 0 & 1 \end{pmatrix} \in GL_3(\mathbb{Z})$ mit $SAT = \begin{pmatrix} 1 & 0 & 0 \\ 0 & 2 & 0 \\ 0 & 0 & 3 \end{pmatrix}$.

Für $\mathbf{x} = T\mathbf{y} \in \mathbb{Z}^3$ ist $A\mathbf{x} \in 3\mathbb{Z}^3$ genau dann, wenn $AT\mathbf{y} \in 3\mathbb{Z}^3$ ist, und Letzteres ist äquivalent zu $SAT\mathbf{y} \in \mathbb{Z}^3$ (wegen $S \in GL_3(\mathbb{Z})$), also zu $y_1 \in 3\mathbb{Z}, y_2 \in 3\mathbb{Z}$. Wählen wir also als Basis von $\mathbb{Z}^3$ die drei Spalten $\mathbf{t}_1, \mathbf{t}_2, \mathbf{t}_3$ der Matrix T, die wegen $T \in GL_3(\mathbb{Z})$ in der Tat eine Basis von $\mathbb{Z}^3$ bilden, so bilden die Vektoren $3\mathbf{t}_1, 3\mathbf{t}_2, \mathbf{t}_3$ eine Basis des Untermoduls M.

7.5 Ergänzung: Jordan'sche und rationale Normalform

Mit den Ergebnissen des vorigen Abschnitts ergeben sich kurze und elegante Beweise für die Sätze der linearen Algebra über die Jordan'sche Normalform komplexer quadratischer Matrizen und allgemeiner über die rationale Normalfom quadratischer Matrizen über einem beliebigen Körper.

Lemma 7.41 *Ist V ein K-Vektorraum und $f \in \mathrm{End}(V)$, so wird durch $(P, v) \mapsto P *_f v = P(f)(v)$ (für $P \in K[X]$ und $v \in V$) eine $K[X]$-Modul-Struktur auf V definiert. Ein Unterraum U von V ist genau dann f-invariant, wenn U ein $K[X]$-Untermodul von V ist. Ist V endlich-dimensional über K, so ist V als $K[X]$-Modul ein Torsionsmodul.*

Beweis Alle Aussagen rechnet man leicht nach. $\quad\square$

Satz 7.42 *Sei V ein endlich dimensionaler K-Vektorraum, $f \in \mathrm{End}(V)$.*

Dann gibt es $r \in \mathbb{N}, r \leq n = \dim(V)$, Vektoren $v_1, \ldots, v_r \in V$ und eindeutig bestimmte normierte irreduzible Polynome $q_1, \ldots, q_r \in K[X]$ (die nicht notwendig paarweise verschieden sind) sowie (ebenfalls eindeutig bestimmte) $\mu_j \in \mathbb{N}(1 \leq j \leq r)$, so dass gilt:

Mit $V_j := K[X]v_j := \{p(f)(v_j) \mid p \in K[X]\}$ ist $V = V_1 \oplus \cdots \oplus V_r$, und für $1 \leq j \leq r$ ist

$$V_j \cong K[X]/q_j^{\mu_j} K[X],$$

wobei der letzte Isomorphismus ein Isomorphismus von $K[X]$-Moduln ist. Insbesondere hat man:

a) *Ist $p \in K[X]$, so ist genau dann $p(f)(v_j) = 0$, wenn $q_j^{\mu_j}$ ein Teiler von p in $K[X]$ ist.*

b) *Ist $v \in V$, so kann man*

$$v = \sum_{j=1}^{r} p_j(f)(v_j)$$

mit Polynomen $p_j = p_j^{(v)} \in K[X]$ schreiben, dabei sind für jedes $v \in V$ die Polynome $p_j = p_j^{(v)}$ modulo $q_j^{\mu_j} K[X]$ eindeutig bestimmt.

Beweis Gemäß dem Elementarteilersatz (Satz 7.37) für endlich erzeugte Moduln über einem Hauptidealring können wir den $K[X]$-Torsionsmodul V (mit der durch f gegebenen Modulstruktur) in eine direkte Summe $V = V_1 \oplus \cdots \oplus V_r$ mit $V_j \cong K[X]/q_j^{\mu_j} K[X]$ zerlegen, wobei r, die irreduziblen Polynome q_j und die Exponenten μ_j eindeutig bestimmt sind. Schreiben wir hier v_j für einen Erzeuger des $K[X]$-Moduls V_j (etwa das Bild der Restklasse von 1 unter einem Isomorphismus $K[X]/q_j^{\mu_j} K[X] \to V_j$), so ergibt sich der Rest der Behauptung. $\qquad\qquad\square$

Bemerkung Sei $\prod_{i=1}^{t} p_i^{\nu_i}$ die Zerlegung des Minimalpolynoms von f in ein Produkt von Potenzen paarweise verschiedener irreduzibler Polynome $p_i \in K[X]$. Fasst man in der Zerlegung $V = \bigoplus_{j=1}^{r} V_j$ Summanden V_j zum gleichen irreduziblen Polynom $q_j = p_i$ zusammen, so erhält man die *verallgemeinerte Hauptraumzerlegung* $V = \bigoplus_{i=1}^{t} W_i$ von V zum Endomorphismus f, wobei $W_i = \mathrm{Ker}(p_i^{\nu_i}(f))$ ist.

Korollar 7.43 *Mit den Bezeichnungen des Satzes gilt:*

a) *Ist $\deg(q_j^{\mu_j}) = t_j$ und $\lambda \in K$, so bilden die Vektoren*

$$v_j, (f - \lambda\,\mathrm{Id}_V)v_j, \ldots, (f - \lambda\,\mathrm{Id}_V)^{t_j-1} v_j$$

eine Basis des K-Vektorraums $K[X]v_j$.

b) *Es gilt*

$$\chi_f = \prod_{j=1}^{r} q_j^{\mu_j}.$$

c) *Sind die q_j so nummeriert, dass $\{q_1, \ldots, q_r\} = \{q_1, \ldots, q_t\}$ mit einem $t \leq r$ und paarweise verschiedenen $q_1, \ldots, q_t$ sowie $\mu_i = \max\{\mu_j \mid 1 \leq j \leq r, q_j = q_i\}$ für $1 \leq i \leq t$ gilt, so gilt für das Minimalpolynom μ_f von f*

$$\mu_f = \prod_{j=1}^{t} q_j^{\mu_j}.$$

Insbesondere hat das Minimalpolynom die gleichen irreduziblen Faktoren wie das charakteristische Polynom.

Beweis a) ist klar für $\lambda = 0$. Für beliebiges λ expandiert man $(f - \lambda \operatorname{Id}_V)^k$ für $1 \le k \le t_j$ nach dem binomischen Lehrsatz und sieht, dass die Übergangsmatrix zwischen den Vektoren $v_j, \dots, f^{t_j-1}(v_j)$ und den Vektoren $v_j, (f - \lambda \operatorname{Id}_V)v_j, \dots, (f - \lambda \operatorname{Id}_V)^{t_j-1}v_j$ eine Dreiecksmatrix mit Determinante 1 ist. Die letzteren Vektoren bilden daher ebenfalls eine Basis des Raums $K[X]v_j$.

b): Offenbar reicht es, die Behauptung für die Räume $V_j = K[X]v_j = \{p(f)(v_j) \mid p \in K[X]\}$ zu zeigen (einen solchen Unterraum nennt man einen *f-zyklischen Unterraum*). Ist (mit $q := q_j, \mu := \mu_j, w := v_j$) $q^\mu(X) = \sum_{i=1}^{t} a_i X^i$ mit $a_t = 1$, so bilden die Vektoren $v, f(w), \dots, f^{t-1}(w)$ eine Basis von $V_j =: W$, bezüglich der $f|_W$ die Matrix

$$\begin{pmatrix} 0 & \cdots & \cdots & 0 & -a_0 \\ 1 & 0 & \cdots & 0 & -a_1 \\ 0 & \ddots & \ddots & \vdots & \vdots \\ \vdots & \ddots & \ddots & 0 & \vdots \\ 0 & \cdots & 0 & 1 & -a_{t-1} \end{pmatrix} \in M_t(K)$$

hat.

Man rechne als Übung nach, dass $q^\mu = \sum_{i=1}^{t} a_i X^i$ das charakteristische Polynom dieser Matrix ist (sie wird auch die *Begleitmatrix* von q^μ genannt).

Die Aussage c) über das Minimalpolynom ist trivial.   □

Satz 7.44 *Sei V ein endlich dimensionaler K-Vektorraum, $f \in \operatorname{End}(V)$. Seien q_j, μ_j wie in Satz 7.42. Dann ist $\chi_f = \prod_j q_j^{\mu_j}$, und V hat eine Basis, bezüglich der die Matrix von f Blockgestalt*

$$\begin{pmatrix} B_1 & & \\ & \ddots & \\ & & B_r \end{pmatrix}$$

hat, wobei B_j die Begleitmatrix von $q_j^{\mu_j}$ ist. Die A_j sind dabei bis auf die Reihenfolge eindeutig bestimmt. Diese Matrix in Blockgestalt heißt die rationale Normalform *von f (über K).*

Ist $A \in M_n(K)$, so ist A zu (bis auf Vertauschung der Blöcke) genau einer Matrix in obiger Blockgestalt ähnlich, diese heißt die rationale Normalform *von A.*

Beweis Klar nach Satz 7.42 und Korollar 7.43. Die gewünschte Basis setzt man zusammen aus den Basen $v_j, f(v_j), \dots, f^{t_j-1}(v_j)$ der Räume $V_j = K[X]v_j$.   □

Bemerkung

a) Im Falle, dass die q_j alle lineare Polynome $q_j = X - \lambda_j$ sind, erhält man aus der obigen Darstellung die *Jordan'sche Normalform*, indem man für V_j statt der Basis

$$(v_j, f(v_j), \dots, f^{t_j-1}(v_j))$$

die Basis

$$((f - \lambda \operatorname{Id}_V)^{t_j-1}(v_j), \dots, (f - \lambda \operatorname{Id}_V)(v_j), v_j)$$

wählt.

Abschließend wollen wir noch zeigen, dass Matrizen $A, B \in M_n(K)$ genau dann ähnlich in $M_n(K)$ sind, wenn die Matrizen $XE_n - A$ und $XE_n - B$ über dem Ring $K[X]$ die gleichen Elementarteiler haben. Zur Vorbereitung brauchen wir:

Satz 7.45 *Sei V ein endlich dimensionaler Vektorraum über dem Körper K, $U := K[X] \otimes V$ die Koeffizientenerweiterung zu einem Modul über dem Polynomring $K[X]$, sei $f \in \mathrm{End}(V)$ und V_f der mittels $p *_f v := p(f)(v)$ für $p \in K[X], v \in V$ als $K[X]$-Modul aufgefasste K-Vektorraum V.*

a) *Die K-linearen Abbildungen $X \otimes \mathrm{Id}_V$ und $1 \otimes f$ von U in sich sind sogar $K[X]$-linear, und $N_f := \mathrm{Im}(X \otimes \mathrm{Id}_V - 1 \otimes f)$ ist ein $K[X]$-Untermodul von U.*

b) *Es gibt genau eine $K[X]$-lineare Abbildung $\Phi_f : U \to V_f$ mit $\Phi_f(p \otimes v) = p(f)(v)$ für alle $p \in K[X], v \in V$. Für diese gilt $N_f = \mathrm{Ker}(\Phi_f)$, und Φ_f induziert einen Isomorphismus $\overline{\Phi_f} : W_f := U/N_f \to V_f$ von $K[X]$-Moduln.*

Beweis Dass $1 \otimes f$ eine $K[X]$-lineare Abbildung ist, ist klar, und für $X \otimes \mathrm{Id}_V$ folgt die $K[X]$-Linearität daraus, dass $K[X]$ kommutativ ist, also insbesondere $X \cdot p = p \cdot X$ für alle $p \in K[X]$ gilt. Damit ist natürlich auch N_f als Bild einer $K[X]$-linearen Abbildung ein $K[X]$-Untermodul.

Für b) bekommt man Φ_f als die zur K-bilinearen Abbildung $(p, v) \mapsto p(f)(v)$ gehörige lineare Abbildung von $U = K[X] \otimes V \to V = V_f$. Dass Φ_f dann auch $K[X]$-linear ist, liegt an der Definition der $K[X]$-Modulstruktur von V_f.

Ist $w := (X \otimes \mathrm{Id}_V - 1 \otimes f)(p \otimes v) = X \cdot p \otimes v - p \otimes f(v) \in N_f$, so ist $\Phi_f(w) = f \circ p(f)(v) - p(f)(f(v)) = \mathbf{0}$, also ist $N_f \subseteq \mathrm{Ker}(\Phi_f)$, und nach dem Homomorphiesatz für Moduln bekommen wir eine $K[X]$-lineare Abbildung $\overline{\Phi_f} : W_f = U/N_f \to V_f$, die ebenso wie Φ_f surjektiv ist.

Umgekehrt können wir durch $\Psi(v) := 1 \otimes v + N_f$ eine K-lineare Abbildung $\Psi : V_f \to W_f$ definieren, von der man mit Hilfe der Definition von N_f leicht nachrechnet, dass sie sogar $K[X]$-linear ist. Ψ und $\overline{\Phi_f}$ sind aber, wie man ebenfalls sofort nachrechnet, zueinander invers, also ist $\overline{\Phi_f}$ wie behauptet ein $K[X]$-Isomorphismus.

Alternativ können wir auch ein Dimensionsargument für den Beweis der Injektivität verwenden:

Als K-Vektorraum wird W_f von den $(1 \otimes v_i) + N_f$ erzeugt, wo $(v_1, \ldots, v_n)$ eine beliebige Basis des K-Vektorraums V ist: Wir können nämlich jedes Element u von U als $u = \sum_{i=1}^n p_i \otimes v_i$ mit $p_i \in K[X]$ schreiben und haben dann

$$u = \sum_{i=1}^n 1 \otimes p_i(f)(v_i) + \left(\sum_{i=1}^n (p_i \otimes v_i - 1 \otimes p_i(f)(v_i))\right)$$

mit $\sum_{i=1}^n (p_i \otimes v_i - 1 \otimes p_i(f)(v_i)) \in N_f$ und $\sum_{i=1}^n 1 \otimes p_i(f)(v_i)$ im K-Erzeugnis $\{1 \otimes v \mid v \in V\}$ der $1 \otimes v_i$.

Also ist $\dim_K(W_f) \leq n = \dim_K(V)$, und die surjektive K-lineare Abbildung Φ_f muss auch injektiv sein (und die $(1 \otimes v_i) + N_f$ sind sogar eine Basis von W_f). $\square$

Damit bekommen wir jetzt:

Satz 7.46 *Sei K ein Körper, $n \in \mathbb{N}$, seien $A, B \in M_n(K)$. Dann sind A und B genau dann ähnlich in $M_n(K)$, wenn es $S, T \in GL_n(K[X])$ gibt mit $S(XE_n - A) = (XE_n - B)T$.*

Beweis Sind A und B ähnlich in $M_n(K)$, so sind sie das erst recht in $M_n(K[X])$, und man hat trivialerweise S und T wie gewünscht.

Umgekehrt seien $S, T \in GL_n(K[X])$ mit $S(XE_n - A) = (XE_n - B)T$ gegeben. Wir betrachten die Situation des vorigen Satzes mit $V = K^n$ für die Endomorphismen $f = L_A$ und $g = L_B$, wir schreiben dann V_A, N_A, W_A, Φ_A statt der entsprechenden Notationen mit dem Index f und entsprechend für B.

Ein Element $u = (X \otimes \mathrm{Id}_V - 1 \otimes L_A)(1 \otimes v)$ von N_A können wir dann als $(XE_n - A)v$ schreiben, wobei hier $v \in K^n$ als Element von $K[X]^n$ aufgefasst wird. Dann ist $L_S u = S(XE_n - A)v = (XEn - B)Tv \in N_B$, und da N_A als $K[X]$-Modul von Elementen u dieses Typs erzeugt wird, folgt $L_S(N_A) \subseteq N_B$. Wegen der Invertierbarkeit von S und T können wir genauso zeigen, dass $L_S(N_A) \supseteq N_B$ gilt und folgern, dass L_S nach dem Homomorphiesatz für $K[X]$-Moduln einen $K[X]$-Isomorphismus $\sigma : W_A \to W_B$ von $K[X]$-Moduln induziert.

Nach dem vorigen Satz sind dann auch die $K[X]$-Moduln V_A und V_B isomorph. Da ein solcher Isomorphismus erst recht eine K-lineare Abbildung ist, können wir ihn als Multiplikation mit einer geeigneten invertierbaren Matrix $R \in GL_n(K)$ schreiben; für diese gilt dann $R \cdot (X *_A v) = X *_B (Rv)$, d. h., $R \cdot Av = B \cdot Rv$ für alle $v \in V$, also $RA = BR$, also $B = RAR^{-1}$. □

7.6 Übungen

7.1

a) Zeigen Sie: Sind G_1, G_2 Gruppen mit Exponenten $n_1, n_2 \in \mathbb{N}$, so ist $\mathrm{kgV}(n_1, n_2)$ der Exponent von $G_1 \times G_2$.

b) Zeigen Sie: Sind C, C' endliche zyklische Gruppen, so ist $C \times C'$ isomorph zu $(\mathbb{Z}/\mathrm{kgV}(|C|, |C'|)\mathbb{Z}) \times (\mathbb{Z}/\mathrm{ggT}(|C|, |C'|)\mathbb{Z})$.

c) Geben Sie einen Isomorphismus

$$f : C \times C' \to (\mathbb{Z}/\mathrm{kgV}(|C|, |C'|)\mathbb{Z}) \times (\mathbb{Z}/\mathrm{ggT}(|C|, |C'|)\mathbb{Z})$$

im Fall $C = \mathbb{Z}/15\mathbb{Z}$, $C' = \mathbb{Z}/35\mathbb{Z}$ an.

7.2 Untersuchen Sie, welche der Gruppen

$$G_1 = \mathbb{Z}/2\mathbb{Z} \times \mathbb{Z}/2\mathbb{Z} \times S_3 \qquad G_2 = S_4$$
$$G_3 = \mathbb{Z}/2\mathbb{Z} \times \mathbb{Z}/2\mathbb{Z} \times \mathbb{Z}/6\mathbb{Z} \quad G_4 = \mathbb{Z}/24\mathbb{Z}$$
$$G_5 = (\mathbb{F}_4, +) \times S_3$$

zueinander isomorph sind und bestimmen Sie für G_1, G_2 die maximale Ordnung eines Elements.

7.3 Sei $p > 2$ eine Primzahl und sei G die Gruppe

$$\left\{ \begin{pmatrix} 1 & a & b \\ 0 & 1 & c \\ 0 & 0 & 1 \end{pmatrix} \, \middle| \, a, b, c \in \mathbb{F}_p \right\} \leq \mathrm{GL}_3(\mathbb{F}_p).$$

Bestimmen Sie den Exponenten von G.

7.4 Sei $f : A \to B$ ein surjektiver Homomorphismus abelscher Gruppen, $n \in \mathbb{N}$ der Exponent von B. Zeigen Sie:

a) n ist ein Teiler des Exponenten von A (falls dieser endlich ist).
b) Ist der Exponent von $\ker(f)$ eine Primzahl p, so hat A Exponent n oder pn.

7.5 Sei A eine abelsche Gruppe.

a) Zeigen Sie, dass A_{tor} eine Untergruppe von A ist!
b) Zeigen Sie: Ist A' eine torsionsfreie abelsche Gruppe und $f : A \to A'$ ein Gruppenhomomorphismus, so faktorisiert f über A/A_{tor}.
c) Untersuchen Sie, wann $\{x \in A \mid \mathrm{ord}(x) = \infty\} \cup \{0_A\}$ eine Untergruppe von A ist.
d) Zeigen Sie die obigen Aussagen in der allgemeineren Situation, dass A ein Modul über dem Integritätsbereich R ist.

7.6

a) Bestimmen Sie die Torsionsuntergruppen der (additiven) abelschen Gruppen $\mathbb{R}/\mathbb{Z}$, $\mathbb{Q}/\mathbb{Z}$, $\mathbb{C}/(\mathbb{Z} + \mathbb{Z}i)$!
b) Sie $p > 2$ eine Primzahl und G die Gruppe aller oberen Dreiecksmatrizen mit Diagonaleinträgen 1 in $GL_3(\mathbb{F}_p)$ (dabei ist $\mathbb{F}_p = \mathbb{Z}/p\mathbb{Z}$ der Körper mit p Elementen). Bestimmen Sie den Exponenten von G!

7.7 Sei A eine abelsche Gruppe der Ordnung $3^5 = 243$.

a) Listen Sie die möglichen Isomorphietypen für A auf.
b) Bestimmen Sie für jeden der Typen aus a) die Anzahl der Elemente der Ordnung 3 und den Exponenten.

7.8
a) Sei

$$G = \mathbb{Z}/2\mathbb{Z} \oplus \mathbb{Z}/2\mathbb{Z} \oplus \mathbb{Z}/2\mathbb{Z} \oplus \mathbb{Z}/2\mathbb{Z} \oplus \mathbb{Z}/3^2\mathbb{Z} \oplus \mathbb{Z}/3^2\mathbb{Z} \oplus \mathbb{Z}/3^5\mathbb{Z}$$
$$\oplus \, \mathbb{Z}/5\mathbb{Z} \oplus \mathbb{Z}/5\mathbb{Z} \oplus \mathbb{Z}/7\mathbb{Z}.$$

Bestimmen Sie Zahlen $d_1, \ldots, d_s$ mit $d_i \mid d_{i+1}$ für alle $i < s$, so dass

$$G \cong \bigoplus_{i=1}^{s} \mathbb{Z}/d_i\mathbb{Z}$$

gilt.

b) Sei

$$H = \mathbb{Z}/105\mathbb{Z} \oplus \mathbb{Z}/36\mathbb{Z} \oplus \mathbb{Z}/20\mathbb{Z} \oplus \mathbb{Z}/63\mathbb{Z}.$$

Bestimmen Sie (nicht notwendig paarweise verschiedene) Primzahlpotenzen $p_j^{r_j}$, $1 \le j \le t$, so dass

$$H \cong \bigoplus_{j=1}^{t} \mathbb{Z}/p_j^{r_j}\mathbb{Z}$$

ist.

7.9 Sei A eine endliche abelsche Gruppe, die eine Zerlegung $A = C_1 \oplus \ldots \oplus C_r$ in zyklische Gruppen hat.

Zeigen Sie: Ist $s = \#\{j \mid |C_j| \text{ ist gerade}\}$, so gibt es in A genau $2^s - 1$ Elemente der Ordnung 2.

7.10

a) Sei $A \ne \{0\}$ eine endliche abelsche Gruppe. Zeigen sie, dass A eine Kompositionsreihe $\{0\} = G_0 \trianglelefteq G_1 \trianglelefteq \ldots \trianglelefteq G_n = A$ hat, in der alle Faktoren G_{i+1}/G_i zyklisch von Primzahlordnung sind.

b) Zeigen Sie, dass die einfachen endlichen abelschen Gruppen genau die zyklischen Gruppen von Primzahlordnung sind.

c) Zeigen Sie, dass jede auflösbare endliche Gruppe $G \ne \{e\}$ eine Kompositionsreihe $\{e\} = G_0 \trianglelefteq G_1 \trianglelefteq \ldots \trianglelefteq G_n = G$ hat, in der alle Faktoren G_{i+1}/G_i zyklisch von Primzahlordnung sind.

7.11 Bringen Sie die Matrix

$$A = \begin{pmatrix} 0 & -4 & -4 & 0 \\ -1 & 1 & 2 & 1 \\ -1 & -3 & -4 & 1 \end{pmatrix} \in M(3 \times 4, \mathbb{Z})$$

in Elementarteilergestalt und finden Sie eine Basis $(\mathbf{v}^{(1)}, \mathbf{v}^{(2)}, \mathbf{v}^{(3)})$ von $\mathbb{Z}^3$ sowie natürliche Zahlen $d_1 \mid d_2 \mid d_3$, so dass $(d_1\mathbf{v}^{(1)}, d_2\mathbf{v}^{(2)}, d_3\mathbf{v}^{(3)})$ eine Basis des von den Spalten von A aufgespannten Untermoduls von $\mathbb{Z}^3$ ist.

7.12 Sei $M = \left\{ \begin{pmatrix} x_1 \\ \vdots \\ x_n \end{pmatrix} \in \mathbb{Z}^n \;\middle|\; x_1 + x_2 \text{ ist gerade}, x_3 = \ldots = x_n = 0 \right\}$ für $n \geq 3$.

a) Finden Sie Elementarteilerbasen von $M \subseteq \mathbb{Z}^n$.

b) Zeigen Sie: Keine Basis von M kann zu einer Basis von $\mathbb{Z}^n$ fortgesetzt werden.

c) Finden Sie eine Basis von M, die aus primitiven Vektoren besteht (dabei heißt ein Vektor $\begin{pmatrix} x_1 \\ \vdots \\ x_n \end{pmatrix}$ in $\mathbb{Z}^n$ primitiv, wenn $\mathrm{ggT}(x_1, \ldots, x_n) = 1$ gilt.)

7.13

a) Zeigen Sie: Ist $\chi : (\mathbb{Z}/21\mathbb{Z})^\times \to \mathbb{C}^\times$ ein Charakter, so ist

$$\chi(\overline{a}) \in \{\exp(2\pi i k / 6) \mid 0 \leq k \leq 5\} =: M$$

für alle $\overline{a} \in (\mathbb{Z}/21\mathbb{Z})^\times$.

b) Die Aussage von a) gilt auch, wenn man 21 durch 7 ersetzt (das brauchen Sie nicht zu zeigen). Geben Sie für alle Charaktere von $(\mathbb{Z}/7\mathbb{Z})^\times$ eine Wertetabelle mit Werten in der Menge M aus a) an!

c) Beweisen oder widerlegen Sie: Ist χ ein Charakter von $(\mathbb{Z}/7\mathbb{Z})^\times$, so gibt es einen Charakter χ_1 von $(\mathbb{Z}/21\mathbb{Z})^\times$ mit

$$\chi_1(a + 21\mathbb{Z}) = \chi(a + 7\mathbb{Z})$$

für alle $a \in \mathbb{Z}$ mit $\mathrm{ggT}(a, 21) = 1$.

7.14 Ein *Dirichlet-Charakter modulo* $m \in \mathbb{N}$ ist eine Funktion $\psi : \mathbb{Z} \to \mathbb{C}$ mit

(i) $\quad a \equiv b \bmod m \implies \psi(a) = \psi(b)$

(ii) $\quad \psi(a) \neq 0 \iff \mathrm{ggT}(a, m) = 1$

(iii) $\quad \psi(ab) = \psi(a)\psi(b)$

für alle $a, b \in \mathbb{Z}$.

Zeigen Sie: $\psi : \mathbb{Z} \to \mathbb{C}$ ist genau dann ein Dirichlet-Charakter modulo m, wenn es einen Charakter $\chi : (\mathbb{Z}/m\mathbb{Z})^* \to \mathbb{C}$ gibt mit

$$\psi(a) = \begin{cases} \chi(\tilde{a}) & \text{falls } \mathrm{ggT}(a, m) = 1, \\ 0 & \text{sonst.} \end{cases}$$

7.15

a) Bestimmen Sie die Torsionsuntergruppen der abelschen Gruppen

$$(\mathbb{R}/\mathbb{Z}, +), \quad (\mathbb{Q}/\mathbb{Z}, +), \quad (\mathbb{C}/(\mathbb{Z} + \mathbb{Z}i), +).$$

b) Zeigen Sie: Ist A eine abelsche Gruppe mit $A = A_{\mathrm{tor}}$ und ist $\chi \in \widehat{A}$, so sind alle Werte von χ Einheitswurzeln.

7.16 Wir haben gezeigt: Ist A eine endliche abelsche Gruppe, $i : A \to \widehat{\widehat{A}}$ gegeben durch $i(a)(\chi) := \chi(a)$ für $a \in A$, $\chi \in \widehat{A}$, so ist i ein Isomorphismus.

Überlegen Sie, ob diese Aussage für unendliches A auch noch gültig ist!

7.17 Sei A eine endliche abelsche Gruppe.

a) Für $c \in A$ sei f_c die charakteristische Funktion der Menge $\{c\}$, also

$$f_c(a) = \begin{cases} 1 & c = a, \\ 0 & \text{sonst} \end{cases}$$

für $a \in A$.

Berechnen Sie die Fouriertransformierte $\hat{f}_c$!

b) Sei $\psi \in \widehat{A}$ ein fester Charakter. Finden Sie eine Funktion $g : A \to \mathbb{C}$, für die

$$\hat{g}(\chi) = \begin{cases} 1 & \chi = \psi, \\ 0 & \text{sonst} \end{cases}$$

für alle $\chi \in \widehat{A}$ gilt.

Prime Restklassengruppe und quadratische Reste 8

Nachdem in den vorigen Kapiteln alle gruppentheoretischen Werkzeuge bereitgestellt wurden, kommen wir jetzt wieder zurück zu zahlentheoretischen Fragestellungen.

8.1 Struktur der primen Restklassengruppe

Wir erinnern daran, dass die Einheitengruppe $(\mathbb{Z}/m\mathbb{Z})^\times$ des Rings $(\mathbb{Z}/m\mathbb{Z})$ die prime Restklassengruppe modulo m heißt, es gilt

$$(\mathbb{Z}/m\mathbb{Z})^\times = \{\overline{a} \in \mathbb{Z}/m\mathbb{Z} \mid \mathrm{ggT}(a, m) = 1\}$$

und für $m = \prod_{i=1}^{r} p_i^{v_i}$ ($v_i \in \mathbb{N}$, p_i verschiedene Primzahlen) ist

$$(\mathbb{Z}/m\mathbb{Z})^\times \cong \prod_{i=1}^{r} (\mathbb{Z}/p_i^{v_i}\mathbb{Z})^\times$$

nach dem chinesischen Restsatz.

Die Eulersche Phi-Funktion ist definiert als

$$\varphi(m) = |(\mathbb{Z}/m\mathbb{Z})^\times|,$$

für $m = \prod_{i=1}^{r} p_i^{v_i}$ wie oben ist

$$\varphi(m) = \prod_{i=1}^{r} \varphi(p_i^{v_i})$$
$$= \prod_{i=1}^{r} p_i^{v_i-1}(p_i - 1)$$
$$= m \prod_{i=1}^{r} \left(1 - \frac{1}{p_i}\right),$$

R. Schulze-Pillot, *Einführung in Algebra und Zahlentheorie*, DOI 10.1007/978-3-642-55216-8_8, 207
© Springer-Verlag Berlin Heidelberg 2015

es gilt

$$\sum_{d \mid n} \varphi(d) = n.$$

Ohne Näheres über die Struktur von $(\mathbb{Z}/m\mathbb{Z})^{\times}$ zu wissen, können wir bereits feststellen:

Satz 8.1 (Satz von Fermat-Euler, kleiner Satz von Fermat) *Sei* $m \in \mathbb{N}$, $a \in \mathbb{Z}$ *mit* ggT$(a, m) = 1$.
   Dann gilt (Satz von Fermat-Euler)

$$a^{\varphi(m)} \equiv 1 \bmod m,$$

und für $r_1, r_2 \in \mathbb{N}$ *mit* $r_1 \equiv r_2 \bmod \varphi(m)$ *ist* $a^{r_1} \equiv a^{r_2} \bmod m$. *Insbesondere gilt für eine Primzahl* p *und* $a \in \mathbb{Z}$ *(kleiner Satz von Fermat)*

$$a^p \equiv a \bmod p$$
$$a^{p-1} \equiv 1 \bmod p, \quad \text{falls } p \nmid a.$$

Beweis Für ggT$(a, m) = 1$ folgt $a^{\varphi(m)} \equiv 1 \bmod m$ ebenso wie der Spezialfall $a^{p-1} \equiv 1 \bmod p$ daraus, dass

$$x^{|G|} = e$$

in jeder endlichen Gruppe G für alle $x \in G$ gilt.
   $a^p \equiv a \bmod p$ folgt für $p \nmid a$ aus $a^{p-1} \equiv 1 \bmod p$ und ist für $p \mid a$ trivialerweise richtig.
   $\square$

Bemerkung Man kann diesen Satz auch ohne Verwendung des Gruppenbegriffs beweisen. Der häufigste derartige Beweis ist allerdings nur eine Umformulierung des Beweises aus der Bemerkung nach Korollar 5.39 für die Aussage „Element hoch Gruppenordnung ist neutral") im Fall einer endlichen abelsche Gruppe.

Beispiel 8.2   Eine beliebte Zahlenspielerei auf der Basis des Satzes von Fermat-Euler ist die Bestimmung der Endziffern einer großen Potenz ohne viel Rechnung. Da etwa $\varphi(100) = 40$ gilt, kommt es zur Bestimmung der beiden letzten Ziffern einer Potenz auf jeden Fall nur auf den Exponenten modulo 40 an. Fragen wir etwa nach 7^{2014}, so geht es noch rascher, denn wegen $7^2 = 50 - 1$ sieht man sofort, dass $7^4 \equiv 1 \bmod 100$ und damit $7^{2014} \equiv 7^2 \equiv 49 \bmod 100$ gilt, so dass 7^{2014} die Endziffern 49 hat. Etwas mehr müssen wir rechnen, wenn wir die drei letzten Ziffern wissen wollen. Immerhin schließen wir aus $7^2 \equiv -1 \bmod 25$ mit Hilfe des binomischen Lehrsatzes und wegen $5 \mid \binom{5}{j}$ für $1 \le j \le 4$, dass $7^{10} \equiv -1 \bmod 125$ gilt. Deshalb ist $7^{2014} \equiv -7^4 \equiv 99 \bmod 125$, zusammen mit $7^{2014} \equiv 1 \bmod 8$ liefert das (z.B mit dem chinesischen Restsatz) $7^{2014} \equiv 849 \bmod 1000$, die letzten 3 Ziffern sind also 849.

Anwendung (Public-key-Kryptographie, RSA-Verfahren) Personen $P_1, \ldots, P_r$ (für $r = 2$ traditionell Alice und Bob genannt) wollen einander verschlüsselte Nachrichten übermitteln, ohne zuvor Schlüssel austauschen zu müssen (der Austausch von Schlüsseln gilt als riskant, da ein unbemerkt kopierter Schlüssel die gesamte weitere Kommunikation kompromittiert).

Jede Person P_j wählt große Primzahlen p_j, q_j und bildet $m_j = p_j q_j$. Die Primzahlen p_j und q_j sollten dabei so groß sein, dass es auf absehbare Zeit unmöglich ist, m_j in seine Primfaktoren zu zerlegen, ohne sie vorher zu kennen (jeweils 100 Stellen reichen dafür inzwischen nicht mehr aus).

Ferner wählt P_j eine (große) natürliche Zahl $e_j \leq m_j$ mit $\mathrm{ggT}(e_j, \varphi(m_j)) = 1$.

Im Teilnehmerverzeichnis werden e_j und m_j für alle zugänglich publiziert.

Will jetzt P_1 = Alice eine Nachricht an P_2 = Bob schicken, so wandelt sie ihre Nachricht zunächst (nach irgendeinem allgemein bekannten und leicht umkehrbaren Verfahren) in Zahlen x um ($x < \min(p_2, q_2)$) und übermittelt dann z mit $0 \leq z < m_2$ und $z \equiv x^{e_2} \bmod m_2$ an Bob, der daraus wieder x rekonstruieren muss.

Da $\mathrm{ggT}(e_2, \varphi(m_2)) = 1$ ist und Bob $\varphi(m_2) = (p_2 - 1)(q_2 - 1)$ ausrechnen kann, kann er mit Hilfe des euklidischen Algorithmus ein $y_2 \in \mathbb{N}$ ($y_2 < \varphi(m_2)$) mit

$$e_2 y_2 \equiv 1 \bmod \varphi(m_2)$$

bestimmen.

Damit ist

$$z^{y_2} \equiv x^{e_2 y_2} = x^{1 + k\varphi(m_2)} \equiv x \bmod m_2,$$

da nach dem Satz von Fermat-Euler $x^{\varphi(m_2)} \equiv 1 \bmod m_2$ gilt. Die Nachricht wird also durch Berechnen von z^{y_2} (modulo m_2) entschlüsselt.

Die Brauchbarkeit des Verfahrens basiert auf folgenden Beobachtungen:

- Sind p, q Primzahlen und kennt man $\varphi(pq)$ und pq, so kann man leicht p und q berechnen (Übung). Die Berechnung von $\varphi(pq)$ ist also genauso schwierig wie die Zerlegung von $m = pq$ in seine Primfaktoren.
- Es ist erheblich schwieriger, natürliche Zahlen in ihre Primfaktoren zu zerlegen, als sie auf Primzahleigenschaft zu testen. Man kann also leicht Primzahlen p, q erzeugen, für die die Faktorzerlegung von $m = pq$ praktisch nicht rekonstruierbar ist, jedenfalls bis auf weiteres. Das Wort "schwieriger" ist dabei im Sinne der praktischen Durchführbarkeit mit heute bekannten Methoden gemeint, ein exakter komplexitätstheoretischer Beweis dafür, dass Faktorzerlegung nicht polynomial in der Bitlänge der zu faktorisierenden Zahl ist, ist aber derzeit nicht bekannt (für das Testen auf Primzahleigenschaft gibt es einen Algorithmus mit polynomialer Laufzeit).

- Sind x und e natürliche Zahlen, so kann man $y = x^e$ sehr schnell berechnen. Man schreibt

$$e = \sum_{j=0}^{r} a_j 2^j \quad (a_j \in \{0,1\})$$

und benutzt folgenden Algorithmus
1. $y \leftarrow 1, z \leftarrow x, j \leftarrow 0$
2. Falls $a_j = 1$ setze $y \leftarrow yz$
3. Falls $j < r$, setze $j \leftarrow j + 1$, setze $z \leftarrow z^2$, gehe zu 2.
4. Beende, y ist gleich x^e.

Man benötigt dafür $O(\log(e))$ Quadrierungsschritte und Multiplikationen, ist also viel schneller als bei e-fachem Multiplizieren mit x.

Beispiel 8.3 Bob habe etwa die öffentliche Schlüsselzahl $221 = 13 \cdot 17$ und den öffentlichen Exponenten 11 Alice will als Nachricht die Zahl 5 übermitteln, berechnet also $5^{11} \equiv 164$ mod 221 und sendet die 164. Bob weiß, dass $\varphi(221) = 12 \cdot 16 = 192$ ist und hat das Inverse 35 von 11 modulo 192 berechnet (mittels des euklidischen Algorithmus). Er muss also 164^{35} modulo 221 berechnen (mit einem Computeralgebrasystem kein Problem, auch von Hand leicht durchführbar, wenn man modular rechnet, also einzeln modulo 13 und 17 rechnet und das Ergebnis mit Hilfe des chinesischen Restsatzes zusammensetzt). Als Ergebnis erhält er natürlich 5.

Bemerkung Der kleine Satz von Fermat wird auch als Primzahltest verwendet:

Ist $m \in \mathbb{N}$ gegeben und $a^{m-1} \not\equiv 1 \bmod m$ für ein $a \in \mathbb{Z}$ mit $m \nmid a$, so ist m sicher keine Primzahl.

Umgekehrt nennt man eine Zahl m, die keine Primzahl ist, eine *Pseudoprimzahl* bezüglich a (zur Basis a), falls sie diesen Test besteht, falls also $a^{m-1} \equiv 1 \bmod m$ gilt. Zum Beispiel ist $341 = 11 \cdot 13$ die kleinste Pseudoprimzahl zur Basis 2, wie man (jedenfalls mit Computerunterstützung) leicht nachrechnet. Mit mehr Rechenaufwand ist gezeigt worden, dass es 38.975 Pseudoprimzahlen zur Basis 2 gibt, die kleiner als 10^{11} sind.

Eine (ungerade) natürliche Zahl m, die für alle a mit $\mathrm{ggT}(a, m) = 1$ eine Pseudoprimzahl ist, heißt *Carmichael-Zahl*. Die kleinsten Carmichael-Zahlen sind 561, 1105, 1729. Man weiß, dass es unendlich viele Carmichael-Zahlen gibt (Alford/Granville/Pomerance 1994). Der Test kann also zwar zuverlässig feststellen, dass ein gegebenes m keine Primzahl ist, ist aber ohne weitere Überlegungen nicht geeignet, Primzahleigenschaft nachzuweisen. Wir kommen darauf in Abschn. 8.4 zurück.

Korollar 8.4 *Sei $m \in \mathbb{N}$ und $a \in \mathbb{Z}$, $\mathrm{ggT}(a, m) = 1$. Dann ist die Ordnung der Klasse von a in der primen Restklassengruppe $(\mathbb{Z}/m\mathbb{Z})^{\times}$ (auch kurz die Ordnung $\mathrm{ord}_m(a)$ von a modulo m genannt) ein Teiler von $\varphi(m)$.*

Beweis Klar.   □

Beispiel 8.5 Wir kommen noch einmal auf die Dezimalbruchentwicklung bzw. allgemeiner die g-adischen Entwicklung einer rationalen Zahl zurück: In Beispiel 3.14 hatten wir festgestellt, dass man die Koeffizienten a_{-n} der g-adischen Entwicklung für einen gekürzten Bruch $0 \le \frac{p}{q} < 1$ mit $p, q \in \mathbb{N}_0$, $\mathrm{ggT}(p, q) = 1$ wie folgt durch Division mit Rest rekursiv berechnet:

$gp = qa_{-1} + r_1$ mit $0 \le r_1 < q$ und $0 \le a_{-1} < g$, und allgemein $gr_n = qa_{-n-1} + r_{n+1}$ mit $0 \le a_{-n-1} < g$ und $0 \le r_n < q$.

Wir haben also $r_1 \equiv gp \bmod q$ und sehen induktiv, dass $r_n \equiv g^n p \bmod q$ gilt. Ist jetzt auch $\mathrm{ggT}(g, q) = 1$ und n_0 die Ordnung von $g + q\mathbb{Z}$ in der primen Restklassengruppe $(\mathbb{Z}/q\mathbb{Z})^\times$, so ist $r_{n_0} \equiv p \bmod q$, wir haben $a_{-n_0-1} = a_{-1}$, und sehen, dass sich die Rechnung wiederholt. Anders gesagt: Die Folge (a_{-n}) der Koeffizienten der Entwicklung ist periodisch mit Periode n_0. In der Tat haben im genannten Beispiel 10 die Ordnung 6 modulo 7, 4 hat die Ordnung 3 modulo 7, und 6 hat die Ordnung 2 modulo 7, wie man jeweils leicht nachrechnet; die dort festgestellten Perioden ergeben sich also aus obigem Argument.

Wir wollen jetzt die Struktur der primen Restklassengruppe $(\mathbb{Z}/m\mathbb{Z})^\times$ untersuchen. Insbesondere wollen wir klären, für welche m diese Gruppe zyklisch ist.

Definition 8.6 *Sei $m \in \mathbb{N}$, $m > 1$.*

Eine Zahl $g \in \mathbb{Z}$ heißt eine Primitivwurzel *modulo m, wenn es für jedes $a \in \mathbb{Z}$ mit $\mathrm{ggT}(a, m) = 1$ ein $j \in \mathbb{N}$ gibt mit $a \equiv g^j \bmod m$.*

Äquivalent: Die Restklasse $g + m\mathbb{Z}$ von g modulo m erzeugt die Gruppe $(\mathbb{Z}/m\mathbb{Z})^\times$.

Primitivwurzeln modulo m gibt es also genau dann, wenn $\mathbb{Z}/m\mathbb{Z}$ zyklisch ist.

Da nach dem chinesischen Restsatz

$$(\mathbb{Z}/m\mathbb{Z})^\times \cong (\mathbb{Z}/p_1^{\nu_1}\mathbb{Z})^\times \times \cdots \times (\mathbb{Z}/p_r^{\nu_r}\mathbb{Z})^\times$$

für alle $m = \prod_{i=1}^r p_i^{\nu_i} \in \mathbb{N}$ gilt, kann man alle Information über $(\mathbb{Z}/m\mathbb{Z})^\times$ durch Betrachten der Faktoren $(\mathbb{Z}/p_i^{\nu_i}\mathbb{Z})^\times$ gewinnen. Es reicht also, den Fall $m = p^\nu$ (p Primzahl, $\nu \in \mathbb{N}$) zu behandeln, wir beginnen mit dem Fall $\nu = 1$ und zeigen etwas allgemeiner:

Satz 8.7 *Sei K ein Körper, $H \subseteq K^\times$ eine endliche Untergruppe der Ordnung n von $K^\times = K \smallsetminus \{0\}$. Dann ist H zyklisch, und H ist gleich der Menge $\mu_n(K) = \{x \in K \mid x^n = 1\}$ der n-ten Einheitswurzeln in K.*

Insbesondere ist die prime Restklassengruppe $(\mathbb{Z}/p\mathbb{Z})^\times$ für jede Primzahl p zyklisch.

Beweis Für $d \mid n = |H|$ sei $\Psi(d)$ die Anzahl der Elemente von H, die Ordnung d haben. Ist $\Psi(d) \neq 0$ und $a \in H$ ein Element der Ordnung d, so sind $1, a, \dots, a^{d-1}$ verschiedene Nullstellen des Polynoms $f_d := X^d - 1 \in K[X]$, und da dieses Polynom nicht mehr als $d = \deg(f_d)$ Nullstellen haben kann, liegen alle Elemente von $K^\times$, die Ordnung d haben, in der zyklischen Untergruppe $\langle a \rangle \subseteq H$ von H, die nach Korollar 5.39) genau $\varphi(d)$ Elemente der Ordnung d hat. $\Psi(d)$ ist also entweder 0 oder gleich $\varphi(d)$, es gilt also $\Psi(d) \leq \varphi(d)$ für alle $d \mid n$.

Da jedes Element von H irgendeine Ordnung $d \mid n$ hat und $\sum_{d \mid n} \varphi(d) = n$ nach Korollar 5.41 gilt, ist

$$|H| = n = \sum_{d \mid n} \Psi(d) \leq \sum_{d \mid n} \varphi(d) = n,$$

also $\Psi(d) = \varphi(d)$ für alle $d \mid n$, insbesondere $\Psi(n) = \varphi(n) \neq 0$. Es gibt also Elemente der Ordnung $n = |H|$ in H, d. h., H ist zyklisch, und der Beweis hat zugleich gezeigt, dass H aus allen $x \in K$ besteht, für die $x^n = 1$ gilt. □

Definition und Korollar 8.8 *Sei K ein Körper und $n \in \mathbb{N}$. Dann ist die Gruppe*

$$\mu_n(K) := \{a \in K \mid a^n = 1\} \subseteq K^\times$$

zyklisch.

Falls $\mu_n(K)$ Ordnung n hat, so heißt jedes erzeugende Element dieser Gruppe eine primitive n-te Einheitswurzel.

Beweis Klar. □

Beispiel 8.9 Im Körper $\mathbb{C}$ der komplexen Zahlen ist $\zeta_n := \exp(\frac{2\pi i}{n})$ für $n \in \mathbb{N}$ eine primitive n-te Einheitswurzel.

Im Körper $\mathbb{R}$ der reellen Zahlen ist dagegen

$$\mu_n(\mathbb{R}) = \begin{cases} \{\pm 1\} & \text{falls } n \text{ gerade} \\ \{1\} & \text{falls } n \text{ ungerade,} \end{cases}$$

es gibt also nur für $n = 1$ und $n = 2$ eine primitive n-te Einheitswurzel in $\mathbb{R}$.

Im Körper $\mathbb{Z}/p\mathbb{Z}$ mit p Elementen ist die multiplikative Gruppe zyklisch von der Ordnung $p - 1$, es gibt also (siehe Korollar 5.39) zu jedem Teiler n von $p - 1$ eine primitive n-te Einheitswurzel in $\mathbb{Z}/p\mathbb{Z}$ (und für kein anderes n).

Für höhere Potenzen einer Primzahl p unterscheidet sich der Fall $p = 2$ vom Fall ungerader Primzahlen. Wir beginnen mit Letzterem:

Lemma 8.10 *Sei $p \neq 2$ eine Primzahl, $r \in \mathbb{N}$.*

Dann ist $(\mathbb{Z}/p^r\mathbb{Z})^\times$ zyklisch, und es gilt:

Ist $a \in \mathbb{Z}$ Primitivwurzel modulo p^2 (d. h., $\langle a + p^2\mathbb{Z} \rangle = (\mathbb{Z}/p^2\mathbb{Z})^\times$), so ist a auch Primitivwurzel modulo p^r (d. h., $\langle a + p^r\mathbb{Z} \rangle = (\mathbb{Z}/p^r\mathbb{Z})^\times$) für alle $r > 2$.

Beweis Die Behauptung für $r = 1$ haben wir gezeigt. Für das Weitere werden wir ausnutzen, dass man für $r > 1$ die durch $\pi(a + p^r\mathbb{Z}) = a + p^{r-1}\mathbb{Z}$ gegebene surjektive Projektionsabbildung $\pi : (\mathbb{Z}/p^r\mathbb{Z})^\times \to (\mathbb{Z}/p^{r-1}\mathbb{Z})^\times$ hat und dass daher (wegen Korollar 5.42) die Ordnung von a modulo p^{r-1} stets ein Teiler der Ordnung von a modulo p^r ist.

Sei jetzt $r = 2$. Mit Hilfe des binomischen Lehrsatzes sieht man $(1 + p)^p \equiv 1 \bmod p^2$, also hat die Klasse von $1 + p$ modulo $p^2\mathbb{Z}$ Ordnung p. Ist a eine Primitivwurzel modulo p, also $a + p\mathbb{Z}$ ein Erzeuger der zyklischen Gruppe $(\mathbb{Z}/p\mathbb{Z})^\times$ und daher a modulo p von der Ordnung $p - 1$, so ist nach obiger Vorüberlegung die Ordnung k von a modulo p^2 (wegen $\varphi(p^2) = p(p - 1)$) entweder $p - 1$ oder $p(p - 1)$; in jedem Fall hat $a(1 + p)$ modulo p^2 die Ordnung $\varphi(p^2) = p(p - 1) = \mathrm{kgV}(p, k)$, die Gruppe $\mathbb{Z}/p^2\mathbb{Z}$ ist also zyklisch.

Wir zeigen jetzt durch Induktion nach r, beginnend mit dem trivialen Fall $r = 2$, dass für $r \geq 2$ jede Primitivwurzel modulo p^2 auch Primitivwurzel modulo p^r ist. Sei also $r > 2$ und die Behauptung gezeigt für $r' < r$. Sei a eine Primitivwurzel modulo p^2. Nach Induktionsannahme ist a auch Primitivwurzel modulo p^{r-1}, also hat a modulo p^{r-1} die Ordnung $\varphi(p^{r-1}) = p^{r-2}(p - 1)$. Nach unserer Vorüberlegung ist die Ordnung modulo p^r von a durch $p^{r-2}(p-1)$ teilbar. Andererseits teilt sie $\varphi(p^r)$, sie ist also entweder gleich $p^{r-2}(p-1)$ oder gleich $\varphi(p^r) = p^{r-1}(p - 1)$. Da $(\mathbb{Z}/p^{r-2}\mathbb{Z})^\times$ Ordnung $p^{r-3}(p - 1)$ hat, gilt sicher $a^{p^{r-3}(p-1)} \equiv 1 \bmod p^{r-2}$, also $a^{p^{r-3}(p-1)} = 1 + kp^{r-2}$ mit $k \in \mathbb{Z}$, und da $a^{p^{r-3}(p-1)} \not\equiv 1 \bmod p^{r-1}$ gilt, ist k nicht durch p teilbar. Berechnet man

$$a^{p^{r-2}(p-1)} = (1 + kp^{r-2})^p = 1 + kpp^{r-2} + k^2\frac{p(p - 1)}{2}p^{2r-4} + \dots$$

nach dem binomischen Lehrsatz, so sieht man wegen $2r - 3 \geq r$ und $p \nmid k$, dass

$$a^{p^{r-2}(p-1)} \equiv 1 + kp^{r-1} \not\equiv 1 \bmod p^r$$

gilt, also ist a in der Tat Primitivwurzel modulo p^r. □

Lemma 8.11 *Es gilt* $(\mathbb{Z}/4\mathbb{Z})^\times \cong \mathbb{Z}/2\mathbb{Z}$.
Ist $m = 2^r$ mit $r \geq 3$, so ist

$$(\mathbb{Z}/m\mathbb{Z})^\times \cong \mathbb{Z}/2\mathbb{Z} \times \mathbb{Z}/2^{r-2}\mathbb{Z}.$$

Beweis Die erste Behauptung ist klar.

Um die zweite Behauptung zu beweisen, reicht es zu zeigen, dass $(\mathbb{Z}/2^r\mathbb{Z})^\times$ für $r \geq 3$ den Exponenten 2^{r-2} hat, denn aus dem Hauptsatz über endliche abelsche Gruppen (Satz 7.9) folgt sofort, dass

$$\mathbb{Z}/2\mathbb{Z} \times \mathbb{Z}/2^{r-2}\mathbb{Z}$$

bis auf Isomorphie die einzige abelsche Gruppe der Ordnung 2^{r-1} vom Exponenten 2^{r-2} ist.

Wir zeigen das durch Induktion nach r, beginnend mit dem wegen Teil a) von Proposition 4.8 offensichtlich richtigen Fall $r = 3$ als Induktionsanfang, und zeigen gleichzeitig, dass die Klasse von 3 modulo 2^r die Ordnung 2^{r-2} hat.

Sei jetzt $r > 3$ und die Behauptung richtig für $r' < r$. Nach Aufgabe 7.4 ist der Exponent von $(\mathbb{Z}/2^r\mathbb{Z})^\times$ entweder gleich dem Exponenten 2^{r-3} von $(\mathbb{Z}/2^{r-1}\mathbb{Z})^\times$ oder gleich 2^{r-2}, und nach Korollar 5.42 hat 3 modulo 2^r Ordnung 2^{r-3} oder 2^{r-2}.

Nach Induktionsannahme gilt $3^{2^{r-4}} \equiv 1 \bmod 2^{r-2}$, aber $3^{2^{r-4}} \not\equiv 1 \bmod 2^{r-1}$, man hat also $3^{2^{r-4}} = 1 + k2^{r-2}$ mit $2 \nmid k$. Wegen $r \geq 4$ und $2 \nmid k$ folgt

$$3^{2^{r-3}} = (1 + k2^{r-2})^2 = 1 + k2^{r-1} + k^2 2^{2r-4} \equiv 1 + k2^{r-1} \not\equiv 1 \bmod 2^r,$$

also hat 3 wie behauptet modulo 2^r die Ordnung 2^{r-2}.   □

Um die Information über die Faktoren $(\mathbb{Z}/p_i^{v_i}\mathbb{Z})^\times$ von $(\mathbb{Z}/m\mathbb{Z})^\times$ wieder zusammenzusetzen, benötigen wir noch das folgende Lemma:

Lemma 8.12 *Sind $C_1, C_2, \ldots, C_r$ zyklische Gruppen der Ordnungen $n_1, n_2, \ldots, n_r$, so gilt:*

a) $C_1 \times C_2 \cong (\mathbb{Z}/\mathrm{kgV}(n_1, n_2)\mathbb{Z}) \times (\mathbb{Z}/\mathrm{ggT}(n_1, n_2)\mathbb{Z})$.
b) $C_1 \times C_2 \times \ldots \times C_r$ *hat den Exponenten* $\mathrm{kgV}(n_1, n_2, \ldots, n_r)$.
c) $C_1 \times C_2 \times \ldots \times C_r$ *ist genau dann zyklisch, wenn* $\mathrm{ggT}(n_i, n_j) = 1$ *für* $i \neq j$ *gilt.*

Beweis a): Siehe die Übungen zum vorigen Kapitel.

b), c): Induktion nach r, der Anfang $r = 2$ ist a), und auch der Induktionsschritt ergibt sich durch Anwendung von a).   □

Satz 8.13 $(\mathbb{Z}/m\mathbb{Z})^\times$ *ist für* $m \in \mathbb{N}, m \neq 1$ *genau dann zyklisch, wenn* $m = p^r$ *für eine Primzahl* $p \neq 2$ *und* $r \in \mathbb{N}$ *oder* $m = 2p^r$ *für solches* p *und* r *gilt oder* $m \in \{2, 4\}$ *ist.*

Beweis Wegen $\varphi(p^v) = (p - 1)p^{v-1}$ hat $(\mathbb{Z}/p^v\mathbb{Z})^\times$ gerade Ordnung, falls $p \neq 2$ oder $p = 2$ und $v > 1$ gilt.

Ist $m = \prod_{i=1}^r p_i^{v_i}$ mit $v_i \in \mathbb{N}$ und paarweise verschiedene Primzahlen p_i so ist $(\mathbb{Z}/m\mathbb{Z})^\times = \prod_{i=1}^r (\mathbb{Z}/p_i^{v_i}\mathbb{Z})^\times$.

Daher folgt aus Lemma 8.12, dass $(\mathbb{Z}/m\mathbb{Z})^\times$ jedenfalls dann nicht zyklisch ist, wenn in der Primfaktorzerlegung von m zwei Primzahlen $\neq 2$ vorkommen oder m durch 4 teilbar, aber $m \neq 4$ ist, denn in diesen Fällen enthält die angegebene Zerlegung der Gruppe in ein direktes Produkt wenigstens zwei Faktoren gerader Ordnung oder (falls $8 \mid m$ gilt) einen nicht zyklischen Faktor.

Dass in den verbleibenden Fällen $m = 4$, $m = p^r$ mit p ungerade und $m = 2p^r$ mit p ungerade in $(\mathbb{Z}/m\mathbb{Z})^\times$ Elemente der Ordnung $\varphi(m)$ existieren, ist trivial für $m = 4$, bereits gezeigt für $m = p^r$ mit p ungerade, und folgt wegen $(\mathbb{Z}/2\mathbb{Z})^\times = \{\bar{1}\}$ für $m = 2p^r$ aus der bereits bewiesenen Behauptung für $m = p^r$ (p ungerade).   □

8.2 Primitivwurzeln und Potenzreste

Im Weiteren werden wir den Fall, dass die prime Restklassengruppe zyklisch ist, näher betrachten. In diesem Fall wollen wir versuchen, erzeugende Elemente zu bestimmen und anschließend untersuchen, welche Folgerungen sich für die Lösungsmengen spezieller Kongruenzen ergeben, wenn also m den im vorigen Satz angegebenen Bedingungen genügt. Da der Fall $(\mathbb{Z}/2p^\nu\mathbb{Z})^\times$ sich wegen $(\mathbb{Z}/p^\nu\mathbb{Z})^\times \cong (\mathbb{Z}/2p^\nu\mathbb{Z})^\times$ auf die Untersuchung von $(\mathbb{Z}/p^\nu\mathbb{Z})^\times$ zurückführen lässt, werden wir uns auf letzteren Fall konzentrieren.

Beispiel 8.14 Wir suchen eine Primitivwurzel a in $(\mathbb{Z}/47\mathbb{Z})^\times$, also ein Element der Ordnung $46 = 2 \cdot 23$.

Offenbar ist $a^2 \not\equiv 1 \bmod 47$ für $a \not\equiv \pm 1 \bmod 47$, alle diese Elemente haben also Ordnung 23 oder 46 in $(\mathbb{Z}/47\mathbb{Z})^\times$.

Hat die Klasse von a Ordnung 23, also

$$a^{23} \equiv 1 \bmod 47,$$

so ist

$$(-a)^{23} = -a^{23} \equiv -1 \bmod 47,$$

die Klasse von $-a$ hat dann also Ordnung 46.

Versucht man es etwa mit $a = 3$, so hat man

$$3^5 = 243 = 5 \cdot 47 + 8 \equiv 8 \bmod 47$$

und daher

$$3^{10} \equiv 8^2 \equiv 17 \bmod 47$$
$$3^{11} \equiv 51 \equiv 4 \bmod 47$$
$$3^{22} \equiv 16 \bmod 47$$
$$3^{23} \equiv 48 \equiv 1 \bmod 47.$$

$\overline{3}$ hat also Ordnung 23, also hat $-\overline{3}$ die Ordnung 46.

Als Übung suche man das kleinste positive a, das modulo 47 Primitivwurzel ist.

Bemerkung E. Artin hat vermutet (1927): Ist $a \in \mathbb{Z}$, $a \notin \{0, -1\}$, a kein Quadrat, so ist a modulo unendlich vielen Primzahlen p Primitivwurzel.

Gezeigt ist (Heath-Brown, 1986):

Bis auf höchstens 2 Ausnahmen ist jede Primzahl a Primitivwurzel modulo unendlich vielen Primzahlen p. Dieses Ergebnis liefert aber keine Schranke oder gar einen expliziten Wert für eine solche denkbare (aber vermutlich nicht existierende) Ausnahmezahl.

Das im vorigen Beispiel angewendete Verfahren formalisieren wir im nächsten Lemma; insbesondere sieht man daraus, dass man nicht sämtliche Potenzen bis hin zur $\varphi(m)$-ten berechnen muss, um zu überprüfen, ob eine vorgelegte Zahl eine Primitivwurzel modulo m ist.

Lemma 8.15 *Sei $p \neq 2$ eine Primzahl, $v \in \mathbb{N}$, $a \in \mathbb{Z}$ mit $p \nmid a$.*
Dann ist a genau dann eine Primitivwurzel modulo p^v, wenn

$$a^{\varphi(p^v)/q} \not\equiv 1 \bmod p^v$$

für alle Primzahlen $q \mid \varphi(p^v)$ gilt.
   Diese Bedingung ist genau dann erfüllt, wenn $a^{(p-1)/q} \not\equiv 1 \bmod p$ für alle Primzahlen $q \mid (p-1)$ gilt und für $v > 1$ zusätzlich $a^{p-1} \not\equiv 1 \bmod p^2$ gilt.

Beweis Ist a eine Primitivwurzel modulo p^v, so ist $\varphi(p^v) = \min\{j \in \mathbb{N} \mid a^j \equiv 1 \bmod p^v\}$, die angegebene Bedingung also erfüllt.

   Ist umgekehrt $a^{\varphi(p^v)/q} \not\equiv 1 \bmod p^v$ für alle Primzahlen $q \mid \varphi(p^v)$ und $r = \mathrm{ord}_{(\mathbb{Z}/p^v\mathbb{Z})^\times}(\overline{a})$, so ist r ein Teiler von $\varphi(p^v)$. Jeder echte Teiler von $\varphi(p^v)$ teilt $\frac{\varphi(p^v)}{q}$ für wenigstens eine Primzahl $q \mid \varphi(p^v)$, also kann r kein echter Teiler von $\varphi(p^v)$ sein, muss also gleich $\varphi(p^v)$ sein. Das heißt aber, dass $(\mathbb{Z}/p^v\mathbb{Z})^\times = \langle \overline{a} \rangle$ ist, dass also a eine Primitivwurzel modulo p^v ist.

   Wegen $a^p \equiv a \bmod p$ und weil (durch Anwenden des binomischen Lehrsatzes) aus $x \equiv 1$ mod p auch $x^p \equiv 1 \bmod p^2$ folgt, ist $a^{\frac{p-1}{q}} \not\equiv 1 \bmod p$ äquivalent zu $a^{\frac{p-1}{q}p} \not\equiv 1 \bmod p^2$; für $v = 2$ gilt also die am Ende des Lemmas behauptete Äquivalenz. Die Gültigkeit für beliebige $v > 1$ folgt dann daraus, dass a nach Lemma 8.10 genau dann Primitivwurzel modulo p^v ist, wenn es Primitivwurzel modulo p^2 ist. $\square$

Definition und Satz 8.16 *Sei $p \neq 2$ eine Primzahl, $v \in \mathbb{N}$, $b \in \mathbb{Z}$ mit $p \nmid b$, a eine Primitivwurzel modulo p^v.*
   Dann heißt die Zahl $x \in \mathbb{N}_0$, $0 \leq x < \varphi(p^v)$ mit $a^x \equiv b \bmod p^v$ der Index $\mathrm{ind}_a(b) = \mathrm{ind}_{a,p^v}(b)$ von b bezüglich a (modulo p^v). Durch $b + p^v\mathbb{Z} \mapsto \mathrm{ind}_a(b) + \varphi(p^v)\mathbb{Z}$ wird ein Isomorphismus $\mathrm{ind}_a : (\mathbb{Z}/p^v\mathbb{Z})^\times \to \mathbb{Z}/\varphi(p^v)\mathbb{Z}$ gegeben.
   Sind $b, b_1, b_2 \in \mathbb{Z}$ mit $p \nmid bb_1b_2$ und ist a' eine weitere Primitivwurzel modulo p^v, so gelten die folgenden Regeln:

a) $\mathrm{ind}_a(b_1b_2) \equiv \mathrm{ind}_a(b_1) + \mathrm{ind}_a(b_2) \bmod \varphi(p^v)$
b) $\mathrm{ind}_a(b^n) \equiv n \cdot \mathrm{ind}_a(b) \bmod \varphi(p^v)$
c) $\mathrm{ind}_a(1) = 0$
d) $\mathrm{ind}_{a'}(b) = \mathrm{ind}_{a'}(a)\,\mathrm{ind}_a(b)$.
e) *Die Ordnung von $\overline{b}$ in $(\mathbb{Z}/p^v\mathbb{Z})^\times$ ist gleich $\frac{\varphi(p^v)}{\mathrm{ggT}(\mathrm{ind}_a(b),\varphi(p^v))}$.*

Beweis Klar, e) folgt aus Korollar 5.39 über die Ordnung der j-ten Potenz eines Gruppen-elements x. □

Beispiel 8.17 Das Rechnen mit dem Index von Elementen der primen Restklassengruppe (Indexrechnung) kann häufig benutzt werden, um Lösungen von Kongruenzen zu bestimmen.

Gesucht sei etwa eine Lösung $x \in \mathbb{Z}$ der Kongruenz

$$9x^5 \equiv 11 \bmod 14.$$

Offenbar reicht es, eine ungerade Lösung der Kongruenz

$$9x^5 \equiv 11 \bmod 7$$

bzw. der dazu äquivalenten Kongruenz

$$9x^5 \equiv 4 \bmod 7$$

zu finden, da für diese $9x^5 \equiv 1 \equiv 11 \bmod 2$ und daher auch $9x^5 \equiv 11 \bmod 14$ gilt.

Zunächst ist 3 eine Primitivwurzel modulo 7, denn wir haben $\varphi(7) = 6 = 2 \cdot 3$ und

$$3^2 \equiv 2 \bmod 7, \ 3^3 = 27 \equiv -1 \bmod 7.$$

Wir haben dann $3^4 \equiv -3 \equiv 4 \bmod 7$, also

$$\mathrm{ind}_3(11) = \mathrm{ind}_3(4) = 4 \text{ sowie } \mathrm{ind}_3(9) = 2.$$

$$9x^5 \equiv 11 \bmod 7$$

ist also äquivalent zu

$$\mathrm{ind}_3(9) + 5\,\mathrm{ind}_3(x) \equiv \mathrm{ind}_3(11) \bmod 6$$
$$2 + 5\,\mathrm{ind}_3(x) \equiv 4 \bmod 6$$
$$-\mathrm{ind}_3(x) \equiv 2 \bmod 6$$
$$\mathrm{ind}_3(x) \equiv 4 \bmod 6$$
$$x \equiv 11 \bmod 7.$$

$x \equiv 11 \bmod 14$ ist also die eindeutig bestimmte Lösung der Kongruenz.

Zur Übung rechne man die gleiche Aufgabe unter Benutzung der Primitivwurzel 5 modulo 7.

Bemerkung Im allgemeinen ist es schwierig (d. h., mit hohem Rechenaufwand verbunden), zu einer gegebenen Restklasse ihren Index zu bestimmen. Da der Index als der Logarithmus der Restklasse zur Basis g angesehen werden kann, wo g die betrachtete Primitivwurzel ist, heißt dieses Problem auch das *discrete logarithm problem*, also das Problem, den diskreten Logarithmus zu berechnen.

Die Schwierigkeit dieses Problems kann für kryptographische Anwendungen benutzt werden (das ist also weniger ein Fall der Anwendung von Ergebnissen der Wissenschaft als vielmehr der Anwendung des *Fehlens* von Ergebnissen der Wissenschaft):

a) (Austausch von Schlüsseln nach Diffie und Hellman): Sei p eine (große) Primzahl und g eine Primitivwurzel modulo p. Alice wählt eine (geheime) Zufallszahl a zwischen 2 und $p - 2$ und sendet g^a an Bob. Genauso wählt Bob eine (geheime) Zufallszahl b und sendet g^b an Alice. Beide berechnen jetzt g^{ab} und benutzen diese Zahl als gemeinsamen Schlüssel für ihre weitere Kommunikation in irgendeinem Kryptosystem, das einen gemeinsamen Schlüssel erfordert.

Um als unbefugter Belauscher der Austauschprozedur den Schlüssel zu erraten, müsste man a oder b berechnen, also einen diskreten Logarithmus berechnen.

b) (Digitale Signatur nach El Gamal): Sei wieder p eine (große) Primzahl und g eine Primitivwurzel modulo p. Alice will unterschriebene Nachrichten an Bob schicken. Sie wählt zunächst wieder ein geheimes a wie oben, berechnet $y = g^a$ und gibt y bekannt. Um eine Nachricht n zu übermitteln, wählt sie ein geheimes k mit $1 \leq k \leq p - 1$ sowie $\mathrm{ggT}(k, p - 1) = 1$ und berechnet $r \equiv g^k \bmod p$ sowie s mit $ks \equiv n - ra \bmod (p - 1)$; sie sendet dann n sowie r und s an Bob. Um die Echtheit der Nachricht zu überprüfen, berechnet Bob $c := g^n \bmod p$ und $c' := y^r r^s \bmod p$. Wegen $ks + ra \equiv n \bmod (p - 1)$ gilt dann in $\mathbb{F}_p$

$$c = g^n = g^{ar} g^{ks} = y^r r^s = c',$$

an dieser Gleichheit erkennt Bob die Echtheit der Unterschrift.

Um zu einem gegebenen k ein s zu finden, für das $ks \equiv n - ra \bmod (p-1)$ gilt, muss ein potentieller Unterschriftenfälscher aus dem bekannten y auf das geheime a schließen, also einen diskreten Logarithmus berechnen. Die Zahl k ist natürlich nach einmaligem Gebrauch verbraucht, da sie aus dem eventuell mitgehörten s ohne Mühe rekonstruiert werden kann.

Definition 8.18 *Sei $m \in \mathbb{N}$. Eine Zahl $a \in \mathbb{Z}$ heißt n-ter Potenzrest modulo m, wenn es $x \in \mathbb{Z}$ gibt mit*

$$x^n \equiv a \bmod m.$$

Insbesondere für $n = 2$ spricht man von einem quadratischen Rest *modulo m, Zahlen a, die nicht quadratischer Rest modulo m sind, heißen* (quadratische) Nichtreste *modulo m.*

(Häufig werden diese Bezeichnungen nur für $a \in \mathbb{Z}$ mit $\mathrm{ggT}(a, m) = 1$ verwendet.)

Lemma 8.19 *Seien $m, n \in \mathbb{N}$, $m = \prod_{i=1}^{r} p_i^{v_i}$ mit verschiedenen Primzahlen p_i und $v_i \in \mathbb{N}$.*
Dann ist $c \in \mathbb{Z}$ genau dann n-ter Potenzrest modulo m, wenn c modulo allen $p_i^{v_i}$ ein n-ter Potenzrest ist.

Genauer gilt: Ist l_i für $1 \le i \le r$ die Anzahl der Lösungen modulo $p_i^{v_i}$ der Kongruenz $x_i^n \equiv a \bmod p_i^{v_i}$, so ist $\prod_{i=1}^{r} l_i$ die Anzahl der Lösungen modulo m der Kongruenz $x^n \equiv a \bmod m$.

Beweis Das folgt sofort aus der Zerlegung

$$(\mathbb{Z}/m\mathbb{Z})^{\times} \cong (\mathbb{Z}/p_1^{v_1}\mathbb{Z})^{\times} \times \cdots \times (\mathbb{Z}/p_r^{v_r}\mathbb{Z})^{\times}$$

(chinesischer Restsatz) und der (offensichtlichen) Tatsache, dass in der Gruppe $G = H_1 \times \cdots \times H_r$ das Element $(h_1, \ldots, h_r)$ mit $h_j \in H_j$ für alle j genau dann eine n-te Potenz ist, wenn jedes h_j eine n-te Potenz in H_j ist. □

Wir brauchen daher im Weiteren Potenzreste nur noch modulo p^v (p Primzahl, $v \in \mathbb{N}$) zu untersuchen.

Beispiel 8.20
a) Es gilt $9 \equiv (-3)^5 \bmod 14$, 9 ist also 5-ter Potenzrest modulo 14.
b) Wegen $3^2 \equiv 2 \bmod 7$ ist 2 ein quadratischer Rest modulo 7. Durch Probieren findet man: Die quadratischen Reste modulo 7 sind $1, 2, 4$, die Nichtreste sind $3, 5, 6$.
c) Ebenfalls durch Probieren findet man: 1 und 6 sind dritte Potenzreste modulo 7; 2, 3, 4, 5 sind nicht dritte Potenzreste modulo 7, alle (zu 11 teilerfremden) ganzen Zahlen sind dritte Potenzreste modulo 11.
d) Setzen wir die obigen Ergebnisse für dritte Potenzreste zusammen, so sehen wir etwa, dass modulo 77 alle zu 1 oder zu −1 modulo 7 kongruenten Zahlen dritte Potenzreste sind, wir erhalten hier also 20 prime Restklassen modulo 77, die dritte Potenzen sind, und 40 prime Restklassen, die keine dritten Potenzen sind.
e) Wollen wir die Lösungsmenge einer Kongruenz wie $103x^2 \equiv 38 \bmod 143$ bestimmen, so können wir ebenfalls in mehreren Schritten vorgehen:
Zunächst finden wir mit Hilfe des euklidischen Algorithmus wie in Abschn. 3.3, dass 25 das multiplikative Inverse von 103 modulo 143 ist, was unsere Kongruenz in $x^2 \equiv 92 \bmod 143$ umformt, die wiederum zu den beiden Kongruenzen $x^2 \equiv 4 \bmod 11$, $x^2 \equiv 1 \bmod 13$ äquivalent ist. Die erste hat die beiden Lösungen $x \equiv \pm 2 \bmod 11$, die zweite die Lösungen $x \equiv \pm 1 \bmod 13$. Mit Hilfe des chinesischen Restsatzes erhalten wir daraus schließlich die Lösungen $x \equiv 79 \bmod 143$, $x \equiv 53 \bmod 143$, $x \equiv 64 \bmod 143$, $x \equiv 90 \bmod 143$.

Satz 8.21 *Sei $p \ne 2$ eine Primzahl, $v \in \mathbb{N}$, sei $c \in \mathbb{Z}$ mit $p \nmid c$. Sei $n \in \mathbb{N}$ und $d := \ggT(n, \varphi(p^v))$.*

Dann sind äquivalent:

a) c *ist n-ter Potenzrest modulo p^v*

b) $c^{\frac{\varphi(p^v)}{d}} \equiv 1 \bmod p^v$

c) *d teilt $\mathrm{ind}_a(c)$ für eine Primitivwurzel a modulo p^v*

Ist dies der Fall, so hat die Kongruenz

$$x^n \equiv c \bmod p^v$$

genau d modulo p^v inkongruente Lösungen.

Beweis a) $\Rightarrow$ b): Ist $c \equiv x^n \bmod p^v$, so ist

$$
\begin{aligned}
c^{\frac{\varphi(p^v)}{d}} &\equiv x^{\frac{n \cdot \varphi(p^v)}{d}} \bmod p^v \\
&\equiv (x^{\frac{n}{d}})^{\varphi(p^v)} \bmod p^v \\
&\equiv 1 \bmod p^v
\end{aligned}
$$

nach dem Satz von Fermat-Euler.

b) $\Rightarrow$ c): Ist $c^{\frac{\varphi(p^v)}{d}} \equiv 1 \bmod p^v$ und $c \equiv a^j \bmod p^v$ für eine Primitivwurzel a, so ist

$$a^{j \cdot \frac{\varphi(p^v)}{d}} \equiv 1 \bmod p^v,$$

also ist $\frac{j \cdot \varphi(p^v)}{d}$ durch die Ordnung $\varphi(p^v)$ von $\overline{a}$ in $(\mathbb{Z}/p^v\mathbb{Z})^\times$ teilbar, also $d | j = \mathrm{ind}_a(c)$.

c) $\Rightarrow$ a): Wir schreiben $d = \mathrm{ggT}(n, \varphi(p^v))$ als

$$d = jn + k \cdot \varphi(p^v) \quad \text{mit } j, k \in \mathbb{Z}$$

und

$$c \equiv a^{qd} \bmod p^v \quad \text{mit } q \in \mathbb{N}$$

und erhalten

$$
\begin{aligned}
c &\equiv a^{qjn} a^{qk \cdot \varphi(p^v)} \bmod p^v \\
&\equiv (a^{qj})^n \bmod p^v
\end{aligned}
$$

nach dem Satz von Fermat-Euler, c ist also n-ter Potenzrest modulo p^v.

Zu zeigen ist noch, dass für einen n-ten Potenzrest c die Kongruenz $x^n \equiv c \bmod p^v$ genau d Lösungen hat.

Ist $c = 1$, so ist die Lösungsanzahl gerade die Ordnung des Kerns der Abbildung $\overline{x} \mapsto \overline{x}^n$ von $(\mathbb{Z}/p^\nu\mathbb{Z})^\times$ in sich, also die Anzahl der Elemente in der zyklischen Gruppe $(\mathbb{Z}/p^\nu\mathbb{Z})^\times$, deren Ordnung ein Teiler von n ist. Nach Korollar 5.39 ist diese Anzahl gleich d.

Ist c ein beliebiger n-ter Potenzrest modulo p^ν und $x_0^n \equiv c \bmod p^\nu$, so ist die Lösungsmenge modulo p^ν der Kongruenz $x^n \equiv c \bmod p^\nu$ die Nebenklasse von $\overline{x_0}$ des Kerns $\{\overline{x} \mid x^n \equiv 1 \bmod p^\nu\}$ der Abbildung $\overline{x} \mapsto \overline{x}^n$, sie hat also genauso viele Elemente wie dieser Kern, nämlich d. □

Korollar 8.22 *Sei $p \neq 2$ eine Primzahl, seien $\nu, n \in \mathbb{N}$.*

Dann ist die Anzahl der n-ten Potenzreste modulo p^ν gleich

$$\frac{p^{\nu-1}(p-1)}{\mathrm{ggT}(n, p^{\nu-1}(p-1))}.$$

Insbesondere gilt:

Genau dann ist für jedes $c \in \mathbb{Z}$ mit $p \nmid c$ die Kongruenz $x^n \equiv c \bmod p^\nu$ eindeutig lösbar, wenn $\mathrm{ggT}(n, p-1) = 1$ und zusätzlich $\nu = 1$ oder $p \nmid n$ gilt. In diesem Fall ist für jede Primitivwurzel a modulo p^ν auch a^n eine Primitivwurzel modulo p^ν.

Beweis Klar. □

Bemerkung Da $(\mathbb{Z}/p^\nu\mathbb{Z})^\times \cong (\mathbb{Z}/2p^\nu\mathbb{Z})^\times$ für eine Primzahl $p \neq 2$ und $\nu \in \mathbb{N}$ gilt, kann in den oben angegebenen Ergebnissen p^ν stets durch $m = 2p^\nu$ ersetzt werden, man muss dann jeweils zusätzlich die $c \in \mathbb{Z}$ mit $p \nmid c$ als ungerade annehmen.

Dagegen sind die Aussagen falsch, wenn man p^ν durch ein $m \in \mathbb{Z}$ ersetzt, für das die prime Restklassengruppe $(\mathbb{Z}/m\mathbb{Z})^\times$ nicht zyklisch ist.

Korollar 8.23 *Ist $p \neq 2$ Primzahl, $n, \nu \in \mathbb{N}$ mit $p \nmid n$ und $c \in \mathbb{Z}$ mit $p \nmid c$, so ist c genau dann n-ter Potenzrest modulo p^ν, wenn c ein n-ter Potenzrest modulo p ist.*

Beweis Ist $a \in \mathbb{Z}$ eine Primitivwurzel modulo p^ν, so ist a auch eine Primitivwurzel modulo p, und man hat

$$\mathrm{ind}_{a,p^\nu}(c) \equiv \mathrm{ind}_{a,p}(c) \bmod p-1$$

sowie

$$\mathrm{ggT}(\varphi(p^\nu), n) = \mathrm{ggT}(p-1, n).$$

Die Behauptung folgt daher aus dem Satz.

Alternativ kann man die Behauptung des Korollars auch durch Anwendung des Hensel'schen Lemmas auf das Polynom $f = X^n - c$ erhalten. □

Beispiel 8.24 Wir hatten gesehen, dass 1 und 6 die dritten Potenzreste modulo 7 sind. Die dritten Potenzreste modulo 49 sind daher 1, 8, 15, 22, 29, 36, 43 sowie 6, 13, 20, 27, 34, 41, 48.

Für $(\mathbb{Z}/2^{\nu}\mathbb{Z})^{\times}$ und $\nu \geq 3$ ist die Theorie der Potenzreste etwas anders, da diese Gruppe nicht zyklisch ist. Meistens wird dieser Fall nur am Rande behandelt, wahrscheinlich deshalb, weil die Aussagen weniger schön sind als die für ungerade Primzahlen bzw. deren Potenzen und weil multiplikative Aussagen modulo der Primzahl 2 trivial sind. Auch wir führen hier die Ergebnisse nur der Vollständigkeit halber auf.

Satz 8.25 *Sei $\nu \geq 3$, $n \in \mathbb{N}$ und $c \in \mathbb{Z}$ ungerade, sei $a \in \mathbb{Z}$ mit $a \equiv 3 \bmod 8$. Dann gilt:*

a) *Ist n ungerade, so ist c ein n-ter Potenzrest modulo 2^{ν} und die Kongruenz*

$$x^n \equiv c \bmod 2^{\nu}$$

ist eindeutig lösbar.
b) *Ist n gerade, $c \not\equiv 1 \bmod 8$, so ist c kein n-ter Potenzrest modulo 2^{ν}.*
c) *Ist $c \equiv 1 \bmod 8$, so ist $c \equiv a^j \bmod 2^{\nu}$ für eine gerade Zahl $j \in \mathbb{N}_0$, und c ist genau dann n-ter Potenzrest modulo 2^{ν}, wenn*

$$\mathrm{ggT}(n, 2^{\nu-2}) \mid j$$

gilt.
d) *Insbesondere ist c genau dann ein quadratischer Rest modulo 2^{ν}, wenn $c \equiv 1 \bmod 8$ gilt.*

Beweis Übung.   □

8.3   Das quadratische Reziprozitätsgesetz

Wir betrachten jetzt die Theorie der quadratischen Reste noch eingehender. Die allgemeine Theorie der n-ten Potenzreste ist im Prinzip ähnlich, erfordert aber Methoden der algebraischen Zahlentheorie (zum Teil bereits zur Formulierung der Ergebnisse), dies liegt im Grunde daran, dass für $n > 2$ die Gruppe $\mu_n \subseteq \mathbb{C}$ der n-ten Einheitswurzeln nicht in $\mathbb{Q}$ enthalten ist.

Definition 8.26 *Sei $p \neq 2$ eine Primzahl, $c \in \mathbb{Z}$ mit $p \nmid c$.*
Das Legendre-Symbol $\left(\frac{c}{p}\right)$ *ist definiert durch*

$$\left(\frac{c}{p}\right) := \begin{cases} +1 & c \text{ ist quadratischer Rest } \bmod p \\ -1 & c \text{ ist Nichtrest } \bmod p. \end{cases}$$

Ist $p \mid c$, so setzt man $\left(\frac{c}{p}\right) = 0$.

Satz 8.27 (Euler-Kriterium) *Sei $p \neq 2$ eine Primzahl, $c \in \mathbb{Z}$ mit $p \nmid c$.*
Dann gilt

$$\left(\frac{c}{p}\right) \equiv c^{\frac{p-1}{2}} \bmod p.$$

Beweis Da $c^{p-1} \equiv 1 \bmod p$ nach dem kleinen Satz von Fermat gilt und $\overline{-1}$ das einzige Element der Ordnung 2 in der zyklischen Gruppe $(\mathbb{Z}/p\mathbb{Z})^\times$ ist, folgt die Behauptung daraus, dass c nach Satz 8.21 genau dann quadratischer Rest ist, wenn $c^{\frac{p-1}{2}} \equiv 1 \bmod p$ gilt. $\square$

Satz 8.28 *Das Legendre-Symbol definiert für eine Primzahl $p \neq 2$ einen Charakter*

$$\chi_p : (\mathbb{Z}/p\mathbb{Z})^\times \to \mu_2 = \{\pm 1\} \subseteq \mathbb{C}^\times.$$

Insbesondere gilt:

a)
$$\left(\frac{cc'}{p}\right) = \left(\frac{c}{p}\right)\left(\frac{c'}{p}\right) \quad (c, c' \in \mathbb{Z})$$

b)
$$\sum_{c=1}^{p-1} \left(\frac{c}{p}\right) = 0$$

c) *Ist a Primitivwurzel modulo p, so ist*

$$\left(\frac{c}{p}\right) = (-1)^{\operatorname{ind}_a(c)}.$$

Beweis c) folgt daraus, dass c genau dann quadratischer Rest ist, wenn $\operatorname{ind}_a(c)$ gerade ist (Satz 8.21).

a) folgt dann wegen $\operatorname{ind}_a(cc') \equiv \operatorname{ind}_a(c) + \operatorname{ind}_a(c') \bmod p - 1$ aus c).

Da eine Primitivwurzel offenbar nicht quadratischer Rest sein kann (ihr Index ist 1), gibt es Nichtreste, der Charakter χ_p ist also nicht trivial, und nach Satz 7.18 über die Summe der Werte eines nicht trivialen Charakters folgt $\sum_{\overline{c} \in (\mathbb{Z}/p\mathbb{Z})^\times} \chi_p(\overline{c}) = 0$, also b). $\square$

Korollar 8.29 *In $(\mathbb{Z}/p\mathbb{Z})^\times$ gibt es genau $\frac{p-1}{2}$ quadratische Reste und $\frac{p-1}{2}$ quadratische Nichtreste.*

Beweis In der zyklischen Gruppe $(\mathbb{Z}/p\mathbb{Z})^\times$ ist $\{\pm 1\}$ der Kern des Homomorphismus $x \mapsto x^2$; nach dem Homomorphiesatz hat dann das Bild (also die Untergruppe der quadratischen Reste) genau $\frac{p-1}{2}$ Elemente.

Alternativ folgt das auch direkt aus Korollar 8.22. $\square$

Bemerkung

a) Das Korollar liefert auch einen direkten Beweis dafür, dass $\sum_{c=1}^{p-1}\left(\frac{c}{p}\right) = 0$ gilt. Auch die Tatsache, dass das das Legendre-Symbol multiplikativ ist, kann man (ohne Indexrechnung) direkt daraus folgern, dass (wie im Beweis des Korollars gesehen) die Quadrate eine Untergruppe vom Index 2 der primen Restklassengruppe modulo p bilden.

b) Offenbar gelten die Regeln:

$$\text{Rest} \cdot \text{Rest} = \text{Rest}$$

$$\text{Nichtrest} \cdot \text{Nichtrest} = \text{Rest}$$

$$\text{Rest} \cdot \text{Nichtrest} = \text{Nichtrest}$$

c) Obwohl es gleich viele quadratische Nichtreste wie Reste modulo p gibt, ist es eine offene Frage, ob es möglich ist, für jede Primzahl p schnell einen quadratischen Nichtrest modulo p zu finden. Schnell heißt dabei wie immer: In einer Anzahl von Schritten, die polynomial in der Bitlänge von p, also in $\log(p)$ ist. Man kann zwar zeigen, dass das möglich ist, wenn das Analogon der in Kap. 2 erwähnten Riemannschen Vermutung für die Reihe

$$L\left(s,\left(\frac{\cdot}{p}\right)\right) := \sum_{n=1}^{\infty}\left(\frac{n}{p}\right)n^{-s}$$

gilt; man kann dann einen Nichtrest modulo p finden, der $< 2(\log(p))^2$ ist. Ohne diese analytische Hypothese gelingt aber eine entsprechende Abschätzung bisher nicht.

Unser Ziel ist jetzt der Beweis des *quadratischen Reziprozitätsgesetzes*, das für ungerade Primzahlen p, q die Frage, ob q ein quadratischer Rest modulo p ist, mit der Frage verbindet, ob p ein quadratischer Rest modulo q ist – zwei Fragen, die auf den ersten Blick nichts miteinander zu tun zu haben scheinen.

Satz 8.30 (Quadratisches Reziprozitätsgesetz) *Sind p und q ungerade Primzahlen, so gilt*

$$\left(\frac{p}{q}\right)\left(\frac{q}{p}\right) = (-1)^{\frac{p-1}{2}\frac{q-1}{2}}.$$

Eine äquivalente Formulierung ist:

$$\left(\frac{q}{p}\right) = (-1)^{\frac{p-1}{2}\frac{q-1}{2}}\left(\frac{p}{q}\right)$$

$$= \begin{cases} \left(\frac{p}{q}\right) & \text{falls } p \equiv 1 \bmod 4 \text{ oder } q \equiv 1 \bmod 4 \\ -\left(\frac{p}{q}\right) & \text{falls } p \equiv q \equiv -1 \bmod 4 \end{cases} .$$

Wir werden einen Beweis führen, der die in den Abschn. 7.2 und 7.3 behandelte Theorie der Charaktere endlicher abelscher Gruppen für die hier zu behandelnden primen Restklassengruppen benutzt. Im übernächsten Kapitel werden wir in Abschn. 10.3 diesen Beweis modifizieren, indem wir die hier verwendeten Tatsachen über die diskrete Fouriertransformation aus Abschn. 7.3 durch einige Grundtatsachen über endliche Körper ersetzen. Einen von diesen Hilfsmitteln aus der Algebra unabhängigen Beweis, der auf Aufgabe 8.19 (Gauß'sches Lemma) basiert, findet man in den meisten Lehrbüchern der elementaren Zahlentheorie. Für das quadratische Reziprozitätsgesetz gibt es sehr viele sehr verschiedene Beweise, allein Gauß, der es als erster formulierte und bewies, gab acht wesentlich verschiedene Beweise an.

Für unseren Beweis benötigen wir einige Vorbereitungen, zunächst sollen aber die beiden Ergänzungssätze zum quadratischen Reziprozitätsgesetz formuliert werden:

Satz 8.31 (Erster Ergänzungssatz zum quadratischen Reziprozitätsgesetz) *Ist p eine ungerade Primzahl, so ist*

$$\left(\frac{-1}{p}\right) = (-1)^{\frac{p-1}{2}}$$

$$= \begin{cases} 1 & p \equiv 1 \bmod 4 \\ -1 & p \equiv 3 \bmod 4 \end{cases}$$

Beweis Das folgt aus dem Euler-Kriterium. □

Satz 8.32 (Zweiter Ergänzungssatz zum quadratischen Reziprozitätsgesetz) *Ist p eine ungerade Primzahl, so ist*

$$\left(\frac{2}{p}\right) = (-1)^{\frac{p^2-1}{8}}$$

$$= \begin{cases} 1 & p \equiv 1, -1 \bmod 8 \\ -1 & p \equiv 3, -3 \bmod 8 \end{cases}$$

Beweis Dieser Satz wird im übernächsten Kapitel mit Hilfe der Theorie der endlichen Körper bewiesen werden, siehe auch Aufgaben 8.19 und 8.20 am Ende dieses Kapitels. □

Beispiel 8.33
 a) Mit Hilfe des quadratischen Reziprozitätsgesetzes lassen sich Legendre-Symbole recht schnell ausrechnen; wir haben zum Beispiel

$$\left(\frac{3}{107}\right) = -\left(\frac{107}{3}\right) = -\left(\frac{2}{3}\right) = 1$$

und

$$\left(\frac{103}{163}\right) = -\left(\frac{163}{103}\right) = -\left(\frac{60}{103}\right) = -\left(\frac{3}{103}\right)\left(\frac{4}{103}\right)\left(\frac{5}{103}\right)$$
$$= \left(\frac{103}{3}\right)\left(\frac{103}{5}\right) = \left(\frac{1}{3}\right)\left(\frac{3}{5}\right) = \left(\frac{5}{3}\right) = -1.$$

Als Übung rechne man eine Reihe ähnlicher selbstgewählter Beispiele.

b) Wollen wir wissen, für welche Primzahlen $p \neq 2$ die Zahl 5 ein quadratischer Rest modulo p ist, so benutzen wir das quadratische Reziprozitätsgesetz und sehen:

$$\left(\frac{5}{p}\right) = 1 \Leftrightarrow \left(\frac{p}{5}\right) = 1 \Leftrightarrow p \equiv \pm 1 \bmod 5.$$

c) Mit Hilfe des zweiten Ergänzungssatzes können wir jetzt wie in Kap. 4 angekündigt sehen, wie man auf den Primteiler 641 der Fermatzahl $F_5 := 2^{32} + 1 = 4.294.967.297$ kommt:

Sei p eine Primzahl mit $p \mid F_5$. Dann gilt $2^{32} \equiv -1 \bmod p$, die Ordnung der Restklasse von 2 in der primen Restklassengruppe modulo p ist also 64 und insbesondere gilt $64 \mid (p-1)$, also erst recht $p \equiv 1 \bmod 8$. Nach dem zweiten Ergänzungssatz ist dann 2 ein quadratischer Rest modulo p und daher nach dem Euler-Kriterium $2^{\frac{p-1}{2}} \equiv 1 \bmod p$. Also gilt sogar $64 \mid \frac{p-1}{2}$, d. h., $p \equiv 1 \bmod 128$.

Die Möglichkeiten $p = 129$, $p = 385$, $p = 513$ scheiden wegen Teilbarkeit durch 3 bzw. 5 aus. Wegen $2^{32} = (257 - 1)^4 \equiv 1 \bmod 257$ scheidet auch 257 als möglicher Primteiler aus, und in Kap. 4 haben wir gesehen, dass der nächste Kandidat 641 tatsächlich ein Primteiler von F_5 ist.

d) In Beispiel 8.14 hatten wir von Hand die Ordnung von 3 bzw. von -3 modulo 47 berechnet. Das geht jetzt leichter mit Hilfe des quadratischen Reziprozitätsgesetzes:

Nach dem Euler-Kriterium hat $a \not\equiv 1 \bmod 47$ genau dann Ordnung 23 modulo 47, wenn a ein quadratischer Rest modulo 47 ist. Mit Hilfe des Reziprozitätsgesetzes erhalten wir

$$\left(\frac{3}{47}\right) = -\left(\frac{47}{3}\right) = -\left(\frac{2}{3}\right) = +1,$$

also ist 3 quadratischer Rest modulo 47 und daher keine Primitivwurzel. Dagegen ist -3 ein Nichtrest modulo 47 und daher eine Primitivwurzel. Genauso kann man etwa ohne viel Rechnung mit Hilfe des zweiten Ergänzungssatzes nachweisen, dass -2 eine Primitivwurzel modulo 167 und 2 eine Primitivwurzel modulo 179 ist.

Jetzt beginnen wir damit, den Beweis des quadratischen Reziprozitätsgesetzes vorzubereiten.

Definition 8.34 *Sei $m \in \mathbb{N}$, $\chi \in \widehat{(\mathbb{Z}/m\mathbb{Z})^{\times}}$ ein Charakter auf $(\mathbb{Z}/m\mathbb{Z})^{\times}$.*

a) *Die Abbildung $\tilde{\chi} : \mathbb{Z} \to \mathbb{C}$, die durch*

$$\tilde{\chi}(a) = \begin{cases} \chi(\bar{a}) & \mathrm{ggT}(a, m) = 1 \\ 0 & \text{sonst} \end{cases}$$

definiert ist, heißt der zu χ gehörige Dirichletcharakter modulo m; man schreibt hierfür meistens (unter leichtem Missbrauch der Notation) ebenfalls $\chi(a)$.

b) *Ist $a \in \mathbb{Z}$, so heißt*

$$\tau(\chi, a) = \sum_{k=0}^{m-1} \chi(k) \, \exp\left(\frac{2\pi i a k}{m}\right)$$

$$= \sum_{\substack{k=1 \\ \mathrm{ggT}(k,m)=1}}^{m-1} \chi(\bar{k}) \, \exp\left(\frac{2\pi i a k}{m}\right)$$

die Gauß'sche Summe zu χ und a.

Bemerkung Fasst man χ als Funktion von $\mathbb{Z}/m\mathbb{Z} \to \mathbb{C}$ (mit $\chi(\bar{k}) = 0$ für $\mathrm{ggT}(k, m) \neq 1$) auf und bezeichnet mit ψ_a den Charakter $\psi_a : \mathbb{Z}/m\mathbb{Z} \to \mathbb{C}^{\times}$ mit $\psi_a(\bar{j}) = \exp\left(\frac{2\pi i a j}{m}\right)$, so gilt für die Fourier-Transformierte $\hat{\chi}$ von χ:

$$\hat{\chi}(\psi_a) = \tau(\chi, -a).$$

Lemma 8.35 *Sei p eine Primzahl, $\chi \in \widehat{(\mathbb{Z}/p\mathbb{Z})^{\times}}$ ein nicht trivialer Charakter, $a \in \mathbb{Z}$. Dann ist*

$$\tau(\chi, a) = \overline{\chi(a)} \, \tau(\chi, 1).$$

Beweis Ist $p \mid a$, so ist $\tau(\chi, a) = \sum_{k=1}^{p-1} \chi(\bar{k}) = 0$ und $\overline{\chi}(\bar{a}) = 0$, die Behauptung also richtig. Andernfalls ist

$$\tau(\chi, a) = \sum_{k=1}^{p-1} \chi(k) \, \exp\left(\frac{2\pi i a k}{p}\right)$$

$$= \sum_{k=1}^{p-1} \overline{\chi(a)} \chi(ak) \, \exp\left(\frac{2\pi i a k}{p}\right)$$

$$= \overline{\chi(a)} \sum_{k'=1}^{p-1} \chi(k') \, \exp\left(\frac{2\pi i k'}{p}\right)$$

$$= \overline{\chi(a)} \tau(\chi, 1). \qquad \square$$

Beispiel 8.36 Sei $\chi =: \ell_p = \left(\frac{\cdot}{p}\right)$ das Legendre-Symbol, $\tau(p) := \tau(\ell_p, 1)$.

Dann ist etwa

$$\tau(3) = \left(\frac{1}{3}\right) \cdot e^{\frac{2\pi i}{3}} + \left(\frac{2}{3}\right) \cdot e^{\frac{4\pi i}{3}}$$

$$= e^{\frac{2\pi i}{3}} - e^{-\frac{2\pi i}{3}} = 2\mathrm{i} \cdot \mathrm{Im}(e^{\frac{2\pi i}{3}})$$

$$= \mathrm{i} \cdot \sqrt{3},$$

(da ja $e^{\frac{2\pi i}{3}} = -\frac{1}{2} + \mathrm{i}\frac{\sqrt{3}}{2}$ gilt).

Lemma 8.37 *Sei $p \neq 2$ Primzahl, $a \in \mathbb{Z}$ mit $p \nmid a$, ℓ_p das Legendre-Symbol mit Nenner p. Dann gilt*

$$(\tau(\ell_p, a))^2 = \left(\frac{-1}{p}\right)p.$$

Beweis Wegen des vorigen Lemmas und wegen $\left(\frac{a}{p}\right)^2 = 1$ ist o. E. $a = 1$.

Wir setzen jetzt $\zeta := e^{\frac{2\pi i}{p}}$. Dann ist (mit $\tau(p) = \tau(\ell_p, 1)$)

$$(\tau(p))^2 = \sum_{j=1}^{p-1}\left(\frac{j}{p}\right)\zeta^j \sum_{k=1}^{p-1}\left(\frac{k}{p}\right)\zeta^k$$

$$= \sum_{j,k=1}^{p-1}\left(\frac{jk}{p}\right)\zeta^{k+j}$$

$$= \sum_{j=1}^{p-1}\sum_{x=1}^{p-1}\left(\frac{j^2 x}{p}\right)\zeta^{j(1+x)} \quad \text{(durch Substitution } k = xj)$$

Damit ist weiter (wegen $\left(\frac{j^2 x}{p}\right) = \left(\frac{x}{p}\right)$)

$$(\tau(p))^2 = \sum_{x=1}^{p-1}\left(\frac{x}{p}\right)\sum_{j=1}^{p-1}\zeta^{j(1+x)}$$

$$= \sum_{x=1}^{p-1}\left(\frac{x}{p}\right) \cdot \begin{cases} -1 & x \not\equiv -1 \bmod p \\ p-1 & x \equiv -1 \bmod p \end{cases} \quad \left(\text{wegen } \sum_{j=0}^{p-1}\zeta^{j(1+x)} = \begin{cases} 0 & x \not\equiv -1 \bmod p \\ p & x \equiv -1 \bmod p \end{cases}\right)$$

$$= -\sum_{x=1}^{p-2}\left(\frac{x}{p}\right) + (p-1) \cdot \left(\frac{-1}{p}\right)$$

$$= \left(\frac{-1}{p}\right) \cdot p - \sum_{x=1}^{p-1}\left(\frac{x}{p}\right)$$

$$= \left(\frac{-1}{p}\right) \cdot p \quad \text{wegen } \sum_{x=1}^{p-1}\left(\frac{x}{p}\right) = 0. \qquad \square$$

Lemma 8.38 *Seien $p \neq q$ ungerade Primzahlen, $a \in \mathbb{Z}$ mit $p \nmid a$.*
Dann ist

$$\tau(\ell_p, a)^{q-1} \equiv (-1)^{\frac{p-1}{2}\frac{q-1}{2}} \left(\frac{p}{q}\right) \bmod q$$

Beweis Das folgt durch Potenzieren mit $\frac{q-1}{2}$ der Aussage des vorigen Lemmas und Anwenden des Euler-Kriteriums $p^{\frac{q-1}{2}} \equiv \left(\frac{p}{q}\right) \bmod q$. $\qquad\square$

Damit haben wir die rechte Seite der einen Formulierung des quadratischen Reziprozitätsgesetzes durch die Gauß'sche Summe $\tau(p)$ ausgedrückt.

Als nächsten Schritt rechnen wir den Wert von $(\tau(\ell_p, a))^{q-1} = (\tau(p))^{q-1}$ auf eine andere Weise aus, um einen Ausdruck zu erhalten, in dem das Legendre-Symbol $\left(\frac{q}{p}\right)$ vorkommt:

Lemma 8.39 *Sind p, q ungerade Primzahlen, so ist*

$$(\tau(p))^{q-1} \equiv \left(\frac{q}{p}\right) \bmod q.$$

Beweis Wir zeigen das (dem Lehrbuch[1] von Nathanson folgend) durch Anwenden unserer Ergebnisse über die Fouriertransformation.

Wir schreiben wieder ℓ_p für das Legendresymbol, wobei wir ℓ_p durch $\ell_p(\bar{0}) = 0$ auf $\mathbb{Z}/p\mathbb{Z}$ fortsetzen.

Wir identifizieren wie üblich $\widehat{(\mathbb{Z}/p\mathbb{Z})}$ mit $\mathbb{Z}/p\mathbb{Z}$, schreiben ψ_x für den durch $\psi_x(\bar{j}) = e^{\frac{2\pi i j x}{p}}$ gegebenen Charakter und berechnen die Funktion $\widehat{(\ell_p)^q} : \mathbb{Z}/p\mathbb{Z} \to \mathbb{C}$ auf zwei verschiedene Weisen. Zum einen benutzen wir $\hat{\ell}_p(\psi_x) = \tau(\ell_p, -x)$ und erhalten aus der Definition der Fouriertransformierten

$$
\begin{aligned}
\widehat{(\ell_p)^q}(-q \bmod p\mathbb{Z}) &= \sum_{x=0}^{p-1} (\widehat{\ell_p})^q(\psi_x)\overline{\psi_x(-q \bmod p\mathbb{Z})} \\
&= \sum_{x=0}^{p-1} \tau(\ell_p, -x)^q \, e^{\frac{2\pi i q x}{p}} \\
&= \sum_{x=1}^{p-1} \left(\left(\frac{-x}{p}\right)\tau(p)\right)^q e^{\frac{2\pi i q x}{p}} \\
&= \left(\frac{-q}{p}\right)(\tau(p))^q \sum_{x=1}^{p-1} \left(\frac{qx}{p}\right) e^{\frac{2\pi i q x}{p}} = \left(\frac{-q}{p}\right)(\tau(p))^q \sum_{y=1}^{p-1} \left(\frac{y}{p}\right) e^{\frac{2\pi i y}{p}} \\
&= \left(\frac{-q}{p}\right)(\tau(p))^2(\tau(p))^{q-1} = \left(\frac{q}{p}\right)(\tau(p))^{q-1}p.
\end{aligned}
$$

---

[1] M. Nathanson: Elementary Methods in Number Theory, Springer-Verlag 2000.

Zum anderen nutzen wir den Zusammenhang zwischen Fouriertransformation und Konvolution aus und erhalten

$$(\widehat{\ell_p})^q = (\underbrace{\ell_p * \cdots * \ell_p}_{q\text{-mal}})$$

und daher mit Hilfe der Fourier'schen Umkehrformel

$$\widehat{(\widehat{\ell_p})^q}(-q \bmod p\mathbb{Z}) = p \cdot (\underbrace{\ell_p * \cdots * \ell_p}_{q\text{-mal}})(q \bmod p\mathbb{Z})$$

$$= p \cdot \sum_{\substack{x_1 + \cdots + x_q \equiv q \bmod p\mathbb{Z} \\ 1 \leq x_i \leq p-1}} \left(\frac{x_1 \cdots x_q}{p}\right),$$

wobei man die letzte Umformung leicht durch vollständige Induktion nach der Anzahl q der Faktoren (bei festgehaltenen Argument $j \bmod p\mathbb{Z}$) aus der Definition

$$(\ell_p * \ell_p)(j \bmod p\mathbb{Z}) = \sum_{x=0}^{p-1} \left(\frac{x \cdot (j - x)}{p}\right)$$

$$= \sum_{\substack{x_1 + x_2 \equiv j \bmod p\mathbb{Z} \\ 1 \leq x_i \leq p-1}} \left(\frac{x_1 x_2}{p}\right)$$

herleitet.

In der Summe

$$\sum_{\substack{x_1 + \cdots + x_q \equiv q \bmod p \\ 1 \leq x_i \leq p-1}} \left(\frac{x_1 \cdots x_q}{p}\right)$$

kommt es im Summanden $\left(\frac{x_1 \cdots x_q}{p}\right)$ für das q-Tupel $(x_1, \ldots, x_q)$ offenbar nicht auf die Reihenfolge der Einträge $x_1, \ldots, x_q$ an, sondern nur auf die Menge $\{x_1, \ldots, x_q\} = \{y_1, \ldots, y_t\}$ (mit $t \leq q$) und die Vielfachheiten

$$m_j := \#\{k \,|\, 1 \leq k \leq q,\ x_k = y_j\}$$

mit denen die y_j im Tupel $(x_1, \ldots, x_q)$ vorkommen. Zu fixiertem $t, \{y_1, \ldots, y_t\}$ und $m_1, \ldots, m_t$ mit $m_1 + \cdots + m_t = q$ gibt es dann genau

$$\binom{q}{m_1, \ldots, m_t} = \frac{q!}{m_1! \cdots m_t!}$$

verschiedene Tupel $(x_1, \ldots, x_q)$, die zu diesen Werten für $t, y_1, \ldots, y_t$ und $m_1, \ldots, m_t$ gehören.

Weil q eine Primzahl ist, ist $\frac{q!}{m_1! \cdots m_t!}$ offenbar durch q teilbar, falls nicht $t = 1$ mit $m_1 = q$ ist.

Da wir uns nur für den Wert von

$$\sum_{\substack{x_1 + \cdots + x_q \equiv q \bmod p \\ 1 \leq x_i \leq p-1}} \binom{x_1 \cdots x_q}{p}$$

modulo q interessieren, fallen alle diese Terme weg und es bleibt nur der Term für $x_1 = \cdots = x_q = 1$ übrig, der offenbar gleich 1 ist.

Wir erhalten also bei dieser Rechnung

$$\widehat{(\ell_p)}^q (-q \bmod p\mathbb{Z}) \equiv p \bmod q.$$

Vergleichen beider Ergebnisse liefert:

$$(\tau(p))^{q-1} \equiv \left(\frac{q}{p}\right) \bmod q$$

wie behauptet. $\square$

Jetzt können wir das quadratischen Reziprozitätsgesetz beweisen:

Beweis des quadratischen Reziprozitätsgesetzes Die beiden vorigen Lemmata geben uns die Formeln

$$(\tau(p))^{q-1} \equiv (-1)^{\frac{p-1}{2}\frac{q-1}{2}} \left(\frac{p}{q}\right) \bmod q$$

$$(\tau(p))^{q-1} \equiv \left(\frac{q}{p}\right) \bmod q.$$

Vergleichen liefert

$$\left(\frac{q}{p}\right) \equiv (-1)^{\frac{p-1}{2}\frac{q-1}{2}} \left(\frac{p}{q}\right) \bmod q.$$

Da q ungerade ist und beide Seiten der Kongruenz den Wert ± 1 haben, ist diese Kongruenz sogar eine Gleichung, und wir haben die zweite der angegebenen Formulierungen bewiesen. Durch Multiplikation mit $\left(\frac{p}{q}\right)$ erhalten wir die andere behauptete Gleichung

$$\left(\frac{p}{q}\right)\left(\frac{q}{p}\right) = (-1)^{\frac{p-1}{2}\frac{q-1}{2}}.$$

                                                                            $\square$

Definition und Satz 8.40 *Sei $m \in \mathbb{N}$ ungerade, $a \in \mathbb{Z}$ mit $\mathrm{ggT}(a, m) = 1$, $m = \prod_{i=1}^{r} p_i^{\nu_i}$ mit verschiedenen Primzahlen p_i, $\nu_i \in \mathbb{N}$.*

Das Jacobi-Symbol $\left(\frac{a}{m}\right)$ ist definiert als

$$\left(\frac{a}{m}\right) := \prod_{i=1}^{r} \left(\frac{a}{p_i}\right)^{\nu_i}.$$

Das Jacobi-Symbol definiert durch $\chi_m(\overline{a}) := \left(\frac{a}{m}\right)$ einen Charakter $\chi_m : (\mathbb{Z}/m\mathbb{Z})^\times \to \mathbb{C}^\times$.

Bemerkung

a) Meistens setzt man $\left(\frac{a}{m}\right) := 0$ für $\mathrm{ggT}(a, m) \neq 1$; dies läuft auf dasselbe hinaus wie der Übergang von χ_m zum zugehörigen Dirichletcharakter.

b) Ist das Jacobi-Symbol $\left(\frac{a}{m}\right)$ gleich -1, so ist wenigstens einer der Faktoren $\left(\frac{a}{p_i}\right)$ gleich -1. Die Zahl a ist daher ein Nichtrest modulo diesem p_i und ist dann erst recht ein Nichtrest modulo m. Dagegen kann $\left(\frac{a}{m}\right) = 1$ sein, ohne dass a ein quadratischer Rest modulo m ist; z. B. ist $\left(\frac{2}{15}\right) = \left(\frac{2}{3}\right)\left(\frac{2}{5}\right) = (-1) \cdot (-1) = 1$, aber da 2 modulo 3 und modulo 5 Nichtrest ist, ist es erst recht Nichtrest modulo 15.

Die Bedingung $\left(\frac{a}{m}\right) = +1$ ist also für nicht primes m zwar ein notwendiges, aber kein hinreichendes Kriterium dafür, dass a quadratischer Rest modulo m ist.

Satz 8.41 (Quadratisches Reziprozitätsgesetz für das Jacobi-Symbol) *Seien $a, m \in \mathbb{N}$ ungerade, $a \geq 3$, $m \geq 3$. Dann gilt:*

$$\left(\frac{a}{m}\right)\left(\frac{m}{a}\right) = (-1)^{\frac{a-1}{2}\frac{m-1}{2}}.$$

Beweis Sei zunächst $m = q$ eine Primzahl und $a = \prod_{i=1}^{r} p_i$ mit (nicht notwendig verschiedenen) Primzahlen p_i. Dann sieht man unter Benutzung des quadratischen Reziprozitätsgesetzes

$$\left(\frac{a}{q}\right) = \prod_{i=1}^{r}\left(\frac{p_i}{q}\right)$$

$$= \prod_{i=1}^{r}(-1)^{\frac{p_i-1}{2}\frac{q-1}{2}}\left(\frac{q}{p_i}\right)$$

$$= (-1)^{\frac{q-1}{2}\sum_{i=1}^{r}\frac{p_i-1}{2}}\prod_{i=1}^{r}\left(\frac{q}{p_i}\right)$$

$$= (-1)^{\frac{q-1}{2}\sum_{i=1}^{r}\frac{p_i-1}{2}}\left(\frac{q}{a}\right).$$

Man hat hier

$$a - 1 = \prod_{i=1}^{r} p_i - 1$$

$$= \prod_{i=1}^{r} ((p_i - 1) + 1) - 1$$

$$\equiv 1 + \sum_{i=1}^{r} (p_i - 1) - 1 \bmod 4$$

$$\equiv \sum_{i=1}^{r} (p_i - 1) \bmod 4,$$

da alle anderen beim Ausmultiplizieren der Klammern entstehenden Terme wenigstens zwei Faktoren $p_i - 1$ enthalten und daher durch 4 teilbar sind.

Damit ist $(-1)^{\frac{q-1}{2} \sum_{i=1}^{r} \frac{p_i-1}{2}} = (-1)^{\frac{q-1}{2} \frac{a-1}{2}}$, und wir haben in diesem Fall die Behauptung

$$\left(\frac{q}{a} \right) = (-1)^{\frac{q-1}{2} \frac{a-1}{2}} \left(\frac{a}{q} \right)$$

gezeigt.

Ist jetzt a beliebig und $m = \prod_{i=1}^{t} q_i$ mit (nicht notwendig verschiedenen) Primzahlen q_i, so zeigt man die Gleichung

$$\left(\frac{m}{a} \right) = (-1)^{\frac{m-1}{2} \frac{a-1}{2}} \left(\frac{a}{m} \right)$$

auf die gleiche Weise wie eben, indem man ihre bereits gezeigte Gültigkeit für primes m ausnutzt.   □

Korollar 8.42 *Sei $a \in \mathbb{N}$ ungerade, $a > 1$.*

Dann gilt: Sind p, p' ungerade Primzahlen mit $p \equiv p' \bmod 4a$, so ist

$$\left(\frac{a}{p} \right) = \left(\frac{a}{p'} \right).$$

Beweis Nach dem Reziprozitätsgesetz für das Jacobi-Symbol ist

$$\left(\frac{a}{p'} \right) = (-1)^{\frac{a-1}{2} \frac{p'-1}{2}} \left(\frac{p'}{a} \right).$$

Wegen $p \equiv p' \bmod a$ ist $\left(\frac{p'}{a} \right) = \left(\frac{p}{a} \right)$, wegen $p \equiv p' \bmod 4$ ist $\frac{p'-1}{2} \equiv \frac{p-1}{2} \bmod 2$, also ist

$$\left(\frac{a}{p'} \right) = (-1)^{\frac{a-1}{2} \frac{p-1}{2}} \left(\frac{p}{a} \right) = \left(\frac{a}{p} \right).$$ □

Bemerkung Erneut sei darauf hingewiesen, wie erstaunlich die Tatsache ist, dass die Frage, ob a ein quadratischer Rest modulo p ist, in Folge des quadratischen Reziprozitätsgesetzes nur von der Klasse von p modulo $4a$ abhängt.

Zum Beispiel wirkt (jedenfalls auf den Autor) die Aussage

„Daraus, dass $6 = 7 - 1^2$ durch 3 teilbar ist, folgt, dass es eine ganze Zahl y gibt, für die $y^2 - 7$ durch 367 teilbar ist.“

auf den ersten Blick recht verblüffend, sie folgt aber wegen $367 = 3+52 \cdot 7 \equiv 3 \bmod 4 \cdot 7$ sofort aus dem quadratischen Reziprozitätsgesetz bzw. dem soeben gezeigten Korollar daraus (die kleinsten derartigen Zahlen sind übrigens 47 und 320).

8.4 Ergänzung: Primzahltests

Der Versuch, den Satz von Fermat-Euler bzw. den kleinen Satz von Fermat als Primzahl-test zu nutzen, stieß in Abschn. 8.1 dadurch an seine Grenzen, dass die Carmichael-Zahlen m bezüglich aller zu m teilerfremden a Pseudoprimzahlen sind, sich also durch diesen Test nicht von Primzahlen unterscheiden lassen. Wir wollen jetzt die bisher gewonnen Erkenntnisse über die Struktur der primen Restklassengruppe und über quadratische Reste ausnutzen, um Modifikationen dieses Ansatzes zu in der Praxis sehr nützlichen Tests zu betrachten. Zunächst betrachten wir einen Test, der statt des kleinen Satzes von Fermat das Euler-Kriterium Satz 8.27 benutzt und auf Lehmer sowie Solovay und Strassen zurückgeht.

Definition und Satz 8.43 (Lehmer) *Sei m eine ungerade zusammengesetzte Zahl.*
Ist $a \in \mathbb{Z}$ mit $\mathrm{ggT}(a, m) = 1$ und

$$a^{\frac{m-1}{2}} \equiv \left(\frac{a}{m} \right) \bmod m,$$

so nennt man m eine Euler-Pseudoprimzahl *zur Basis a (oder bezüglich a).*
  Damit gilt:
  Ist $p \neq 2$ eine Primzahl, so hat m bezüglich aller Basen a die definierende Eigenschaft einer Euler-Pseudoprimzahl.
  Ist m keine Primzahl, so gibt es modulo m höchstens $\varphi(m)/2$ Zahlen a, für die m eine Euler-Pseudoprimzahl zur Basis a ist.

Beweis Die erste Behauptung ist wegen des Euler-Kriteriums Satz 8.27 klar.
  Für die zweite Behauptung stellen wir zunächst fest, dass der Kern des Homomorphismus Φ, der $\bar{a} \in \mathbb{Z}/m\mathbb{Z}$ auf $\bar{a}^{\frac{m-1}{2}} \left(\frac{a}{m} \right)$ abbildet, genau die Menge der Restklassen $\bar{a}$ modulo m ist, für die m Euler-Pseudoprimzahl zur Basis a ist.

Wir müssen also nur zeigen, dass es ein $b \in \mathbb{Z}$ gibt mit

$$b^{\frac{m-1}{2}} \not\equiv \left(\frac{b}{m} \right) \bmod m,$$

denn dann ist dieser Homomorphismus Φ nicht trivial, die Anzahl der Elemente seines Kerns ist also ein echter Teiler von $\varphi(m)$ und kann deshalb höchstens gleich $\frac{\varphi(m)}{2}$ sein.

Ist $m = p^r m_1$ mit einer Primzahl $p \neq 2$, $r \geq 2$ und $p \nmid m_1$, so sei g eine Primitivwurzel modulo p^r und $b \equiv g^2 \bmod p^r$, $b \equiv 1 \bmod m_1$. Die Ordnung der Restklasse von b in $\mathbb{Z}/p^r\mathbb{Z}$ ist dann $\varphi(p^r)/2 = p^{r-1}(p-1)/2$ und daher durch p teilbar. Da $m-1$ nicht durch p teilbar ist, ist $b^{\frac{m-1}{2}} \not\equiv 1 \bmod m$, während das Jacobi-Symbol $\left(\frac{b}{m} \right)$ gleich 1 ist, es gibt also zu m teilerfremde b, so dass m keine Euler-Pseudoprimzahl zur Basis b ist.

Wir können also annehmen, dass m quadratfrei und zusammengesetzt ist und schreiben $m = pm_1$ mit einer Primzahl $p \neq 2$ und $m_1 \in \mathbb{N}$, $m_1 \neq 1$ und $p \nmid m_1$. Wenn die Exponenten e_1, e_2 der Gruppen $(\mathbb{Z}/p\mathbb{Z})^\times$ bzw. $(\mathbb{Z}/m_1\mathbb{Z})^\times$ beide $\frac{m-1}{2}$ teilen, so ist $b^{\frac{m-1}{2}} \equiv 1 \bmod m$ für alle zu m teilerfremden b. Ist dann b ein quadratischer Rest modulo m_1 und $\left(\frac{b}{p} \right) = -1$ (was nach dem chinesischen Restsatz sicher vorkommt), so ist

$$1 \equiv b^{\frac{m-1}{2}} \not\equiv -1 \equiv \left(\frac{b}{m} \right) \bmod m.$$

Gilt aber etwa $e_1 \nmid \frac{m-1}{2}$, so wählen wir (wieder nach dem chinesischen Restsatz) ein b, für das

$$b^{\frac{m-1}{2}} \not\equiv 1 \bmod p$$
$$b \equiv 1 \bmod m_1$$

gilt; für dieses b kann $b^{\frac{m-1}{2}}$ modulo m weder zu 1 noch zu -1 kongruent sein, also auch nicht zum Jacobi-Symbol $\left(\frac{b}{m} \right)$. $\square$

Da wir keine Kontrolle darüber haben, wie groß das erste b ist, für das m keine Euler-Pseudoprimzahl zur Basis b ist, können wir diesen Satz zwar zum Testen von m auf Primzahleigenschaft einsetzen, erhalten aber im Allgemeinen keine brauchbare Aussage über die Laufzeit des Algorithmus.

Man umgeht dieses Problem, indem man sich mit einem Algorithmus zufrieden gibt, der nach kurzer Laufzeit entweder mit Sicherheit feststellt, dass die vorgelegte Zahl m keine Primzahl ist, oder mit großer Wahrscheinlichkeit feststellt, dass die Zahl prim ist:

Korollar 8.44 (Primzahltest von Solovay und Strassen) *Sei m eine ungerade natürliche Zahl $\neq 1$. Dann kann man n auf Primzahleigenschaft testen, indem man nacheinander für r zufällig herausgegriffene zu m teilerfremde $a \in \mathbb{N}$ mit $1 < a < m$ überprüft, ob m Euler-Pseudoprimzahl zur Basis a ist.*

Ist m zu einer dieser Basen keine Euler-Pseudoprimzahl, so bricht man ab und erklärt, dass m nicht prim ist.

Andernfalls sagt man, m sei wahrscheinlich prim.

Dabei gilt: Liefert der Test das Ergebnis, m sei nicht prim, so ist m in der Tat keine Primzahl.

Ist m nicht prim, so gilt für die Wahrscheinlichkeit P_r dafür, dass m bei diesem Test für „wahrscheinlich prim" erklärt wird:

$$P_r \leq 2^{-r}.$$

Beweis Wie im vorigen Satz festgestellt hat eine Primzahl bezüglich jeder Basis die definierende Eigenschaft einer Euler-Pseudoprimzahl, so dass ein m, das von dem Test für nicht prim erklärt wird, keine Primzahl sein kann.

Ist m nicht prim, so ist bei zufälliger Wahl von a nach dem vorigen Satz die Wahrscheinlichkeit $P(a)$ dafür, dass m Pseudoprimzahl zu dieser Basis ist, $\leq 1/2$. Wählt man zufällig und unabhängig voneinander r verschiedene Basen $a_1, \ldots, a_r$, so ist daher die Wahrscheinlichkeit dafür, dass m nach diesen r Versuchen für prim gehalten wird, nach oben durch $P(a_1)\cdots P(a_r) \leq 2^{-r}$ beschränkt.   □

Bemerkung Auf Grund dieses Ergebnisses könnte man versucht sein, zu behaupten, man könne durch Anwenden dieses Tests auf Zufallszahlen Zahlen produzieren, die mit Wahrscheinlichkeit $\geq 1 - 2^{-r}$ Primzahlen sind.

Anders gesagt will man behaupten, die Wahrscheinlichkeit dafür, dass ein zufällig gewähltes m, das nach einer Testserie der Länge r als prim bezeichnet wird, wirklich prim ist, sei $\geq 1 - 2^{-r}$.

Das ist aber falsch, denn was man hier berechnen möchte, ist die bedingte Wahrscheinlichkeit $P(A|B)$, wo A das Ereignis „m ist Primzahl" und B das Ereignis „m wird nach einer Testserie der Länge r als Primzahl bezeichnet" ist.

Bekanntlich gilt $P(A|B) = \frac{P(A \cap B)}{P(B)}$, und wir haben nach dem Primzahlsatz Satz 2.16 in guter Näherung $P(A) = \frac{1}{\log(m)}$ und mit Hilfe des Korollars $P(B) = P(A) + 2^{-r}(1 - P(A))$ sowie $P(A \cap B) = P(A)$. Rechnet man das etwa für $r = 1$ und m von der Größenordnung e^{100} durch, so kommt man auf $P(A|B) = 0{,}0198$ und keineswegs 0,5; erst bei einer Serie von 7 Versuchen erreicht man hier eine Wahrscheinlichkeit, die größer als 1/2 ist.

Man muss also in der Regel die Testserie etwas länger machen, um die gewünschte Sicherheit zu erreichen.

In der Praxis wird meistens eine nach Miller und Rabin benannte Verfeinerung dieses Tests benutzt:

Definition und Satz 8.45 (Miller-Rabin-Primzahltest) *Sei $1 < m \in \mathbb{N}$ ungerade und zusammengesetzt, $m - 1 = 2^s t$ mit ungeradem t.*

Ist $a \in \mathbb{Z}$ mit

1. $a^{m-1} \equiv 1 \bmod m$
2. *Ist $1 \leq j \leq s$ mit $a^{2^j t} \equiv 1 \bmod m$, so ist $a^{2^{j-1}t} \equiv \pm 1 \bmod m$,*

so sagt man, m sei eine starke Pseudoprimzahl (strong pseudoprime) zur Basis a.

Es gilt:

a) *Ist $p \neq 2$ eine Primzahl, so hat p bezüglich jeder Basis die definierende Eigenschaft einer starken Pseudoprimzahl.*

b) *Ist m eine starke Pseudoprimzahl zur Basis a, so ist m eine Euler-Pseudoprimzahl zur Basis a.*

c) *Ist $m > 9$ keine Primzahl, so gibt es höchstens $\varphi(m)/4$ natürliche Zahlen $a, 1 \leq a < m$, für die m eine starke Pseudoprimzahl zur Basis a ist.*

d) *Der folgende Algorithmus liefert das Ergebnis „m ist nicht prim" nur, falls m keine Primzahl ist. Er liefert das Ergebnis „m ist wahrscheinlich prim" für alle Primzahlen m und mit Wahrscheinlichkeit $\leq 1/4$ für nicht primes m:*

    1. *Wähle zufällig ein $a \in \mathbb{N}, 1 < a < m$ mit $\mathrm{ggT}(a, m) = 1$.*

    2. *Setze $b \leftarrow a^t$.*

    Falls $b \equiv \pm 1 \bmod m$ gilt, beende und gib „m ist wahrscheinlich prim" aus.

    3. *Setze $j \leftarrow 1$.*

    4. *Setze $b \leftarrow b^2$.*

    Ist $b \equiv -1 \bmod m$, so beende und gib „m ist wahrscheinlich prim" aus.

    Ist $j < s - 1$ so setze $j \leftarrow j + 1$ und gehe wieder an den Anfang von 4.

    5. *Beende und gib „m ist nicht prim" aus.*

Beweis Ist $p \neq 2$ eine Primzahl, so ist nach dem kleinen Satz von Fermat $a^{p-1} \equiv 1 \bmod p$ für alle zu p teilerfremden a. Ist $2^k t'$ mit ungeradem t' die Ordnung der Restklasse von a in $(\mathbb{Z}/p\mathbb{Z})^\times$ so ist also $k \leq s$ und $t' \mid t$. Für $k = 0$ ist $a^{2^j t} \equiv 1 \bmod p$ für alle j, für $k > 0$ ist

$$k = \min\{j \in \mathbb{N} \mid a^{2^j t} \equiv 1 \bmod p\},$$

weil $(\mathbb{Z}/p\mathbb{Z})^\times$ zyklisch ist, ist dann $a^{2^{k-1} t} \equiv -1 \bmod p$ und $a^{2^j t} \equiv 1 \bmod p$ für alle $j \geq k$, also haben wir die Behauptung a) gezeigt.

Wir zerlegen jetzt $m = \prod_{i=1}^r p_i^{\mu_i}$ in Primzahlpotenzen und haben mit $m_i = p_i^{\mu_i}$ nach dem chinesischen Restsatz die Zerlegung

$$(\mathbb{Z}/m\mathbb{Z})^\times \cong (\mathbb{Z}/m_1\mathbb{Z})^\times \times \cdots \times (\mathbb{Z}/m_r\mathbb{Z})^\times$$

mit zyklischen Gruppen $(\mathbb{Z}/m_i\mathbb{Z})^\times$.

Für eine ganze Zahl c ist genau dann $c \equiv \pm 1 \bmod m$, wenn entweder $c \equiv 1 \bmod m_i$ für $1 \leq i \leq r$ oder $c \equiv -1 \bmod m_i$ für $1 \leq i \leq r$ gilt (also jeweils die gleiche Kongruenz für *alle* m_i). Bezeichnet man mit $e_i(a) = 2^{s_i(a)} t_i(a)$ die Ordnung der Restklasse von a in $(\mathbb{Z}/m_i\mathbb{Z})^\times$, so gilt in jeder der zyklischen Gruppen $(\mathbb{Z}/m_i\mathbb{Z})^\times$ wie oben, dass entweder $s_i(a) = 0$ und $a^{2^j t_i(a)} \equiv 1 \bmod m_i$ für alle $j \geq 0$ gilt oder $s_i(a) > 0$ mit $a^{2^{s_i(a)-1} t_i(a)} \equiv -1 \bmod m_i$ und $a^{2^j t_i(a)} \equiv 1 \bmod m_i$ für alle $j \geq s_i(a)$ ist.

Die Eigenschaft von m, starke Pseudoprimzahl zur Basis a zu sein, ist deswegen äquivalent dazu, dass $m - 1$ durch alle $e_i(a)$ teilbar ist und alle $e_i(a)$ die gleiche Potenz $2^{s_1(a)}$ von 2 enthalten, man also $e_i(a) = 2^{s_1(a)} t_i(a)$ mit $t_i(a) \mid t$ für alle i hat.

In diesem Fall gilt: Ist $s_1(a) = 0$, so ist $a^{2^j t} \equiv 1 \bmod m$ für $0 \leq j \leq s$, andernfalls ist $a^{2^{s_1(a)-1} t} \equiv -1 \bmod m$ und $a^{2^j t} \equiv 1 \bmod m$ für alle $j \geq s_1(a)$.

Ferner ist wegen des Satzes von Euler-Fermat die Ordnung $2^{s_1(a)} t_i(a)$ von a in der primen Restklassengruppe modulo m_i dann für alle i ein Teiler von $\varphi(m_i) = (p_i - 1)p_i^{\mu_i - 1}$, also $2^{s_1(a)}$ ein Teiler aller $(p_i - 1)$. Schreiben wir den größten gemeinsamen Teiler d aller $(p_i - 1)$ als $d = 2^\delta d'$ mit ungeradem d', so ist also $s_1(a) \leq \delta$.

Wir nehmen jetzt an, dass m eine starke Pseudoprimzahl zur Basis a ist und können zunächst die Aussage b) beweisen, also zeigen, dass m dann auch Euler-Pseudoprimzahl zur Basis a ist:

Ist $s_1(a) = 0$, so ist die Ordnung von a modulo allen m_i ungerade und daher a modulo allen m_i ein quadratischer Rest; wir haben deswegen $\left(\frac{a}{m}\right) = 1$ und $a^{(m-1)/2} \equiv 1 \bmod m$, und m ist eine Euler-Pseudoprimzahl zur Basis a.

Ist $s_1(a) > 0$, so ist a genau modulo den p_i ein quadratischer Rest, für die $p_i - 1$ nicht durch $2^{s_1(a)+1}$ teilbar ist. Ferner haben wir genau dann $a^{(m-1)/2} \equiv 1 \bmod m$, wenn $m - 1$ durch $2^{s_1(a)+1}$ teilbar ist, wenn also $s_1(a) < s$ gilt. Wir haben dann

$$m - 1 = \prod_{i=1}^r ((p_i - 1) + 1)^{\mu_i} - 1$$

$$\equiv \sum_{i=1}^r \mu_i (p_i - 1) \bmod 2^{\delta+1}.$$

Daher und wegen $s_1(a) \leq \delta$ ist $m - 1$ genau dann durch $2^{s_1(a)+1}$ teilbar, wenn die Anzahl der p_i, für die $p_i - 1$ nicht durch $2^{s_1(a)+1}$ teilbar und μ_i ungerade ist, gerade ist. Da dies genau die p_i sind, für die das Jacobi-Symbol

$$\left(\frac{a}{m_i}\right) = \left(\frac{a}{p_i}\right)^{\mu_i} = -1$$

ist, folgt wie behauptet

$$a^{\frac{m-1}{2}} \equiv \left(\frac{a}{m}\right) \bmod m.$$

Um c) zu zeigen, schreiben wir zunächst wieder den größten gemeinsamen Teiler d der $p_i - 1$ als $d = 2^\delta d'$ mit ungeradem d' und nehmen o. E. an, dass $p_1 - 1$ nicht durch $2^{\delta+1}$ teilbar ist. Dann ist $a^{2^\delta t} \equiv 1 \bmod m_1$, und da m nach Annahme starke Pseudoprimzahl zur Basis a ist, muss $a^{2^\delta t} \equiv 1 \bmod m_i$ für alle i und damit $a^{2^\delta t} \equiv 1 \bmod m$ gelten. Genauso sieht man, dass $a^{2^{\delta-1} t} \equiv 1 \bmod m$ oder $a^{2^{\delta-1} t} \equiv -1 \bmod m$ gilt, je nachdem ob $a^{2^{\delta-1} t}$ modulo m_1 kongruent zu $+1$ oder zu -1 ist.

Wir wenden Korollar 5.39 auf die zyklische Gruppe $(\mathbb{Z}/m_i\mathbb{Z})^\times$ der Ordnung $\varphi(m_i) = (p_i - 1)p_i^{\mu_i - 1}$ an und sehen, dass es in dieser Gruppe genau $2^{\delta-1} \operatorname{ggT}(t, p_i - 1)$ Elemente $\overline{c_i}$

gibt, für die

$$\overline{c_i}^{2^{\delta-1}t} = \overline{1}$$

gilt, und dass diese Elemente eine Untergruppe H_i von $(\mathbb{Z}/m_i\mathbb{Z})^\times$ bilden. Die Restklassen $\overline{c_i}$ mit

$$\overline{c_i}^{2^{\delta-1}t} = \overline{-1}$$

bilden eine Nebenklasse von H_i, es gibt also auch $2^{\delta-1}\,\mathrm{ggT}(t, p_i - 1)$ Restklassen modulo m_i mit dieser Eigenschaft.

Zusammensetzen dieser Klassen modulo der m_i zu Klassen modulo m nach dem chinesischen Restsatz zeigt, dass es genau

$$N(m) := 2 \cdot 2^{r(\delta-1)} \prod_{i=1}^{r} \mathrm{ggT}(t, p_i - 1)$$

Restklassen $\bar{a}$ modulo m gibt, für die $a^{2^{\delta-1}t} \equiv \pm 1 \bmod m$ gilt. Da wir bereits gesehen haben, dass die letzte Kongruenz für alle a gilt, für die m starke Pseudoprimzahl zur Basis a ist, müssen wir jetzt noch zeigen, dass $N(m) \le \varphi(m)/4$ gilt.

Offenbar ist

$$\frac{\varphi(m)}{N(m)} = \frac{1}{2} \prod_{i=1}^{r} p^{\mu_i-1} \frac{p-1}{2^{\delta-1}\,\mathrm{ggT}(t, (p_i - 1))}.$$

Da die Faktoren in dem Produkt auf der rechten Seite alle gerade Zahlen sind, ist das gesamte Produkt ≥ 4, wenn $r \ge 3$ gilt oder wenn $r = 2$ ist und $\mu_i \ge 2$ für eines der i gilt. Der Quotient $\frac{\varphi(m)}{N(m)}$ ist wegen $m > 9$ ebenfalls ≥ 4 wenn $r = 1$ und $\mu_1 > 1$ gilt.

Ist schließlich $m = p_1 p_2$ mit $p_1 < p_2$ und $2^{\delta+1}$ ein Teiler von p_2, so ist

$$\frac{p_2 - 1}{2^{\delta-1}\,\mathrm{ggT}(t, (p_2 - 1))} \ge 4,$$

und da der andere Faktor im Produkt von oben wenigstens 2 ist, folgt wieder die Behauptung.

Also brauchen wir uns nur noch um den Fall zu kümmern, dass 2^δ die höchste Potenz von 2 ist, die in $p_2 - 1$ aufgeht; in diesem Fall können wir $p_2 - 1 = 2^\delta q'$ mit ungeradem q' schreiben. Andererseits ist $m - 1 = p_1 p_2 - 1 = p_1 - 1 + p_1(p_2 - 1)$ modulo $p_2 - 1$ zu $p_1 - 1 < p_2 - 1$ kongruent, also insbesondere nicht durch $p_2 - 1$ teilbar. Wegen der oben bereits festgestellten Kongruenz

$$m - 1 \equiv \sum_{i=1}^{r} \mu_i(p_i - 1) \bmod 2^{\delta+1}$$

ist $m - 1$ durch 2^δ teilbar, und da $m - 1 = 2^s t$ nicht durch $p_2 - 1 = 2^\delta q'$ teilbar ist, muss es eine ungerade Primzahl $q \mid q'$ geben mit $q \nmid t$.

Wir haben dann

$$\frac{p_2 - 1}{\mathrm{ggT}(t, (p_2 - 1))} \geq 2^\delta q,$$

also

$$\frac{p_2 - 1}{2^{\delta-1}\,\mathrm{ggT}(t, (p_2 - 1))} \geq 2q \geq 6,$$

und auch in diesem letzten Fall ist $N(m) \leq \frac{\varphi(m)}{4}$ und damit c) gezeigt.

Dass der in d) vorgestellte Algorithmus testet, ob m die Eigenschaften 1. und 2. aus der Definition einer starken Pseudoprimzahl zur Basis a hat, ist klar; die Behauptungen von d) über die Aussagekraft der Ergebnisse des Algorithmus folgen dann aus a) und c).   □

Bemerkung Genau wie beim Test von Solovay und Strassen muss man vorsichtig sein, wenn man Aussagen über die Wahrscheinlichkeit macht, mit der eine von diesem Test für wahrscheinlich prim erklärte Zufallszahl wirklich eine Primzahl ist. Man kann aber für diesen Test tatsächlich zeigen, dass für die meisten zusammengesetzten m die Anzahl der Restklassen $a \bmod m$, für die m starke Pseudoprimzahl zur Basis a ist, bedeutend kleiner ist als $\varphi(m)/4$ und dadurch beweisen, dass Zufallszahlen m, die etwa aus einem festen Intervall $(2^{k-1}, 2^k)$ gezogen werden und durch eine Testreihe der Länge r nach Miller-Rabin für wahrscheinlich prim erklärt werden, tatsächlich nur mit Wahrscheinlichkeit $\leq 4^{-r}$ nicht prim sind.

Das ist zwar für große r eine verschwindend kleine Wahrscheinlichkeit und etwa viel kleiner als die Wahrscheinlichkeit dafür, dass während der Rechnung im Computer ein zufälliger Bitfehler aufgetreten ist. Es ist aber dennoch keine Gewissheit, und Zahlen, die nur mit einem derartigen Zertifikat als prim bezeichnet werden, werden auch „industrial grade primes" genannt. Etwa bei der Jagd nach Mersenne-Primzahlen wird ein Zertifikat nach Miller-Rabin nicht als befriedigend angesehen und man verwendet andere Tests, die tatsächlich mathematische Gewissheit liefern.

Wer sich für diese und andere Tests und für Algorithmen zur Zerlegung von Zahlen in Primfaktoren interessiert, sei auf das Buch *Prime Numbers – A Computational Perspective*[2]. verwiesen.

8.5 Übungen

8.1

a) Bestimmen Sie die letzten drei Ziffern der Zahl 3^{2005} ohne einen Computer zu benutzen.

b) Zeigen Sie, dass $n^7 \equiv n \bmod 42$ für alle $n \in \mathbb{Z}$ gilt.

---

[2] Richard Crandall, Carl B. Pomerance: Prime Numbers, Springer Verlag 2005 (2. Auflage)

8.2 Bestimmen Sie mit Hilfe des Computers alle Pseudoprimzahlen zu den Basen 2, 3, 5, die $< 10^4$ sind. Wie viele $n \in \mathbb{N}$, $n < 10^4$ gibt es, die zu allen drei Basen Pseudoprimzahlen sind?

8.3 Bestimmen Sie die Anzahl der Elemente der Ordnung 4 in $(\mathbb{Z}/875\mathbb{Z})^\times$.

8.4 Sei $a \in \mathbb{N}$ ein Produkt von zwei verschiedenen Primzahlen, die Zahl $b = \varphi(a)$ sei bekannt.

Zeigen Sie, dass Sie dann in wenigen Schritten die Primfaktorzerlegung von a bestimmen können, und führen Sie das im Beispiel $a = 92.971$, $b = 92.344$ durch.

8.5 Bestimmen Sie sämtliche Primitivwurzeln in $(\mathbb{Z}/29\mathbb{Z})^\times$.

8.6 Bestimmen Sie die Anzahl der Primitivwurzeln mod m für

(i) $m = 125$
(ii) $m = 169$
(iii) $m = 250$
(iv) $m = 21.125 = 125 \cdot 169$.

8.7 Welche der Zahlen

a) 665
b) 666
c) 667

sind quadratische Reste modulo 997?

8.8 Bestimmen Sie die Anzahl der zu 35 teilerfremden quadratischen Reste modulo 35 und untersuchen Sie in den folgenden Fällen, ob a quadratischer Rest modulo 35 ist:

a) $a = 52$
b) $a = 134$
c) $a = 158$

8.9 Die Zahl $m = 28.981$ hat die Primfaktorzerlegung $m = 73 \cdot 397$. Benutzen Sie dieses Wissen (ohne Verifikation), um zwei Zahlen a_1, a_2 mit $1 \le a_1, a_2 < 30.000$ und

$$a_j^{11.405} \equiv 2 \bmod 28.981 \qquad (j = 1, 2)$$

zu bestimmen.

Hinweise:

a) Denken Sie an das Entschlüsselungsverfahren bei RSA.
b) Bei Benutzung des richtigen Lösungswegs sind nur wenige von Hand leicht durchzuführende Rechenschritte nötig.
c) Um überflüssige Rechenfehler zu vermeiden, sei verraten, dass $72 \cdot 396 = 28.512$ gilt.

8.10 Eine ungerade natürliche Zahl m heißt *Carmichael-Zahl*, wenn sie nicht prim ist, aber

$$a^{m-1} \equiv 1 \quad \mod m$$

für alle $a \in \mathbb{Z}$ mit $\text{ggT}(a, m) = 1$ gilt.
   Zeigen Sie:

a) Ist $n \in \mathbb{N}$ quadratfrei und nicht prim und gelte $p-1 \mid n-1$ für jeden Primfaktor p von n, so ist n eine Carmichael-Zahl.
b) Ist umgekehrt $n \in \mathbb{N}$ eine Carmichael-Zahl, so ist n quadratfrei und für jeden Primfaktor p von n gilt $p-1 \mid n-1$.
c) Eine Carmichael-Zahl besitzt mindestens drei Primfaktoren.

8.11
a) Zeigen Sie, dass 2 Primitivwurzel modulo 83 und 6 Primitivwurzel modulo 41 ist.
b) Finden Sie $a \in \mathbb{Z}$ mit $a \equiv 2 \mod 83$, $a \equiv 6 \mod 41$ und bestimmen sie die Ordnung von a modulo $3403 = 41 \cdot 83$.

8.12 Die Zahl $2^{15} = 32.768$ ist (offensichtlich) modulo jeder natürlichen Zahl m ein 15-ter Potenzrest.
   Bestimmen Sie für $m = 1523, 1531, 1543, 1571, 1543 \cdot 1571$ die Anzahl der Lösungen der Kongruenz

$$x^{15} \equiv 32.768 \mod m.$$

(Benutzen Sie, dass 1523, 1531, 1543, 1571 Primzahlen sind.)

8.13 Sei $m \in \mathbb{N}$ und $l \nmid m$ eine Primzahl.

a) Zeigen Sie: Genau dann sind alle $a \in \mathbb{Z}$, die zu m teilerfremd sind, l-te Potenzreste modulo m, wenn $p \not\equiv 1 \mod l$ für alle $p \mid m$ gilt.
b) Ist $a \in \mathbb{Z}$ mit $\text{ggT}(a, m) = 1$ ein l-ter Potenzrest modulo m, so ist die Anzahl der Lösungen modulo m von $x^l \equiv a \mod m$ gleich l^r, wo r die Anzahl der $p \mid m$ mit $p \equiv 1 \mod l$ ist.
c) Benutzen Sie b), um die Anzahl der Lösungen modulo m von $x^2 \equiv a \mod m$ für ungerades m und einen quadratischen Rest a modulo m zu bestimmen.

8.14 Sei p eine ungerade Primzahl und $a \in \mathbb{Z}$ ein quadratischer Nichtrest modulo p. Sei $L \supseteq \mathbb{Z}/p\mathbb{Z}$ ein Körper, in dem $a \cdot 1$ ein Quadrat ist. Zeigen Sie, dass dann $b \cdot 1$ für jedes $b \in \mathbb{Z}$ ein Quadrat in L ist.

8.15 Geben Sie eine möglichst einfache Beschreibung der Menge aller Primzahlen $p > 5$, für die die Kongruenz

$$x^2 \equiv -15 \bmod p$$

eine Lösung hat.

8.16 Bestimmen Sie alle ganzzahligen Lösungen der Kongruenzen

a) $4x^2 \equiv 5 \bmod 21$,
b) $5x^2 \equiv 17 \bmod 21$.

8.17 Bestimmen Sie alle Primzahlen p, für die das Polynom $X^2 - 2X + 6$ modulo p in ein Produkt von zwei Linearfaktoren zerfällt.

8.18 Zeigen Sie, dass es eine Zahl $b \in \mathbb{Z}$ gibt, für die $b^2 - 7$ durch $64.959 - 3 \cdot 59 \cdot 367$ teilbar ist!

8.19 Für eine ungerade Zahl $m \in \mathbb{N}$ und $c \in \mathbb{Z}$ sei $r_m(c)$ der absolut kleinste Rest von c modulo m, d. h., es gilt $c \equiv r_m(c) \bmod m$ und

$$r_m(c) \in \begin{cases} \{-\frac{m}{2}+1, \ldots, \frac{m}{2}-1, \frac{m}{2}\} & m \text{ gerade} \\ \{-\lfloor \frac{m}{2} \rfloor, \ldots, \lfloor \frac{m}{2} \rfloor - 1, \lfloor \frac{m}{2} \rfloor\} & m \text{ ungerade.} \end{cases}$$

Zeigen Sie für eine Primzahl $p \neq 2$ und ein nicht durch p teilbares $c \in \mathbb{Z}$:

a) Sind $j, j' \in \mathbb{N}$, $j, j' \leq \frac{p-1}{2}$ mit $|r_p(jc)| = |r_p(j'c)|$, so ist $j = j'$.
b) $\{|r_p(jc)| \mid 1 \leq j \leq \frac{p-1}{2}\} = \{1, \ldots, \frac{p-1}{2}\}$.
c) Zeigen Sie das Gauß'sche Lemma:
   Mit $\mu_p(c) := |\{1 \leq j \leq \frac{p-1}{2} \mid r_p(jc) < 0\}|$ gilt $\left(\frac{c}{p}\right) = (-1)^{\mu_p(c)}$.

(Hinweis: Berechnen sie $\prod_{j=1}^{\frac{p-1}{2}} jc \bmod p$ auf zwei verschiedene Weisen und benutzen Sie das Euler-Kriterium.)

8.20 Beweisen Sie den zweiten Ergänzungssatz, indem Sie in der vorigen Aufgabe die Parität von $\mu_p(2)$ in Abhängigkeit von der Restklasse von p modulo 8 explizit berechnen!

8.21 Zeigen Sie, dass für alle $c_1, c_2 \in \mathbb{Z}$

$$\sum_{t=0}^{p-1} \left(\frac{(t+c_1)(t+c_2)}{p} \right) = \begin{cases} p-1 & \text{falls } c_1 \equiv c_2 \bmod p \\ -1 & \text{sonst} \end{cases}$$

gilt.

8.22 Sei $p \not\equiv 0, \pm 1 \bmod 167$ eine ungerade Primzahl und $p^* = (-1)^{\frac{p-1}{2}} p$. Zeigen sie, dass 167 genau dann quadratischer Nichtrest modulo p ist, wenn p^* Primitivwurzel modulo 167 ist.

8.23 Berechnen Sie, wie lang die Testreihe beim Primzahltest von Solovay und Strassen sein muss, damit eine zufällig gewählte Zahl der Größenordnung e^{1000} von der Testreihe mit Wahrscheinlichkeit $\geq 1 - 2^{-100}$ als prim erkannt werden kann.

8.24 Bestimmen Sie in den primen Restklassengruppen modulo 9, 15, 21 die Anzahl der Restklassen $\bar{a}$, für die der jeweilige Modul starke Pseudoprimzahl (bzw. Euler-Pseudoprimzahl) zur Basis a ist.

Körper und Körpererweiterungen

9

Eine der klassischen Aufgaben der Algebra ist die Untersuchung der Nullstellen von Polynomen bzw. der Lösungen von Polynomgleichungen $f(x) = 0$ für Polynome f mit ganzen oder rationalen Koeffizienten.

Der Fundamentalsatz der Algebra garantiert die Existenz solcher Lösungen im Körper $\mathbb{C}$ der komplexen Zahlen für alle nicht konstanten Polynome mit rationalen (oder auch beliebigen komplexen) Koeffizienten.

Da der Körper $\mathbb{R}$ der reellen Zahlen und damit auch der Körper $\mathbb{C}$ der komplexen Zahlen mit Hilfe von Methoden der Analysis konstruiert wird und explizites Rechnen in $\mathbb{C}$ grundsätzlich nur näherungsweise (z. B. im Rechner durch Benutzung von Gleitkommazahlen) möglich ist, ist damit aber das Problem vom Standpunkt der Algebra aus noch nicht gelöst.

In diesem Kapitel wollen wir daher rein algebraische Konstruktionen für Erweiterungskörper eines Grundkörpers K betrachten, in denen eine vorgelegte Polynomgleichung $f(X) = 0$ mit $f \in K[X]$ eine Nullstelle besitzt oder gar vollständig in Linearfaktoren zerfällt.

Wir wollen dabei derartige Konstruktionen in einer Weise vornehmen, die auch über anderen Grundkörpern als dem Körper $\mathbb{Q}$ der rationalen Zahlen funktioniert, insbesondere über den endlichen Körpern $\mathbb{F}_p = \mathbb{Z}/p\mathbb{Z}$ für eine Primzahl p. Diese Konstruktionen ermöglichen dann exakte Rechnungen für Polynome mit rationalen Koeffizienten oder mit Koeffizienten in einem endlichen Körper, etwa dem Körper $\mathbb{F}_p$.

R. Schulze-Pillot, *Einführung in Algebra und Zahlentheorie*, DOI 10.1007/978-3-642-55216-8_9, 245
© Springer-Verlag Berlin Heidelberg 2015

9.1 Konstruktion von Körpern

Als ersten Schritt wollen wir uns einen Überblick über Methoden verschaffen, ausgehend von einem vorgegebenen Ring einen Körper zu konstruieren.

Satz 9.1 *Sei $R \neq \{0\}$ ein Integritätsbereich. Dann gibt es einen Körper $K = \mathrm{Quot}(R)$, der R enthält und in dem*

$$K = \{ ab^{-1} \mid a, b \in R, \; b \neq 0 \}$$

gilt. Er ist bis auf Isomorphie eindeutig bestimmt und heißt Körper der Brüche *oder* Quotientenkörper *von R.*

Der Körper $\mathrm{Quot}(R)$ ist der kleinste Körper, der R enthält, d. h., er lässt sich in jeden Körper, der R enthält, kanonisch einbetten.

Genauer gilt: Es gibt einen Körper $K = \mathrm{Quot}(R)$ (den Quotientenkörper) mit einer Einbettung

$$i : R \hookrightarrow K,$$

so dass gilt:

Ist L irgendein Körper und $f : R \to L$ ein injektiver Homomorphismus von Ringen, so gibt es genau einen Homomorphismus $\bar{f} : K \to L$, so dass das Diagramm

kommutativ ist.

In K lässt sich (bei Identifikation von $i(R)$ mit R) jedes Element als $\frac{r}{s} = rs^{-1}$ mit $r, s \in R$ schreiben, dabei ist

$$\frac{r}{s} = \frac{r'}{s'} \quad \Leftrightarrow \quad rs' = r's.$$

Beweis Der Beweis verallgemeinert die bekannte Konstruktion von $\mathbb{Q}$ aus $\mathbb{Z}$:

Sei

$$\widetilde{K} := R \times (R \backslash \{0\})$$

die Menge der Paare (r, s) mit $s \neq 0$. Auf $\widetilde{K}$ wird durch

$$(r, s) \sim (r', s') \quad \Leftrightarrow \quad rs' = r's$$

eine Relation eingeführt, von der man unter Ausnutzung der Nullteilerfreiheit von R leicht nachrechnet, dass sie eine Äquivalenzrelation ist.

Sei K die Menge der Äquivalenzklassen, die Klasse von (r, s) schreiben wir als $\frac{r}{s}$. Auf K werden Verknüpfungen eingeführt durch:

$$\frac{r_1}{s_1} + \frac{r_2}{s_2} := \frac{r_1 s_2 + r_2 s_1}{s_1 s_2} = \text{Klasse von } (r_1 s_2 + r_2 s_1, s_1 s_2)$$

und

$$\frac{r_1}{s_1} \cdot \frac{r_2}{s_2} := \frac{r_1 r_2}{s_1 s_2} = \text{Klasse von } (r_1 r_2, s_1 s_2).$$

Da R ein Integritätsbereich, ist die rechte Seite ein Element von K.

Wir müssen nachprüfen, dass die Verknüpfungen wohldefiniert sind, für die Addition also, dass sich die durch die rechte Seite gegebene Klasse von $(r_1 s_2 + r_2 s_1, s_1 s_2)$ nicht ändert, wenn man das Paar (r_1, s_1) durch ein äquivalentes Paar (r_1', s_1') ersetzt (und ebenso für (r_2, s_2)). Wir rechnen das für (r_1, s_1) nach, für (r_2, s_2) geht die Rechnung genauso:

Ist $(r_1, s_1) \sim (r_1', s_1')$, so ist $r_1 s_1' = r_1' s_1$.

Daher ist

$$(r_1 s_2 + r_2 s_1) s_1' s_2 = r_1 s_1' s_2^2 + r_2 s_1 s_1' s_2$$
$$= r_1' s_1 s_2^2 + r_2 s_1 s_1' s_2$$
$$= (r_1' s_2 + r_2 s_1') s_1 s_2,$$

also

$$(r_1 s_2 + r_2 s_1, s_1 s_2) \sim (r_1' s_2 + r_2 s_1', s_1' s_2).$$

Genauso sieht man für die Multiplikation

$$(r_1' r_2, s_1' s_2) \sim (r_1 r_2, s_1 s_2)$$

(denn $r_1' r_2 s_1 s_2 = r_1 s_1' r_2 s_2 = (r_1 r_2)(s_1' s_2)$).

Als nächstes prüfen wir nach, dass K mit diesen Verknüpfungen ein Körper ist:

Assoziativität, Kommutativität, Distributivität werden durch offensichtliche Rechnungen nachgeprüft. Ebenfalls klar ist, dass $\frac{1}{1}$ neutrales Element ist. Für $r \neq 0$ ist $\frac{r}{s} \cdot \frac{s}{r} = \frac{rs}{rs} = \frac{1}{1}$, also ist $\frac{s}{r}$ invers zu $\frac{r}{s}$.

Dass die durch $r \mapsto \frac{r}{1}$ gegebene Abbildung $i : R \to K$ ein Ringhomomorphismus ist, ist klar.

Sie ist injektiv, denn $\frac{r_1}{1} = \frac{r_2}{1} \Leftrightarrow r_1 = r_2$ nach Definition von $\sim$.

Ist schließlich $f : R \to L$ ein injektiver Homomorphismus und $\bar{f} : K \to L$ wie verlangt, so ist

$$\bar{f}\left(\frac{r}{s}\right) = \bar{f}\left(r \cdot \frac{1}{s}\right) = \bar{f}(r) \cdot \bar{f}\left(\frac{1}{s}\right) = \bar{f}(r)\bar{f}(s)^{-1} = f(r)f(s)^{-1},$$

$\bar{f}$ ist also, wenn es existiert, eindeutig bestimmt.

Da f injektiv und L ein Körper ist, können wir umgekehrt

$$\bar{f}\left(\frac{r}{s}\right) := f(r)f(s)^{-1}$$

setzen. Das ist wohldefiniert, denn ist $\frac{r}{s} = \frac{r'}{s'}$, so ist $rs' = r's$, also

$$f(r)f(s') = f(r')f(s), \quad f(r)f(s)^{-1} = f(r')f(s')^{-1}.$$

Dass $\bar{f}$ ein Homomorphismus ist und dass $\bar{f} \circ i = f$ gilt, ist klar. $\square$

Bemerkung Wie schon an anderen Stellen in diesem Buch kommen die Vorteile der zweiten und vollständigeren Formulierung des Satzes erst bei tiefer gehenden algebraischen Untersuchungen zur Geltung.

Beispiel 9.2 Das Standardbeispiel für die oben durchgeführte Konstruktion ist die Konstruktion des Körpers $\mathbb{Q}$ der rationalen Zahlen als Körper der Brüche des Rings $\mathbb{Z}$ der ganzen Zahlen.

Nimmt man als Ausgangspunkt stattdessen den Polynomring $K[X]$ über einem Körper K, so erhält man den Körper $K(X) := \text{Quot}(K[X])$ der rationalen Funktionen über K, seine Elemente sind Quotienten $\frac{f}{g}$ von Polynomen $f, g \in K[X]$ mit $g \neq 0$; dabei ist $\frac{f_1}{g_1} = \frac{f_2}{g_2}$ genau dann, wenn $f_1 g_2 = f_2 g_1$ gilt. Genau wie im Körper $\mathbb{Q}$ hat man (als Folge der eindeutigen Primfaktorzerlegung in $K[X]$) auch in $K(X)$ eine Darstellung jedes Elements als gekürzter Bruch $\frac{f}{g}$ mit $\text{ggT}(f, g) = 1$; diese ist eindeutig, wenn man den Nenner g als normiert annimmt.

Eine andere Möglichkeit, aus einem Ring einen Körper zu konstruieren, bietet der Faktorring: Wir hatten in Definition und Lemma 4.19 gesehen, dass in jedem kommutativen Ring R mit Einselement der Restklassenring R/I ein Integritätsbereich ist, wenn R ein Primideal ist, und ein Körper ist, wenn I ein maximales Ideal ist.

Wir erhalten also Körper durch Betrachten des Quotientenkörpers $\text{Quot}(R/I)$ für ein Primideal $I \subseteq R$ bzw. durch Betrachten des Restklassenkörpers R/I für ein maximales Ideal $I \subseteq R$. Wir kennen jetzt Konstruktionsmethoden für Körper. Bevor wir die körpertheoretische Untersuchung von Polynomgleichungen beginnen können, müssen wir noch eine wichtige Invariante für Körper bzw. allgemeiner für Integritätsbereiche definieren:

Definition und Satz 9.3 *Sei R ein Integritätsbereich mit Quotientenkörper $K = \text{Quot}(R)$. Die additive Gruppe von R werde wie im Beispiel nach Definition 7.28 als $\mathbb{Z}$-Modul aufgefasst, man schreibt also $na := \underbrace{a + \ldots + a}_{n\text{-mal}}$ für $n \in \mathbb{N}$ und $a \in R$ und $na = -((-n)a)$ für $n \in \mathbb{Z}$ mit $n < 0$ sowie $0a - 0$.*

Sei

$$R_0 := \{ n1_R \mid n \in \mathbb{Z} \} \subseteq R$$

$$K_0 := \left\{ \frac{n1_R}{m1_R} \,\middle|\, n, m \in \mathbb{Z}, m1_R \neq 0_R \right\} \subseteq K.$$

Dann ist R_0 ein Teilring von R und K_0 ein Teilkörper von K, und es gilt:
  Gibt es $n \in \mathbb{N}$ mit $n1_R = 0_R$, so ist

$$\mathrm{char}(K) := \mathrm{char}(R) := \min\{ n \in \mathbb{N} \mid n \cdot 1_R = 0_R \}$$

eine Primzahl, und für $n \in \mathbb{N}$ ist genau dann $n \cdot 1_R = 0_R$, wenn n durch $\mathrm{char}(K)$ teilbar ist.
  Die Primzahl $\mathrm{char}(K)$ heißt die Charakteristik *von R bzw. von K.*
  Mit $\mathrm{char}(K) = p$ ist dann $R_0 = K_0$ isomorph zum Körper $\mathbb{F}_p = \mathbb{Z}/p\mathbb{Z}$ und R erhält durch $\bar{j} \cdot a := ja$ die Struktur eines $\mathbb{Z}/p\mathbb{Z}$-Vektorraums.
  Ist $n1_R \neq 0$ für alle $n \in \mathbb{N}$, so sagt man, R und K hätten die Charakteristik 0, in diesem Fall ist $R_0 \cong \mathbb{Z}$ und $K_0 \cong \mathbb{Q}$.
  Der Körper K_0 heißt der Primkörper *von $K = \mathrm{Quot}(R)$; er ist in allen Teilkörpern $K \subseteq \mathrm{Quot}(R)$ enthalten (und daher gleich dem Durchschnitt aller Teilkörper von $\mathrm{Quot}(R)$).*

Beweis Offenbar ist

$$C := \{ n \in \mathbb{Z} \mid n \cdot 1_R = 0_R \}$$

als Kern des Homomorphismus

$$\varphi : n \mapsto n \cdot 1_R$$

ein Ideal in $\mathbb{Z}$, also ist (Satz 2.11) $C = m\mathbb{Z}$ für ein $m \in \mathbb{N}_0$.
  Der Homomorphiesatz liefert eine Einbettung

$$\mathbb{Z}/C = \mathbb{Z}/m\mathbb{Z} \hookrightarrow R$$

von $\mathbb{Z}/m\mathbb{Z}$ in den Integritätsbereich R mit Bild R_0, also ist $C = m\mathbb{Z}$ nach dem vorigen Lemma ein Primideal und daher nach dem vorigen Beispiel $m = 0$ mit $R_0 \cong \mathbb{Z}$ oder $m = p$ eine Primzahl und $R_0 \cong \mathbb{Z}/p\mathbb{Z}$. Die restlichen Behauptungen sind klar.
  (Man kann auch direkter so argumentieren: Wäre $m \neq 0$, $m = m_1 m_2$ mit $m_1 \neq 1 \neq m_2$ (also $m_1 \notin C$, $m_2 \notin C$), so wäre $m_1 1 \neq 0$, $m_2 1 \neq 0$, aber $(m_1 1) \cdot (m_2 1) = (m_1 m_2)1 = 0$, im Widerspruch dazu, dass R ein Integritätsbereich ist.) □

Korollar 9.4 *Sei K ein endlicher Körper.*
  Dann ist $\mathrm{char}(K) = p > 0$ eine Primzahl und man hat

$$|K| = p^r \quad mit \; r \in \mathbb{N}.$$

Beweis Da K endlich ist, kann $K \supseteq \mathbb{Q}$ nicht gelten, also ist nach dem vorigen Satz char$(K) = p > 0$ eine Primzahl.

K ist damit, ebenfalls nach dem vorigen Satz, ein Vektorraum über $\mathbb{F}_p = \mathbb{Z}/p\mathbb{Z}$, der wegen der Endlichkeit von K endliche Dimension $r \in \mathbb{N}$ hat. Bekanntlich ist K dann als $\mathbb{F}_p$-Vektorraum isomorph zu $\mathbb{F}_p^r$, hat also p^r Elemente.   □

9.2 Körpererweiterungen

Will man Polynomgleichungen untersuchen, deren Lösungen noch nicht im Koeffizientenkörper liegen (etwa quadratische Gleichungen mit rationalen Koeffizienten), so ist es zweckmäßig, geeignete Erweiterungskörper des Koeffizientenkörpers zu betrachten. Da man sich in der Algebra für exakte Lösungen interessiert, will man dabei nicht auf die Gleitkommaarithmetik in $\mathbb{R}$ oder $\mathbb{C}$ zurückgreifen, sondern symbolisch rechnen, zum Beispiel (aber wie wir gleich sehen werden nicht ausschließlich) mit Wurzelausdrücken. Der Weg dafür ist schon durch das Vorgehen im einfachen und aus der Schulmathematik gut bekannten Fall quadratischer Gleichungen über $\mathbb{Q}$ vorgezeichnet:

Man schreibt die Lösungen der Gleichung $x^2 + px + q = 0$ mit $D := p^2 - 4q$ als $x_1 = \frac{-p+\sqrt{D}}{2}$, $x_2 = \frac{-p-\sqrt{D}}{2}$ und rechnet (falls D in $\mathbb{Q}$ kein Quadrat ist) mit $\sqrt{D}$ wie mit einer Variablen $\tilde{X}$, für die aber $\tilde{X}^2 = D \in \mathbb{Q}$ gilt. Anders gesagt: Man führt die Rechnungen im Erweiterungskörper $\mathbb{Q}(\sqrt{D}) = \{a + b\sqrt{D} \in \mathbb{C} \mid a, b \in \mathbb{Q}\} \subseteq \mathbb{C}$ von $\mathbb{Q}$ durch und rechnet in diesem genauso wie im Restklassenring $\mathbb{Q}[X]/(X^2 - D)$.

Alternativ könnte man auch auch direkt mit den beiden Nullstellen x_1, x_2 symbolisch rechnen und dabei benutzen, dass diese nach dem Viéta'schen Wurzelsatz den Relationen $x_1 + x_2 = -p$, $x_1 x_2 = q$ genügen; das läuft darauf hinaus, im Restklassenring $\mathbb{Q}[X]/(X^2 + pX + q)$ zu rechnen und dort x_1 mit der Restklasse von X und x_2 mit der Restklasse von $-X - p$ zu identifizieren. Da man bei komplizierteren Polynomgleichungen in der Regel nicht wie im Fall quadratischer Gleichungen alle weiteren Rechnungen mühelos auf das Rechnen mit einem einfachen Wurzelausdruck zurückführen kann, ist dieser zweite Weg der zwar umständlicher aussehende, aber verallgemeinerungsfähige Ansatz. Will man ihn ausarbeiten, so wird man dazu geführt, recht allgemeine Erweiterungskörper des zunächst betrachteten Grundkörpers K zu untersuchen.

Definition 9.5 *Seien K, L Körper, $L \supseteq K$ (L/K eine Körpererweiterung, L ein Oberkörper von K).*

a) *Die Dimension $\dim_K L$ des K-Vektorraums L heißt der* Grad *der Körpererweiterung L/K, geschrieben als $[L : K]$. Ist $[L : K]$ endlich, so sagt man, die Erweiterung L/K sei eine* endliche Erweiterung.
   In diesem Fall heißt für $a \in L$ die Determinante des K-linearen Endomorphismus $x \mapsto ax$ von L die Norm $N_K^L(a)$, *seine Spur die* Spur $T_K^L(a)$.

b) *Ein Element $a \in L$ heißt algebraisch über K, wenn es ein Polynom $0 \neq f \in K[X]$ gibt mit $f(a) = 0$. Andernfalls heißt a transzendent über K.*

c) *L/K heißt algebraisch, wenn alle $a \in L$ algebraisch über K sind.*

d) *Ist $a \in L$ algebraisch über K, so heißt das normierte Polynom f_a kleinsten Grades in $K[X]$ mit $f_a(a) = 0$ das Minimalpolynom von a über K. Der Grad von f_a heißt auch Grad von a über K.*

Offenbar sind die über K algebraischen Elemente des Körpers L diejenigen, die etwas mit Lösungen von Polynomgleichungen mit Koeffizienten in K zu tun haben. Dagegen verhalten sich die über K transzendenten Elemente, wie wir bald sehen werden, im Grunde genauso wie eine Variable in einem Polynomring über K.

Definition und Lemma 9.6

a) *Ist K ein Körper, so heißt ein Polynom $f \in K[X]$ mit $\deg(f) \geq 1$ irreduzibel, wenn gilt: Ist $f = gh$ mit $gh \in K[X]$, so ist $\deg(g) = 0$ oder $\deg(h) = 0$ (d. h., g oder h ist konstant und f ist ein konstantes Vielfaches des anderen Faktors).*
Äquivalent ist: f ist in $K[X]$ ein unzerlegbares Element (siehe Definition 2.5).

b) *$f \subset K[X]$ mit $\deg(f) \geq 1$ ist genau dann irreduzibel, wenn das von f erzeugte Ideal $(f) \subseteq K[X]$ ein maximales Ideal ist.*
Äquivalent ist: $K[X]/(f)$ ist ein Körper.

c) *Ist $L \supseteq K$ ein Oberkörper von K, $a \in L$ algebraisch über K, so ist das Minimalpolynom f_a von a über K irreduzibel.*

Beweis

a) ist nur Definition.

b) Übung

c) Ist $f_a = gh$ mit $g, h \in K[X]$, so ist $\deg(f_a) = \deg(g) + \deg(h) \geq \deg(g)$ und

$$0 = f_a(a) = g(a)h(a).$$

Da L ein Körper ist, ist also $g(a) = 0$ oder $h(a) = 0$, o. E. sei $g(a) = 0$. Da $\deg(f_a) \geq \deg(g)$ ist und f_a minimalen Grad unter allen $f \in K[X]$ mit $f(a) = 0$ hat, ist $\deg(g) = \deg(f_a)$, also $\deg(h) = 0$ und $h = c$ ein konstantes Polynom. Das Minimalpolynom f_a hat also die definierende Eigenschaft eines irreduziblen Polynoms. $\square$

Beispiel 9.7

a) Jedes $a \in K$ hat über K das Minimalpolynom $X - a$ mit

$$K[X]/(X - a) \cong K.$$

b) Die imaginäre Einheit $i \in \mathbb{C}$ hat über $\mathbb{R}$ ebenso wie über $\mathbb{Q}$ das Minimalpolynom $X^2 + 1$, die reelle Zahl $\sqrt{2} \in \mathbb{R}$ hat über $\mathbb{Q}$ das Minimalpolynom $X^2 - 2$.

c) Ist $a_1 \in \mathbb{C}$ eine komplexe Zahl, die eine Nullstelle des Polynoms $f = X^2 + pX + q \in \mathbb{Q}[X]$ ist, so ist dieses genau dann irreduzibel über $\mathbb{Q}$, wenn es keine rationalen Nullstellen hat, es ist dann das Minimalpolynom von a_1 (nach der bekannten „$p - q$-Formel" für die Nullstellen quadratischer Gleichungen ist diese Bedingung äquivalent dazu, dass $p^2 - 4q$ kein Quadrat ist). Offenbar zerfällt dann f über $L = \mathbb{Q}(a_1)$ als $f = (X - a_1)(X - a_2)$ und man sieht durch Ausmultiplizieren, dass $a_1 + a_2 = -p$, $a_1 a_2 = q$ gilt (Viéta'scher Wurzelsatz).

d) Das Polynom $X^3 - 2 \in \mathbb{Q}[X]$ ist irreduzibel, denn in einer Zerlegung müsste einer der Faktoren Grad 1 haben, also von der Form $X - a$ mit $a \in \mathbb{Q}$, $a^3 = 2$ sein; dass es kein solches $a \in \mathbb{Q}$ gibt, sieht man genauso wie beim Beweis der Irrationalität von $\sqrt{2}$. Die dritte Wurzel $\sqrt[3]{2} \in \mathbb{R}$ von 2 hat also Minimalpolynom $X^3 - 2$ über $\mathbb{Q}$.

Bemerkung

a) Im Allgemeinen ist es nicht einfach, von einem Polynom zu entscheiden, ob es über dem gegebenen Körper K irreduzibel ist. In Aufgabe 9.2 wird gezeigt, dass man diese Frage für Polynome vom Grad ≤ 3 auf die (ebenfalls nicht immer einfache) Frage nach der Existenz von Nullstellen in K zurückführen kann, in Satz 11.6 werden wir ein häufig nützliches Kriterium für Polynome mit ganzzahligen Koeffizienten zeigen.

b) Da wir aus Kap. 3 wissen, dass jedes nicht konstante Polynom in $K[X]$ ein Produkt von irreduziblen Polynomen ist, ist klar, dass jede Nullstelle eines beliebigen Polynoms Nullstelle (wenigstens) eines seiner irreduziblen Faktoren sein muss. Für die Theorie der Nullstellen von Polynomen kommt es also vor allem auf die Nullstellen der irreduziblen Polynome an.

c) Im Polynomring $\mathbb{Q}[X]$ gibt es nur abzählbar viele Elemente, von denen jedes in $\mathbb{R}$ nur endlich viele Nullstellen hat. Es gibt daher auch im Körper $\mathbb{R}$ der reellen Zahlen nur abzählbar viele über $\mathbb{Q}$ algebraische Elemente, „fast alle" Elemente von $\mathbb{R}$ sind also transzendent über $\mathbb{Q}$ (die algebraischen Elemente bilden eine Nullmenge im Sinne der Maßtheorie). Dennoch ist es sehr schwierig, von einzelnen Elementen von $\mathbb{R}$ nachzuweisen, dass sie transzendent sind. Immerhin weiß man (Sätze von Lindemann (1882) und Hermite (1873)), dass π und e transzendent sind, aber schon von $\pi + e$ und $\pi \cdot e$ weiß man nicht, ob sie transzendent oder algebraisch über $\mathbb{Q}$ sind.

Die Transzendenz von π hat zur Folge, dass es nicht möglich ist, mit Zirkel und Lineal ein Quadrat zu konstruieren, das die gleiche Fläche hat, wie ein vorgegebener Kreis (etwa der Einheitskreis), dass also das klassische Problem der *Quadratur des Kreises* nicht lösbar ist. Man kann nämlich leicht zeigen, dass Konstruktionen mit Zirkel und Lineal, ausgehend vom vorgegebenen Kreisradius 1, stets nur Strecken ergeben können, deren Länge algebraisch über $\mathbb{Q}$ ist (siehe der ergänzende Abschnitt am Ende dieses Kapitels).

Wir erinnern daran, dass $a \in K$ genau dann Nullstelle des Polynoms $f \in K[X]$ ist, wenn $X - a$ ein Teiler von f ist, wenn man also $f = (X - a)f_1$ mit $f_1 \in K[X]$ schreiben kann.

Definition und Satz 9.8 *Sei L/K eine Körpererweiterung. Seien $a_1, \ldots, a_n$ Elemente von L und $K(a_1, \ldots, a_n)$ der Durchschnitt aller Körper M, für die $K \subseteq M \subseteq L$ und $a_1, \ldots, a_n \in M$ gilt.*

Ferner sei

$$K[a_1, \ldots, a_n] := \{g(a_1, \ldots, a_n) \mid g \in K[X_1, \ldots, X_n]\}.$$

a) *$K(a_1, \ldots, a_n)$ ist ein Teilkörper von L.*

$K[a_1, \ldots, a_n]$ ist der kleinste Teilring von L, der K und $a_1, \ldots, a_n$ enthält (also der Durchschnitt aller Teilringe von L, die K und $a_1, \ldots, a_n$ enthalten).

Speziell für $n = 1$, $a_1 = a$ heißt die Erweiterung $K(a)/K$ (gelesen: K adjungiert a) eine einfache Erweiterung, sie entsteht durch Adjunktion *(Hinzufügen) von a zu K.*

b) *Ist a transzendent über K, so ist $[K(a) : K]$ unendlich, $K[a]$ ist isomorph zu $K[X]$ (via $g \mapsto g(a)$) und $K(a)$ isomorph zum Quotientenkörper $K(X)$ von $K[X]$.*

c) *Ist a algebraisch über K mit Minimalpolynom f_a vom Grad n, so ist*

$$[K(a) : K] = n, \quad K(a) \cong K[X]/(f_a)$$

und

$$K[a] = K(a).$$

Der Grad $[K(a) : K]$ der Erweiterung $K(a)/K$ ist also gleich dem Grad von a über K. Die Elemente $1, a, a^2, \ldots, a^{n-1}$ bilden dann eine Basis des K-Vektorraums $K(a)$.

Beweis

a) ist klar.

b) Ist a transzendent über K, so hat der Ringhomomorphismus

$$K[X] \ni g \mapsto g(a) \in K[a] \subseteq K(a)$$

Kern $\{0\}$, ist also ein Isomorphismus $K[X] \to K[a]$. Da $K[X]$ als K-Vektorraum unendlich dimensional ist, gilt das auch für $K[a]$ und damit erst recht für $K(a) \supseteq K[a]$. Die Isomorphie $K(X) \cong K(a)$ ist danach offensichtlich.

c) Wir betrachten wieder die Abbildung

$$K[X] \to K[a]; \; g \mapsto g(a).$$

Ihr Kern ist $(f_a) = \{g \in K[X] \mid g(a) = 0\}$. Da sie surjektiv ist, folgt aus dem Homomorphiesatz, dass

$$K[X]/(f_a) \cong K[a]$$

ist. Da (f_a) ein maximales Ideal ist, ist $K[X]/(f_a)$ ein Körper und damit $K[a]$ ein Körper. Wegen $K[a] \subseteq K(a)$ folgt

$$K[a] = K(a).$$

Es bleibt zu zeigen, dass $\{1, a, \ldots, a^{n-1}\}$ eine Basis des K-Vektorraums $K(a)$ ist. Sei $b \in K(a) = K[a]$, $b = g(a)$ mit $g \in K[X]$ nicht konstant (sonst ist $b \in K$). Wir schreiben (Division mit Rest)

$$g = q \cdot f_a + r \text{ mit } r = 0 \text{ oder } \deg(r) < \deg(f_a) = n.$$

Dann ist $b = g(a) = r(a)$, mit $r(X) = \sum_{i=0}^{n-1} c_i X^i$, also $b = \sum_{i=0}^{n-1} c_i a^i$ eine Linearkombination der Potenzen $1 = a^0, a^1, \ldots, a^{n-1}$ von a. Diese bilden also ein Erzeugendensystem des K-Vektorraums $K(a)$.

Sie sind linear unabhängig, denn ist $0 = \sum_{i=0}^{n-1} c_i a^i$, so ist

$$g(X) = \sum_{i=0}^{n-1} c_i X^i \in \{h \in K[X] \,|\, h(a) = 0\} = (f_a),$$

und daher f_a ein Teiler von g. Da $\deg(f_a) = n$ und $\deg(g) \leq n - 1$ gilt, folgt $g = 0$, also $c_i = 0$ für alle i. $\square$

Beispiel 9.9

a) Sei $K = \mathbb{Q}$, $d \in \mathbb{Z}$ kein Quadrat in $\mathbb{Z}$. Dann ist d auch kein Quadrat in $\mathbb{Q}$ (das sollte aus der Schule bekannt sein; es folgt aus der Eindeutigkeit der Primfaktorzerlegung in $\mathbb{Z}$). In $\mathbb{C}$ existiert $\sqrt{d}$ und hat über $\mathbb{Q}$ das Minimalpolynom $X^2 - d$. Der Körper $\mathbb{Q}(\sqrt{d})$ hat Grad 2 über $\mathbb{Q}$. 1 und $\sqrt{d}$ bilden eine Basis des $\mathbb{Q}$-Vektorraums $\mathbb{Q}(\sqrt{d})$, also

$$\mathbb{Q}(\sqrt{d}) = \{a + b\sqrt{d} \in \mathbb{C} \,|\, a, b \in \mathbb{Q}\}.$$

Es ist gleichgültig, welche der beiden Wurzeln aus d man für diese Konstruktion benutzt. Erweiterungen dieses Typs heißen *quadratische Erweiterungen*.

b) Genauso ist mit $i = \sqrt{-1} \in \mathbb{C}$ die Körpererweiterung $\mathbb{R}(i)/\mathbb{R}$ vom Grad 2. Da $\mathbb{C}/\mathbb{R}$ vom Grad 2 ist, ist $\mathbb{R}(i) = \mathbb{C}$ eine einfache Erweiterung von $\mathbb{R}$.

c) Sei L ein endlicher Körper. Ist $\mathrm{char}(L) = p$, so ist der Primkörper $\{n \cdot 1_L \,|\, n \in \mathbb{Z}\}$ von L isomorph zu $\mathbb{F}_p = \mathbb{Z}/p\mathbb{Z}$. Nach Satz 8.7 ist die multiplikative Gruppe $L^\times$ zyklisch, erzeugt von einem Element $a \in L^\times$. Dann ist $L = \mathbb{F}_p(a)$, L ist also eine einfache Erweiterung von $\mathbb{F}_p$.

d) Wir werden in Satz 11.6 zeigen, dass für eine Primzahl p das Polynom $f := X^{p-1} + \ldots + 1 = \frac{X^p - 1}{X - 1}$ irreduzibel über $\mathbb{Q}$ ist. Da $\zeta_p := e^{\frac{2\pi i}{p}}$ eine von 1 verschiedene Nullstelle von $X^p - 1$ in $\mathbb{C}$ ist, ist ζ_p eine Nullstelle von $f = X^{p-1} + \ldots + 1$. Da f irreduzibel über $\mathbb{Q}$ ist, ist f das Minimalpolynom von ζ_p und damit

$$[\mathbb{Q}(\zeta_p) : \mathbb{Q}] = p - 1.$$

Die Elemente $1, \zeta_p, \ldots, \zeta_p^{p-2}$ sind eine $\mathbb{Q}$-Basis von $\mathbb{Q}(\zeta_p)$. Wegen

$$1 + \zeta_p + \ldots + \zeta_p^{p-2} + \zeta_p^{p-1} = 0$$

ist auch $\zeta_p, \zeta_p^2, \ldots, \zeta_p^{p-1}$ eine $\mathbb{Q}$-Basis. Diese besteht aus sämtlichen Nullstellen von f. Das Polynom f heißt das p-te *Kreisteilungspolynom*, denn seine Nullstellen $\zeta_p = e^{\frac{2\pi i}{p}}, \ldots,$ $\zeta_p^{p-1} = e^{2\pi i \frac{p-1}{p}}$ unterteilen zusammen mit der 1 den Einheitskreis in der komplexen Zahlenebene in p gleiche Abschnitte. Verbindet man diese Punkte auf dem Einheitskreis durch einen Polygonzug, so erhält man das regelmäßige p-Eck, das in den Einheitskreis einbeschrieben ist.

Als nächsten Schritt wollen wir uns anschauen, wie man einen Erweiterungskörper eines Grundkörpers K schrittweise aufbauen kann.

Lemma 9.10 (Gradsatz) *Seien $K \subseteq L \subseteq M$ Körper. Dann ist*

$$[M : K] = [M : L] \cdot [L : K].$$

Ist $\{u_i \mid i \in I\}$ eine K-Basis von L und $\{v_j \mid j \in J\}$ eine L-Basis von M, so ist $\{u_i v_j \mid i \in I, j \in J\}$ eine K-Basis von M.

Beweis Seien die u_i, v_j wie beschrieben. Ist $c \in M$, so ist $c = \sum_{j \in J} b_j v_j$ mit $b_j \in L$. Jedes b_j schreibt sich als

$$b_j = \sum_{i \in I} a_{ij} u_i \text{ mit } a_{ij} \in K.$$

Wir haben also

$$c = \sum_{j \in J} b_j v_j = \sum_{i \in I} \sum_{j \in J} a_{ij} u_i v_j,$$

die $u_i v_j$ erzeugen also den K-Vektorraum M. Sie sind linear unabhängig, denn sind $a_{ij} \in K$ mit

$$\sum_{i \in I} \sum_{j \in J} a_{ij} u_i v_j = 0,$$

so ist

$$\sum_{i \in I} a_{ij} u_i =: b_j \in L \quad \forall j \in J$$

und damit

$$\sum_{j \in J} b_j v_j = 0.$$

Da die v_j linear unabhängig über L sind, sind alle $b_j = 0$. Da die u_i linear unabhängig über K sind, folgt $a_{ij} = 0$ für alle $i \in I$, $j \in J$.   □

Beispiel 9.11 Man rechnet leicht nach, dass es im quadratischen Erweiterungskörper $\mathbb{Q}(\sqrt{2})$ keine Quadratwurzel aus 3 gibt. Der Körper $\mathbb{Q}(\sqrt{2})(\sqrt{3})$ hat also Grad 2 über $\mathbb{Q}(\sqrt{2})$. Nach dem Gradsatz ist sein Grad über $\mathbb{Q}$ daher gleich 4.

Der Gradsatz liefert auch, dass $\{1, \sqrt{2}, \sqrt{3}, \sqrt{2}\sqrt{3}\}$ eine Basis von $\mathbb{Q}(\sqrt{2})(\sqrt{3})$ über $\mathbb{Q}$ ist.

Das Element $\sqrt{2} + \sqrt{3}$ ist eine Nullstelle des Polynoms $X^4 - 10X^2 + 1 \in \mathbb{Q}[X]$. Man kann leicht nachprüfen, dass dieses Polynom irreduzibel über $\mathbb{Q}$ ist, so dass man den Körper $\mathbb{Q}(\sqrt{2})(\sqrt{3})$ auch als einfache Erweiterung $\mathbb{Q}(\sqrt{2} + \sqrt{3})$ von $\mathbb{Q}$ schreiben kann.

Analog hat $\mathbb{Q}(\sqrt[3]{2})(\sqrt{3})$ über $\mathbb{Q}$ den Grad 6.

9.3   Nullstellen von Polynomen in Erweiterungskörpern

Bisher sind wir davon ausgegangen, dass wir bereits einen Erweiterungskörper $L \supseteq K$ haben und haben dann für ein $a \in L$ die Polynome aus $K[X]$ betrachtet, die dieses a als Nullstelle haben. Den Isomorphismus $K(a) \cong K[X]/(f_a)$ aus Teil c) von Satz 9.8 können wir aber auch verwenden, um umgekehrt zu einem gegebenen normierten irreduziblen Polynom $f \in K[X]$ eine einfache Erweiterung $K(a)$ von K zu konstruieren, in der f eine Nullstelle a hat (und daher das Minimalpolynom von a ist). Das ist wichtig, wenn wir, wie etwa im Fall endlicher Körper, nicht von vornherein über einen großen Körper verfügen, in dem das Polynom Nullstellen hat.

Satz 9.12 *Sei K ein Körper, $f \in K[X]$ ein normiertes irreduzibles Polynom, $n = \deg(f)$.*

a) *Es gibt eine Erweiterung L/K mit $[L : K] = n$ und $L \cong K[X]/(f)$, in der f eine Nullstelle hat.*

b) *Es gibt eine endliche Erweiterung M/K, über der f vollständig als*

$$f = \prod_{j=1}^{n} (X - \alpha_j) \ \textit{mit } \alpha_j \in M$$

in Linearfaktoren zerfällt.

Beweis a): Da $K[X]$ Hauptidealring ist, folgt aus der Irreduzibilität von f, dass (f) ein maximales Ideal ist. $L := K[X]/(f)$ ist also ein Körper, in den K vermittels $K \ni c \mapsto c + (f)$

eingebettet ist; wie im Beweis von 9.8 sieht man $[L : K] = n$. Mit $a := X + (f) \in L$ ist

$$f(a) = f(X) + (f) = 0 + (f) \in L,$$

also a eine Nullstelle von f in L.

b) folgt aus a) durch Induktion nach $n = \deg(f)$: Ist L wie in a), so gilt $f = (X - a)f_1$ mit $f_1 \in L[X]$, $\deg(f_1) = n-1$, und man kann als M einen (nach Induktionsannahme existierenden) Erweiterungskörper endlichen Grades von L wählen, über dem f_1 in Linearfaktoren zerfällt. □

Beispiel 9.13 In $\mathbb{F}_2[X]$ ist $X^2 + X + 1$ das einzige irreduzible Polynom vom Grad 2.

Wir setzen $L = \mathbb{F}_2[X]/(X^2 + X + 1)$ und bezeichnen mit a die Restklasse von $X \in \mathbb{F}_2[X]$ modulo dem Ideal $(X^2 + X + 1)$.

Dann ist $L = \mathbb{F}_2(a)$ ein Körper mit 4 Elementen, und zwar, wie wir sehen werden, bis auf Isomorphie der einzige. Wir schreiben $L = \mathbb{F}_4$.

Die Menge $\{1, a\}$ ist eine Basis von $\mathbb{F}_4$ über $\mathbb{F}_2$ (als $\mathbb{F}_2$-Vektorraum), und wir haben

$$\mathbb{F}_4 = \{0, 1, a, 1 + a\}.$$

Das Polynom $X^2 + X + 1$ zerfällt in $\mathbb{F}_4[X]$ (wegen $a^2 + a = 1 = a + (a + 1)$) als

$$X^2 + X + 1 = (X - a)(X - a - 1)$$
$$= (X + a)(X + a + 1).$$

Da $\mathbb{Z}/4\mathbb{Z}$ kein Körper ist, sollte $\mathbb{F}_4$ nicht mit $\mathbb{Z}/4\mathbb{Z}$ verwechselt werden. Diese beiden Ringe unterscheiden sich schon in der Struktur der additiven Gruppe: Die additive Gruppe von $\mathbb{Z}/4\mathbb{Z}$ ist zyklisch, erzeugt von $\bar{1}$, während die additive Gruppe von $\mathbb{F}_4$ gleich der des 2-dimensionalen $\mathbb{F}_2$-Vektorraums $\mathbb{F}_2^2$ ist, also isomorph zu $\mathbb{Z}/2\mathbb{Z} \oplus \mathbb{Z}/2\mathbb{Z}$.

Bemerkung Die nach Teil b) des Homomorphiesatzes (Satz 4.24) durch $X \bmod (f_a) \mapsto a$ gegebene Isomorphie $K[X]/(f_a) \cong K(a)$ macht es leicht, im Körper $K(a)$ zu rechnen:

Zunächst lässt sich jedes Element von $K(a)$ (mit $\deg(f_a) = n$) als $g(a)$ mit einem Polynom $g \in K[X]$ vom Grad kleiner als n schreiben. Man addiert zwei solche Elemente, indem man die entsprechenden Polynome addiert, man multipliziert sie, indem man die Polynome multipliziert und dann das Produkt durch Division mit Rest durch f_a modulo f_a reduziert.

Um das inverse Element zu $g(a)$ zu bestimmen, geht man so vor:

Da $\deg(g) < n = \deg(f_a)$ ist und f_a irreduzibel ist, haben g und f_a größten gemeinsamen Teiler 1. Mit Hilfe des euklidischen Algorithmus bestimme man Polynome $h_1, h_2 \in K[X]$ mit $h_1 g + h_2 f_a = 1$, wobei ohne Einschränkung $\deg(h_1) < n$ gilt (man dividiere nötigenfalls h_1 mit Rest durch f_a).

Einsetzen von a liefert dann $h_1(a)g(a) = 1$, man hat also mit $h_1(a)$ das gesuchte Inverse zu $g(a)$ gefunden.

Diese Rechenoperationen lassen sich im Computer mit der gleichen Genauigkeit und im wesentlichen der gleichen Geschwindigkeit implementieren, mit der man im Grundkörper K rechnen kann.

Beispiel 9.14 Sei $K = \mathbb{Q}$ und $f = X^3 - 2 \in \mathbb{Q}[X]$. Im Körper $L = \mathbb{Q}(\sqrt[3]{2}) = \mathbb{Q}[X]/(X^3 - 2)$ hat f die Nullstelle $a = X + (f)$, die wegen $a^3 = 2 + (f)$ eine dritte Wurzel aus 2 in L ist. Wir haben in L z. B.:

$$(a^2+1)(a^2-1) = a^4-1, \text{ wegen } X^4-1 = (X^3-2)X+2X-1 \text{ ist also } (a^2+1)(a^2-1) = 2a-1 \text{ in}$$

L. Wollen wir etwa $(a^2 + 1)^{-1}$ durch die Standardbasis $\{1, a, a^2\}$ von L über $\mathbb{Q}$ ausdrücken, so berechnen wir zunächst mit dem euklidischen Algorithmus die Darstellung

$$1 = \frac{1}{5}(X-2)(X^3-2) - \frac{1}{5}(X^2-2X-1)(X^2+1)$$

des größten gemeinsamen Teilers von $X^3 - 2$ und $X^2 + 1$ und haben dann

$$\frac{1}{a^2+1} = -\frac{1}{5}a^2 + \frac{2}{5}a + \frac{1}{5}.$$

Korollar 9.15 *Sei L/K eine Körpererweiterung mit $[L : K] = p$ prim.*
   Dann gilt: Ist $a \in L$, $a \notin K$, so ist $L = K(a)$ und das Minimalpolynom von a über K hat Grad p.

Beweis Nach dem Gradsatz kann $[K(a) : K]$ nur 1 oder p sein, ist $a \notin K$, so ist Grad 1 ausgeschlossen.   □

Beispiel 9.16 Jedes irreduzible Polynom $f \in \mathbb{R}[X]$ hat Grad 1 oder 2. Denn f hat eine Nullstelle $a \in \mathbb{C}$ und ist das Minimalpolynom von a, kann also wegen $[\mathbb{C} : \mathbb{R}] = 2$ nach dem vorigen Korollar nur Grad 1 oder 2 haben.
   Zum Beispiel hat das Polynom

$$X^4 + 1,$$

das keine Nullstellen in $\mathbb{R}$ hat und deswegen möglicherweise auf den ersten Blick für irreduzibel gehalten wird, die Zerlegung

$$X^4 + 1 = (X^2 + \sqrt{2}X + 1)(X^2 - \sqrt{2}X + 1).$$

Korollar 9.17 *Sei L/K eine Körpererweiterung. Dann ist $a \in L$ genau dann algebraisch über K, wenn $[K(a) : K]$ endlich ist.*
   Insbesondere ist jede endliche Körpererweiterung algebraisch.

Beweis Das folgt direkt aus b) und c) von Satz 9.8.   □

Korollar 9.18

a) *Seien $K \subseteq L$ Körper, $a_1, \ldots, a_n \in L$ algebraisch über K. Dann ist $K(a_1, \ldots, a_n)$ endlich über K.*

b) *Seien $K \subseteq L \subseteq M$ Körper, M/L algebraisch und L/K algebraisch. Dann ist M/K algebraisch.*

Beweis

a) folgt wegen $K(a_1, \ldots, a_n) = (K(a_1, \ldots, a_{n-1}))(a_n)$ (durch Induktion nach n) aus dem Gradsatz und Satz 9.8.

b) Wir müssen zeigen, dass alle Elemente von M algebraisch über K sind.

Sei also $\alpha \in M$ und $f_\alpha^{(L)} \in L[X]$ das Minimalpolynom von α über L.

Wir schreiben $f_\alpha^{(L)} = \sum_{i=0}^{n} c_i X^i$ mit $c_i \in L$, $c_n = 1$. Die darin vorkommenden Koeffizienten c_i sind (als Elemente von L) algebraisch über K, also ist $K(c_0, \ldots, c_n)/K$ nach Teil a) eine endliche Erweiterung.

α ist algebraisch über $K(c_0, \ldots, c_n) \subseteq L$ und hat auch über diesem Körper das Minimalpolynom $f_\alpha^{(L)}$, also ist nach Satz 9.8 die Erweiterung $K(c_0, \ldots, c_n)(\alpha)/K(c_0, \ldots, c_n)$ endlich.

Nach dem Gradsatz ist dann auch $K(c_0, \ldots, c_n, \alpha)/K$ endlich, also ist erst recht $K(\alpha)/K$ endlich.

Erneut nach Satz 9.8 kann α nicht transzendent über K sein, ist also algebraisch über K.

$\square$

Korollar 9.19 *Sei $\overline{\mathbb{Q}} := \{z \in \mathbb{C} \mid z \text{ ist algebraisch über } \mathbb{Q}\}$. Dann ist $\overline{\mathbb{Q}}$ ein Körper, $\overline{\mathbb{Q}}/\mathbb{Q}$ ist algebraisch und $\overline{\mathbb{Q}}$ ist algebraisch abgeschlossen, d. h., jedes nicht konstante Polynom in $\overline{\mathbb{Q}}[X]$ zerfällt in $\overline{\mathbb{Q}}[X]$ in ein Produkt von Linearfaktoren (die irreduziblen Polynome in $\overline{\mathbb{Q}}[X]$ sind genau die linearen Polynome).*

Beweis $\overline{\mathbb{Q}}$ ist ein Körper, denn sind z_1, z_2 algebraisch über $\mathbb{Q}$, so ist $\mathbb{Q}(z_1)$ algebraisch über $\mathbb{Q}$ und $\mathbb{Q}(z_1)(z_2)$ algebraisch über $\mathbb{Q}(z_1)$, damit ist $\mathbb{Q}(z_1, z_2)$ nach Korollar 9.18 algebraisch über $\mathbb{Q}$ und wir haben $z_1 + z_2, z_1 \cdot z_2, \frac{z_1}{z_2}$ (für $z_2 \neq 0$) in $\overline{\mathbb{Q}}$. Dass $\overline{\mathbb{Q}}/\mathbb{Q}$ algebraisch ist, ist nach Definition von $\overline{\mathbb{Q}}$ klar.

Ist $f \in \overline{\mathbb{Q}}[X]$ nicht konstant, so gibt es $\alpha \in \mathbb{C}$ mit $f(\alpha) = 0$. α ist algebraisch über $\overline{\mathbb{Q}}$, nach dem Korollar also algebraisch über $\mathbb{Q}$, also in $\overline{\mathbb{Q}}$, d. h., $(X - \alpha)$ teilt f in $\overline{\mathbb{Q}}[X]$. Per Induktion folgt, dass f in $\overline{\mathbb{Q}}[X]$ vollständig in ein Produkt von Linearfaktoren zerfällt. $\square$

Bemerkung Genauso zeigt man allgemeiner:

Ist L/K eine Körpererweiterung, so ist

$$\widetilde{K} := \{\alpha \in L \mid \alpha \text{ algebraisch über } K\}$$

ein über K algebraischer Zwischenkörper von L/K, der *algebraische Abschluss* von K in L. Ist $\alpha \in L$, $\alpha \notin \widetilde{K}$, so ist α transzendent über $\widetilde{K}$ (die Erweiterung $L/\widetilde{K}$ ist *rein transzendent*).

Wir wollen zum Schluss dieses Abschnitts noch die Frage klären, welche Vielfachheiten Nullstellen irreduzibler Polynome haben.

Lemma 9.20 *Sei K ein Körper, $f, g \in K[X]$.*

a) *Ist $h = \mathrm{ggT}(f, g)$ in $K[X]$ und L ein Erweiterungskörper von K, so ist $h = \mathrm{ggT}(f, g)$ in $L[X]$.*

b) *Ist L ein Erweiterungskörper von K, in dem $f = \sum_{j=0}^{n} c_j X^j \in K[X]$ in Linearfaktoren zerfällt, so hat f in L genau dann eine mehrfache Nullstelle, wenn $\mathrm{ggT}(f, f') \neq 1$ ist. Dabei ist $f' = \sum_{j=1}^{n} j c_j X^{j-1}$ die formale Ableitung von f.*

c) *Ist $f \in K[X]$ irreduzibel und L wie in b), so hat f in L genau dann eine mehrfache Nullstelle, wenn $f' = 0$ ist.*

Beweis

a) Für $h = \mathrm{ggT}(f, g)$ (in $K[X]$) gibt es $q_1, q_2 \in K[X]$ mit $h = q_1 f + q_2 g$. Das Polynom h (aufgefasst als Element von $L[X]$) muss daher durch den gemeinsamen Teiler $\bar{h}$ von f und g in $L[X]$ teilbar sein. Dass umgekehrt der gemeinsame Teiler h von f und g ein Teiler von $\bar{h} = \mathrm{ggT}(f, g)$ (in $L[X]$) ist, ist klar. Also sind h und $\bar{h}$ assoziiert (in $L[X]$), was zu zeigen war.

b) Sei $a \in L$ eine Nullstelle von f und $f = (X - a)^e f_1$ mit $e \in \mathbb{N}, f_1 \in L[X], f_1(a) \neq 0$. Nach der Produktregel (die auch für die formale Ableitung gilt) ist $f' = e(X - a)^{e-1} f_1 + (X - a)^e f_1'$, also ist genau dann $f'(a) = 0$, wenn $e > 1$ gilt. Daher sind die gemeinsamen Nullstellen von f und f' genau die mehrfachen Nullstellen von f.

Da in $L[X]$ offenbar $\mathrm{ggT}(f, f') = 1$ genau dann gilt, wenn f und f' keine gemeinsame Nullstelle haben, folgt die Behauptung.

c) ist nach b) klar, weil ein irreduzibles Polynom keinen nicht trivialen Faktor kleineren Grades hat.   □

Beispiel 9.21

b) Für $K = \mathbb{R}, L = \mathbb{C}$ und $f = (X^2 + 1)^2 = X^4 + 2X^2 + 1$ hat f in $\mathbb{C}$ die beiden doppelten Nullstellen i und $-i$.
Wir haben $f' = 4X^3 + 4X = 4X(X^2 + 1)$, also $\mathrm{ggT}(f, f') = X^2 + 1 = (X + i)(X - i)$.

c) Sei $K = \mathbb{F}_2(T)$ der Körper der rationalen Funktionen über $\mathbb{F}_2 = \mathbb{Z}/2\mathbb{Z}$ in einer Variablen T und $L = K(\sqrt{T})$. Das Polynom $f = X^2 + T \in K[X]$ ist irreduzibel über K und zerfällt in $L[X]$ als $f = (X + \sqrt{T})^2$, hat also in L die doppelte Nullstelle $\sqrt{T}$.
Wir haben für die formale Ableitung wie erwartet $f' = 2X = 0$ in $K[X]$.

Definition und Satz 9.22 *Ein Körper K heißt* vollkommen, *oder* perfekt *wenn jedes irreduzible Polynom $f \in K[X]$ in Erweiterungskörpern L von K nur einfache Nullstellen hat. Es gilt:*

a) *Ist K vollkommen, so ist $\mathrm{ggT}(f, f') = 1$ für alle irreduziblen Polynome $f \in K[X]$.*

b) *Ist $char(K) = 0$ oder K endlich, so ist K vollkommen.*

Beweis Die erste Behauptung folgt aus dem vorigen Lemma.

Ist $\mathrm{char}(K) = 0$, so ist $f' \neq 0$ für jedes irreduzible Polynom f, nach dem vorigen Lemma haben also alle irreduziblen Polynome nur einfache Nullstellen.

Ist $\mathrm{char}(K) = p > 0$ und $f \in K[X]$ irreduzibel mit $f' = 0$, so können in f nur Terme $a_j X^j$ mit durch p teilbarem j vorkommen. Wir können also $f = \sum_{k=1}^{n} a_{kp} X^{kp}$ schreiben.

Im nächsten Kapitel werden wir zeigen, dass Potenzieren mit p in Charakteristik p additiv ist und für jedes endliche K überdies ein Automorphismus von K ist.

Deshalb können wir zunächst $a_{pk} = b_k^p$ mit geeigneten $b_k \in K$ schreiben und erhalten dann $f = (\sum_{k=1}^{n} b_k X^k)^p$, im Widerspruch zur angenommenen Irreduzibilität von f. $\square$

9.4 Zerfällungskörper und algebraischer Abschluss

Zu einem Polynom $f \in K[X]$ haben wir in Satz 9.12 bereits eine endliche Erweiterung M/K konstruiert, über der f vollständig in Linearfaktoren zerfällt. Wir wollen derartige Erweiterungskörper jetzt noch näher untersuchen und eine Eindeutigkeitsaussage über sie beweisen.

Die Ergebnisse dieses Abschnitts werden für das Verständnis der späteren Kapitel (mit Ausnahme des ergänzenden Kapitels über Galoistheorie) nicht benötigt; wer direkt zu den endlichen Körpern übergehen will, kann diesen Abschnitt also überspringen, sollte aber der Allgemeinbildung zuliebe wenigstens die beiden folgenden Definitionen sowie die zentralen Aussagen Satz 9.27 und Satz 9.28 dieses Abschnitts zur Kenntnis nehmen.

Definition 9.23 *Sei K ein Körper, $f \in K[X]$ nicht konstant. Ein Erweiterungskörper Z von K heißt Zerfällungskörper von f über K, wenn f in $Z[X]$ vollständig in Linearfaktoren zerfällt, also*

$$f = a_n \prod_{j=1}^{n} (X - \beta_j) \text{ mit } \beta_j \in Z$$

ist, und

$$Z = K(\beta_1, \ldots, \beta_n)$$

gilt.

Beispiel 9.24 a) Für das Polynom $X^2 + 1 \in \mathbb{R}[X]$ ist $\mathbb{C}$ ein Zerfällungskörper über $\mathbb{Q}$, da $X^2 + 1 = (X + i)(X - i)$ in $\mathbb{C}[X]$ gilt und $\mathbb{C} = \mathbb{R}(i) = \mathbb{R}(i, -i)$ ist. Betrachtet man $X^2 + 1$ als Element von $\mathbb{Q}[X]$, so ist $\mathbb{Q}(i)$ Zerfällungkörper von $X^2 + 1$ über $\mathbb{Q}$.

b) Im Körper $L = \mathbb{Q}(\sqrt[3]{2}) \subseteq \mathbb{R}$ hat $f = X^3 - 2$ zwar die reelle Nullstelle $\sqrt[3]{2}$, zerfällt aber über L nur als $f = (X - \sqrt[3]{2})(X^2 + \sqrt[3]{2}X + \sqrt[3]{4})$, wobei der zweite (quadratische) Faktor keine reellen Nullstellen mehr hat, also auch über $L \subseteq \mathbb{R}$ irreduzibel ist. Um f in Linearfaktoren zu zerlegen, muss man also noch eine der beiden Nullstellen $\zeta\sqrt[3]{2}, \zeta^2\sqrt[3]{2}$

(mit $\zeta = \exp(\frac{2\pi i}{3}) = \frac{-1+i\sqrt{3}}{2}$ zu L adjungieren, erhält also den Körper $Z = \mathbb{Q}(\sqrt[3]{2}, \zeta)$ vom Grad 6 über $\mathbb{Q}$ als Zerfällungskörper von f über $\mathbb{Q}$. Insbesondere sieht man, dass der Zerfällungskörper des Polynoms f größeren Grad über dem Grundkörper haben kann als $\deg(f)$. Verzichtet man hier auf die Benutzung der analytisch begründeten Körper $\mathbb{R}$, $\mathbb{C}$ und geht rein algebraisch vor, so erhält man Z, indem man zu $\mathbb{Q}$ zunächst eine Nullstelle α des Polynoms $X^3 - 2$ und dann noch eine Nullstelle von $X^2 + X + 1$ adjungiert, jeweils unter Benutzung von Satz 9.12.

c) Sei $f = X^4 - 2X^2 - 2 \in \mathbb{Q}[X] \in \mathbb{R}[X]$. Indem wir f als quadratisches Polynom in der Variablen $Y = X^2$ auffassen, sehen wir, dass $f = (X^2 - (1 + \sqrt{3}))(X^2 - (1 - \sqrt{3})) = (X - \sqrt{1 + \sqrt{3}})(X + \sqrt{1 + \sqrt{3}})(X^2 - (1 - \sqrt{3}))$ in $\mathbb{R}[X]$ gilt, wobei wir wie üblich mit dem $\sqrt{\ }$-Zeichen die positive reelle Wurzel aus der jeweiligen positiven reellen Zahl bezeichnen. Der quadratische Faktor in dieser Zerlegung zerfällt über $\mathbb{C}$ als $(X^2 - (1 - \sqrt{3})) = (X - i(\sqrt{\sqrt{3} - 1})(X + i(\sqrt{\sqrt{3} - 1}))$, und man sieht, dass $\mathbb{C}$ Zerfällungskörper von f über $\mathbb{R}$ ist. Betrachtet man f als Element von $\mathbb{Q}[X]$, so sieht man an der Zerlegung über $\mathbb{R}$, dass f über $\mathbb{Q}$ irreduzibel ist: Zunächst einmal ist keine der reellen Nullstellen rational, f hat also in $\mathbb{Q}[X]$ keinen linearen Faktor, und ein eventueller normierter irreduzibler quadratischer Faktor müsste gleich einem der beiden quadratischen Faktoren $(X^2 - (1 + \sqrt{3}))$, $(X^2 - (1 - \sqrt{3}))$ sein, die aber beide nicht in $\mathbb{Q}[X]$ sind. Der Körper $L = \mathbb{Q}(\sqrt{1 + \sqrt{3}}) \subseteq \mathbb{R}$, den man aus $\mathbb{Q}$ durch Adjungieren einer (reellen) Nullstelle von f erhält, hat also Grad 4 über $\mathbb{Q}$, ist aber noch kein Zerfällungkörper von f über $\mathbb{Q}$, da das Polynom über ihm noch nicht in Linearfaktoren zerfällt. Der Körper $Z = \mathbb{Q}(\sqrt{1 + \sqrt{3}}, i) = \mathbb{Q}(\sqrt{1 + \sqrt{3}}, \mathbb{Q}(\sqrt{1 - \sqrt{3}})$, der nach dem Gradsatz Grad 8 über $\mathbb{Q}$ hat, ist Zerfällungskörper von f über $\mathbb{Q}$.

Für die angestrebte Eindeutigkeitsaussage brauchen wir eine weitere Definition:

Definition 9.25 *Seien* $K, L_1, L_2 \subseteq M$ *Körper,* $K \subseteq L_1 \cap L_2$. *Ein Isomorphismus* $\varphi : L_1 \to L_2$ *heißt* K-*Isomorphismus, wenn* $\varphi|_K = \mathrm{Id}_K$ *gilt; man spricht dann auch von einem* K-*Homomorphismus oder einer* K-*Einbettung von* L_1 *in* M. *Ist* $L_1 = L_2 =: L$, *so spricht man von* K-*Automorphismen von* L *und schreibt* $\mathrm{Aut}_K(L)$ *für die von diesen gebildete Gruppe.*

Beispiel 9.26
a) Sei $K = \mathbb{R}$, $L = \mathbb{C}$. Dann ist die komplexe Konjugation $z \mapsto \bar{z}$ ein K-Automorphismus von L.
b) Sei L ein Körper, $K \subseteq L$ der Primkörper von L. Dann ist jeder Automorphismus $\sigma : L \to L$ ein K-Automorphismus.

Der Hauptsatz über Zerfällungskörper ist:

Satz 9.27 *Sei* K *ein Körper,* $f \in K[X]$ *sei ein nicht konstantes Polynom. Dann gibt es einen Zerfällungskörper* Z *von* f *über* K, *und je zwei solche Zerfällungskörper* Z, Z' *sind zueinander* K-*isomorph.*

Allgemeiner gilt:
Ist K' ein weiterer Körper, $\varphi : K \to K'$ ein Isomorphismus mit $\varphi(f) = f' \in K'[X]$ und ist Z' ein Zerfällungskörper von f' über K', so gibt es einen Isomorphismus $\widetilde{\varphi} : Z \to Z'$ mit $\widetilde{\varphi}|_K = \varphi$.
Insbesondere führt $\widetilde{\varphi}$ Nullstellen von f in solche von f' über.

Haben wir diesen Satz gezeigt, so können wir mit Hilfe des Zorn'schen Lemmas sogar zu jedem Körper K einen algebraischen Erweiterungskörper $\overline{K}$ konstruieren, der ebenso wie der Körper $\mathbb{C}$ der komplexen Zahlen algebraisch abgeschlossen ist, und zeigen, dass dieser bis auf K-Isomorphie nicht von der Konstruktion abhängt:

Satz 9.28 *Sei K ein Körper. Dann gibt es einen algebraisch abgeschlossenen Körper $\overline{K} \supseteq K$ (d. h. jedes nicht konstante $f \in \overline{K}[X]$ zerfällt in $\overline{K}[X]$ vollständig in Linearfaktoren), der über K algebraisch ist.*
Der Körper $\overline{K}$ ist bis auf K-Isomorphie eindeutig bestimmt und heißt der algebraische Abschluss *von K.*

Bevor wir mit dem Beweis dieser Sätze beginnen, stellen wir noch zwei vorbereitende Ergebnisse bereit. Zunächst zeigen wir im folgenden Lemma, dass der Begriff „K-Isomorphismus" der richtige Begriff für den Vergleich zwischen verschiedenen Erweiterungskörpern von K ist, in denen ein Polynom $f \in K[X]$ Nullstellen hat.

Lemma 9.29 *L_1/K und L_2/K seien Körpererweiterungen und $\varphi : L_1 \to L_2$ ein K-Isomorphismus.*
Dann gilt: Ist $a \in L_1$ Nullstelle von $f \in K[X]$, so ist auch $\varphi(a) \in L_2$ Nullstelle von f, und zwar mit der gleichen Vielfachheit wie a.
Insbesondere gilt:

a) *Zerfällt $f \in K[X]$ in L_1 vollständig in Linearfaktoren, so auch in L_2.*
b) *$a \in L_1$ und $\varphi(a) \in L_2$ haben das gleiche Minimalpolynom in $K[X]$.*

Beweis Sei $f = \sum_{j=0}^{n} c_j X^j \in K[X]$, also $c_j \in K$ für $0 \le j \le n$.
Ist $f(a) = 0$, so ist auch

$$0 = \varphi(f(a)) = \varphi(\sum_{j=0}^{n} c_j a^j) = \sum_{j=0}^{n} \varphi(c_j)(\varphi(a))^j = \sum_{j=0}^{n} c_j(\varphi(a))^j.$$

Wenden wir das auf die formalen Ableitungen von f an und benutzen, dass die Nullstelle a von f genau dann Vielfachheit $r + 1$ hat, wenn die ersten r formalen Ableitungen $f = f^{(0)}$, $f' = f^{(1)}, \ldots, f^{(r)}$ eine Nullstelle in a haben und $f^{(r+1)}(a) \ne 0$ gilt, so folgt auch die Aussage über die Vielfachheit von $\varphi(a)$.
Die Folgerungen a) und b) sind klar. $\square$

Beispiel 9.30 Ist $a \in \mathbb{C}$ Nullstelle von $f \in \mathbb{R}[X]$, so ist auch die komplex konjugierte Zahl $\overline{a}$ eine Nullstelle von f.

Ist $a \notin \mathbb{R}$, also $a \neq \overline{a}$, so ist also f durch

$$(X - a)(X - \overline{a}) = X^2 - (a + \overline{a})X + a\overline{a}$$
$$= X^2 - 2\operatorname{Re}(a) \cdot X + |a|^2 \in \mathbb{R}[X]$$

teilbar. Dies liefert einen neuen Beweis dafür, dass Polynome vom Grad > 2 in $\mathbb{R}[X]$ reduzibel sind.

Der folgende Satz ist der Dreh- und Angelpunkt für alle Aussagen über K-Isomorphie von Erweiterungskörpern von K und damit insbesondere für die gewünschte Eindeutigkeit (Unabhängigkeit von Konstruktionen) eines Zerfällungskörpers eines vorgegebenen Polynoms aus $K[X]$.

Satz 9.31

a) *Seien $K \subseteq M$ Körper, $f \in K[X]$ ein irreduzibles Polynom mit Nullstellen $\alpha, \alpha' \in M$, seien $L = K(\alpha), L' = K(\alpha')$. Dann gibt es genau einen K-Isomorphismus*

$$\varphi : L \to L' \text{ mit } \varphi(\alpha) = \alpha'.$$

b) *Allgemeiner gilt: Seien K, K' Körper, $\sigma : K \to K'$ ein Isomorphismus. Seien*

$$L = K(\alpha), L' = K'(\alpha')$$

einfache algebraische Erweiterungen von K bzw. K' mit Minimalpolynomen $f_\alpha, f_{\alpha'}$ von α bzw. α' über K bzw. K', so dass (bei natürlicher Fortsetzung von σ zu einem Isomorphismus $K[X] \to K'[X]$ mit $\sigma(X) = X$)

$$\sigma(f_\alpha) = f_{\alpha'}$$

gilt.
Dann gibt es genau einen Isomorphismus

$$\varphi : L \to L' \text{ mit } \varphi|_K = \sigma, \varphi(\alpha) = \alpha'.$$

Beweis a) ist der Spezialfall $\sigma = \operatorname{Id}_K$ der allgemeineren Aussage b).

Für b) stellt man fest, dass σ nach dem Homomorphiesatz zunächst einen Isomorphismus

$$\overline{\sigma} : K[X]/(f_\alpha) \to K'[X]/(f_{\alpha'}); \; X + (f_\alpha) \mapsto X + (f_{\alpha'})$$

induziert.

Seien τ, τ' die nach Satz und Definition 9.8 gegebenen Isomorphismen

$$\tau : K[X]/(f_\alpha) \to L, \quad \tau' : K'[X]/(f_{\alpha'}) \to L'$$

mit

$$\tau(X + (f_\alpha)) = \alpha, \quad \tau'(X + (f_{\alpha'})) = \alpha'$$

und

$$\varphi := \tau' \circ \overline{\sigma} \circ \tau^{-1} : L \to L'.$$

Dann ist φ der gesuchte Isomorphismus. Die Eindeutigkeit ist klar, denn φ ist durch die Angabe von $\varphi(\alpha)$ und $\varphi|_K = \sigma$ auf ganz $K(\alpha) = K[\alpha]$ festgelegt. $\qquad \square$

Beispiel 9.32 Das Polynom $X^3 - 2 \in \mathbb{Q}[X]$ hat in $\mathbb{C}$ die drei Nullstellen $\alpha_1 = \sqrt[3]{2} \in \mathbb{R}$, $\alpha_2 = \sqrt[3]{2}\zeta_3$, $\alpha_3 = \sqrt[3]{2}\zeta_3^2$, wo $\zeta_3 = \exp(2\pi i/3)$ eine dritte Einheitswurzel (mit Minimalpolynom $X^2 + X + 1$ über $\mathbb{Q}$) ist.

Wir erhalten damit die drei Erweiterungskörper $L_1 = \mathbb{Q}(\alpha_1), L_2 = \mathbb{Q}(\alpha_2)$ und $L_3 = \mathbb{Q}(\alpha_3)$ von $\mathbb{Q}$, die jeweils Grad 3 über $\mathbb{Q}$ haben. Offenbar ist keiner dieser drei Körper ein Zerfällungskörper für $X^3 - 2$, da jeder von ihnen nur eine der drei Nullstellen dieses Polynoms enthält.

Man rechnet nach, dass die durch

$$\varphi(1) = 1, \ \varphi(\sqrt[3]{2}) = \sqrt[3]{2}\zeta_3, \ \varphi(\sqrt[3]{4}) = \sqrt[3]{4}\zeta_3^2$$

gegebene $\mathbb{Q}$-lineare Abbildung $\varphi : L_1 \to L_2$ ein $\mathbb{Q}$-Isomorphismus von L_1 auf L_2 ist, der (nach Definition) die Nullstelle α_1 von $X^3 - 2$ auf die Nullstelle α_2 dieses Polynoms abbildet. Genauso findet man (Übung) $\mathbb{Q}$-Isomorphismen von L_1 auf L_3 und von L_2 auf L_3 wie im vorigen Lemma.

Bemerkung Nullstellen $\alpha, \alpha' \in M$ desselben irreduziblen Polynoms $f \in K[X]$ können nach dem Satz also durch einen K-Isomorphismus von $K(\alpha)$ auf $K(\alpha')$ ineinander überführt werden, ist $K(\alpha) = K(\alpha') = L$, so ist dieser Isomorphismus ein K-Automorphismus von L. Solche Nullstellen α, α' heißen deshalb auch konjugiert (verbunden). Ist speziell $K = \mathbb{R}$ und f vom Grad 2, so sind die zueinander konjugierten Nullstellen von f entweder gleich oder komplex konjugiert.

Jetzt haben wir alle Hilfsmittel bereit, um Satz 9.27 über Existenz und Eindeutigkeit des Zerfällungskörpers zu beweisen:

Beweis von Satz 9.27 Die Existenz eines Zerfällungskörpers wurde bereits in Satz 9.12 festgestellt. Die Eindeutigkeitsaussage zeigen wir durch Induktion nach $[Z : K]$; der Induktionsanfang $Z = K$ ist trivial, und wir können o. E. annehmen, dass f nicht schon in $K[X]$ in Linearfaktoren zerfällt.

Sei also $\varphi : K \to K'$, $\varphi(f) = f'$ wie angegeben, $\alpha \in Z$ eine Nullstelle in Z eines irreduziblen Faktors $f_1 \in K[X]$, $\deg(f_1) \geq 2$ von f mit $\alpha \notin K$ und $\alpha' \in Z'$ eine Nullstelle von $f_1' = \varphi(f_1) \in K'[X]$ in Z'.

Wir haben dann nach Satz 9.31 einen Isomorphismus $\varphi_1 : K(\alpha) \to K'(\alpha')$ mit $\varphi_1|_K = \varphi$, und da α Nullstelle von f und α' Nullstelle von f' ist, hat man Produktzerlegungen $f = (X - \alpha)f_2$ in $K(\alpha)[X]$ und $f' = (X - \alpha')f_2'$ in $K(\alpha')$, wobei $\varphi_1(f_2) = f_2'$ gilt.

Nach Induktionsannahme gibt es wegen $[Z : K(\alpha)] < [Z : K]$ eine Fortsetzung von φ_1 zu $\widetilde{\varphi} : Z \to Z'$ mit $\widetilde{\varphi}|_{K(\alpha)} = \varphi_1$. Diese Fortsetzung $\widetilde{\varphi}$ ist dann wie behauptet.   □

Beispiel 9.33 Wir betrachten wieder wie in Beispiel 9.24 das Polynom $X^3 - 2 \in \mathbb{Q}[X]$ und bezeichnen seine drei komplexen Nullstellen als $\alpha_1 = \sqrt[3]{2} \in \mathbb{R}, \alpha_2 = \zeta\alpha_1, \alpha_2 = \zeta^2\alpha_1)$. Im genannten Beispiel haben wir einen Zerfällungskörper Z von f über $\mathbb{Q}$ als $Z = \mathbb{Q}(\alpha_1, \zeta)$ konstruiert, wobei ζ eine Nullstelle des Polynoms $X^2 + X + 1$ ist.

Führt man die gleiche Konstruktion ausgehend von α_2 oder von α_3 durch, so erhält man zu Z isomorphe Körper.

Um auch Satz 9.28 über Existenz und Eindeutigkeit des algebraischen Abschlusses zu beweisen, brauchen wir ein zunächst noch ein technisches Lemma.

Lemma 9.34 *Seien K, K' Körper, $\varphi : K \to K'$ ein Isomorphismus, $L = K(\alpha_1, \ldots, \alpha_n)$ eine endliche (also algebraische) Körpererweiterung.*

Dann gibt es eine Fortsetzung von φ zu einem Homomorphismus $\varphi_1 : L \to M'$ mit einem über K' algebraischen Körper $M' \supseteq K'$.

Beweis Sei $f \in K[X]$ ein Polynom, das die α_i als Nullstellen hat (etwa das Produkt ihrer Minimalpolynome über K). Indem man zunächst einen Zerfällungskörper Z von f über L konstruiert und dann alle Nullstellen von f in Z zu L adjungiert, erhält man einen Zerfällungskörper $\widetilde{L} \supseteq L$ von f über K.

Analog erhält man einen über K' algebraischen Körper $M' \supseteq K'$, in dem $\varphi(f)$ in ein Produkt von Linearfaktoren zerfällt, dieser Körper M' enthält also einen Zerfällungskörper Z' von $\varphi(f)$ über K'. Wie oben lässt sich φ zu $\widetilde{\varphi} : \widetilde{L} \to Z' \subseteq M'$ fortsetzen, $\varphi_1 := \widetilde{\varphi}|_L$ ist dann die gesuchte Fortsetzung.   □

Beweis von Satz 9.28 Sei $\mathfrak{X} = (X_f)_{f \in K[X]}$ eine Familie von Variablen, die durch die Polynome $f \in K[X]$ vom Grad ≥ 1 indiziert wird, und sei $K[\mathfrak{X}]$ der Polynomring in den unendlich vielen Variablen X_f. Sei I das von den Elementen $f(X_f) \in K[X_f] \subseteq K[\mathfrak{X}]$ erzeugte Ideal in $K[\mathfrak{X}]$.

Wäre $I = K[\mathfrak{X}]$, so gäbe es $f_1, \ldots, f_n \in K[X]$ und $g_1, \ldots, g_n \in K[\mathfrak{X}]$ mit

$$\sum_{i=1}^{n} g_i \cdot f_i(X_{f_i}) = 1. \qquad (*)$$

In einem Zerfällungskörper L für $f_1 \cdots f_n$ über K könnte man dann Nullstellen α_i für $1 \leq i \leq n$ von f_i in L wählen, und die Gleichung $(*)$ würde bei Einsetzen der α_i für die X_{f_i} zu $0 = 1$, Widerspruch.

Also ist I ein echtes Ideal von $K[\mathfrak{X}]$. Sei $M \supseteq I$ ein maximales Ideal von $K[\mathfrak{X}]$ (wie früher bemerkt kann man die Existenz eines solchen maximalen Ideals mit Hilfe des Zornschen Lemmas beweisen).

$K_1 = K[\mathfrak{X}]/M$ ist ein Körper, der K via

$$K \hookrightarrow K[\mathfrak{X}] \to K_1 = K[\mathfrak{X}]/M$$

enthält. Die Restklasse von X_f in K_1 ist eine Nullstelle von f, also hat jedes nicht konstante $f \in K[X]$ eine Nullstelle in K_1.

Wir hätten gerne die stärkere Aussage, dass jedes nicht konstante $f \in K_1[X]$ eine Nullstelle in K_1 hat. Das ist zwar richtig, aber im Moment noch nicht ohne weiteres zu beweisen. Stattdessen gehen wir so vor:

Durch Iterieren der obigen Konstruktion finden wir einen Turm von Körpern

$$K = K_0 \subseteq K_1 \subseteq K_2 \subseteq \ldots,$$

so dass jedes nicht konstante $f \in K_n[X]$ eine Nullstelle in K_{n+1} hat. Ist dann $\widetilde{K} = \bigcup_{n=0}^{\infty} K_n$, so hat $\widetilde{K}$ die gewünschte Eigenschaft, ist also algebraisch abgeschlossen. Ist $\overline{K}$ der algebraische Abschluss von K in $\widetilde{K}$, so sehen wir wie bei Korollar 9.19, dass $\overline{K}$ ebenfalls algebraisch abgeschlossen und algebraisch über K ist.

Das zeigt die Existenzbehauptung. Die Eindeutigkeitsaussage wird erneut mit Hilfe des Zorn'schen Lemmas bewiesen, das sei hier nur skizziert:

Sei jetzt $L \supseteq K$ ein weiterer algebraisch abgeschlossener und über K algebraischer Körper. Sei

$$T := \{(M, \tau_M) \mid K \subseteq M \subseteq \overline{K}, \tau_M : M \to L \text{ ist } K\text{-Homomorphismus}\},$$

mit $(M, \tau_M) \leq (M', \tau_{M'})$ falls $M \subseteq M'$, $\tau_{M'}|_M = \tau_M$.

Man überzeugt sich, dass das Zorn'sche Lemma ein maximales $(M, \tau_M) \in T$ liefert.

Wäre $M \neq \overline{K}$, so könnte man ein über K algebraisches Element $\alpha \in \overline{K} \setminus M$ zu M adjungieren und mit Hilfe unserer Fortsetzungssätze τ_M auf $M(\alpha)$ fortsetzen, im Widerspruch zur Maximalität.

Also ist $M = \overline{K}$.

Das Bild von $\overline{K}$ unter τ_M ist ein algebraisch abgeschlossener Teilkörper von L, also gleich L, da L algebraisch über K und damit auch über $\tau_M(M) \supseteq K$ ist. $\qquad\square$

Bemerkung Ist der Körper K endlich oder abzählbar, so kann man die Konstruktion des algebraischen Abschlusses auch ohne das Zorn'sche Lemma durchführen. In diesem Fall ist nämlich auch $K[X]$ abzählbar. Hat man die Polynome $f \in K[X]$ irgendwie als $f_1, f_2, \ldots$

nummeriert, so setze man $K_0 = K$ und konstruiere rekursiv K_j als einen Zerfällungskörper des Produkts $f_1 \ldots f_j$, der K_{j-1} enthält. Die Vereinigung

$$\overline{K} = \bigcup_{j=1}^{\infty} K_j$$

all dieser Körper ist dann eine algebraische Erweiterung von K, über der jedes nicht konstante Polynom aus $K[X]$ in Linearfaktoren zerfällt. Ist $L \supseteq \overline{K}$ eine algebraische Erweiterung von $\overline{K}$ und $\alpha \in L$, so ist α auch algebraisch über K. Ist $f \in K[X]$ das Minimalpolynom von α über K, so zerfällt f in $\overline{K}[X]$ in Linearfaktoren $(X - \alpha_i)$ mit $\alpha_i \in \overline{K}$, und man sieht, dass α gleich einem der α_i sein muss, es gilt also $\alpha \in \overline{K}$. Der Körper $\overline{K}$ hat also keine echte algebraische Erweiterung und ist daher algebraisch abgeschlossen, dass er algebraisch über K ist, hatten wir bereits gesehen.

Auch die Eindeutigkeit erhalten wir dann leicht, indem wir zu einem weiteren algebraischen Abschluss L rekursiv Einbettungen $\tau_j : K_j \to L$ mit $\tau_j|_{K_{j-1}} = \tau_{j-1}$ konstruieren und dann $\tau : \overline{K} \to L$ durch $\tau|_{K_j} = \tau_j$ definieren. Für die zahlentheoretisch besonders wichtigen endlichen Körper $\mathbb{F}_q$ und den Körper $\mathbb{Q}$ sowie die Körper der rationalen Funktionen in endlich vielen Variablen über $\mathbb{F}_q$ oder $\mathbb{Q}$ (und alle endlichen Erweiterungen eines solchen Körpers) sind wir also nicht auf das Zorn'sche Lemma angewiesen.

Zum Abschluss dieses Kapitels runden wir unsere Ergebnisse über Zerfällungskörper noch durch die folgende für weiterführende Untersuchungen wichtige Charakterisierung ab.

Definition und Satz 9.35 *Sei L/K eine endliche (und damit algebraische) Körpererweiterung. L/K heißt* normal, *wenn die folgenden äquivalenten Eigenschaften gelten:*

a) *L ist Zerfällungskörper eines Polynoms $f \in K[X]$.*
b) *Hat das irreduzible Polynom $g \in K[X]$ eine Nullstelle in L, so zerfällt g in $L[X]$ vollständig in Linearfaktoren.*
c) *Ist $L \subseteq M$ und $\varphi : L \to M$ ein K-Homomorphismus (eine K-Einbettung), so ist $\varphi(L) = L$.*

Für eine endliche Erweiterung $K(a_1, \ldots, a_m)/K$ heißt der Zerfällungskörper des Produkts der Minimalpolynome f_i der a_i über K die normale Hülle *der Erweiterung.*

Beweis b) $\Rightarrow$ a): Da L/K endlich ist, lässt sich $L = K(\alpha_1, \ldots, \alpha_n)$ schreiben. Sei $f_i \in K[X]$ das Minimalpolynom von α_i über K. Da b) angenommen ist, zerfällt f_i in $L[X]$ vollständig in Linearfaktoren. Damit ist L Zerfällungskörper von $f = f_1 \cdots f_n$ über K.

a) $\Rightarrow$ c): Sei L Zerfällungskörper von f, $\alpha_1, \ldots, \alpha_n$ die Nullstellen von f in L (mit Mehrfachnennungen für mehrfache Nullstellen), $n = \deg(f)$.

Ist $\varphi : L \to M$ ein K-Isomorphismus, so sind $\varphi(\alpha_1), \ldots, \varphi(\alpha_n)$ Nullstellen von f in M mit den gleichen Vielfachheiten. Wegen $L \subseteq M$ hat f bereits die $\deg(f) = n$ Nullstellen

$\alpha_1, \ldots, \alpha_n$ in M, also ist

$$\{\varphi(\alpha_1), \ldots, \varphi(\alpha_n)\} = \{\alpha_1, \ldots, \alpha_n\}.$$

Wegen $L = K(\alpha_1, \ldots, \alpha_n)$ ist

$$\varphi(L) = K(\varphi(\alpha_1), \ldots, \varphi(\alpha_n)) = K(\alpha_1, \ldots, \alpha_n) = L.$$

c) $\Rightarrow$ b): $g \in K[X]$ sei irreduzibel und habe die Nullstelle α in L. Sei $M \supseteq L$ ein Körper in dem g in Linearfaktoren zerfällt, $\alpha' \in M$ eine weitere Nullstelle von g in M. Nach Satz 9.31 gibt es einen K-Isomorphismus

$$\varphi : K(\alpha) \to K(\alpha') \text{ mit } \varphi(\alpha) = \alpha'.$$

Nach Lemma 9.34 lässt sich φ zu einem K-Isomorphismus

$$\varphi_1 : L \to M' \supseteq M$$

fortsetzen, wegen der Gültigkeit von c) ist $\varphi_1(L) = L$ und damit $\varphi_1(\alpha) = \alpha' \in L$. Alle Nullstellen von g in M liegen also bereits in L. $\qquad\square$

Beispiel 9.36
a) Jede quadratische Körpererweiterung ist normal.
b) $\mathbb{Q}(\sqrt[3]{2})/\mathbb{Q}$ ist nicht normal, und man hat Einbettungen $\mathbb{Q}(\sqrt[3]{2})$ *to* $\mathbb{C}$, die die reelle dritte Wurzel $\sqrt[3]{2}$ auf $\zeta\sqrt[3]{2} \notin \mathbb{R}$ bzw. auf $\zeta^2\sqrt[3]{2} \notin \mathbb{R}$ abbilden, so dass das Bild von $\mathbb{Q}(\sqrt[3]{2})$ nicht gleich $\mathbb{Q}(\sqrt[3]{2})$ ist.
c) Normalität ist keine transitive Eigenschaft: $\mathbb{Q}(\sqrt{2})/\mathbb{Q}$ und $\mathbb{Q}(\sqrt[4]{2})/\mathbb{Q}(\sqrt{2})$ sind normal, aber $\mathbb{Q}(\sqrt[4]{2})/\mathbb{Q}$ ist nicht normal.

9.5 Ergänzung: Konstruktionen mit Zirkel und Lineal

Die klassischen Probleme der griechischen Mathematik zu der Frage, welche geometrischen Figuren mit Zirkel und Lineal konstruiert werden können, lassen sich auf Fragen der Körpertheorie zurückführen und in diesem Kontext lösen.

Definition 9.37 *Sei $M \subseteq \mathbb{R}^2$ eine Menge von Punkten der Ebene. Ein Punkt $P \in \mathbb{R}^2$ heißt mit Zirkel und Lineal aus M konstruierbar, wenn man ihn, ausgehend von den Punkten von M, durch wiederholte Anwendung folgender Konstruktionsschritte erhalten kann:*

a) *Schnitt zweier Geraden, die beide als Verbindungsgeraden bereits konstruierter Punkte gegeben sind.*

b) *Schnitt einer Geraden wie in* a) *mit einem Kreis um einen bereits konstruierten Punkt, dessen Radius der Abstand zweier bereits konstruierter Punkte ist.*

c) *Schnitt zweier Kreise wie in* b).

Die Menge der in dieser Weise konstruierbaren Punkte werde mit $Z(M)$ bezeichnet.

Um das Problem zu algebraisieren, ist es nützlich, die Ebene als komplexe Zahlenebene aufzufassen. Wir werden also im Rest dieses Abschnitts den $\mathbb{R}^2$ stets mit $\mathbb{C}$ identifizieren und Teilkörper $K' \subseteq \mathbb{C}$ betrachten, die unter komplexer Konjugation invariant sind und die imaginäre Einheit i enthalten; ein solcher Körper hat dann die für die weiteren Argumente angenehme Eigenschaft, dass $a \in \mathbb{C}$ genau dann in K' ist, wenn seine reellen Koordinaten $\operatorname{Re}(a), \operatorname{Im}(a)$ in K' sind.

Aus der griechischen Mathematik des klassischen Altertums sind die folgenden Konstruktionsprobleme überliefert:

a) Dreiteilung des Winkels: Zu den Punkten $0, 1, e^{i\phi}$ der komplexen Zahlenebene $\mathbb{C} \cong \mathbb{R}^2$ konstruiere man den Punkt $e^{i\phi/3}$.

b) Delisches Problem: Zu einem Würfel des Volumens V konstruiere man einen Würfel des doppelten Volumens (ist a die Kantenlänge des Würfels, so ist eine Strecke der Länge $\sqrt[3]{2}a$ zu konstruieren).

c) Quadratur des Kreises: Man konstruiere ein Quadrat, das die gleiche Fläche hat wie der Einheitskreis (es ist also, ausgehend von 0 und 1, eine Strecke der Länge $\sqrt{\pi}$ zu konstruieren).

d) Für $n \in \mathbb{N}, n \geq 3$, konstruiere man das regelmäßige n-Eck (also ausgehend von 0 und 1 den Punkt $e^{2\pi i/n} \in \mathbb{C}$).

a) und d) sind für spezielle Werte der Parameter ϕ bzw. n sicher lösbar. So kann man etwa $e^{2\pi i/6}$ konstruieren, indem man zunächst den Einheitskreis zeichnet, dann um $1 \in \mathbb{C}$ den Kreis vom Radius 1; er schneidet den Einheitskreis in $e^{\pm 2\pi i/6}$. Setzt man diese Konstruktion fort, so erhält man die Eckpunkte des regelmäßigen Sechsecks auf dem Einheitskreis und im Innern des Einheitskreises eine Rosette. Damit hat man zugleich den Winkel $180° = \pi$ in drei Teile geteilt.

Satz 9.38 *Sei $M \subseteq \mathbb{R}^2 \cong \mathbb{C}$ mit $0, 1, i \in M$ und $L = K(a_1, \ldots, a_n) \subseteq \mathbb{C}$ ein Körper, der aus $K = \mathbb{Q}(M \cup \bar{M})$ ($\bar{M} = \{\bar{z} \in \mathbb{C} \mid z \in M\}$) durch Adjunktion von Elementen $a_1, \ldots, a_n \in Z(M)$ entsteht.*

Dann gibt es eine Folge $L_n = L \subseteq L_{n-1} \subseteq \ldots \subseteq L_0 = K$ mit $[L_i : L_{i+1} = 2]$. Insbesondere ist $[L : K]$ eine Potenz von 2.

Umgekehrt gilt mit K, M wie oben: Ist L/K eine endliche Erweiterung, für die es eine Folge $L_n = L \subseteq L_{n-1} \subseteq \ldots \subseteq L_0 = K$ gibt mit $[L_i : L_{i+1} = 2]$, so ist L ein Teilkörper von $Z(M)$, alle Punkte von L sind also mit Zirkel und Lineal ausgehend von den Punkten von M konstruierbar.

Beweis Ist $K' \supseteq K$ ein unter komplexer Konjugation invarianter Teilkörper von $\mathbb{C}$, so haben die Gleichungen von Geraden, die durch Punkte von K' gezogen werden, offenbar Koeffizienten in K', und der Schnittpunkt zweier solcher Geraden ist ebenfalls in K'.

Ebenso weiß man, dass beim Bilden des Schnittpunkts einer Geraden durch Punkte von K' mit einem Kreis um einen Punkt von K', dessen Radius in $K' \cap \mathbb{R}$ liegt, zur Berechnung der Koordinaten des Schnittpunktes quadratische Gleichungen gelöst werden müssen, deren Koeffizienten durch rationale Operationen aus dem Kreisradius sowie den (in K' gelegenen) Koordinaten der vorgegebenen Punkte entstehen. Das Gleiche gilt für die Berechnung der Koordinaten der Schnittpunkte zweier solcher Kreise.

Die Koordinaten eines Punktes von $Z(M)$ liegen also stets in einem Körper K', der aus K durch wiederholte Adjunktion von Quadratwurzeln entsteht und dessen Grad über K deshalb eine Potenz von 2 ist. Adjungiert man endlich viele solche Punkte $a_1, \dots, a_n$ zu K, um L zu erhalten, so erhält man wie behauptet einen Körperturm, der sich aus quadratischen Teilerweiterungen aufbaut. Nach dem Gradsatz (Satz 9.10) ist dann auch $[L:K]$ eine Potenz von 2.

Hat man umgekehrt einen Körperturm $L_n = L \subseteq L_{n-1} \subseteq \dots \subseteq L_0 = L$, der durch sukzessive quadratische Erweiterungen entsteht, so erhält man alle Elemente von L ausgehend von K durch eine Abfolge von rationalen Operationen und Konstruktionen von Quadratwurzeln aus bereits konstruierten Elementen. $\qquad\square$

Wir skizzieren hier, wie man diese algebraischen Operationen geometrisch durchführt, das ist im Prinzip aus dem Geometrieunterricht der Mittelstufe bekannt:

Multiplikation von zwei Zahlen:

Abb. 9.1 Multiplikation

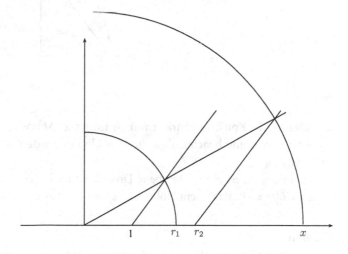

Es reicht, reelle Zahlen > 0 zu betrachten, da man $z_j = r_j e^{i\phi_j}$ schreibt, $z_1 z_2 = r_1 r_2 e^{i(\phi_1 + \phi_2)}$, und klar ist, wie man Winkel addiert.

In dieser Zeichnung liefern die Strahlensätze: $\frac{x}{r_2} = \frac{r_1}{1}$, also $x = r_1 r_2$.

Inversion Es reicht wieder, $r \in \mathbb{R}, r > 0$ zu betrachten.

Die Strahlensätze liefern in der folgenden Zeichnung: $\frac{r}{1} = \frac{1}{x}$, also $x = \frac{1}{r}$.

Abb. 9.2 Inversion

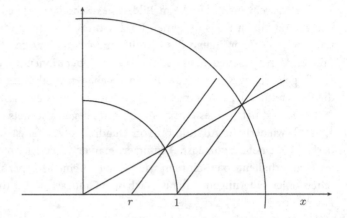

Ziehen einer Quadratwurzel

Abb. 9.3 Quadratwurzel

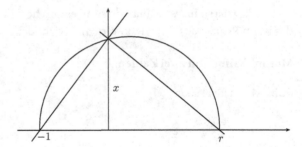

Es reicht, die Konstruierbarkeit von $\sqrt{r}$ für $r \in Z(M) \cap \mathbb{R}_{>0}$ zu beweisen (man schreibe wieder $z = re^{i\phi}$ und beachte, dass die Winkelhalbierende mit Zirkel und Lineal konstruierbar ist).

Das in den Kreis einbeschriebene Dreieck ist nach dem Satz des Thales rechtwinklig, für die Höhe x gilt nach dem Höhensatz $x^2 = 1 \cdot r$, also $x = \sqrt{r}$.

Korollar 9.39

a) *Die Dreiteilung des Winkels ϕ ist für (über $\mathbb{Q}$) transzendentes $e^{i\phi}$ mit Zirkel und Lineal nicht möglich.*

b) *Das Delische Problem ist nicht lösbar.*

c) *Die Quadratur des Kreises (mit Zirkel und Lineal) ist nicht möglich.*

Beweis

a) Ist $z = e^{i\phi}$ transzendent über $\mathbb{Q}$, so ist $K = \mathbb{Q}(z) \subset \mathbb{C}$ isomorph zum Körper der rationalen Funktionen in der Variablen z über $\mathbb{Q}$. Das Polynom $X^3 - z$ ist offenbar irreduzibel in $K[X]$ (da es keine Nullstelle in K hat), für eine Nullstelle $w = \sqrt[3]{z} \in \mathbb{C}$ ist also $[K(w) : K] = 3$. Die komplexe Zahl w ist also nach dem vorigen Korollar aus z nicht konstruierbar. Man beachte dabei noch, dass nach einem klassischen Satz von Hermite und Lindemann die Zahl e^x für über $\mathbb{Q}$ algebraisches $x \in \mathbb{C}$ transzendent über $\mathbb{Q}$ ist, also die Existenz von unendlich vielen Winkeln ϕ mit transzendentem $e^{i\phi}$ garantiert ist.

b) Da $X^3 - 2$ in $\mathbb{Q}[X]$ irreduzibel ist, ist $[\mathbb{Q}(\sqrt[3]{2}) : \mathbb{Q}] = 3$ und daher $\sqrt[3]{2}$ aus 0 und 1 nicht konstruierbar.

c) Nach dem bereits erwähnten Satz von Lindemann ist π und damit $\sqrt{\pi}$ transzendent über $\mathbb{Q}$, also nicht aus 0 und 1 konstruierbar, da alle aus $0, 1$ konstruierbaren Zahlen algebraisch sind. $\square$

Korollar 9.40 *Sei $p \neq 2$ Primzahl. Dann ist die Konstruktion des regelmäßigen p-Ecks mit Zirkel und Lineal höchstens dann möglich, wenn $p = 2^j + 1$ für ein $j \in \mathbb{N}$ ist (solche Primzahlen heißen* Fermat'sche Primzahlen, *der Exponent j ist dann notwendig eine Potenz von 2, siehe Abschn. 2.5).*

Allgemeiner gilt: Ist $n = 2^\mu \prod_{i=1}^r p_i^{\mu_i}$ (mit $p_i \neq 2$, $\mu \geq 0$, $\mu_i > 0$) die Zerlegung von $n \in \mathbb{N}$ in Primzahlpotenzen, so ist das regelmäßige n-Eck höchstens dann konstruierbar (mit Zirkel und Lineal), wenn alle p_i Fermat'sche Primzahlen sind und $\mu_i = 1$ *für alle vorkommenden p_i gilt.*

Beweis Ist p eine ungerade Primzahl und $r \geq 2$, so ist $w := e^{2\pi i/p^r}$ Nullstelle des irreduziblen Polynoms $X^{(p-1)p^{r-1}} + \ldots + X^{p^{r-1}} + 1$ (Übungen zu Kap. 11), dessen Grad durch p teilbar ist. Also ist $[\mathbb{Q}(w) : \mathbb{Q}]$ keine Potenz von 2 und daher w aus $\mathbb{Q}$ nicht konstruierbar.

Für $d \mid n$ gilt offenbar: Ist das regelmäßige n-Eck konstruierbar, so auch das regelmäßige $\frac{n}{d}$-Eck (man nehme nur jede d-te Ecke des n-Ecks). Damit folgt aus der angenommenen Konstruierbarkeit des n-Ecks, dass alle $\mu_i = 1$ sein müssen und dass für jedes i das regelmäßige p_i-Eck konstruierbar sein muss.

Für eine Primzahl p werden wir, wie bereits oben erwähnt, im Beispiel nach Satz 11.6 zeigen, dass $w = e^{2\pi i/p}$ den Grad $p - 1$ über $\mathbb{Q}$ hat. w ist also höchstens dann konstruierbar, wenn $p - 1$ Potenz von 2 ist, was zu zeigen war. $\square$

Beispiel 9.41 Das regelmäßige Fünfeck ist konstruierbar:

Sei $\zeta = e^{2\pi i/5} = \cos\left(\frac{2\pi}{5}\right) + i \sin\left(\frac{2\pi}{5}\right)$. Zunächst gilt $[\mathbb{Q}(\zeta) : \mathbb{Q}] = 4$ (die notwendige Bedingung des Korollars ist also erfüllt), da man leicht nachweist, dass das Minimalpolynom von ζ gleich $(X^5 - 1)/(X - 1) = X^4 + X^3 + X^2 + X + 1$ ist. Damit ist dann $1 + \zeta + \zeta^2 + \zeta^3 + \zeta^4 = 0$, also $\zeta^{-2} + \zeta^{-1} + 1 + \zeta + \zeta^2 = 0$.

Mit $z = \zeta + \zeta^{-1} = 2\cos\left(\frac{2\pi}{5}\right)$ ist dann

$$z^2 = 2 + \zeta^2 + \zeta^{-2},$$

also $z^2 + z - 1 = 0$, d. h. $z = -\frac{1}{2} + \frac{1}{2}\sqrt{5}$ (wegen $z = 2\cos(\frac{2\pi}{5}) > 0$ ist hier das +-Zeichen zu wählen).

Setze $K_1 = \mathbb{Q}(\sqrt{5}) = \mathbb{Q}(z)$. Offenbar ist $\mathbb{Q}(\zeta) = K_1(\zeta)$ und es gilt

$$\zeta^2 - \zeta z + 1 = 0.$$

Wegen $\zeta \notin K_1 \subseteq \mathbb{R}$ ist also $[\mathbb{Q}(\zeta) : K_1] = 2$. Damit haben wir gezeigt: $\mathbb{Q}(\zeta)$ erhalten wir aus $\mathbb{Q}$ durch den Körperturm

$$\mathbb{Q} = K_0 \subseteq K_1 \subseteq K_2 = \mathbb{Q}(\zeta)$$

mit $[K_i : K_{i-1}] = 2$. Wie im Beweis des Satzes lässt sich hieraus mit Hilfe aus dem Schulunterricht bekannter Sätze der Elementargeometrie leicht eine geometrische Konstruktion ableiten.

Man beachte im übrigen, dass oben $z = \tau^{-1}$ gilt, wo τ die aus der Bemerkung nach Korollar 3.13 bekannte Verhältniszahl im goldenen Schnitt (mit Gleichung $\tau^2 - \tau - 1 = 0$) ist. Das sollte nicht überraschen, da die Rolle des goldenen Schnittverhältnisses in der Geometrie des gleichseitigen Fünfecks bekannt ist (Teilungsverhältnis der Diagonalen und Verhältnis von Diagonale zu Seite), diese Zusammenhänge kann man sich jetzt als Übung algebraisch herleiten.

Bemerkung Wir werden im ergänzenden Kap. 12 über Galoistheorie sehen, dass die im vorigen Korollar angegebene notwendige Bedingung für die Konstruierbarkeit des regelmäßigen p-Ecks tatsächlich auch hinreichend ist.

9.6 Übungen

9.1 Sei I ein Ideal im kommutativen Ring R.

a) Zeigen Sie: I ist genau dann Primideal, wenn R/I ein Integritätsbereich ist.
b) Finden Sie in den Fällen $R = \mathbb{Z}$ und $R = \mathbb{Q}[X]$ jeweils Ideale I, die nicht Primideale sind und geben Sie jeweils alle Nullteiler in R/I an!
c) Finden Sie im Ring $R = \mathbb{Z}[X]$ ein Primideal $P \neq (0)$, für das R/P kein Körper ist sowie dazu wenigstens ein Ideal $Q \neq R$ mit $Q \supsetneq P$!

9.2 Sei K ein Körper. Zeigen Sie:

a) Alle Polynome vom Grad 1 sind unzerlegbar in $K[X]$.
b) Polynome vom Grad 2 oder 3 sind genau dann unzerlegbar in $K[X]$, wenn sie keine Nullstelle in K haben.

c) Untersuchen Sie die Polynome

$$X^2 + X + 1, \quad X^3 + X^2 + 1, \quad X^3 + X^2 + X + 1, \quad X^4 + X^3 + X + 1$$

auf Irreduzibilität in $\mathbb{F}_2[X]$ und bestimmen sie ihre Zerlegung in irreduzible Polynome.

9.3 Sei L/K eine algebraische Körpererweiterung. Zeigen Sie: Ist R ein Ring mit $K \subseteq R \subseteq L$, so ist R ein Körper.

9.4

a) Sei K ein Körper mit $\operatorname{char}(K) \neq 2$ und L eine quadratische Erweiterung der Form $L = K(\alpha)$ mit $\alpha^2 = a \in K$, $\alpha \notin K$. Bestimmen Sie alle Elemente von L, deren Quadrat in K liegt.

b) Zeigen Sie mit a, α wie in a): Genau dann ist $[K(\sqrt[4]{a} : K] = 4$, wenn $-4a$ keine vierte Potenz in K ist.

c) Berechnen Sie $[\mathbb{Q}(\sqrt[4]{-4}) : \mathbb{Q}]$ und $[\mathbb{Q}(\sqrt[4]{-2}) : \mathbb{Q}]$.

9.5 Es sei $a - \sqrt{3} + \sqrt{5}$.

a) Berechnen Sie die Körpergrade von $\mathbb{Q}(\sqrt{3}) \mid \mathbb{Q}$, $\mathbb{Q}(\sqrt{3}, \sqrt{5}) \mid \mathbb{Q}$ und $\mathbb{Q}(\sqrt{3}, \sqrt{5}, \sqrt{15}) \mid \mathbb{Q}$.

b) Zeigen Sie, dass a algebraisch über $\mathbb{Q}$ ist, und berechnen Sie das Minimalpolynom von a über $\mathbb{Q}(\sqrt{15})$ und über $\mathbb{Q}$.

c) Zeigen Sie, dass $\mathbb{Q}(\sqrt{3}, \sqrt{5}) = \mathbb{Q}(a)$ ist, also jedes Element aus $\mathbb{Q}(\sqrt{3}, \sqrt{5})$ von der Form $b_0 + b_1 a + b_2 a^2 + b_3 a^3$ mit $b_i \in \mathbb{Q}$ ist.

9.6 Seien $K \subseteq L$ Körper und $\alpha, \beta \in L$ mit Minimalpolynomen $f_\alpha, f_\beta \in K[X]$ über K. Zeigen Sie: F_α ist genau dann über $K(\beta)$ irreduzibel, wenn f_β über $K(\alpha)$ irreduzibel ist.

9.7 Sei $a \in \mathbb{C}$ mit $a^5 + 2a^3 = -2$ und $K = \mathbb{Q}(a)$.

a) Bestimmen Sie eine Basis des $\mathbb{Q}$-Vektorraums K!

b) Drücken Sie $\frac{1}{a^2 + 2}$ und $(a^2 + 2)^3$ als $\mathbb{Q}$-Linearkombination der Basiselemente aus a) aus!

9.8 Zeigen Sie (mit $\mathbb{F}_p = \mathbb{Z}/p\mathbb{Z}$):

a) $\mathbb{F}_5[X]/(X^2 + X + 1)$ ist ein Körper.

b) $\mathbb{F}_7[X]/(X^2 + X + 1)$ ist kein Körper.

c) $\mathbb{F}_2[X]/(X^3 + X + 1)$ ist ein Körper.

d) $\mathbb{F}_3[X]/(X^3 + X + 1)$ ist kein Körper.

9.9 Sei K ein Körper, $L \supseteq K$ ein Oberkörper. Zeigen Sie:

a) Ist $\alpha \in L$ vom Grad 5 über K, so ist $K(\alpha) = K(\alpha^2)$.
b) Sind $\alpha, \beta \in L$ vom Grad m bzw. n mit $\mathrm{ggT}(m, n) = 1$, so ist $[K(\alpha, \beta) : K] = mn$.

9.10 Sei $K = \mathbb{F}_2[X]/(X^3 + X + 1)$ der Erweiterungskörper von $\mathbb{F}_2$ aus Aufgabe 9.8c).

a) Finden Sie ein $\alpha \in K$ mit $K = \mathbb{F}_2(\alpha)$!
b) Drücken Sie $\alpha^5 + 2\alpha^4$ als Linearkombination von $1, \alpha, \alpha^2$ aus!
c) Drücken Sie α^{-1} als Linearkombination von $1, \alpha, \alpha^2$ aus!

9.11 Bestimmen Sie die Zerlegung von $X^3 - 2$ in irreduzible Faktoren

a) in $\mathbb{Q}[X]$,
b) in $\mathbb{R}[X]$,
c) in $\mathbb{C}[X]$.

Welchen Grad über $\mathbb{Q}$ hat der Zerfällungskörper von $X^3 - 2$ über $\mathbb{Q}$?

9.12
a) Bestimmen Sie den Grad von $L = \mathbb{Q}(\sqrt[4]{3}, i\sqrt[4]{3})$ über $\mathbb{Q}$.
b) Zeigen Sie, dass L der Zerfällungskörper von $X^4 - 3$ über $\mathbb{Q}$ ist.

Endliche Körper

10

Endliche Körper treten sowohl in der Zahlentheorie und der algebraischen Geometrie als auch in den Anwendungen der Algebra für Fragen der diskreten Mathematik häufig auf.

10.1 Konstruktion und Klassifikation

Bisher sind die Körper $\mathbb{F}_p = \mathbb{Z}/p\mathbb{Z}$ sowie der Körper $\mathbb{F}_4$ mit 4 Elementen die einzigen explizit konstruierten endlichen Körper. Wir wissen, dass jeder endliche Körper K Charakteristik $p > 0$ hat und dass $|K|$ eine Potenz von p ist.

Bei der weiteren Untersuchung endlicher Körper wird sich, wie schon im vorigen Kapitel, zeigen, dass die Untersuchung der Automorphismen eines Körpers und die Untersuchung der Isomorphismen zwischen verschiedenen Erweiterungskörpern eines vorgegebenen Grundkörpers wichtige Werkzeuge sind.

Satz 10.1 *Sei K ein Körper der Charakteristik $p > 0$.*

a) *Die durch*

$$\mathrm{Frob}_p(x) := x^p$$

gegebene Frobenius-Abbildung $\mathrm{Frob}_p : K \to K$ ist ein (injektiver) Körperhomomorphismus.

b) *Für den Primkörper $\mathbb{F}_p$ von K gilt:*

$$\mathbb{F}_p = \{x \in K \mid \mathrm{Frob}_p(x) = x\}.$$

c) *Ist K endlich, so ist der Frobenius-Homomorphismus ein Automorphismus des Körpers K.*

d) *Ist K endlich, so ist die Automorphismengruppe $\mathrm{Aut}(K)$ zyklisch, von Frob_p erzeugt.*

R. Schulze-Pillot, *Einführung in Algebra und Zahlentheorie*,
DOI 10.1007/978-3-642-55216-8_10, © Springer-Verlag Berlin Heidelberg 2015

Beweis

a) Frob_p ist offenbar multiplikativ. Um die Additivität zu sehen, expandiert man $(x+y)^p = \sum_{j=0}^{p} \binom{p}{j} x^j y^{p-j}$ nach dem binomischen Lehrsatz.

$\binom{p}{j} = \frac{p!}{j!(p-j)!}$ ist für $1 \le j \le p-1$ durch p teilbar, da die Primzahl p im Zähler aufgeht, aber nicht im Nenner.

Da $\mathrm{char}(K) = p$ gilt, ist $\binom{p}{j} \cdot a = 0$ für alle $a \in K$ und $1 \le j \le p-1$, also ist

$$(x + y)^p = x^p + y^p \text{ in } K.$$

Die Injektivität ist wegen $\mathrm{Ker}(\mathrm{Frob}_p) = \{0\}$ dann klar.

b) Nach dem kleinen Satz von Fermat (Satz 8.1) ist $x^p = x$ für alle $x \in \mathbb{F}_p$. Da das Polynom $X^p - X$ in K nicht mehr als p Nullstellen haben kann, ist

$$\mathbb{F}_p = \{x \in K \mid x^p = x\}.$$

c) Ist K endlich, so ist jede injektive Abbildung $K \to K$ auch surjektiv.

d) Ist K endlich mit $q = p^r$ Elementen, so ist $K^\times = \langle a \rangle$ wegen Satz 8.7 eine zyklische Gruppe, und das erzeugende Element a hat Ordnung $q - 1 = p^r - 1$.

Der Frobenius-Automorphismus Frob_p von K hat also Ordnung r, d. h., es gilt $(\mathrm{Frob}_p)^r = \mathrm{Id}_K$ und $(\mathrm{Frob}_p)^j \ne \mathrm{Id}_K$ für $1 \le j < r$. Da jeder Automorphismus φ von K durch seinen Wert auf a eindeutig festgelegt ist, folgt, dass die r Elemente $(\mathrm{Frob}_p)^j(a)$ für $1 \le j \le r$ alle verschieden sind.

Um die Behauptung zu zeigen, müssen wir zeigen, dass die von Frob_p erzeugte zyklische Gruppe bereits die ganze Automorphismengruppe von K ist.

Es gilt $K = \mathbb{F}_p(a)$, das Minimalpolynom f_a von a über $\mathbb{F}_p$ hat daher Grad r. Nach Lemma 9.29 sind die $(\mathrm{Frob}_p)^j(a)$ für $1 \le j \le r$ Nullstellen von f_a, wir haben also

$$f_a = \prod_{j=1}^{r} (X - (\mathrm{Frob}_p)^j(a)).$$

Ist $\varphi : K \to K$ ein beliebiger Isomorphismus von K, so führt dieser nach Lemma 9.29 a in eine Nullstelle $\varphi(a)$ von f_a über, also in eines der $(\mathrm{Frob}_p)^j(a)$ für $1 \le j \le r$.

Da, wie oben bereits festgestellt, jeder Automorphismus φ von K durch seinen Wert auf a eindeutig festgelegt ist, folgt, dass $\varphi = (\mathrm{Frob}_p)^j$ für ein $1 \le j \le n$ gilt.

Alternativ können wir in diesem Schritt auch so vorgehen: Ist φ ein Automorphismus von K und $K^\times = \langle a \rangle$ wie oben, so ist $\varphi(a) = a^n$ für ein $n \in \mathbb{N}$ mit $n < |K|$ und daher $\varphi(b) = b^n$ für alle $b \in K$ (denn mit $b = a^j$ ist $\varphi(b) = \varphi(a)^j = a^{nj} = b^n$).

Wir werden im nächsten Lemma zeigen, dass dann n eine Potenz von p sein muss; daraus folgt, dass φ eine Potenz des Frobenius-Automorphismus Frob_p ist. $\square$

Bemerkung Analog bezeichnen wir für jede Potenz q von p den durch $x \mapsto x^q$ gegebenen Homomorphismus von K in sich mit Frob_q.

Lemma 10.2 *Ist K ein Körper, $n \in \mathbb{N}$ mit $1 < n < |K|$ so, dass durch $\varphi(x) := x^n$ ein Körperhomomorphismus von K in K definiert wird, so ist $\mathrm{char}(K) = p > 0$ und n eine Potenz von p.*

Beweis Wir wählen $n - 1$ von 0 verschiedene Elemente $a_1, a_2, \ldots, a_{n-1} \in K$ (das geht, da wir $n < |K|$ vorausgesetzt haben) und betrachten die Gleichungen

$$\sum_{j=0}^{n} \binom{n}{j} a_k^j = (1 + a_k)^n = 1 + a_k^n.$$

Wir erhalten das homogene lineare Gleichungssystem

$$\sum_{j=1}^{n-1} x_j a_k^j = 0 \quad (1 \le k \le n-1)$$

aus $n - 1$ Gleichungen in $n - 1$ Unbekannten $x_1, \ldots, x_{n-1}$, für das $x_1 = \binom{n}{1} 1_K, \ldots, x_{n-1} = \binom{n}{n-1} 1_K$ eine Lösung ist. Die Koeffizientenmatrix dieses Gleichungssystems ist die modifizierte Vandermonde-Matrix

$$\begin{pmatrix} a_1 & a_1^2 & \cdots & a_1^{n-1} \\ u_2 & u_2^2 & \cdots & a_2^{n-1} \\ \vdots & \vdots & \ddots & \vdots \\ a_{n-1} & a_{n-1}^2 & \cdots & a_{n-1}^{n-1} \end{pmatrix},$$

sie ist also invertierbar.

Das Gleichungssystem hat also im Körper K nur die triviale Lösung, insbesondere ist $n 1_K = \binom{n}{1} 1_K = 0$.

Also ist $\mathrm{char}(K) = p > 0$ und n ist durch p teilbar. Daher ist auch die durch $\psi(x) := x^{n/p}$ definierte Abbildung ein Homomorphismus, denn es gilt $\psi = (\mathrm{Frob}_p)^{-1} \circ \varphi$, wobei $(\mathrm{Frob}_p)^{-1}$ die Umkehrung des Homomorphismus $\mathrm{Frob}_p : K \to \mathrm{Frob}_p(K) = \{ a^p \mid a \in K \} \subseteq K$ von K auf seinen Teilkörper der p-ten Potenzen in K bezeichnet.

Damit ist klar, dass die Behauptung durch Induktion nach n folgt. $\quad\square$

Korollar 10.3 *Sei K ein Körper der Charakteristik p und $n \in \mathbb{N}$ mit $p \nmid n$. Dann sind die Nullstellen des Polynoms $X^{np} - 1 \in K[X]$ in K genau die Nullstellen von $X^n - 1$.*

Insbesondere gibt es für $p \mid m$ in K keine primitiven m-ten Einheitswurzeln.

Beweis Das folgt aus $X^{np} - 1 = (X^n - 1)^p$. $\quad\square$

Lemma 10.4 *Sei L ein Körper und $\varphi \in \mathrm{Aut}(L)$ ein Automorphismus von L. Dann ist $\mathrm{Fix}(\varphi) = \{ x \in L \mid \varphi(x) = x \}$ ein Teilkörper von L.*

Beweis Nachrechnen (Übung). $\quad\square$

Satz 10.5 *Sei p eine Primzahl, q_1 eine Potenz von p, sei $r \in \mathbb{N}$, $q := q_1^r$ und $K = \mathbb{F}_{q_1}$ ein Körper mit q_1 Elementen. Es gilt:*

a) *Es gibt einen Körper $L \supseteq K$ mit $|L| = q$. Insbesondere gilt: Für jedes $r \in \mathbb{N}$ gibt es einen Körper mit p^r Elementen.*

b) *Ist L ein Körper der Ordnung q, so zerfällt das Polynom $X^q - X \in \mathbb{F}_p[X]$ über L vollständig als*

$$f = \prod_{a \in L} (X - a)$$

in Linearfaktoren.

c) *Je zwei Körper der Ordnung q sind isomorph.*

d) *Ist L ein Körper der Ordnung q, so hat L genau dann einen Teilkörper der Ordnung p^k, wenn $k \in \mathbb{N}$ ein Teiler von r ist.*

e) *$X^q - X$ ist in $\mathbb{F}_{q_1}[X]$ das Produkt aller normierten irreduziblen Polynome $f \in \mathbb{F}_{q_1}[X]$, deren Grad ein Teiler von r ist.*

f) *Die multiplikative Gruppe jedes endlichen Körpers ist zyklisch.*

g) *Jede Erweiterung L/K von endlichen Körpern ist eine einfache algebraische Erweiterung.*

Beweis f) und g) sind schon bekannt, siehe Satz 8.7 und c) von Beispiel 9.9.

Wir zeigen a) in einer etwas schärferen Fassung:

Nach Satz 9.12 b) gibt es einen endlichen Erweiterungskörper M von K, über dem $X^q - X$ vollständig in Linearfaktoren zerfällt.

Nach Satz 10.1 und Lemma 10.4 ist die Menge der Nullstellen

$$L := \{ x \in M \mid x^q = x \} = \{ x \in M \mid (\mathrm{Frob}_{q_1})^r (x) = x \}$$

von $X^q - X$ in M ein Teilkörper von M, der Fixkörper der r-ten Potenz Frob_q des q_1-Frobenius-Automorphismus Frob_{q_1}, und wegen $|K^\times| = q_1 - 1$ ist $x^{q_1} = x$ und damit auch $x^q = x$ für alle $x \in K$, also ist $K \subseteq L$.

Das Polynom $X^q - X$ hat in $\mathbb{F}_p[X]$ die Ableitung $qX^{q-1} - 1 = -1$ mit $\mathrm{ggT}(-1, X^q - X) = 1$, also ist nach Lemma 9.20 jede Nullstelle von $X^q - X$ in M einfach, d. h., $X^q - X$ hat genau q Nullstellen in M und damit ist $|L| = q$. Gleichzeitig sehen wir, dass $L^\times$ aus allen Elementen von M besteht, deren multiplikative Ordnung $q - 1$ teilt; also ist L der einzige Teilkörper der Ordnung q von M. Wir haben also nicht nur gezeigt, dass es einen K enthaltenden Körper L der Ordnung q gibt, sondern auch noch, dass dies der einzige Teilkörper von M mit q Elementen ist.

Mit $q_1 = p$ folgt insbesondere, dass es für jedes $r \in \mathbb{N}$ einen Körper mit p^r Elementen gibt.

Die Gleichung $a^q = a$ gilt. Das Polynom $X^q - X$ hat also alle Elemente von L als (einfache) Nullstellen und zerfällt daher in $L[X]$ wie behauptet als

$$X^q - X = \prod_{a \in L} (X - a).$$

c) Diese Aussage folgt aus der Eindeutigkeit des Zerfällungskörpers (Satz 9.27), da nach a) und b) jeder Körper mit q Elementen Zerfällungskörper des Polynoms $X^q - X$ ist.

Man kann sie aber auch direkt wie folgt beweisen: Seien L und L' Körper mit q Elementen. Nach g) ist $L' = \mathbb{F}_p(a)$ mit einem $a \in L'$. Sei $f \in \mathbb{F}_p[X]$ mit $\deg(f) = r$ das Minimalpolynom von a über $\mathbb{F}_p$ und M ein Erweiterungskörper von L, in dem f und $X^q - x$ in Linearfaktoren zerfallen (als Übung zeige man, dass aus dem Zerfallen von $X^q - X$ schon folgt, dass auch f zerfällt).

Ist $b \in M$ eine Nullstelle von f in M, so ist auch $L'' := \mathbb{F}_p(b) \subseteq M$ ein Körper mit $q = p^r$ Elementen, also nach dem Beweis von a) gleich L.

Da L'' ebenso wie L' aus $\mathbb{F}_p$ durch Adjunktion einer Nullstelle des irreduziblen Polynoms f entsteht, gilt $L = L'' \cong \mathbb{F}_p[X]/(f) \cong L'$ nach Satz 9.8, also ist in der Tat $L \cong L'$.

d) Hat L den Teilkörper K der Ordnung p^k, so ist L ein K-Vektorraum der Dimension $d \in \mathbb{N}$, also ist $p^r = q = |L| = |K|^d = p^{kd}$, also $r = kd$.

Ist umgekehrt k ein Teiler von r, also $r = kd$ mit $d \in \mathbb{N}$, so hat K nach dem Beweis von a) (mit $q_1 = p^k$) einen Oberkörper L' der Ordnung $q = (p^k)^d$.

Da nach c) $L \cong L'$ gilt, muss dann L ebenso wie L' einen Teilkörper mit p^k Elementen haben.

e) Sei $L = \mathbb{F}_q \supseteq \mathbb{F}_{q_1}$ der (nach c) im wesentlichen eindeutige) Körper mit q Elementen.

Ist $Q \in \mathbb{F}_{q_1}[X]$ irreduzibel mit $Q | (X^q - X)$, so zerfällt mit $X^q - X$ auch Q in $L[X]$ in Linearfaktoren. Ist $\alpha \in L$ eine Nullstelle von Q und $k = \deg(Q)$, so ist $[\mathbb{F}_{q_1}(\alpha) : \mathbb{F}_{q_1}] = k$ nach dem Gradsatz ein Teiler von $[\mathbb{F}_q : \mathbb{F}_{q_1}] = r$.

Sei umgekehrt $Q \in \mathbb{F}_{q_1}[X]$ ein irreduzibles Polynom vom Grad $k | r$ und M ein Oberkörper von L, in dem Q eine Nullstelle b hat. Da $\mathbb{F}_{q_1}(b) \subseteq M$ Ordnung q_1^k hat, ist $b^{(q_1^k)} = b$, also (mit $r = kd$) auch $b^q = b^{(q_1^k)^d} = b$, d. h., b wird vom Polynom $X^q - X$ annulliert. Das Minimalpolynom Q von b über $\mathbb{F}_{q_1}$ teilt also $X^q - X$.

Damit ist $X^q - X \in \mathbb{F}_p[X]$ genau durch diejenigen normierten irreduziblen $Q \in \mathbb{F}_p[X]$ teilbar, deren Grad ein Teiler von r ist.

Da $X^q - X$ in L nur einfache Nullstellen hat, kann jeder dieser Faktoren nur mit Vielfachheit 1 vorkommen, es folgt die Behauptung. $\qquad\square$

Bemerkung Der Vollständigkeit halber sei angemerkt, dass in der additiven Gruppe eines endlichen Körpers der Charakteristik p alle von 0 verschiedenen Elemente Ordnung p haben. Die additive Gruppe eines Körpers mit p^r Elementen ist daher nach dem Hauptsatz über endliche abelsche Gruppen (Satz 7.9) isomorph zu $(\mathbb{Z}/p\mathbb{Z})^r$ (und nicht etwa zu $\mathbb{Z}/p^r\mathbb{Z}$).

Beispiel 10.6

a) In $\mathbb{F}_2[X]$ haben wir die Faktorzerlegungen

$$X^4 - X = X(X-1)(X^2 + X + 1)$$
$$X^8 - X = X(X-1)(X^3 + X + 1)(X^3 + X^2 + 1)$$
$$X^{16} - X = X(X-1)(X^2 + X + 1)(X^4 + X + 1)(X^4 + X^3 + 1)(X^4 + X^3 + X^2 + X + 1).$$

Diese enthalten jeweils eine vollständige Liste der irreduziblen Polynome, deren Grad 2, 3 bzw. 4 teilt.

b) Der Körper $\mathbb{F}_{64}$ mit $2^6 = 64$ Elementen enthält die Körper $\mathbb{F}_8 = \mathbb{F}_{2^3}$ und $\mathbb{F}_4 = \mathbb{F}_{2^2}$, wobei $\mathbb{F}_8$ aus genau den Elementen x von $\mathbb{F}_{64}$ besteht, für die $x^8 = x$ gilt und $\mathbb{F}_4$ aus genau den Elementen x von $\mathbb{F}_{64}$ besteht, für die $x^4 = x$ gilt. In der linken Hälfte des folgenden Diagramms ist $\mathbb{F}_{64}$ mit seinen Teilkörpern dargestellt (wobei die Inklusionen durch Striche symbolisiert sind, an denen der Grad der Körpererweiterung notiert ist) und in der rechten Hälfte die Polynome, aus deren Nullstellen die jeweiligen Körper bestehen (wobei die Striche zwischen den Polynomen die Teilbarkeitsrelationen darstellen und an den Strichen die Quotienten der Polynome notiert sind).

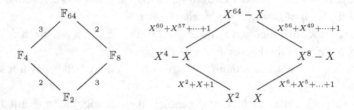

Vergleicht man mit den Faktorzerlegungen im vorigen Beispiel, so sieht man, dass das Polynom $X^{56} + X^{49} + \cdots + 1$, das hier als Quotient $(X^{64} - X)/(X^8 - X)$ auftritt, auf jeden Fall noch durch den irreduziblen Faktor $X^2 + X + 1$ von $X^4 - X$ teilbar sein muss. Dividiert man durch dieses Polynom, so verbleibt ein Polynom vom Grad 54, dessen irreduzible Faktoren alle den Grad 6 haben, da alle irreduziblen Polynome der Grade 2 und 3 bereits in $X^4 - X$ bzw. in $X^8 - X$ vorkommen.

Korollar 10.7 *Ist q eine Primzahlpotenz, so gibt es in $\mathbb{F}_q[X]$ irreduzible Polynome beliebigen Grades $n \in \mathbb{N}$.*

Beweis Ist $n \in \mathbb{N}$, so ist $\mathbb{F}_q \subseteq \mathbb{F}_{q^n}$ und diese Erweiterung ist einfach, d. h., es gilt $\mathbb{F}_{q^n} = \mathbb{F}_q(\alpha)$ für ein geeignetes $\alpha \in \mathbb{F}_{q^n}$. Das Minimalpolynom f_α von α über $\mathbb{F}_q$ ist also irreduzibel vom Grad n.   □

Bemerkung Man kann mit Hilfe der bisherigen Ergebnisse auch die Anzahl der irreduziblen Polynome vom Grad n in $\mathbb{F}_q[X]$ bestimmen. Ist etwa $n = l$ eine Primzahl, so ist das besonders einfach: Die Erweiterung $\mathbb{F}_{q^l}/\mathbb{F}_q$ hat dann keinen echten Zwischenkörper, die

$q^l - q$ Elemente von $\mathbb{F}_{q^l} \setminus \mathbb{F}_q$ haben also alle ein Minimalpolynom vom Grad l über $\mathbb{F}_q$; dieses hat in $\mathbb{F}_{q^l}$ genau l verschiedene Nullstellen.

Da man auf diese Weise alle irreduziblen Polynome vom Grad l in $\mathbb{F}_q[X]$ erhält, gibt es genau $\frac{q^l - q}{l}$ irreduzible Polynome vom Grad l in $\mathbb{F}_q[X]$.

Beispiel 10.8 Der Körper $\mathbb{F}_{3^{12}}$ hat die (echten) Unterkörper $\mathbb{F}_{3^6}$, F_{3^4}, F_{3^3}, F_{3^2}, $\mathbb{F}_3$ mit den Inklusionen $\mathbb{F}_{3^6} \supseteq F_{3^3}$, $\mathbb{F}_{3^6} \supseteq F_{3^2}$, $\mathbb{F}_{3^4} \supseteq F_{3^2}$ und mit $\mathbb{F}_{3^6} \cap \mathbb{F}_{3^4} \supseteq F_{3^2}$. Die Elemente vom Grad 12 über $\mathbb{F}_3$ in $\mathbb{F}_{3^{12}}$ sind die, die weder in $\mathbb{F}_{3^6}$ noch in $\mathbb{F}_{3^4}$ liegen, davon gibt es $3^{12} - 3^6 - 3^4 + 3^2$ viele. Jedes von ihnen hat über $\mathbb{F}_3$ ein Minimalpolynom vom Grad 12, das wiederum 12 verschiedene Nullstellen in $\mathbb{F}_{3^{12}}$ hat, also gibt es in $\mathbb{F}_3[X]$ genau $\frac{3^{12} - 3^6 - 3^4 + 3^2}{12} = 44.220$ irreduzible Polynome vom Grad 12. Analog finden wir $3^6 - 3^3 - 3^2 + 3$ Elemente vom Grad 6 über $\mathbb{F}_3$ und $\frac{3^6 - 3^3 - 3^2 + 3}{6} = 116$ irreduzible Polynome vom Grad 6 in $\mathbb{F}_3[X]$, $3^4 - 3^2$ Elemente vom Grad 4 über $\mathbb{F}_3$ und $\frac{3^4 - 3^2}{4} = 18$ irreduzible Polynome vom Grad 4 in $\mathbb{F}_3[X]$, $3^3 - 3$ Elemente vom Grad 3 über $\mathbb{F}_3$ und $\frac{3^3 - 3}{3} = 8$ irreduzible Polynome vom Grad 3 in $\mathbb{F}_3[X]$, $3^2 - 3$ Elemente vom Grad 2 über $\mathbb{F}_3$ und $\frac{3^2 - 3}{2} = 3$ irreduzible Polynome vom Grad 2 in $\mathbb{F}_3[X]$ und schließlich 3 irreduzible Polynome vom Grad 1 in $\mathbb{F}_3[X]$.

Korollar 10.9 *Sei K ein endlicher Körper. Dann ist jeder endliche Erweiterungskörper L von K normal über K (siehe Definition und Satz 9.35), d. h., ist $f \in K[X]$ irreduzibel und L ein endlicher Erweiterungskörper von K, in dem f eine Nullstelle hat, so zerfällt f über L vollständig in Linearfaktoren.*

Beweis Ist $K = \mathbb{F}_{q_1}$, $r = \deg(f)$ und $q = q_1^r$, so gilt $L \supseteq \mathbb{F}_q$ für jeden Körper L, in dem f eine Nullstelle hat. Ferner ist f ein Teiler von $X^q - X$, wobei dieses Polynom über $\mathbb{F}_q$ und damit über L in Linearfaktoren zerfällt. $\square$

Beispiel 10.10 Wir betrachten jetzt das Polynom $f = X^4 - 2X^2 - 2$ aus Beispiel 9.24 als Polynom über $K = \mathbb{F}_5$. Genauso wie über $\mathbb{R}$ sieht man durch Betrachten von f als quadratisches Polynom in X^2, dass f über $L = \mathbb{F}_5(\sqrt{3}) = \mathbb{F}_{5^2}$ als $f = (X^2 - (1 + \sqrt{3}))(X^2 - (1 - \sqrt{3}))$ zerfällt, man beachte dabei, dass 3 quadratischer Nichtrest modulo 5 ist und man deshalb $\mathbb{F}_{5^2}$ aus $\mathbb{F}_5$ durch Adjungieren einer Quadratwurzel aus 3 erhält. Man sieht an dieser Zerlegung, dass f über $\mathbb{F}_5$ irreduzibel ist (durch Probieren stellt man fest, dass f keine Nullstellen in $\mathbb{F}_5$ hat, quadratische Faktoren schließt man dann genauso wie über $\mathbb{Q}$ aus), erhält also $\mathbb{F}_{5^4}$ durch Adjungieren einer Nullstelle von f zu $\mathbb{F}_5$ und hat damit nach dem Satz auch schon den Zerfällungskörper konstruiert. Dass f bereits nach Adjungieren einer Nullstelle zu $\mathbb{F}_5$ vollständig zerfällt, sieht man beim Vergleich mit dem Argument über $\mathbb{R}$ bzw. über $\mathbb{Q}$ auch daran, dass -1 bereits in $\mathbb{F}_5$ ein Quadrat ist, die zusätzliche Adjunktion einer Quadratwurzel aus -1 also hier entfällt. Daran würde sich übrigens auch nichts ändern, wenn man hier $\mathbb{F}_5$ durch $\mathbb{F}_7$ ersetzen würde: In $\mathbb{F}_7$ ist -1 zwar kein Quadrat, aber in $\mathbb{F}_{7^2} = \mathbb{F}_7(\sqrt{3})$ und damit erst Recht in $\mathbb{F}_{7^4}$ sind alle Elemente von $\mathbb{F}_7$, also auch -1, Quadrate.

Korollar 10.11 *Sei q Potenz einer Primzahl, $n \in \mathbb{N}$ mit $\mathrm{ggT}(q, n) = 1$ und d die Ordnung der Restklasse von q in der primen Restklassengruppe $(\mathbb{Z}/n\mathbb{Z})^{\times}$ (also d minimal mit $n \mid (q^d - 1)$). Dann gilt:*

a) *Der Zerfällungskörper des Polynoms $X^n - 1$ über $\mathbb{F}_q$ ist der Körper $\mathbb{F}_{q^d}$; er ist der kleinste Erweiterungskörper von $\mathbb{F}_q$, in dem eine primitive n-te Einheitswurzel existiert.*

b) *Alle irreduziblen Faktoren von $X^n - 1$ in $\mathbb{F}_q[X]$ haben Grad $\leq d$.*

Beweis Da $X^n - 1$ wegen $\mathrm{ggT}(q, n) = 1$ in jedem Erweiterungskörper von $\mathbb{F}_q$ nur einfache Nullstellen hat, ist klar, dass der Zerfällungskörper von $X^n - 1$ über $\mathbb{F}_q$ der kleinste Erweiterungskörper von $\mathbb{F}_q$ ist, in dem eine primitive n-te Einheitswurzel, also ein Element der Ordnung n, existiert.

Der Rest von Teil a) der Behauptung folgt, weil es in der zyklischen Gruppe $\mathbb{F}_{q^j}^{\times}$ genau dann ein Element der Ordnung n gibt, wenn n ein Teiler der Gruppenordnung $q^j - 1$ ist. Da jede Nullstelle eines irreduziblen Faktors vom Grad r von $X^n - 1$ einen Teilkörper des Zerfällungskörpers erzeugt, der Grad r über $\mathbb{F}_q$ hat, folgt auch Teil b). □

Korollar 10.12 *Ein Polynom $f \in \mathbb{F}_q[X]$ vom Grad d ist genau dann irreduzibel, wenn gilt:*

a) $X^{q^d} \equiv X \bmod (f)$

b) $\mathrm{ggT}(X^{q^{d/l}} - X, f) = 1$ *für alle $l \mid d$, $l > 1$.*

Beweis Ist f irreduzibel, so ist f nach e) von Satz 10.5 ein Teiler von $X^{q^d} - X$, also ist $X^{q^d} - X \equiv 0 \bmod (f)$. Ferner haben alle irreduziblen Faktoren g von $X^{q^{d/l}} - X$ einen Grad, der d/l teilt, also kleiner als d ist, also gilt auch b).

Gilt umgekehrt a) und b), so ist f ein Teiler von $X^{q^d} - X$. In seiner Faktorzerlegung kommen also nur irreduzible Polynome g vor, deren Grad d teilt. Wegen b) kann aber kein solcher Faktor vorkommen, dessen Grad ein echter Teiler von d ist. Das Polynom f hat deshalb einen irreduziblen Faktor vom Grad $d = \deg(f)$ und ist daher zu diesem assoziiert, also selbst irreduzibel. □

Bemerkung Das Korollar liefert eine praktikable Methode, ein Polynom $f \in \mathbb{F}_q[X]$ auf Irreduzibilität zu testen.

10.2 Erweiterungen endlicher Körper und Automorphismen

Wie wir im vorigen Kapitel gesehen haben, ist es für die Behandlung von Polynomgleichungen mit Koeffizienten in einem Körper K zweckmäßig und natürlich, algebraische Erweiterungskörper L von K zu betrachten. Im Fall endlicher Körper ist es verhältnismäßig einfach, sich einen vollständigen Überblick über diese Erweiterungskörper zu verschaffen.

Satz 10.13 *Sei $K = \mathbb{F}_q$ ein endlicher Körper, $L = \mathbb{F}_{q^n}$ eine Erweiterung vom Grad n, $G = \mathrm{Aut}(L/K)$.*

a) *$G \cong \mathbb{Z}/n\mathbb{Z}$ ist zyklisch mit Erzeuger $\mathrm{Frob}_q : x \mapsto x^q$, insbesondere gilt*

$$|G| = [L : K].$$

b) *Zu jedem $d \mid n$ gibt es genau einen Zwischenkörper M_d von L/K mit $[L : M_d] = d$, $[M_d : K] = \frac{n}{d}$ und genau eine Untergruppe H_d von G mit $|H_d| = d$, $(G : H_d) = \frac{n}{d}$.*
   Für diese Zwischenkörper M_d und Untergruppen H_d gilt:

$$M_d = \{a \in L \mid a^{(q^{n/d})} = a\}$$
$$H_d = \langle \mathrm{Frob}_q^{\frac{n}{d}} \rangle.$$

Der Zwischenkörper M_d und die Untergruppe H_d sind miteinander verbunden durch

$$M_d = \mathrm{Fix}(H_d) := \{a \in L \mid \varphi(a) = a \text{ für alle } \varphi \in H_d\}$$
$$H_d = \mathrm{Fix}(M_d) := \{\varphi \in G \mid \varphi|_{M_d} = \mathrm{Id}_{M_d}\}$$
$$H_d = \mathrm{Aut}(L/M_d)$$
$$G/H_d \cong \mathrm{Aut}(M_d/K).$$

Man sagt, M_d sei der Fixkörper von H_d und H_d die Fixgruppe von M_d.

Beweis

a) haben wir für den Fall, dass $q = p$ eine Primzahl ist, bereits in Satz 10.1 gezeigt; der Beweis im allgemeinen Fall geht genauso.

b) Nach Satz 10.5 ist klar, dass es genau einen Zwischenkörper M_d von L/K mit $[M_d : K] = \frac{d}{n}$ gibt und dass dieser gleich $\{a \in L \mid a^{(q^{n/d})} = a\}$ ist.
   Da G nach den aus Kap. 5 bekannten Eigenschaften zyklischer Gruppen genau eine Untergruppe H_d der Ordnung d hat und diese von $\mathrm{Frob}_q^{n/d}$ erzeugt wird, folgt der Rest von b).   □

Bemerkung Der Satz ist die Aussage des Hauptsatzes der Galoistheorie im Spezialfall endlicher Körper. Dieser Satz und sein Beweis werden im ergänzenden Kap. 12 am Ende dieses Buches behandelt.

Korollar 10.14 *Sei q eine Potenz der Primzahl p und $d \in \mathbb{N}$ sowie $f \in \mathbb{F}_q[X]$ ein normiertes irreduzibles Polynom vom Grad d, a eine Nullstelle von f im Körper $\mathbb{F}_{q^d} = \mathbb{F}_q(a) \supseteq \mathbb{F}_q$. Dann ist*

$$f = \prod_{j=1}^{d} (X - a^{q^j}).$$

Insbesondere operiert der Frobenius-Automorphismus Frob_q *von* $\mathbb{F}_q$ *auf der Menge* $\{a_1 = a = a^{q^d}, a_2 = a^q, \ldots, a_d = a^{q^{d-1}}\}$ *der Nullstellen von* f *durch die zyklische Permutation* $a_j \mapsto a_{j+1}$ $(1 \le j \le d-1)$, $a_d \mapsto a_1$.

Beweis Da der Frobenius-Automorphismus Frob_q des Körpers $\mathbb{F}_{q^d}$ auf dem Grundkörper $\mathbb{F}_q$ als Identität wirkt, führt er Nullstellen von f in Nullstellen über. Die Potenzen $a^{q^j} = (\mathrm{Frob}_q)^j(a)$ für $1 \le j \le d$ sind (wie im Beweis von Satz 10.1) paarweise verschieden und f hat nicht mehr als d Nullstellen, also sind diese Potenzen genau die sämtlichen Nullstellen von f und f zerfällt in der angegeben Weise in Linearfaktoren.   □

Beispiel 10.15 Wir können das vorige Korollar benutzen, um für einen endlichen Körper $\mathbb{F}_q$ und $n \in \mathbb{N}$ mit $\mathrm{ggT}(q, n) = 1$ die Zerlegung des Polynoms $X^n - 1$ in irreduzible Faktoren im Polynomring $\mathbb{F}_q[X]$ zu bestimmen.

Ist d die Ordnung $\mathrm{ord}_{(\mathbb{Z}/n\mathbb{Z})^\times}(q)$ von q in der primen Restklassengruppe modulo n, so wissen wir bereits (Korollar 10.11), dass L eine primitive n-te Einheitswurzel ζ (also ein Element der Ordnung n in $L^\times$) enthält und daher $X^n - 1$ über $L = \mathbb{F}_{q^d}$ in Linearfaktoren zerfällt.

Die Automorphismengruppe von $\mathbb{F}_{q^d}/\mathbb{F}_q$ wird erzeugt vom Frobeniusautomorphismus Frob_q mit $\mathrm{Frob}_q(x) = x^q$, die Operation auf den Nullstellen ζ^j ($0 \le j \le n-1$ bzw. $j \in \mathbb{Z}/n\mathbb{Z}$) von $X^n - 1$ wird also gegeben durch $\mathrm{Frob}_q^k(\zeta^j) = \zeta^{q^k j}$.

Die Bahn von ζ^j besteht also aus den $\zeta^{j'}$ mit $j' \in \{j, qj, q^2 j, \ldots, q^{(r_j-1)} j\}$, dabei ist $r_j = \min\{r \mid q^r \cdot j \equiv j \bmod n\}$. Das Minimalpolynom von ζ^j über $\mathbb{F}_q$ ist dann

$$(X - \zeta^j)(X - \zeta^{qj}) \cdots (X - \zeta^{q^{(r_j-1)}j});$$

da dieses Polynom unter Frob_q in sich übergeht (zyklische Vertauschung der Faktoren), hat es in der Tat Koeffizienten in $\mathbb{F}_q$. Hat man eine Multiplikationstabelle für $\mathbb{F}_{q^d}$, so kann man hieraus die Koeffizienten der irreduziblen Faktoren berechnen; ansonsten erhält man immerhin die Grade der irreduziblen Faktoren.

Als konkretes Beispiel für dieses Verfahren bestimmen wir die Zerlegung von $(X^7 - 1)$ über $\mathbb{F}_2$: Wegen $2^3 \equiv 1 \bmod 7$ zerfällt das Polynom über $\mathbb{F}_8$. Die Bahnen in $\mathbb{Z}/7\mathbb{Z}$ des Frobenius-Automorphismus von $\mathbb{F}_8$ sind

$$\{\overline{0}\}, \ \{\overline{1}, \overline{2}, \overline{4}\}, \ \{\overline{3}, \overline{6}, \overline{5} = \overline{12}\},$$

und die Faktoren sind

$$(X + 1) = f_0, \ (X + \zeta)(X + \zeta^2)(X + \zeta^4) = f_1, \ (X + \zeta^3)(X + \zeta^6)(X + \zeta^5) = f_2.$$

Wir haben $\zeta + \zeta^2 + \zeta^4$ als Koeffizient bei X^2 von f_1 und bei X von f_2, $\zeta^3 + \zeta^6 + \zeta^5$ als Koeffizient bei X von f_1 und bei X^2 von f_2, $1 = \zeta^7 = \zeta^{14}$ als konstanten Term von f_1 und f_2.

Wegen $\zeta^1 + \zeta^2 + \cdots + \zeta^6 = 1$ muss dann (in irgendeiner Reihenfolge) $f_1 = X^3 + X^2 + 1$, $f_2 = X^3 + X + 1$ sein.

10.3 Endliche Körper und quadratisches Reziprozitätsgesetz

Als Anwendung der Theorie der endlichen Körper können wir jetzt den zweiten Ergänzungssatz zum quadratischen Reziprozitätsgesetz beweisen sowie einen weiteren Beweis des Reziprozitätsgesetzes geben.

Beweis des quadratischen Reziprozitätsgesetzes p und q seien ungerade Primzahlen, $p \neq q$. Wir setzen $p^* := \left(\frac{-1}{p} p\right)$, nach dem ersten Ergänzungssatz (Satz 8.31) ist dann $\left(\frac{p^*}{q}\right) = (-1)^{\frac{p-1}{2} \frac{q-1}{2}} \left(\frac{p}{q}\right)$.

Man kann die Aussage des quadratischen Reziprozitätsgesetzes daher auch so aussprechen: p^* ist genau dann ein Quadrat in $\mathbb{F}_q$, wenn q ein Quadrat in $\mathbb{F}_p$ ist. Wir können versuchen, diese Aussage zu überprüfen, indem wir eine Quadratwurzel von p^* in einem Erweiterungskörper von $\mathbb{F}_q$ konstruieren und dann untersuchen, unter welchen Bedingungen diese bereits in $\mathbb{F}_q$ liegt. Das können wir machen, indem wir Lemma 8.37 etwas modifizieren:

Ist $n \in \mathbb{N}$ so, dass $p \mid (q^n - 1)$ gilt (z. B. hat $n = p - 1$ nach dem kleinen Satz von Fermat diese Eigenschaft) und a ein Erzeuger der zyklischen Gruppe $\mathbb{F}_{q^n}^\times$, so setze man $\zeta := a^{\frac{q^n-1}{p}} \in \mathbb{F}_{q^n}$. Dann ist ζ eine primitive p-te Einheitswurzel im Körper $\mathbb{F}_{q^n}$, also ein Element der (multiplikativen) Ordnung p der Gruppe $\mathbb{F}_{q^n}^\times$.

Mit $\tilde{\tau}_a := \sum_{j=1}^{p-1} \left(\frac{j}{p}\right) \zeta^{aj} \in \mathbb{F}_{q^n}$ für $\mathrm{ggT}(a, p) = 1$, $\tilde{\tau} = \tilde{\tau}_1$ sieht man dann wie im Beweis von Lemma 8.37, dass $\tilde{\tau}^2 = \left(\frac{-1}{p}\right) p = p^*$ gilt, wobei hier mit p das Element $p \cdot 1$ von $\mathbb{F}_q \subseteq \mathbb{F}_{q^n}$ gemeint ist.

Andererseits erhält man durch Anwendung des Frobenius-Automorphismus Frob_q des Körpers $\mathbb{F}_{q^n}$ auf $\tilde{\tau}$ die Gleichung

$$\tilde{\tau}^q = \sum_{j=1}^{p-1} \left(\frac{j}{p}\right) \zeta^{qj} = \tilde{\tau}_q.$$

Da, erneut wie in Kap. 8, $\tilde{\tau}_q = \left(\frac{q}{p}\right) \tilde{\tau}$ gilt, haben wir

$$\tilde{\tau}^q = \left(\frac{q}{p}\right) \tau$$

in $\mathbb{F}_{q^n}$, die Quadratwurzel $\tilde{\tau}$ von p^* in $\mathbb{F}_{q^n}$ liegt also genau dann bereits in $\mathbb{F}_q = \{x \in \mathbb{F}_{q^n} \mid x^q = x\}$, wenn q ein Quadrat in $\mathbb{F}_p$ ist, und wir haben unsere Behauptung gezeigt. $\square$

Beweis des zweiten Ergänzungssatzes Sei $\alpha \in \mathbb{F}_{p^2}$ ein Element der Ordnung 8 in $\mathbb{F}_{p^2}^\times$ (wegen $p^2 \equiv 1 \bmod 8$ gibt es eine solche primitive achte Einheitswurzel in $\mathbb{F}_{p^2}$), dann ist $\alpha^4 = -1$, also $\alpha^{-2} = -\alpha^2$.

Mit $\gamma = \alpha + \alpha^{-1} \in \mathbb{F}_{p^2}$ ist

$$\begin{aligned}
\gamma^2 &= (\alpha + \alpha^{-1})^2 \\
&= \alpha^2 + \alpha^{-2} + 2 \\
&= 2,
\end{aligned}$$

und wir haben in $\mathbb{F}_{p^2}$ eine Quadratwurzel γ aus 2 konstruiert. Zum Beweis des zweiten Ergänzungssatzes müssen wir jetzt noch zeigen, dass γ genau dann bereits in $\mathbb{F}_p$ liegt, wenn $p \equiv \pm 1 \bmod 8$ gilt. Wir unterscheiden jetzt die beiden Fälle:

a) $(p^2 - 1)/8$ ist gerade, also $p \equiv \pm 1 \bmod 8$.
   Wegen $p \equiv \pm 1 \bmod 8$ ist $\gamma^p = \alpha^p + \alpha^{-p} = \gamma$, also gilt in diesem Fall $\gamma \in \mathbb{F}_p$, d. h., 2 ist ein Quadrat in $\mathbb{F}_p$.

b) Ist dagegen $\frac{p^2-1}{8}$ ungerade, also $p \equiv \pm 3 \bmod 8$, so ist $\gamma^p = (\alpha + \alpha^{-1})^p = \alpha^p + \alpha^{-p} = \alpha^3 + \alpha^{-3}$. Wegen

$$\begin{aligned}
(\alpha^3 + \alpha^{-3})\gamma &= \alpha^4 + \alpha^{-4} + \alpha^2 + \alpha^{-2} \\
&= -2 = -\gamma^2
\end{aligned}$$

   ist $\gamma^p = \alpha^3 + \alpha^{-3} = -\gamma$, also $\gamma \notin \mathbb{F}_p$, d. h., 2 ist kein Quadrat in $\mathbb{F}_p$. $\square$

Bemerkung Man kann diese Beweise auch als Rechnungen im Restklassenring $\mathbb{Z}[\zeta_p]/q\mathbb{Z}[\zeta_p]$ bzw. in $\mathbb{Z}[\zeta_8]/p\mathbb{Z}[\zeta_8]$ durchführen.

Eine andere hübsche Anwendung der Theorie endlicher Körper in der Zahlentheorie ist das folgende Verfahren, aus einem quadratischen Rest a modulo p eine Quadratwurzel modulo p zu ziehen:

Korollar 10.16 *Sei $p \neq 2$ eine Primzahl und a ein quadratischer Rest modulo p sowie $t \in \mathbb{Z}$ so, dass $t^2 - a$ ein Nichtrest modulo p ist. Mit $\sqrt{\bar{t}^2 - \bar{a}}$ sei ferner eine Quadratwurzel aus $\bar{t}^2 - \bar{a}$ in $\mathbb{F}_{p^2}$ bezeichnet. Dann ist $\bar{x} := (\bar{t} + \sqrt{\bar{t}^2 - \bar{a}})^{\frac{p+1}{2}}$ eine Quadratwurzel aus der Restklasse $\bar{a}$ von a in $\mathbb{F}_p$.*

Beweis Da $t^2 - a$ kein Quadrat modulo p ist, ist $\mathbb{F}_p(\sqrt{\bar{t}^2 - \bar{a}})$ eine quadratische Erweiterung von $\mathbb{F}_p$, also gleich dem Körper $\mathbb{F}_{p^2}$ mit p^2 Elementen. In diesem ist $\bar{y}_1 := \bar{t} + \sqrt{\bar{t}^2 - \bar{a}}$ eine Nullstelle der quadratischen Gleichung $Y^2 - 2\bar{t}Y + a$ mit Koeffizienten in $\mathbb{F}_p$, und daher ist $\bar{y}_2 := \bar{y}_1^p = \mathrm{Frob}_p(\bar{y}_1)$ gleich der anderen Nullstelle $\bar{t} - \sqrt{\bar{t}^2 - \bar{a}}$ dieser Gleichung.

Es folgt, dass $\bar{x}^2 = \bar{y}_1 \bar{y}_1^p = \bar{a}$ gilt, da ja das Produkt der Nullstellen der quadratischen Gleichung gleich dem konstanten Koeffizienten ist (Vieta'scher Wurzelsatz). Da die beiden Wurzeln aus $\bar{a}$ in $\mathbb{F}_{p^2}$ nach Voraussetzung bereits in $\mathbb{F}_p$ liegen, ist in der Tat $\bar{x} \in \mathbb{F}_p$. $\square$

Bemerkung Scheinbar betrügt man sich bei diesem Verfahren selbst, da man auf der Suche nach der Wurzel aus $\bar{a}$ mit der ebenso unbekannten Wurzel aus $\bar{t}^2 - \bar{a}$ rechnet. Der Witz ist aber, dass $\bar{t}^2 - \bar{a}$ in $\mathbb{F}_p$ keine Wurzel hat und man daher mit dieser Wurzel nur symbolisch im Körper $\mathbb{F}_{p^2}$ rechnet, was rechentechnisch kein Problem ist.

Der Haken bei diesem Verfahren ist allerdings, dass unklar ist, wie lange man braucht, um ein t zu finden, für das $t^2 - a$ Nichtrest modulo p ist; unter Umständen findet man beim Durchprobieren zuerst ein t, das eine Wurzel aus a modulo p ist. Man kann aber zeigen, dass dieser Fall sehr unwahrscheinlich ist und man mit hoher Wahrscheinlichkeit ein solches t schnell findet.

Immerhin gilt für alle $c_1, c_2 \in \mathbb{Z}$ nach Aufgabe 8.21 von Kap. 8

$$\sum_{t=0}^{p-1} \left(\frac{(t+c_1)(t+c_2)}{p} \right) = \begin{cases} p-1 & \text{falls } c_1 \equiv c_2 \bmod p \\ -1 & \text{sonst,} \end{cases}$$

so dass (mit $c^2 \equiv a \bmod p$ und $c_1 = c, c_2 = -c$) klar ist, dass $t^2 - a$ für etwas mehr als die Hälfte aller $t \bmod p$ in der Tat ein Nichtrest ist.

Beispiel 10.17 Sei $p = 19$ und $a = 5$. Mit $t = 1$ ist $t^2 - a = -4$ nach dem ersten Ergänzungssatz ein Nichtrest modulo 19. Wir setzen $x = 1 + 2\sqrt{-1} \in \mathbb{F}_{19^2} = \mathbb{F}_{19}(\sqrt{-1})$ und finden durch wiederholtes Quadrieren und Reduzieren modulo 19

$$x^2 = -3 + 4\sqrt{-1}, \quad x^4 = -7 - 5\sqrt{-1}, \quad x^8 = 5 - 6\sqrt{-1}, \quad x^{10} = 9.$$

In der Tat ist $9^2 = 81 \equiv 5 \bmod 19$.

10.4   Ergänzung: Zyklische lineare Codes

Als weitere Anwendung der Theorie der endlichen Körper machen wir einen kurzen Ausflug in die Theorie der fehlerkorrigierenden Codes.

Für die Grundlagen dieser Theorie und insbesondere für die Frage, wieso die im Folgenden behandelten algebraischen Konstruktionen relevant für das Problem der fehlerfreien Übermittlung und Speicherung von Daten sind, verweisen wir auf die einschlägigen Lehrbücher[1].

Definition 10.18

a) *Ein* Block-Code *der Länge n über dem Alphabet* $\mathbb{F}_q$ *ist eine Teilmenge* $\mathcal{C} \subseteq \mathbb{F}_q^n$.

b) *Ist* $\mathcal{C} \subseteq \mathbb{F}_q^n$ *ein Untervektorraum von* $\mathbb{F}_q^n$, *so heißt* $\mathcal{C}$ *ein* linearer Code.

---

[1] Zum Beispiel: J.H. van Lint: Coding Theory. Springer Verlag 2007, W. Willems: Codierungstheorie. de Gruyter 1999.

c) *Sei* $C \subseteq \mathbb{F}_q^n$ *ein Block-Code. Für* $\mathbf{x} = (x_1, \ldots, x_n)$, $\mathbf{y} = (y_1, \ldots, y_n) \in \mathbb{F}_q^n$ *heißt*

$$d(\mathbf{x}, \mathbf{y}) := |\{j \mid x_j \neq y_j\}|$$

der Hamming-Abstand *von* $\mathbf{x}, \mathbf{y}$ *und* $w(\mathbf{x}) := d(\mathbf{x}, \mathbf{0})$ *das* Hamming-Gewicht *von* $\mathbf{x}$.

d) *Die Zahl* $\min\{w(\mathbf{x}) \mid \mathbf{x} \neq \mathbf{0}\}$ *heißt das* Minimalgewicht $w(C)$ *des Codes* C *und für lineare Codes auch der* Minimalabstand *des Codes* C.

Bemerkung Lineare Codes C werden zur Nachrichtenübermittlung über gestörte Kanäle benutzt sowie auch zur Speicherung von Daten, etwa auf CDs oder Festplatten von Computern. Man wandelt zur Übermittlung einer Nachricht diese beim Sender in eine Folge von Codeworte genannten Elementen von $C \subseteq \mathbb{F}_q^n$ um (Codierung), die der Empfänger wieder in die ursprüngliche Nachricht verwandeln soll (Decodierung). Das kann schwierig werden, wenn die Störungen im Kanal dazu führen, dass das empfangene Element von $\mathbb{F}_q^n$ in einigen Positionen vom gesendeten Element abweicht. Ist z. B. C ein linearer Code der Dimension $k < n$, so hat man dadurch, dass man nur q^k der q^n Elemente von $\mathbb{F}_q^n$ als Codeworte verwendet, eine gewisse Redundanz, die zur Korrektur von Übermittlungsfehlern benutzt werden kann.

Ist etwa das Minimalgewicht des Codes $d \geq 2t + 1$, so gibt es zu jedem auf der Empfängerseite des Kanals empfangenen Element $\mathbf{x}$ von $\mathbb{F}_q^n$ höchstens ein Element $\mathbf{c}$ des Codes, das sich von $\mathbf{x}$ in nicht mehr als t Stellen unterscheidet. Nimmt man an, dass bei der Übermittlung in der Regel nicht mehr als t Stellen verändert werden, so kann man also trotz der Störung erkennen, dass auf der Senderseite das Codewort $\mathbf{c}$ in den Kanal eingegeben wurde.

Definition und Lemma 10.19 *Sei* $C \subseteq \mathbb{F}_q^n$ *ein linearer Code mit Basis*

$$\mathbf{c}_1 = {}^t(g_{11}, \ldots, g_{1n}), \ldots, \mathbf{c}_k = {}^t(g_{k1}, \ldots, g_{kn}).$$

Dann heißt die Matrix $G = (g_{ij}) \in M_{k,n}(\mathbb{F}_q)$ *eine* Erzeugermatrix *des Codes* C *und durch*

$$ {}^t(x_1, \ldots, x_k) \mapsto \sum_{i=1}^{k} x_i \mathbf{c}_i = {}^t G \mathbf{x}$$

wird eine lineare Einbettung $C : \mathbb{F}_q^k \to \mathbb{F}_q^n$ *gegeben.*

Eine Matrix $H \in M_{n-k,n}(\mathbb{F}_q)$, *für die* C *der Lösungsraum des linearen Gleichungssystems* $H\mathbf{x} = \mathbf{0}$ *ist, heißt eine* Kontrollmatrix *von* C.

Beweis Klar.   □

Lemma 10.20 *Für eine Kontrollmatrix* H *gilt* $\mathrm{rg}\, H = n - k$ *und* $H \cdot G^t = 0$ *für jede Erzeugermatrix* G *von* C.

Beweis Klar.   □

Definition und Lemma 10.21

a) *Für $C \subseteq \mathbb{F}_q^n$ ist der* duale Code $C^\perp$ *definiert als*

$$C^\perp = \Big\{ \mathbf{y} \in \mathbb{F}_q^n \mid \langle \mathbf{x}, \mathbf{y} \rangle := \sum_{i=1}^{n} x_i y_i = 0 \text{ für alle } \mathbf{x} \in C \Big\}.$$

Ist $C = C^\perp$, so heißt C selbstdual.

b) *Ist* $\dim C = k$, *so ist* $\dim C^\perp = n - k$.

c) *H ist genau dann Kontrollmatrix von C, wenn H Erzeugermatrix von $C^\perp$ ist.*

d) *Durch $\mathbf{y} \to L_\mathbf{y} \in (\mathbb{F}_q^n)^*$ mit $L_\mathbf{y}(\mathbf{x}) := \langle \mathbf{x}, \mathbf{y} \rangle$ wird ein Isomorphismus L von $\mathbb{F}_q^n$ auf den Dualraum $(\mathbb{F}_q^n)^*$ gegeben, der $C^\perp$ auf den Annullator von C abbildet.*

Beweis Dies sind Standardaussagen der linearen Algebra. Man beachte, dass durch $(\mathbf{x}, \mathbf{y}) \mapsto \langle \mathbf{x}, \mathbf{y} \rangle$ eine nichtausgeartete symmetrische Bilinearform auf $\mathbb{F}_q^n$ gegeben wird. $\qquad\square$

Definition 10.22 *Der Code $C \subseteq \mathbb{F}_q^n$ heißt* zyklisch, *wenn zu jedem $\mathbf{c} = (c_0, \ldots, c_{n-1}) \in C$ auch seine zyklische Verschiebung $(c_{n-1}, c_0, \ldots, c_{n-2})$ zu C gehört.*

Zyklische Codes lassen sich leicht mit algebraischen Methoden behandeln.

Proposition 10.23 *Der $\mathbb{F}_q$-Vektorraum $\mathbb{F}_q[X]/(X^n - 1)$ sei durch*

$$\bar{f} = \Big(\sum_{j=0}^{n-1} c_j X^j \Big) \bmod (X^n - 1) \to (c_0, \ldots, c_{n-1}) =: \mathbf{c}^{(f)}$$

mit $\mathbb{F}_q^n$ identifiziert, $C \subseteq \mathbb{F}_q^n$ ein linearer Code.

Dann ist der Code C genau dann zyklisch, wenn C ein Ideal im Faktorring $\mathbb{F}_q[X]/(X^n-1)$ ist.

In diesem Fall gibt es ein eindeutig bestimmtes normiertes Polynom kleinsten Grades $g \in \mathbb{F}_q[X]$, so dass C genau aus den Vielfachen von $\bar{g} \in \mathbb{F}_q[X]/(X^n - 1)$ besteht. g heißt das Erzeugerpolynom *von C, es ist ein Teiler von $X^n - 1$.*

Das Polynom $h = \frac{X^n - 1}{g}$ heißt Kontrollpolynom *(Prüfpolynom, check polynomial) von C. Es gilt:*

$$C = \{ \bar{f} \in \mathbb{F}_q[X]/(X^n - 1) \mid \overline{fh} = \overline{0} \} \quad und$$
$$C \cong \mathbb{F}_q[X]/(h),$$

dabei ist durch

$$f \bmod h \mapsto fg \bmod (X^n - 1)$$

ein Isomorphismus gegeben.

Beweis Die zyklische Verschiebung wird durch Multiplikation mit der Restklasse $\overline{X}$ von $X \bmod X^n - 1$ bewirkt, also ist $\mathcal{C}$ genau dann zyklisch, wenn es ein Ideal ist.

Da $\mathbb{F}_q[X]$ Hauptidealring ist, sind nach Aufgabe 4.5 auch in $\mathbb{F}_q[X]/(X^n-1)$ alle Ideale Hauptideale. Das zeigt die Existenz des Erzeugerpolynoms g und gleichzeitig die Behauptung, dass g ein Teiler von $X^n - 1$ ist. Die Behauptung über h ist dann klar.   □

Bemerkung Das Kontrollpolynom $h = \sum_{j=0}^{k} h_j X^j$ mit $\deg(h) = n - k$ und $h_k = 1$ führt auf die Kontrollmatrix

$$
\begin{pmatrix}
 & & h_k & \cdots & h_0 & & \\
 & & & \ddots & & \ddots & \\
 & \cdot & & & & & \\
h_k & \cdots & h_0 & 0 & \cdots & 0
\end{pmatrix}
\in M_{n-k,n}(\mathbb{F}_q).
$$

Das Skalarprodukt der i-ten Zeile dieser Matrix ($1 \le i \le n - k$) mit dem durch g gegebenen Codewort $g_0, \ldots, g_n$ ist nämlich (mit $h_j = 0$ für $j > k$ oder $j < 0$) $\sum_{j=0}^{n-1} g_j h_{n-j-i}$, also der Koeffizient bei X^{n-i} von $gh = X^n - 1$, also gleich 0. Genauso rechnet man aus, dass die Zeilen der Matrix Skalarprodukt 0 mit den ersten k zyklischen Verschiebungen von $(g_0, \ldots, g_{n-1})$ haben.

Man sieht durch Betrachten der Kontrollmatrix: Der zu $\mathcal{C}$ duale Code hat das Erzeugerpolynom $\hat{h}(X) = X^k h(X^{-1})$. Er ist äquivalent zu dem Code mit Erzeugerpolynom h, d. h., er geht durch eine Permutation der Koordinaten aus diesem hervor.

Beispiel 10.24 Sei $q = 2$, $n = 7$. Das Polynom $X^7 - 1$ zerfällt als

$$(X+1)(X^3 + X^2 + 1)(X^3 + X + 1).$$

Der Code mit Erzeugerpolynom $(X^3 + X + 1)$ hat das Kontrollpolynom $X^4 + X^2 + X + 1$. Eine Erzeugermatrix ist

$$
\begin{pmatrix}
1 & 1 & 0 & 1 & 0 & 0 & 0 \\
0 & 1 & 1 & 0 & 1 & 0 & 0 \\
0 & 0 & 1 & 1 & 0 & 1 & 0 \\
0 & 0 & 0 & 1 & 1 & 0 & 1
\end{pmatrix},
$$

die zugehörige Kontrollmatrix ist

$$
\begin{pmatrix}
0 & 0 & 1 & 0 & 1 & 1 & 1 \\
0 & 1 & 0 & 1 & 1 & 1 & 0 \\
1 & 0 & 1 & 1 & 1 & 0 & 0
\end{pmatrix}.
$$

Dieser Code ist als Hamming-Code bekannt.

Der duale Code hat Erzeugerpolynom

$$\hat{h}(X) = X^4 + X^3 + X^2 + 1 = (X+1)(X^3 + X + 1)$$

und ist äquivalent zu dem vom Kontrollpolynom

$$X^4 + X^2 + X + 1 = (X+1)(X^3 + X^2 + 1)$$

erzeugten Code.

Proposition 10.25 *Der zyklische Code* $C \subseteq \mathbb{F}_q^n$ *habe das Erzeugerpolynom* g *vom Grad* $n - k$. *Dann erhält man Basen von* C *durch die Restklassen modulo* $X^n - 1$ *von:*

a) $g, X \cdot g, \ldots, X^{k-1} g$
b) $X^j - (X^j \bmod g) \ (n - k \le j \le n - 1)$

Beweis
a) Ist $\bar{f} \in C$ mit deg $f < n$, so ist

$$\begin{aligned} f &= gq + r \cdot (X^n - 1) \text{ mit } q, r \in \mathbb{F}_q[X] \\ &= gq + r \cdot hg = g(q + rh), \end{aligned}$$

also f ein Vielfaches von g und notwendig $\deg(q + rh) \le k - 1$. Alle solchen Vielfachen lassen sich aus $g, Xg, \ldots, X^{k-1} g$ linear kombinieren, und diese Elemente sind linear unabhängig.

b) Die Elemente sind offenbar linear unabhängig, aus Dimensionsgründen bilden sie also eine Basis.   □

Bemerkung Zyklische Codes sind relativ leicht zu codieren. Zur Codierung gehe man aus von einem zu codierenden Vektor $(c_{n-k}, \ldots, c_{n-1})$ der Länge k, setze

$$c'(X) = c_{n-k} X^{n-k} + \cdots + c_{n-1} X^{n-1}$$

und codiere als

$$c'(X) - (c'(X) \bmod g(X)).$$

Nach Teil b) der vorigen Proposition ist das gerade

$$c_{n-k} f_{n-k} + \cdots + c_{n-1} f_{n-1},$$

wo die f_{n-j} die Elemente einer Basis des Codes durchlaufen.

Definition 10.26 *Sei $n \in \mathbb{N}$ mit $\mathrm{ggT}(q, n) = 1$ und $X^n - 1 = f_1 \cdots f_t$ mit irreduziblen (paarweise verschiedenen) f_i in $\mathbb{F}_q[X]$.*

Dann heißen die von den f_i erzeugten zyklischen Codes in $\mathbb{F}_q^n$ die maximalen zyklischen Codes M_i^+, *die von den $\frac{X^n-1}{f_i}$ erzeugten Codes die* minimalen zyklischen Codes M_i^- *über $\mathbb{F}_q$ der Länge n.*

Bemerkung Die Codes M_i^+ bzw. M_i^- sind offenbar maximal bzw. minimal in dem Sinne, dass sie in keinem zyklischen Code der Länge n echt enthalten sind (bzw. keinen solchen Code echt enthalten).

Proposition 10.27 *Ist $X^n - 1 = f_1(X) \cdots f_t(X)$ die Zerlegung von $X^n - 1$ in ein Produkt normierter irreduzibler Polynome in $\mathbb{F}_q[X]$ und β_i eine Nullstelle von f_i in $\mathbb{F}_{q^r}$ (mit $q^r \equiv 1 \bmod n$), so ist $M_i^+ = \{\bar{f} \in \mathbb{F}_q[X]/(X^n - 1) \mid f(\beta_i) = 0\}$.*

Sind umgekehrt $\alpha_1, \ldots, \alpha_s \in \mathbb{F}_{q^r}$ beliebige n-te Einheitswurzeln und

$$\mathcal{C} := \{\bar{h} \in \mathbb{F}_q[X]/(X^n - 1) \mid h(\alpha_i) = 0 \text{ für } 1 \le i \le s\},$$

so ist $\mathcal{C}$ der zyklische Code, dessen Erzeugerpolynom das kleinste gemeinsame Vielfache der Minimalpolynome der α_i in $\mathbb{F}_q[X]$ ist.

Beweis f ist genau dann durch f_i teilbar, wenn sein Wert in einer der Nullstellen von f_i gleich Null ist (dann ist natürlich $f(\beta) = 0$ für alle Nullstellen β von f_i in $\overline{\mathbb{F}}_q$).

Der zweite Teil der Behauptung folgt auf die gleiche Weise.   □

Beispiel 10.28 Sei q eine Primzahlpotenz und $\mathbb{F}_q = \{0, \alpha^1, \ldots, \alpha^{q-1}\}$ mit einem geeigneten α. Seien $a < n = q - 1$ gegeben und $f_j(X) = X^j \in \mathbb{F}_q[X]$.

Der *Reed-Solomon-Code* $\mathcal{C} \subseteq \mathbb{F}_q^n$ der Dimension $a + 1$ ist gegeben als der lineare Code, dessen Basis die (linear unabhängigen) Vektoren $(f_j(\alpha^1), \ldots, f_j(\alpha^n)) \in \mathbb{F}_q^n$ mit $0 \le j \le a$ sind.

Ein Element $\mathbf{y} = (y_1, \ldots, y_n)$ ist in $\mathcal{C}^\perp$, wenn $\sum y_i f_j(\alpha^i) = 0$ $(0 \le j \le a)$ ist, also ist $\mathbf{y}$ genau dann in $\mathcal{C}^\perp$, wenn $\sum_{i=0}^{n-1} y_i \alpha^{ij} = 0$ für $0 \le j \le a$ gilt.

Mit $h_{\mathbf{y}}(X) := \sum_{i=0}^{n-1} y_i X^i$ heißt das:

$$\mathbf{y} \in \mathcal{C}^\perp \Leftrightarrow h_{\mathbf{y}}(\alpha^j) = 0 \quad (0 \le j \le a).$$

Der Code $\mathcal{C}^\perp$ ist also durch die Nullstellen $1, \alpha, \ldots, \alpha^a$ gegeben.

Proposition 10.29 *Sei wieder $X^n - 1 = f_1(X) \cdots f_t(X)$ mit paarweise verschiedenen irreduziblen $f_i \in \mathbb{F}_q[X]$, β_i eine Nullstelle von f_i in $\mathbb{F}_{q^m}$ und $\mathcal{C}$ der Code mit Erzeugerpolynom $f_1 \cdots f_s$.*

Sei eine $\mathbb{F}_q$-Basis des Vektorraums $\mathbb{F}_{q^m}$ fixiert und $\mathbf{b}_i^{(j)} \in \mathbb{F}_q^m$ der Koordinatenvektor von β_i^j ($0 \le j \le n-1$), geschrieben als Spaltenvektor. Dann ist die Matrix

$$H := \begin{pmatrix} \mathbf{b}_1^{(0)} & \cdots & \mathbf{b}_1^{(n-1)} \\ \vdots & \ddots & \vdots \\ \mathbf{b}_s^{(0)} & \cdots & \mathbf{b}_s^{(n-1)} \end{pmatrix} \in M_{s \cdot m, n}(\mathbb{F}_q)$$

eine verallgemeinerte Kontrollmatrix von C (d. h., rg H ist evtl. kleiner als sm, nämlich gleich $\sum_{j=1}^r \deg(f_i) \le sm$).

Beweis Multipliziert man die Zeile, in der die l-ten Koordinaten der Potenzen von β_i stehen, mit dem Codewort $\mathbf{c}$, so erhält man als Resultat die l-te Koordinate von $\mathbf{c}(\beta) = \sum_{j=0}^{n-1} c_j \beta^j$, und letzteres ist Null, da ja C gerade aus den Polynomen besteht, die in allen Nullstellen der $f_1, \ldots, f_s$ den Wert Null annehmen. $\qquad \square$

Definition und Satz 10.30 *Seien n, k gegeben mit $q^k \equiv 1 \bmod n$, $\zeta \in \mathbb{F}_{q^k}$ eine primitive n-te Einheitswurzel, $d > 1 \in \mathbb{N}$.*

Der zyklische Code $C = \{\bar{f} \in \mathbb{F}_q[X]/(X^n - 1) \mid f(\zeta) = \cdots = f(\zeta^{d-1}) = 0\}$ heißt BCH-Code (im engeren Sinne) vom konstruierten Abstand d (designed distance, Entwurfsdistanz); es gilt $w(C) \ge d$.

Der BCH-Code C heißt primitiv, wenn $n = q^k - 1$ gilt.

Beweis Betrachte die $k(d-1) \times n$-Matrix

$$\begin{pmatrix} 1 & \mathbf{b} & \cdots & \mathbf{b}^{(n-1)} \\ \vdots & \vdots & \ddots & \vdots \\ 1 & \mathbf{b}^{(d-1)} & \cdots & \mathbf{b}^{(d-1)(n-1)} \end{pmatrix} \quad \text{über } \mathbb{F}_q$$

mit den $\mathbf{b}^{(j)}$ zu ζ^j wie oben, bzw. die zugehörige Matrix

$$\begin{pmatrix} 1 & \zeta & \cdots & \zeta^{n-1} \\ \vdots & \vdots & \ddots & \vdots \\ 1 & \zeta^{d-1} & \cdots & \zeta^{(d-1)(n-1)} \end{pmatrix} \quad \text{über } \mathbb{F}_{q^k}^n \quad (d-1 \le n).$$

In letzterer bilden je $(d-1)$ Spalten eine (leicht modifizierte) Vandermonde-Matrix mit Determinante $\prod_{i_r < i_s}(\zeta^{i_r} - \zeta^{i_s}) \ne 0$; je $(d-1)$ Spalten sind also linear unabhängig, d. h. $w(C) \ge d$. $\qquad \square$

Zum Abschluss unserer Sammlung spezieller Codes betrachten wir jetzt noch die Quadratische-Reste-Codes.

Lemma 10.31 *Sei $n \neq 2$ eine Primzahl, q mit $n \nmid q$ eine Primzahlpotenz, die quadratischer Rest modulo n ist, $\zeta \in \overline{\mathbb{F}}_q$ eine primitive n-te Einheitswurzel, R_0 bzw. R_1 die Menge der Restklassen von quadratischen Resten (bzw. Nichtresten) modulo n. Dann gilt: Die Polynome*

$$g_0(X) = \prod_{\overline{j} \in R_0} (X - \zeta^j), \quad g_1(X) = \prod_{\overline{j} \in R_1} (X - \zeta^j)$$

sind in $\mathbb{F}_q[X]$, und es gilt

$$X^n - 1 = (X - 1)g_0 g_1.$$

Beweis Ist d die Ordnung von q in $(\mathbb{Z}/n\mathbb{Z})^\times$, so ist $\zeta \in \mathbb{F}_{q^d}$. Der Frobeniusautomorphismus Frob_q der Erweiterung $\mathbb{F}_{q^d}/\mathbb{F}_q$ bildet ζ^j auf ζ^{qj} ab; da q ein quadratischer Rest modulo n ist, ist qj genau dann quadratischer Rest modulo n, wenn j quadratischer Rest modulo n ist. Frob_q bildet also g_0 und g_1 jeweils in sich ab; nach Satz 10.13 haben g_0 und g_1 daher Koeffizienten in $\mathbb{F}_q$. $\square$

Bemerkung Mit ζ ist auch ζ^k für jedes k mit $n \nmid k$ eine primitive n-te Einheitswurzel. Ersetzt man also ζ durch ζ^k für ein k, das quadratischer Nichtrest modulo n ist, so vertauscht man g_0 und g_1.

Definition 10.32 *Mit den Bezeichnungen von oben heißt der zyklische Code der Länge n über $\mathbb{F}_q$ mit Erzeugerpolynom g_0 der* Quadratische-Reste-Code *über $\mathbb{F}_q$ der Länge n.*

Bemerkung

a) Für jedes k mit $n \nmid k$ wird durch $j \mapsto jk \bmod n$ eine Permutation σ_k des Vertretersystems $\{0, \ldots, n-1\}$ von $\mathbb{F}_n = \mathbb{Z}/n\mathbb{Z}$ gegeben. Definiert man $\sigma_k(\overline{f})$ für $\overline{f} \in \mathbb{F}_q[X]/(X^n - 1)$ mit $f = \sum_{i=0}^{n-1} a_i X^i$ durch

$$\sigma_k(\overline{f}) = \sum a_i X^{ki} \bmod (X^n - 1)$$
$$= \sum a_i X^{\sigma_k(i)} \bmod (X^n - 1),$$

so ist der zyklische Code mit Erzeugerpolynom $\sigma_k(f)$ offenbar äquivalent zum zyklischen Code mit Erzeugerpolynom f. Sind $\zeta^{i_1}, \ldots, \zeta^{i_r}$ die Nullstellen von f in $\overline{\mathbb{F}}_q$ und ist k' so, dass $k' \cdot k \equiv 1 \bmod n$ gilt ($\overline{k}'$ also gleich $\overline{k}^{-1}$ in $\mathbb{F}_n$), so sind $\zeta^{k' i_1}, \ldots, \zeta^{k' i_r}$ die Nullstellen von $\sigma_k(f)$. Insbesondere sehen wir für k, das kein quadratischer Rest modulo n ist, dass der durch g_0 und der durch g_1 definierte Code äquivalent zueinander sind.

b) Häufig wird auch der Code mit Erzeugerpolynom $(X - 1)g_0(X)$ als quadratischer-Reste-Code bezeichnet, er ist der Teilcode, der aus den $\mathbf{x}$ mit $\sum_{i=0}^{n-1} x_i = 0$ besteht. Für $q = 2$ ist das der Teilcode, der genau aus den Wörtern geraden Gewichts besteht.

c) Für den Spezialfall $q = 2$ gilt nach dem 2. Ergänzungssatz zum quadratischen Reziprozitätsgesetz, dass 2 genau dann quadratischer Rest modulo n ist, wenn $n \equiv \pm 1 \bmod 8$ ist. Im allgemeinen Fall gilt nach Korollar 8.42, dass die Frage, ob q quadratischer Rest modulo n ist, nur von n modulo $4q$ abhängt.

Bei gegebenem q lässt sich also leicht berechnen, welche n zur Bildung eines Quadratische-Reste-Codes der Länge n über $\mathbb{F}_q$ geeignet sind.

Proposition 10.33 *Sei* **c** *ein Codewort vom Gewicht d im Quadratische-Reste-Code $C_Q(q, n)$ der Länge n über $\mathbb{F}_q$ mit $(X - 1) \nmid$ **c**. Dann gilt $d^2 \geq n$. Ist $n \equiv -1 \bmod 4$, so gilt $d^2 - d + 1 \geq n$.*

Beweis Sei k Nichtrest modulo n. Das Polynom $\mathbf{c}(X) \cdot \sigma_k(\mathbf{c})(X)$ ist dann durch $g_0 g_1 = X^{n-1} + \cdots + 1$ teilbar, aber nicht durch $X - 1$, denn mit **c** ist auch $\sigma_k(\mathbf{c})$ nicht durch $X - 1$ teilbar. Es bleibt nur die Möglichkeit, dass $\mathbf{c}(X)\sigma_k(\mathbf{c})(X) \bmod (X^n - 1)$ ein skalares Vielfaches von $1 + \cdots + X^{n-1}$ ist, also Gewicht n hat; andererseits hat dieses Wort aber offensichtlich Gewicht $\leq (w(\mathbf{c}))^2$. Also ist $n \leq (w(\mathbf{c}))^2$ wie behauptet.

Ist $n \equiv -1 \bmod 4$, so ist nach dem ersten Ergänzungssatz zum quadratischen Reziprozitätsgesetz -1 ein Nichtrest modulo n, wir können also $k = -1$ im obigen Argument wählen. In $\mathbf{c}(X) \cdot \mathbf{c}(X^{-1})$ führt aber für jedes i mit $c_i \neq 0$ das Produkt der Terme $c_i X^i$ und $c_i X^{-i}$ auf einen konstanten Term, diese $w(\mathbf{c})$ Paare liefern also nur einen Term im Produkt, $\mathbf{c}(X)\mathbf{c}(X^{-1})$ hat also höchstens Gewicht $w(\mathbf{c})^2 - (w(\mathbf{c}) - 1) = w(\mathbf{c})^2 - w(\mathbf{c}) + 1$. $\qquad\square$

Um auch für die durch $(X - 1)$ teilbaren Codeworte das Gewicht nach unten abzuschätzen, benötigen wir den folgenden Satz, für dessen Beweis wir auf das klassische Buch über Codierungstheorie von MacWilliams und Sloane[2] verweisen:

Theorem 10.34 (Gleason-Prange) *Sei* $\overline{C}_Q(q, n) := \{(c_0, \ldots, c_{n-1}, c_\infty) \mid (c_0, \ldots, c_{n-1}) \in C_Q(q, n), c_\infty = -\sum_{i=0}^{n-1} c_i\}$ *der erweiterte Quadratische-Reste-Code der Länge $n + 1$ über $\mathbb{F}_q$.* *Die Matrix* $\sigma = \begin{pmatrix} a & b \\ c & d \end{pmatrix} \in SL_2(\mathbb{F}_n)$ *operiere auf $\mathbb{F}_n \cup \{\infty\}$ durch*

$$\sigma(x) = \frac{ax + b}{cx + d},$$

wobei man die üblichen Konventionen über das Rechnen mit dem Symbol ∞ befolgt, also etwa

$$\sigma(\infty) = \begin{cases} \frac{a}{c} & c \neq 0 \\ \infty & c = 0 \end{cases}$$

setzt.

---

[2] F.J. MacWilliams, N.J.A. Sloane: The theory of error correcting codes, North Holland, Amsterdam 1978.

Dann gilt: $\overline{C}_Q(n, q)$ *ist invariant unter den durch die* $\sigma \in SL_2(\mathbb{F}_n)$ *gegebenen Permutationen der Koordinaten.*

Proposition 10.35 *Der Minimalabstand* d *des quadratischen-Reste-Codes erfüllt* $d^2 \geq n$ *und für* $n \equiv -1 \bmod 4$ *sogar* $d^2 - d + 1 \geq n$.

Beweis Sei $c \in C_Q(n, q)$. Ist c nicht im von $(X - 1)g_0(X)$ erzeugten Teilcode $C_Q^0(n, q)$, so ist die Behauptung schon gezeigt. $C_Q^0(n, q)$ ist gleich

$$\{c = (c_0, \dots, c_{n-1}) \in C_Q(n, q) \mid (c_0, \dots, c_{n-1}, 0) \in \overline{C}_Q(n, q)\}.$$

Ist $c \in C_Q^0(n, q)$ ein Wort minimalen Gewichts, so können wir (durch zyklische Verschiebung) $c_0 \neq 0$ annehmen. Betrachten wir $\sigma = \begin{pmatrix} 0 & -1 \\ 1 & 0 \end{pmatrix} \in SL_2(\mathbb{F}_n)$, so ist $\sigma(0) = \infty$, $\sigma(\infty) = 0$ und

$$\sigma(c_0, \dots, c_{n-1}, 0) = (c_0', \dots, c_{n-1}', c_\infty') \in \overline{C}_Q(n, q)$$

mit $c_0' = 0, c_\infty' \neq 0, (c_0', \dots, c_{n-1}') \in C_Q(n, q)$, und $(c_1', \dots, c_{n-1}')$ ist eine Permutation von $(c_1, \dots, c_{n-1})$, hat also das gleiche Gewicht. Zu jedem Wort von $C_Q^0(n, q)$ gibt es also ein Wort in $C_Q(n, q) \smallsetminus C_Q^0(n, q)$ von kleinerem Gewicht, und die Behauptung folgt aus dem Lemma von oben.   □

Beispiel 10.36 Ist $n = 23 \equiv -1 \bmod 8$, $q = 2$, so liefert obiger Beweis zunächst, dass d ungerade ist, aus $d^2 - d + 1 \geq 23$ folgt dann $d \geq 7$. (Die BCH-Schranke würde hier $d \geq 5$ liefern.) Die Kugeln vom Radius 3 um die Codeworte sind also disjunkt und enthalten je $1 + \binom{23}{1} + \binom{23}{2} + \binom{23}{3} = 2^{11}$ Codeworte. Der Code hat Dimension 12, wir erhalten also 2^{23} Elemente von $\mathbb{F}_2^{23}$ in der Vereinigung dieser Kugeln. $\mathbb{F}_2^{23}$ ist daher die disjunkte Vereinigung der Kugeln vom Radius 3 um die Codeworte, der Code ist ein perfekter Code. Er ist auch unter dem Namen binärer Golay-Code bekannt.

10.5 Übungen

10.1 Sei $K = \mathbb{F}_{729}$ der Körper mit $729 = 3^6$ Elementen.

a) Wie viele Teilkörper hat K?
b) Zeigen Sie, dass es in K genau 696 Elemente α mit $K = \mathbb{F}_3(\alpha)$ gibt und dass es in $\mathbb{F}_3[X]$ genau 116 normierte irreduzible Polynome vom Grad 6 gibt.
c) Wie viele Elemente vom Grad 2 bzw. 3 über $\mathbb{F}_3$ gibt es in K?
d) Wie viele Elemente des Körpers $\mathbb{F}_{3^{12}}$ haben Grad 6 bzw. Grad 4 über $\mathbb{F}_3$?

10.2

a) Zeigen Sie: Der Körper $\mathbb{F}_{16}$ enthält ein Element α mit

$$1 + \alpha + \alpha^2 + \alpha^3 + \alpha^4 = 0$$

und $\mathbb{F}_{16} = \mathbb{F}_2(\alpha)$.

b) Wie viele Elemente β mit $1 + \beta + \beta^2 + \beta^3 + \beta^4 = 0$ gibt es in $\mathbb{F}_{16}$?

c) Drücken Sie $(\alpha^2 + \alpha^3)^{-1}$ als Linearkombination mit Koeffizienten in $\mathbb{F}_2$ der Elemente der $\mathbb{F}_2$-Basis $\{1, \alpha, \alpha^2, \alpha^3\}$ von $\mathbb{F}_{16}$ aus.

10.3

a) Finden Sie ein Polynom $f \in \mathbb{F}_2[X]$, das Minimalpolynom eines $\alpha \in \mathbb{F}_{32}$ mit $\mathbb{F}_2(\alpha) = \mathbb{F}_{32}$ ist.

b) Finden Sie ein erzeugendes Element der zyklischen Gruppe $\mathbb{F}_{16}^{\times}$.

10.4 Zeigen Sie: Ist $K = \mathbb{F}_q$ mit $q = p^m$, so ist $c^{p^{m-1}}$ für jedes $c \in \mathbb{F}_q$ eine p-te Wurzel aus c.

10.5 Zerlegen Sie $X^{125} - X$ und $X^{25} - X$ über $\mathbb{F}_5$ in irreduzible Faktoren.

10.6 Zeigen Sie, dass das Polynom $X^5 - 1$ in $\mathbb{F}_2[X]$ die Zerlegung

$$(X^5 - 1) = (X - 1)(X^4 + X^3 + X^2 + X + 1)$$

und in $\mathbb{F}_{11}[X]$ die Zerlegung

$$X^5 - 1 = (X - \overline{3})(X - \overline{9})(X - \overline{5})(X - \overline{4})(X - \overline{1})$$

in irreduzible Faktoren hat.

10.7 Sei $K = \mathbb{F}_3$, $L = \mathbb{F}_3[X]/(X^3 - X + 1)$ und $a = \overline{X}^2 + \overline{X} + 1 \in L$. Bestimmen Sie das Minimalpolynom von a über K, und geben Sie für alle Automorphismen von L über K das Bild von a an. Hierbei bezeichnet $\overline{X}$ die Restklasse von X in $K[X]/(X^3 - X + 1)$.

10.8 Zeigen Sie, dass in der Erweiterung $\mathbb{F}_{q^d}/\mathbb{F}_q$ die folgenden Formeln für Norm und Spur von $a \in \mathbb{F}_{q^d}$ gelten:

$$N_K^L(a) = \prod_{j=1}^{d} (\mathrm{Frob}_q)^j(a) = a^{\frac{q^d-1}{q-1}}, \quad T_K^L(a) = \sum_{j=1}^{d} (\mathrm{Frob}_q)^j(a).$$

Folgern Sie, dass genau dann $N_K^L(a) = 1$ gilt, wenn a sich in der Form

$$a = \frac{b}{\mathrm{Frob}_q(b)}$$

mit $b \in \mathbb{F}_{q^d}$ schreiben lässt.

10.9 Finden Sie in $\mathbb{F}_{13}$ eine 13-te Wurzel aus 3.

10.10 Im Folgenden sei $q = p^r$ eine Primzahlpotenz. Beweisen oder widerlegen Sie:

a) Ist $\mathbb{F}_4 = \mathbb{F}_2(\alpha)$, so ist $\alpha^2 = \alpha + 1$.
b) Ist $\mathbb{F}_9 = \mathbb{F}_3(\alpha)$, so ist $\alpha^2 = \alpha + 1$.
c) Ein Polynom $f \in \mathbb{F}_q[X]$ ist genau dann das Nullpolynom, wenn $f(a) = 0$ für alle $a \in \mathbb{F}_q$
   gilt.
d) Die multiplikative Gruppe $(\mathbb{F}_q^\times, \cdot)$ ist isomorph zu $(\mathbb{Z}/(q-1)\mathbb{Z}, +)$.
e) Die additive Gruppe $(\mathbb{F}_q, +)$ ist isomorph zu $(\mathbb{Z}/q\mathbb{Z}, +)$.

10.11 Untersuchen Sie für die folgenden (durch endliche Körper gegebenen) Gruppen G, ob es in der symmetrischen Gruppe S_{10} eine zu G isomorphe Untergruppe gibt:

a) $G = (\mathbb{F}_{32}, +)$
b) $G = (\mathbb{F}_{32}^\times, \cdot)$
c) $G = (\mathbb{F}_{16}^\times, \cdot)$
d) $G = (\mathbb{F}_{25}^\times, \cdot)$
e) $G = (\mathbb{F}_{25}, +)$
f) $G = (\mathbb{F}_{81}, +)$

Faktorisierung von Polynomen

11.1 Gauß'sches Lemma und Irreduzibilitätskriterien

In der bisher behandelten Körpertheorie spielen irreduzible Polynome zwar eine zentrale Rolle, wir haben bisher aber kaum überlegt, wie man ein gegebenes Polynom als irreduzibel nachweisen bzw. in seine irreduziblen Faktoren zerlegen kann.

Geht man dieses Problem für Polynome mit rationalen Koeffizienten an, so ist es naheliegend, von einem vorgelegten Polynom f zunächst durch Multiplikation mit dem Hauptnenner c der Koeffizienten zu dem ganzzahligen Polynom cf überzugehen. Man hofft dann, dass die Zerlegung von f in $\mathbb{Q}[X]$ im Wesentlichen genauso aussieht wie die Zerlegung von cf im Ring $\mathbb{Z}[X]$ der ganzzahligen Polynome.

Will man diesen Ansatz ausarbeiten, so bemerkt man rasch, dass die meisten Argumente genauso funktionieren, wenn man den Körper $\mathbb{Q}$ durch den Körper der Brüche $\mathrm{Quot}(R)$ eines beliebigen faktoriellen Rings R ersetzt. Wir gehen also im Weiteren von dieser allgemeineren Situation aus.

Definition und Lemma 11.1 *Sei R ein Integritätsbereich.*

a) *Ist $a \in R$ Primelement von R, so ist a auch als Element von $R[X]$ (d. h. als konstantes Polynom $a \cdot X^0$) ein Primelement.*

b) *Ist R faktoriell, so heißt ein Polynom $f = \sum_{i=0}^{n} a_i X^i \in R[X]$ primitiv, wenn $\mathrm{ggT}(a_0, \dots, a_n) = 1$ gilt. Ist allgemeiner $\mathrm{ggT}(a_0, \dots, a_n) = d \in R$, so heißt d der Inhalt von f. Damit gilt für faktorielles R: Sind $f, g \in R[X]$ primitiv, so ist auch fg primitiv.*

Beweis Für ein Primelement $p \in R$ sei $\pi_p : R \to R/(p)$ die Projektionsabbildung (Reduktion modulo p). π_p kann durch

$$\pi_p\left(\sum_{i=0}^{n} a_i \cdot X^i\right) = \sum_{i=0}^{n} \underbrace{\pi_p(a_i)}_{\in R/(p)} \cdot X^i.$$

R. Schulze-Pillot, *Einführung in Algebra und Zahlentheorie*, DOI 10.1007/978-3-642-55216-8_11, © Springer-Verlag Berlin Heidelberg 2015

zu einer ebenfalls mit π_p bezeichneten Projektion von $R[X]$ auf $R/(p)[X]$ fortgesetzt werden, die offenbar ein Ringhomomorphismus ist.

Zu a): Ist $p \in R$ ein Primelement und sind $f, g \in R[X]$ mit $p \mid fg$ in $R[X]$, so teilt p alle Koeffizienten von fg, also ist $\pi_p(f)\pi_p(g) = \pi_p(fg) = 0$. Da $R/(p)[X]$ Integritätsbereich ist, folgt $\pi_p(f) = 0$ oder $\pi_p(g) = 0$, also $p \mid f$ oder $p \mid g$, d. h., p ist Primelement in $R[X]$. Umgekehrt ist klar, dass p auch Primelement in R ist, wenn es Primelement in $R[X]$ ist.

Zu b): Ist $f \cdot g$ nicht primitiv, so gibt es (weil R faktoriell ist) ein Primelement $p \in R$ mit $p \mid fg$. Nach a) folgt $p \mid f$ oder $p \mid g$, also ist eines von f und g nicht primitiv. $\qquad \square$

Der folgende Satz zeigt, dass der Zusammenhang zwischen der Faktorzerlegung von Polynomen über R und der Faktorzerlegung über $K = \mathrm{Quot}(R)$ für einen faktoriellen Ring R tatsächlich so eng ist wie erhofft. Man erhält sogar mehr und kann zeigen, dass auch der Polynomring über R faktoriell ist, obwohl das Argument mit Hilfe des euklidischen Algorithmus, das man für Polynomringe über Körpern benutzt hat, hier nicht verfügbar ist (mit Rest dividieren kann man nur durch Polynome, deren Leitkoeffizient eine Einheit ist).

Satz 11.2 (Lemma von Gauß) *Sei R ein faktorieller Ring mit Körper der Brüche $K = \mathrm{Quot}(R)$.*

a) *Sei $f \in R[X]$ ein primitives Polynom, das in $K[X]$ die Zerlegung $f = g \cdot h$ mit $g, h \in K[X]$, $\deg(g) > 0$, $\deg(h) > 0$ hat. Dann gibt es primitive Polynome $\widetilde{g}, \widetilde{h} \in R[X]$ mit $f = \widetilde{g} \cdot \widetilde{h}$ und so, dass $\widetilde{g} = b \cdot g$, $\widetilde{h} = c \cdot h$ mit $b, c \in K$ gilt.*

b) *$f \in R[X]$ mit $f \notin R$ ist genau dann irreduzibel in $R[X]$ (also ein unzerlegbares Element von $R[X]$), wenn es primitiv ist und als Element von $K[X]$ unzerlegbar ist.*

c) *In $R[X]$ sind die unzerlegbaren Elemente genau die Primelemente.*

d) *$R[X]$ ist ein faktorieller Ring.*

Beweis

a) Seien f, g, h wie beschrieben. Indem man g und h mit dem kgV des Nenners der Koeffizienten (dem „kleinsten gemeinsamen Nenner") multipliziert, erhält man Vielfache, die in $R[X]$ liegen. Indem man diese durch den ggT der Koeffizienten teilt, erhält man primitive Polynome $\widetilde{g}, \widetilde{h} \in R[X]$ mit $\widetilde{g} = bg$, $\widetilde{h} = ch$ mit $b, c \in K$.
Man setze $\widetilde{f} = \widetilde{g}\widetilde{h} \in R[X]$. Nach Lemma 11.1 ist $\widetilde{f}$ primitiv, andererseits ist $\widetilde{f} = a \cdot f$ mit $a = bc \in K$. Wir schreiben $a = \frac{p}{q}$ mit $p, q \in R$, $\mathrm{ggT}(p, q) = 1$.
Damit haben wir $q \cdot \widetilde{f} = p \cdot f$. Für das Polynom auf der linken Seite dieser Gleichung ist q der ggT der Koeffizienten, für das auf der rechten Seite p.
Also ist p assoziiert zu q und wegen $\mathrm{ggT}(p, q) = 1$ ist $p \in R^\times$, $q \in R^\times$ und damit $a \in R^\times$. Wir sehen, dass $f = (a^{-1}\widetilde{g}) \cdot (\widetilde{h})$ mit primitiven $a^{-1}\widetilde{g}$ und $\widetilde{h}$ in $R[X]$ gilt, die konstante Vielfache von g, h sind.

b) Sei $f \in R[X]$ ein nicht konstantes Polynom. Ist f unzerlegbar in $R[X]$ und d der ggT seiner Koeffizienten, so ist $f = df_1$, mit $f_1 \in R[X]$, und aus der Unzerlegbarkeit folgt

$d \in (R[X])^\times = R^\times$. Wir können uns also auf primitive f beschränken. Ist nun ein primitives f zerlegbar in $R[X]$, so ist $f = g \cdot h$ mit $g, h \in R[X]$, und da f primitiv ist, ist weder g noch h konstant. Dann ist f aber auch in $K[X]$ zerlegbar. Ist umgekehrt f unzerlegbar in $R[X]$ so kann es nach Teil a) auch in $K[X]$ keine nicht triviale Zerlegung haben.

c) Ist $f \in R[X]$ unzerlegbar und nicht in R, so ist es nach dem bereits gezeigten auch unzerlegbar in $K[X]$, also, da $K[X]$ faktoriell ist, dort auch Primelement. Dann sieht man aber sofort, dass f auch Primelement in $R[X]$ ist. Unzerlegbare $f \in R$ sind aber, weil R faktoriell ist, dort prim, also nach Definition und Lemma 11.1 auch prim in $R[X]$.

d) Da für primitive Polynome die Zerlegung in unzerlegbare Elemente von $K[X]$ auch eine Zerlegung in unzerlegbare Elemente von $R[X]$ liefert und diese auch Primelemente sind, besitzt jedes Element von $R[X]$ eine Zerlegung in ein Produkt von Primelementen. Dass diese eindeutig ist, sieht man genauso wie beim Beweis der Faktorialität von Hauptidealringen in Abschn. 3.2. □

Beispiel 11.3 Sei $f = X^3 - 3X + 1 \in \mathbb{Z}[X]$. Wäre f reduzibel in $\mathbb{Z}[X]$, so wäre $f = (X - a) \cdot (X^2 + bX + c)$ mit $a, b, c \in \mathbb{Z}$, insbesondere wäre $a \in \{\pm 1\}$ wegen $ac = 1$, was wegen $f(-1) \neq 0 \neq f(1)$ nicht möglich ist. Also ist f irreduzibel in $\mathbb{Z}[X]$ und damit nach dem Satz auch irreduzibel in $\mathbb{Q}[X]$.

Dieses Polynom tritt aber bei dem Problem der Dreiteilung des Winkels von 120 Grad (bzw. $2\pi/3$ im Bogenmaß) bzw. der Konstruktion des regelmäßigen 9-Ecks auf: Sei $\zeta_9 = \exp(\frac{2\pi i}{9})$ eine primitive 9-te Einheitswurzel in $\mathbb{C}$ und $\alpha = \zeta_9 + \overline{\zeta_9} = \zeta_9 + \zeta_9^8 = 2\cos(\frac{2\pi i}{9}) \in \mathbb{R}$. Wegen $\zeta_9^3 = \zeta_3 := \exp(\frac{2\pi i}{3}) = -\frac{1}{2} + \frac{1}{2}\sqrt{-3}$ gilt $\alpha^3 = \zeta_3 + 3\zeta_9^2\zeta_9^8 + 3\zeta_9\zeta_9^{16} + \overline{\zeta_3} = -1 + 3\alpha$, d. h., α ist eine Nullstelle von f. Es gilt also $[\mathbb{Q}(\alpha) : \mathbb{Q}] = 3$, und wir sehen wegen Satz 9.38, dass α ebenso wie ζ_9 (ausgehend von $\mathbb{Q}$) nicht mit Zirkel und Lineal konstruiert werden kann. Geometrisch heißt das: Die Konstruktion des regelmäßigen Neunecks und (äquivalent) die Dreiteilung des Winkels von 120 Grad ist mit Zirkel und Lineal nicht möglich.

Korollar 11.4

a) *Der Ring $\mathbb{Z}[X_1, \ldots, X_n]$ ist faktoriell*

b) *Für jeden Körper K ist der Ring $K[X_1, \ldots, X_n]$ faktoriell*

Bemerkung Es gilt auch (Hilbert'scher Basissatz):

$\mathbb{Z}[X_1, \ldots, X_n]$ und $K[X_1, \ldots, X_n]$ sind noethersche Ringe,
d. h., jedes Ideal in einem dieser Ringe ist endlich erzeugt.

Das beweisen wir hier nicht, es ist aber die Grundlage für alles algorithmische Rechnen in Polynomringen in mehreren Veränderlichen, da Ideale nur sehr schwer zu handhaben wären, wenn man nicht wenigstens endliche Erzeugendensysteme aufstellen könnte.

Das Gauß'sche Lemma macht die Suche nach handhabbaren Kriterien für Irreduzibilität eines Polynoms mit rationalen Koeffizienten und nach Methoden zur Faktorzerlegung in $\mathbb{Q}[X]$ etwas einfacher, da man sich auf Rechnungen in $\mathbb{Z}[X]$ zurückziehen kann.

Dort ist das Rechnen zum einen deshalb leichter, weil man Teilbarkeitsargumente im Grundring $\mathbb{Z}$ verwenden kann, zum anderen, weil man nach Reduktion modulo einer Primzahl p Ergebnisse über dem endlichen Körper $\mathbb{F}_p$ heranziehen kann, die wegen der Endlichkeit besonders gut der algorithmischen Bearbeitung zugänglich sind.

Lemma 11.5 *Ist $f \in \mathbb{Z}[X]$ und p eine Primzahl, so dass die Reduktion $\bar{f} \in \mathbb{Z}/p\mathbb{Z}[X]$ von f modulo p den gleichen Grad hat wie f und irreduzibel ist, so ist f irreduzibel in $\mathbb{Q}[X]$.*

Allgemeiner gilt: Hat der irreduzible Faktor kleinsten Grades von $\bar{f}$ Grad d, so haben auch alle irreduziblen Faktoren von f in $\mathbb{Q}[X]$ Grad $\geq d$.

Beweis Klar. $\square$

Satz 11.6 (Irreduzibilitätskriterium von Eisenstein) *Sei R ein faktorieller Ring mit Körper der Brüche $K = \mathrm{Quot}(R)$ und $f = \sum_{i=0}^{n} a_i X^i \in R[X]$ ein primitives Polynom. Sei $p \in R$ ein Primelement mit $p \nmid a_n$, $p \mid a_j$ für $0 \leq j \leq n-1$, $p^2 \nmid a_0$. Dann ist f in $R[X]$ (und damit in $K[X]$) irreduzibel.*

Beweis Wir betrachten eine Zerlegung $f = g \cdot h$ mit primitiven

$$g = \sum_{j=0}^{r} b_j \cdot X^j \in R[X]$$

und

$$h = \sum_{k=0}^{s} c_k \cdot X^k \in R[X],$$

vom Grad r bzw. s, also mit $b_r \neq 0$ und $c_s \neq 0$.

Wegen $p \nmid a_n = b_r \cdot c_s$ gilt $p \nmid b_r$ und $p \nmid c_s$. Da wir auch $p^2 \nmid a_0 = b_0 \cdot c_0$ und $p \mid a_0$ haben, gilt ohne Einschränkung $p \nmid c_0$ und $p \mid b_0$.

Ist dann $t < r$ der maximale Index mit $p \mid b_\tau$ für alle τ mit $0 \leq \tau \leq t$ (also b_{t+1} der niedrigste Koeffizient von g, der nicht durch p teilbar ist), so gilt

$$a_{t+1} = c_0 b_{t+1} + c_1 b_t + \ldots + c_{t+1} b_0.$$

In dieser Gleichung teilt p alle Terme der rechten Seite außer $c_0 b_{t+1}$. Also gilt $p \nmid a_{t+1}$, nach Wahl von t also $t + 1 = n$ und damit $\deg(g) = n$. Also ist h konstant, und da h primitiv ist, folgt $h \in R^\times$. In jeder Produktzerlegung von f ist also einer der Faktoren eine Einheit, d. h., f ist unzerlegbar. $\square$

Beispiel

a) Sei $p \in \mathbb{N}$ eine Primzahl,

$$f = X^{p-1} + \ldots + 1 = \frac{X^p - 1}{X - 1} \in \mathbb{Z}[X].$$

f ist sicher genau dann irreduzibel in $\mathbb{Z}[X]$ (und damit in $\mathbb{Q}[X]$), wenn das für $f(X+1)$ gilt. Wir haben

$$f(X+1) = \frac{(X+1)^p - 1}{X + 1 - 1} = X^{p-1} + \binom{p}{1} X^{p-2} + \ldots + \binom{p}{p-1}.$$

Der Leitkoeffizient ist 1, also nicht durch p teilbar. Alle anderen Koeffizienten sind durch p teilbar (Übung), und der konstante Term

$$\binom{p}{p-1} = p$$

ist nicht durch p^2 teilbar. Nach dem Kriterium von Eisenstein ist $f(X+1)$ und damit auch f irreduzibel. Das Polynom f heißt das p-te Kreisteilungspolynom, seine Nullstellen in $\mathbb{C}$ sind die $\exp(2\pi \mathrm{i} j / p)$ mit $1 \le j \le p - 1$, also die sämtlichen primitiven p-ten Einheitswurzeln.

b) Allgemeiner betrachten wir für $n \in \mathbb{N}$ das Polynom $f_n = X^n - 1 \in \mathbb{Q}[X]$. Da $\mathrm{ggT}(X^n - 1, nX^{n-1}) = 1$ ist, hat $X^n - 1$ nach Lemma 9.20 in einem Zerfällungskörper M von f über $\mathbb{Q}$ nur einfache Nullstellen, die Gruppe $\mu_n = \{\zeta \in M \mid \zeta^n = 1\}$ der n-ten Einheitswurzeln hat also n Elemente und ist wegen Korollar 8.8 zyklisch.

Wir greifen eine primitive n-te Einheitswurzel heraus und bezeichnen sie mit ζ_n, haben also $\mu_n = \langle \zeta_n \rangle$, die Menge aller primitiven n-ten Einheitswurzeln ist dann $\{\zeta_n^j \mid \mathrm{ggT}(n, j) = 1\}$, hat also $\varphi(n)$ Elemente. Wir rechnen jetzt der Einfachheit halber in $\mathbb{C}$, dann bietet es sich an, $\zeta_n = \exp(\frac{2\pi \mathrm{i}}{n})$ zu wählen.

Wir behaupten: Das Minimalpolynom von ζ_n über $\mathbb{Q}$ ist das n-te Kreisteilungspolynom

$$\Phi_n(X) = \prod_{j \in (\mathbb{Z}/n\mathbb{Z})^\times} (X - \zeta_n^j) \in \mathbb{Z}[X].$$

Es hat Grad $\varphi(n) = |(\mathbb{Z}/n\mathbb{Z})^\times|$, seine Nullstellen sind die sämtlichen primitiven n-ten Einheitswurzeln in $\mathbb{C}$, und es gilt

$$\Phi_n(X) \prod_{\substack{d \mid n \\ 1 \le d < n}} \Phi_d(X) = X^n - 1.$$

Für $n = p$ haben wir das bereits gezeigt: Das Minimalpolynom von ζ_p ist das irreduzible Polynom

$$\Phi_p(X) = \frac{X^p - 1}{X - 1} = X^{p-1} + X^{p-2} + \ldots + X + 1$$

vom Grad $\varphi(p) = p - 1$; seine Nullstellen sind die ζ^j mit $1 \le j \le p - 1$.

Für allgemeines n zeigt man die Behauptung so:

Sei f das Minimalpolynom von $\zeta_n = \zeta$. Wir wollen zeigen, dass für jedes k mit $\mathrm{ggT}(k, n) = 1$ auch ζ^k eine Nullstelle von f ist. Es reicht hierfür, wenn wir das für $k = p$ Primzahl zeigen ($p \nmid n$).

Wir haben $X^n - 1 = f(X)g(X)$ mit normierten $f, g \in \mathbb{Q}[X]$, nach dem Lemma von Gauß (Satz 11.2) sind $f, g \in \mathbb{Z}[X]$.

Wäre $f(\zeta^p) \neq 0$, so wäre $g(\zeta^p) = 0$, also ζ eine Nullstelle von $g_1(X) := g(X^p)$, das Minimalpolynom f von ζ müsste also ein Teiler von g_1 sein,

$$g_1(X) = f(X)h(X), \quad h(X) \in \mathbb{Z}[X]$$

(erneut nach Satz 11.2).

Reduktion modulo p liefert

$$\overline{g_1}(X) = \overline{f}(X)\overline{h}(X) \quad \text{in } \mathbb{F}_p[X]$$

mit $\overline{g_1}(X) = \overline{g}(X^p) = (\overline{g}(X))^p$.

Wegen $\overline{f} \mid \overline{g_1} = (\overline{g})^p$ ist $\mathrm{ggT}(\overline{f}, \overline{g}) \neq 1$, das heißt, $\overline{f}$ und $\overline{g}$ haben im algebraischen Abschluss $\overline{\mathbb{F}_p}$ von $\mathbb{F}_p$ eine gemeinsame Nullstelle. Daraus folgt, dass $X^n - 1$ in $\overline{\mathbb{F}_p}$ eine mehrfache Nullstelle hat, was wegen $p \nmid n$ nicht möglich ist.

Also war die Annahme falsch und es ist

$$f(X) = \Phi_n(x) = \prod_{\mathrm{ggT}(k,n)=1} (x - \zeta^k).$$

11.2   Ergänzung: Algorithmische Faktorzerlegung über endlichen Körpern

Wir behandeln jetzt noch eines der Standardverfahren zur Zerlegung von Polynomen in ihre irreduziblen Faktoren im Polynomring $\mathbb{F}_q[X]$ über einem endlichen Körper $\mathbb{F}_q$. Dabei beschränken wir uns zunächst auf Polynome f, die quadratfrei sind:

Definition 11.7 *Sei R ein faktorieller Ring. $a \in R$ heißt quadratfrei, wenn gilt: Ist $p \in R$ Primelement, so ist $p^2 \nmid a$.*

Quadratfreie Polynome sind also Polynome, in deren Zerlegung in ein Produkt von Potenzen irreduzibler Polynome alle irreduziblen Faktoren nur zur ersten Potenz vorkommen.

Lemma 11.8 *Sei $f \in K[X]$ quadratfrei, $f = P_1 \cdot \ldots \cdot P_r$ mit P_j irreduzibel, $A = K[X]/(f)$. Dann ist*

$$A \cong K_1 \times \cdots \times K_r$$

mit Körpern $K_j \cong K[X]/(P_j)$, $[K_j : K] = d_j := \deg(P_j)$.

Ist insbesondere $K = \mathbb{F}_q$ ein endlicher Körper, so ist $K_j = \mathbb{F}_{q^{d_j}}$.

Beweis Das folgt direkt aus dem chinesischen Restsatz (Satz 4.27) und Satz 9.12.   □

Die Anzahl der irreduziblen Faktoren von f ist also für quadratfreies f gleich der Anzahl der Faktoren, die bei der Zerlegung des Restklassenrings $A = K[X]/(f)$ in ein direktes Produkt von Körpern auftreten. Diese Anzahl lässt sich leicht algorithmisch bestimmen, wenn der Grundkörper K endlich ist:

Lemma 11.9 *Sei $K = \mathbb{F}_q$, seien f, A, P_j wie oben. Sei $L : A \to A$ die durch $L(a) = a^q - a$ gegebene K-lineare Abbildung des K-Vektorraums A in sich.*

Dann ist $\mathrm{Ker}(L) \cong K^r$, insbesondere ist $|\mathrm{Ker}(L)| = q^r$, und die Anzahl der irreduziblen Faktoren von f lässt sich durch Bestimmung von $\mathrm{rg}(L)$ als

$$r = \deg(f) - \mathrm{rg}(L)$$

berechnen. Eine Basis von $\mathrm{Ker}(L)$ (als K-Vektorraum) bestimmt man, indem man die Matrix M_L von L bezüglich der K-Basis aus den Restklassen von $1, X, \ldots, X^{\deg(f)-1}$ modulo (f) von A aufstellt und Gauß-Elimination anwendet.

Beweis Der Kern von L besteht aus den Elementen $(a_1, \ldots, a_r) \in K_1 \times \ldots \times K_r$ mit $a_j \in K$ für alle j. Der Rest der Behauptung ist klar.   □

Im nächsten Schritt wollen wir zeigen, dass die explizite Bestimmung einer Basis von $\mathrm{Ker}(L)$ nicht nur die Anzahl der irreduziblen Faktoren liefert, sondern es auch erlaubt, durch Bestimmung geeigneter größter gemeinsamer Teiler das Polynom f in Faktoren zu zerlegen:

Proposition 11.10 *Sei $K = \mathbb{F}_q$, $f = P_1 \cdot \ldots \cdot P_r \in K[X]$ quadratfrei, nicht irreduzibel.*

a) *Ist $g \in K[X]$ mit $\overline{g} = g \bmod f \in \mathrm{Ker}(L)$ (also $f \mid (g^q - g)$), so ist*

$$f = \prod_{y \in K} \mathrm{ggT}(f, g(X) - y).$$

b) *Ist $\overline{g_1} = \overline{1}, \overline{g_2}, \ldots, \overline{g_r}$ eine Basis von $\mathrm{Ker}(L)$, so gibt es für $j \geq 2$ Elemente $y_j \in K$, so dass $\mathrm{ggT}(f, g_j(X) - y_j)$ ein nicht trivialer Faktor von f (also weder Einheit noch assoziiert zu f) ist.*

Beweis

a) Ist $\tilde{g} \in \mathrm{Ker}(L)$, so gibt es $y_1, \ldots, y_r \in K$ mit $g \equiv y_j \bmod P_j$ für $1 \leq j \leq r$. Für jedes $y \in K$ ist also $\mathrm{ggT}(f, g(X) - y)$ das Produkt der P_j, für die $y_j = y$ gilt, und die Behauptung folgt.

b) Hier wird nur für $r \geq 2$ eine Aussage gemacht. Für g_j mit $j \geq 2$ gibt es ein y_j mit $g_j \equiv y_j \bmod P_1$, und da $\overline{g_j}$ nicht zu $\overline{1}$ proportional ist, muss es ein $i > 1$ mit $g_j \not\equiv y_j \bmod P_i$ geben. Der größte gemeinsame Teiler von $g_j - y_j$ und f ist also durch P_1 teilbar, aber nicht durch P_i, er ist also ein nicht trivialer Teiler von f.   □

Die Proposition garantiert, dass wir für ein nicht irreduzibles f einen nicht trivialen Faktor finden. Da die Berechnung der Basis für $\mathrm{Ker}(L)$ verhältnismässig aufwändig werden kann, möchte man mit den gefundenen Faktoren die Rechnung nicht von vorne beginnen, sondern diese mit Hilfe der vorhandenen Basis weiter bearbeiten. Dass das so lange geht, bis man tatsächlich irreduzible Faktoren gefunden hat, garantiert das folgende Lemma.

Lemma 11.11 *Sei $f \in \mathbb{F}_q[X]$ wie bisher, $h \mid f$ so, dass $\mathrm{ggT}(h, g_j - y)$ für alle j und alle $y \in \mathbb{F}_q$ trivialer Teiler von h ist (g_j wie in Proposition 11.10). Dann ist h irreduzibel.*

Beweis Ist etwa $P_1 P_2 \mid h$, so gibt es ein g_j mit $g_j \equiv y_1 \bmod P_1$, $g_j \equiv y_2 \bmod P_2$ und $y_1 \neq y_2$ ($y_1, y_2 \in \mathbb{F}_q^\times$), da es sicher Elemente von $\mathrm{Ker}(L)$ gibt, die in der ersten und zweiten Komponente der Zerlegung von Lemma 11.8 verschiedene Einträge haben.

Dann ist $P_1 \mid \mathrm{ggT}(h, g_j - y_1)$, $P_2 \nmid \mathrm{ggT}(h, g_j - y_1)$, also ist $\mathrm{ggT}(h, g_j - y_1)$ nicht trivialer Teiler von h.   □

Nimmt man die bisherigen Ergebnisse zusammen, so ist klar, dass man ein algorithmisches und leicht im Computer implementierbares Verfahren gewonnen hat, mit dem man ein vorgelegtes quadratfreies Polynom in seine irreduziblen Faktoren zerlegen kann. Für die Einzelschritte, nämlich die Berechnung einer Basis von $\mathrm{Ker}(L)$ und die nachfolgenden ggT-Berechnungen, sind effiziente Routinen bekannt.

Wir schreiben den Algorithmus jetzt in einer der in der algorithmischen Algebra üblichen Schreibweisen auf:

Algorithmus 11.12 (Faktorzerlegung eines quadratfreien Polynoms über $\mathbb{F}_q$ nach Berlekamp) *Gegeben sei ein quadratfreies Polynom $f \in \mathbb{F}_q[X]$ vom Grad $n > 1$, man berechne die Zerlegung von f in irreduzible Faktoren.*

1. *(Berechne M_L bzw. Q.)*
   Für $0 \leq k < n$ berechne die $a_{ik} \in \mathbb{F}_q$ mit $(X^k)^q \equiv \sum_{0 \leq i < n} a_{ik} X^i \bmod f$, setze $Q = (a_{ik}) \in M_n(\mathbb{F}_q)$.
2. *(Berechne den Kern.) Benutze einen Algorithmus der linearen Algebra über $\mathbb{F}_q$, der eine Basis*

$$v_1 = \begin{pmatrix} 1 \\ 0 \\ \vdots \\ 0 \end{pmatrix}, v_2, \dots, v_r \in \mathbb{F}_q^n$$

des Kerns von $M_L = Q - E_n$ *berechnet.*

Zu $v_j = \begin{pmatrix} c_{1j} \\ \vdots \\ c_{nj} \end{pmatrix}$ *setze*

$$g_j \leftarrow \sum_{i=0}^{n-1} c_{i+1,j} X^i \in \mathbb{F}_q[X].$$

Setze $S \leftarrow f$, $k \leftarrow 1$, $j \leftarrow 1$.

(r ist jetzt die Anzahl der irreduziblen Faktoren von f. Im weiteren Verlauf ist S stets eine Menge von Polynomen h_i ($1 \le i \le k$) mit $\prod_{i=1}^{k} h_i = f$, ($1 \le k \le r$), j der Index des Polynoms g_j, das gerade zur weiteren Zerlegung verwendet wird.)

3. *(Fertig?) Falls $k = r$, gib S als Menge der irreduziblen Faktoren von f aus, terminiere. Andernfalls $j \leftarrow j + 1$, $g \leftarrow g_j$*

4. *(Zerlege) Für jedes $h \in S$ mit $\deg(h) > 1$ führe folgende Schritte durch:*
   Für alle $y \in \mathbb{F}_q$ berechne $h_y \leftarrow \text{ggT}(h, g - y)$.
   Setze $T \leftarrow \{h_y \mid y \in \mathbb{F}_q, \deg(h_y) \ge 1\}$.
   Setze $S \leftarrow (S \smallsetminus \{h\}) \cup T$, $k \leftarrow k - 1 + |T|$.
   Gehe zu 3.

Beweis Solange es in S ein Polynom h gibt, das nicht irreduzibel ist, werden in Schritt 4 nicht triviale Faktoren $\text{ggT}(h, g_j - y)$ gefunden, deren Produkt h ist und h durch diese Faktoren ersetzt. Dabei wächst $|S|$, das Verfahren erreicht daher irgendwann $|S| = r$ und terminiert. □

Abschließend diskutieren wir noch kurz, wie man das Problem der Faktorisierung eines beliebigen Polynoms auf den Quadratfreie Fall reduzieren kann.

Eine detailliertere Behandlung sowie auch Verfeinerungen und Abwandlungen all dieser Algorithmen findet man in den Lehrbüchern der Computeralgebra.

Definition 11.13 *Sei R ein faktorieller Ring, $a \in R$. Eine Zerlegung*

$$a = \varepsilon \cdot \prod q_j^j \text{ mit } \varepsilon \in R^\times, q_j \text{ quadratfrei und paarweise teilerfremd}$$

heißt quadratfreie Zerlegung von a (squarefree factorization).

Bemerkung Man erhält eine quadratfreie Zerlegung, indem man in einer Zerlegung

$$a = \varepsilon \cdot \prod_k p_k^{v_k}$$

von a in Potenzen unzerlegbarer Elemente p_k von R alle Faktoren mit dem gleichen Exponenten $v_k = j$ zum Faktor q_j^j zusammenfasst.

Die quadratfreie Zerlegung ist im Wesentlichen eindeutig (bis auf Assoziiertheit und Reihenfolge).

Im Gegensatz zum Ring $\mathbb{Z}$ der ganzen Zahlen ist es in Polynomringen relativ einfach, eine quadratfreie Zerlegung zu bestimmen.

Lemma 11.14 *Sei K ein vollkommener Körper, $f \in K[X]$. Dann gilt:*
f ist genau dann quadratfrei, wenn $\mathrm{ggT}(f, f') = 1$ gilt.

Beweis Für jeden Körper gilt: Ist f nicht quadratfrei, so ist $\mathrm{ggT}(f, f') \neq 1$.
   Denn ist $f = q^2 g$ mit q irreduzibel, so ist $f' = 2qq'g + q^2 g'$, also $q \mid \mathrm{ggT}(f, f')$.
   Ist umgekehrt f quadratfrei und K vollkommen, so sei $f = \prod_{j=1}^{r} q_j$ mit irreduziblen teilerfremden q_j.
   Es ist

$$f' = \sum_k q'_k \prod_{j \neq k} q_j.$$

Da K vollkommen ist, ist $\mathrm{ggT}(q_k, q'_k) = 1$ nach Satz 9.22. Also teilt jeder Faktor q_j von f im obigen Ausdruck für f' alle Summanden außer dem j-ten und ist daher kein Teiler von f', und es folgt wie behauptet $\mathrm{ggT}(f, f') = 1$.   □

Bemerkung Umgekehrt ist K vollkommen, wenn $\mathrm{ggT}(f, f') = 1$ für alle quadratfreien $f \in K[X]$ gilt.

Lemma 11.15 *Sei K vollkommener Körper, $f \in K[X]$ habe die quadratfreie Zerlegung*

$$f = \varepsilon \cdot \prod_{j=1}^{r} q_j^j.$$

Dann ist

$$\mathrm{ggT}(f, f') = \begin{cases} \prod_{j=2}^{r} q_j^{j-1} & \textit{falls } \mathrm{char}(K) = 0 \\ \prod_{\substack{j=2 \\ p \nmid j}}^{r} q_j^{j-1} \cdot \prod_{p \mid j}^{r} q_j^{j} & \textit{falls } \mathrm{char}(K) = p > 0 \end{cases}$$

Beweis Nachrechnen.   □

Bemerkung Aus Lemma 11.15 ergibt sich mit $g := \mathrm{ggT}(f, f')$:

$$\frac{f}{g} = \begin{cases} \prod_{j=1}^{r} q_j & \text{falls } \mathrm{char}(K) = 0 \\ \prod_{\substack{j=1 \\ p \nmid j}}^{r} q_j & \text{falls } \mathrm{char}(K) = p > 0 \end{cases}$$

und

$$\mathrm{ggT}\left(g, \frac{f}{g}\right) = \begin{cases} \prod_{j=2}^{r} q_j & \text{falls char}(K) = 0 \\ \prod_{\substack{j=2 \\ p \nmid j}}^{r} q_j & \text{falls char}(K) = p > 0 \end{cases}$$

Wir erhalten damit einen Algorithmus zur Berechnung der quadratfreien Zerlegung eines Polynoms, aufgeteilt in die Fälle char$(K) = 0$, und char$(K) = p > 0$.

Die Beschreibung des Algorithmus erfolgt in zwei verschiedenen Stilen (in der Literatur zur Computeralgebra werden Algorithmen meistens in einem dieser beiden Stile angegeben): Zuerst im Stil von D. Knuth in seinem Buch „The Art of Computer Programming", dann in einer Art Pseudo-Code, wie er etwa in dem Computeralgebra-Lehrbuch von Geddes, Czapor und Labahn[1] verwendet wird.

Algorithmus 11.16 (Quadratfreie Zerlegung für char$(K) = 0$) *Gegeben sei sei ein nicht konstantes normiertes Polynom f. Der Algorithmus berechnet die Faktoren q_j einer quadratfreien Zerlegung $f = \prod_{j=1}^{r} q_j^j$ und gibt eine Liste QFF der Länge r aus, mit QFF$[j] = q_j$.*

1. *(Initialisierung) $k = 1$.*
2. *(Beendet?) $g \leftarrow \mathrm{ggT}(f, f')$*
   Falls $g = 1$, QFF$[k] \leftarrow f$, terminiere.
3. *$w \leftarrow \frac{f}{g}$, $h \leftarrow \mathrm{ggT}(g, w) = \mathrm{ggT}(g, \frac{f}{g})$, $z \leftarrow \frac{w}{h}$.*
   QFF$[k] \leftarrow z$, $f \leftarrow g$, $k \leftarrow k+1$, gehe zu 2.

Beweis Die dem Algorithmus vorausgehenden Überlegungen zeigen:
Der erste quadratfreie Faktor von $\mathrm{ggT}(f, f')$ ist der zweite quadratfreie Faktor von f. Daraus ergibt sich sofort die Richtigkeit des Algorithmus. $\square$

Bemerkung Die Rechnungen vereinfachen sich etwas, wenn man beachtet:
Mit $g = \mathrm{ggT}(f, f')$, $h = \mathrm{ggT}(g, \frac{f}{g})$ ist

$$\mathrm{ggT}(g, g') = \frac{g}{h}$$

$$\frac{g}{\mathrm{ggT}(g, g')} = h \,.$$

Man kann also ab dem zweiten Durchlauf in Schritt 2 des Algorithmus setzen: $g \leftarrow \frac{g}{h}$ und in Schritt 3: $w \leftarrow h$.

Das benutzen wir jetzt in der alternativen Beschreibungsweise des Algorithmus (Pseudo-Code):

---

[1] K.O. Geddes, G. Labahn, S.R. Czapor: Algorithms for Computer Algebra, Kluwer Academic Publishers 2003.

Algorithmus 11.17 (Quadratfreie Zerlegung für char(K) = 0, Pseudo-code)

 # input $f \in K[X]$

 # output: Der Vektor QFF (Liste), der die quadratfreie Zerlegung repräsentiert.

If $\deg(f) = 1$
    then QFF[1] = f
    return QFF
end if
$k := 1$

$g := \gcd(f, f')$, $w := \frac{f}{g}$

While $g \neq 1$ *do*
    begin
        $h := \gcd(g, w)$
        $z := \frac{w}{h}$
        QFF[k] := z
        $k := k + 1$
        $w := h$
        $g := \frac{g}{h}$
    end
end while
return QFF
end

Beispiel 11.18

$$f = X^8 - 2X^6 + 2X^2 - 1 \in \mathbb{Q}[X]$$
$$f' = 8X^7 - 12X^5 + 4X$$
$$g = \text{ggT}(f, f') = X^4 - 2X^2 + 1 \ (\text{euklidischer Algorithmus})$$
$$w = \tfrac{f}{g} = X^4 - 1 \ (\text{Nachrechnen})$$
$$h = \text{ggT}(g, w) = X^2 - 1$$
$$z = \tfrac{w}{h} = X^2 + 1$$
$$\text{QFF}[1] = X^2 + 1$$
$$k = 2, \ f = X^4 - 2X^2 + 1, \ f' = 4X^3 - 4X$$
$$g = \text{ggT}(f, f') = X^2 - 1$$
$$w = \tfrac{f}{g} = X^2 - 1, \ h = \text{ggT}(g, w) = X^2 - 1$$
$$z = 1, \ \text{QFF}[2] = 1$$
$$k = 3, \ f = X^2 - 1, \ f' = 2X$$
$$g = \text{ggT}(f, f') = 1$$
$$\text{QFF}[3] = X^2 - 1$$
$$\text{QFF} = (X^2 + 1, 1, X^2 - 1),$$

das heißt

$$X^8 - 2X^6 + 2X^2 - 1 = (X^2 + 1)(X^2 - 1)^3$$

ist die quadratfreie Faktorisierung.

Nun zum Verfahren in Charakteristik p. Die Idee ist:
Setze

$$g_1 := \mathrm{ggT}(f, f')$$

$$w_1 := w = \frac{f}{g}$$

Für $k \geq 1$ definiere rekursiv:

$$w_{k+1} := \begin{cases} \mathrm{ggT}(g_k, w_k) & p \nmid k \\ w_k & p \mid k \end{cases}$$

$$g_{k+1} := \frac{g_k}{w_{k+1}}$$

Die Rechnungen in Bemerkung 11.2 zeigen (Beweis per Induktion):

$$w_k = \prod_{\substack{j \geq k \\ p \nmid j}} q_j \quad g_k = \prod_{\substack{j > k \\ p \nmid j}} q_j^{j-k} \prod_{p \mid j} q_j^j.$$

Für $p \nmid j$ ist dann $q_j = \frac{w_j}{w_{j+1}}$. Berechnet man also rekursiv die w_k, g_k und setzt $q_k = \frac{w_k}{w_{k+1}}$, so erhält man für alle $p \nmid j$ die korrekten q_j, für $p \mid j$ zunächst (möglicherweise fälschlich) $q_j = 1$.

Das Verfahren wird stationär für $w_{k+1} = 1$, bis dahin hat es alle q_j mit $p \nmid j$ korrekt berechnet, und es ist dann

$$g_k = \prod_{p \mid j} q_j^j = (f_2(X))^p$$

mit einem gewissen $f_2 \in K[X]$.

Setzt man jetzt $K = \mathbb{F}_p$ voraus, so ist $(f_2(X))^p = f_2(X^p)$.

Man kann dann das obige Verfahren mit f_2 als Eingabe fortsetzen und erhält in der nächsten Runde die q_j mit $p \mid j$, $p^2 \nmid j$.

Man zieht erneut eine p-te Wurzel und fährt so fort bis man die vollständige Zerlegung hat.

Algorithmus 11.19 (Quadratfreie Zerlegung für $\mathbb{F}_p$) *Gegeben sei $f \in \mathbb{F}_p[X]$ nicht konstant.*

1. $e \leftarrow 1, k \leftarrow 1$
2. $g \leftarrow \mathrm{ggT}(f, f')$
   Falls $g = 1$, $q_{ek} \leftarrow f$, terminiere.
   $w \leftarrow \frac{f}{g}$
3. *(erhöhe e, falls nötig)*
   (Ist $w = 1$, so ist $f = g = \sum_{p|l} c_l X^l$.)
   Falls $w = 1$, so $f \leftarrow \sum_{p|l} c_l X^{l/p}$, $e \leftarrow pe$, gehe zu 2.
4. *(Lasse q_k für $p|k$ aus.)*
   Falls $p \mid k$: $g \leftarrow \frac{g}{w}$, $k \leftarrow k+1$.
5. *Berechne q_{ek}, erhöhe k.*

$$w_2 \leftarrow \mathrm{ggT}(g, w)$$
$$q_{ek} \leftarrow \frac{w}{w_2}$$
$$w \leftarrow w_2$$

Falls $g = w$, terminiere.

$$g \leftarrow \frac{g}{w}, \quad k \leftarrow k+1, \quad \text{gehe zu 3.}$$

Bemerkung Ist K ein von $\mathbb{F}_p$ verschiedener vollkommener Körper der Charakteristik p, so muss man in Schritt 3

$$f \leftarrow \sum_{p|l} c_l^{1/p} X^{l/p}$$

setzen, man muss also in der Lage sein, p-te Wurzeln in K zu ziehen.

Ist $K = \mathbb{F}_q$ mit $q = p^m$, so ist (Übung) $c^{p^{m-1}}$ für jedes $c \in \mathbb{F}_q$ eine p-te Wurzel aus c.

11.3 Übungen

11.1 Zerlegen Sie das Polynom

$$f = X^4 - 4X^3 - X^2 + 1 \in \mathbb{Z}[X]$$

modulo 2 und modulo 3 in irreduzible Faktoren und zeigen Sie, dass f in $\mathbb{Z}[X]$ irreduzibel ist.

Hinweis: Beide Reduktionen sind reduzibel.

11.2 Sei $f = X^5 + X^4 + X^2 + 1$.

a) Zerlegen Sie f modulo 2 in irreduzible Faktoren.
b) Zeigen Sie, dass f keine Nullstellen in $\mathbb{Z}$ hat.
c) Zeigen Sie, dass f keinen Faktor vom Grad 2 in $\mathbb{Z}[X]$ hat.
d) Folgern Sie, dass f in $\mathbb{Z}[X]$ irreduzibel ist.

11.3 Zeigen Sie: Ist p eine ungerade Primzahl und $r \geq 2$, so ist das Polynom $X^{(p-1)p^{r-1}} + \ldots + X^{p^{r-1}} + 1$ das Minimalpolynom von $w := e^{2\pi i/p^r}$ über $\mathbb{Q}$.

Ergänzung: Galoistheorie

Für endliche Erweiterungen L/K endlicher Körper haben wir in Satz 10.13 gesehen, dass die Zwischenkörper $K \subseteq M \subseteq L$ der Erweiterung bijektiv den Untergruppen der Automorphismengruppe $\mathrm{Aut}(L/K)$ zugeordnet werden können.

Die Theorie von Galois (Evariste Galois, 1811–1832), deren Grundzüge in diesem ergänzenden Kapitel dargestellt und an Beispielen erläutert werden sollen, zeigt, dass diese bemerkenswerte Korrespondenz zwischen Zwischenkörpern einerseits und Untergruppen der Automorphismengruppe andererseits auch für gewisse endliche Körpererweiterungen L/K beliebiger Körper besteht. Historisch kam die Behandlung der Erweiterungen von $\mathbb{Q}$ vor der Einführung und Behandlung endlicher Körper.

Anders als im Fall endlicher Körper kann in der allgemeinen Situation der Beweis nicht durch explizite Auflistung der Zwischenkörper erfolgen. Ganz im Gegenteil benutzt man die Korrespondenz und die Tatsache, dass häufig die Bestimmung der Untergruppen der Automorphismengruppe (schon alleine wegen ihrer Endlichkeit) leichter als die Bestimmung der Zwischenkörper ist, um sich auf dem Umweg über das Studium der Untergruppen der Automorphismengruppe einen Überblick über die Zwischenkörper der Erweiterung zu verschaffen; ein Beispiel dafür findet man im Beweis von Korollar 12.11.

Definition 12.1 *Ist L/K eine beliebige Körpererweiterung endlichen Grades, für die gilt:*

L ist Zerfällungskörper eines Polynoms $f \in K[X]$, das in L nur einfache Nullstellen hat,

so sagt man, L/K sei eine Galoiserweiterung *und nennt $G = \mathrm{Aut}(L/K)$ die* Galoisgruppe *$\mathrm{Gal}(L/K)$ der Erweiterung.*

Beispiel 12.2

a) Wir betrachten eine Erweiterung $\mathbb{F}_{q^d}/\mathbb{F}_q$ endlicher Körper der Charakteristik p, also mit $q = p^r$ für ein $r \in \mathbb{N}$.

Wir haben in Satz 10.5 gesehen, dass der Körper $\mathbb{F}_{q^d}$ Zerfällungskörper des Polynoms $X^{q^d} - X \in \mathbb{F}_p[X]$ über dem Primkörper $\mathbb{F}_p$ ist; dieses Polynom hat in $\mathbb{F}_{q^d}$ nur einfache

R. Schulze-Pillot, *Einführung in Algebra und Zahlentheorie*,
DOI 10.1007/978-3-642-55216-8_12, © Springer-Verlag Berlin Heidelberg 2015

Nullstellen. Dann ist aber $\mathbb{F}_{q^d}$ offensichtlich auch der Zerfällungskörper über $\mathbb{F}_q$ dieses Polynoms und damit Zerfällungskörper eines Polynoms in $\mathbb{F}_q[X]$, das nur einfache Nullstellen hat. Jede Erweiterung $\mathbb{F}_{q^d}/\mathbb{F}_q$ endlicher Körper ist also eine Galoiserweiterung.

b) Wie im Beispiel nach Satz 9.31 gezeigt wurde, ist der Körper $\mathbb{Q}(\sqrt[3]{2})$ nicht Zerfällungskörper eines Polynoms aus $\mathbb{Q}[X]$, die Erweiterung $\mathbb{Q}(\sqrt[3]{2})/\mathbb{Q}$ ist also keine Galoiserweiterung.

c) Ist der Körper K ein vollkommener Körper im Sinne von Definition und Satz 9.22 (also etwa $\mathrm{char}(K) = 0$ oder K ein endlicher Körper), so hat jedes irreduzible Polynom $f \in K[X]$ in einem Erweiterungskörper L von K nur einfache Nullstellen. Jeder Zerfällungskörper eines Polynoms aus $K[X]$ ist also für vollkommenes K eine Galoiserweiterung von K.

Die Gruppe $G = \mathrm{Aut}(L/K) = \mathrm{Gal}(L/K)$ einer Galoiserweiterung L/K operiert auf der Menge der Nullstellen des Polynoms f, dessen Zerfällungskörper L ist, durch Permutationen:

Proposition 12.3 *Sei $f \in K[X]$ ein Polynom, L sein Zerfällungskörper über K und $a_1, \ldots, a_n$ die sämtlichen verschiedenen Nullstellen von f in L.*

Dann ist $\{\sigma(a_1), \ldots, \sigma(a_n)\} = \{a_1, \ldots, a_n\}$ für jedes $\sigma \in \mathrm{Aut}(L/K)$.

Ordnet man jedem $\sigma \in \mathrm{Aut}(L/K)$ die Permutation $s \in S_n$ mit $a_{s(j)} = \sigma(a_j)$ für $1 \leq j \leq n$ zu, so erhält man einen injektiven Homomorphismus von $\mathrm{Aut}(L/K)$ in die symmetrische Gruppe S_n.

Ist f irreduzibel, so ist das Bild G' in S_n von $\mathrm{Aut}(L/K)$ eine transitive Untergruppe von S_n, d. h., für alle $1 \leq i, j \leq n$ gibt es eine Permutation $s \in G'$ mit $s(i) = j$.

Beweis Für jedes $\sigma \in \mathrm{Aut}(L/K)$ gilt $\{\sigma(a_1), \ldots, \sigma(a_n)\} = \{a_1, \ldots, a_n\}$, da nach Lemma 9.29 das Bild einer Nullstelle von f in L unter $\sigma \in \mathrm{Aut}(L/K)$ wieder eine Nullstelle von f ist.

Dass durch die angegebene Abbildung $\sigma \mapsto s$ ein Homomorphismus von $\mathrm{Aut}(L/K)$ in S_n gegeben wird, ist dann klar. Da σ wegen $L = K(a_1, \ldots, a_n)$ durch seine Bilder auf $a_1, \ldots, a_n$ festgelegt ist, folgt die Injektivität dieses Homomorphismus.

Ist schließlich f irreduzibel, so gibt es nach Satz 9.31 zu je zwei Nullstellen a_i, a_j von f ein $\sigma \in \mathrm{Aut}(L/K)$ mit $\sigma(a_i) = a_j$, also folgt die behauptete Transitivität von G'. $\square$

Satz 12.4 (Hauptsatz der Galoistheorie) *Sei L/K eine Galoiserweiterung mit Galoisgruppe $G = \mathrm{Gal}(L/K) = \mathrm{Aut}(L/K)$. Dann gilt:*

a) $|G| = [L : K]$

b) *Durch*

$$H \mapsto M_H := \mathrm{Fix}(H) := \{a \in L \mid \varphi(a) = a \text{ für alle } \varphi \in H\}$$
$$M \mapsto H_M := \mathrm{Fix}(M) := \{\varphi \in G \mid \varphi|M = \mathrm{Id}_M\}$$

*werden zueinander inverse Bijektionen zwischen der Menge der Untergruppen H von G
und der Menge der Zwischenkörper M von L/K gegeben.*
Man sagt, M_H sei der Fixkörper von H und H_M die Fixgruppe von M.

L/M ist ebenfalls Galoiserweiterung mit

$$\text{Fix}(M) = \text{Aut}(L/M) = \text{Gal}(L/M).$$

*Ist M ein Zwischenkörper mit Fixgruppe H und $\sigma \in G$, so ist $\sigma H \sigma^{-1}$ die Fixgruppe von $\sigma(M)$,
konjugierte Untergruppen entsprechen also konjugierten Zwischenkörpern.*

*Insbesondere ist ein Zwischenkörper M genau dann Galoiserweiterung von K, wenn H =
Fix(M) Normalteiler in G = Gal(L/K) ist; in diesem Fall gilt*

$$G/H \cong \text{Aut}(M/K).$$

Da man in dieser allgemeinen Situation weder die Automorphismengruppe $\text{Aut}(L/K)$
noch die Zwischenkörper der Erweiterung explizit kennt, ist der Beweis erheblich mühsamer (und lohnender) als im Spezialfall endlicher Körper.

Wir benötigen zunächst ein paar Vorbereitungen, die die Resultate aus Abschnitt 9.4
über Fortsetzung von Automorphismen quantitativ machen.

Definition und Lemma 12.5 *Sei K ein Körper, L = K(a) eine einfache algebraische Erweiterung von K vom Grad n und $f = f_a \in K[X]$ das Minimalpolynom von a über K. Sei
$M \supseteq L$ ein Zerfällungskörper über K (also ein über K normaler Erweiterungskörper endlichen
Grades von L).*

a) *Alle Nullstellen von f in M haben die gleiche Vielfachheit r. Ist r = 1 so heißen a und das
irreduzible Polynom f separabel über K, andernfalls inseparabel.*
   *Ein algebraischer Erweiterungskörper von K, in dem alle Elemente separabel über K sind,
heißt eine separable Erweiterung von K.*
b) *Es gibt genau $s := \frac{n}{r}$ verschiedene K-Homomorphismen $\varphi : L \to M$.*
c) *Allgemeiner gilt: Ist $\psi : K \to K'$ ein Isomorphismus von Körpern und $M' \supseteq K'$ ein
Zerfällungskörper über K', in dem (bei natürlicher Fortsetzung des Isomorphismus ψ zu
$\tilde{\psi} : K[X] \to K'[X]$) das Polynom $\tilde{\psi}(f) \in K'[X]$ eine Nullstelle a' hat, so gibt es genau s
verschiedene Fortsetzungen von ψ zu Homomorphismen $\varphi : L \to M'$.*

Beweis Sei r die Vielfachheit der Nullstelle a von f, also $f = (X - a)^r g$ mit $g \in L[X]$,
$g(a) \neq 0$. Nach Satz 9.31 gibt es für jede Nullstelle $\beta \in M$ von f genau einen K-
Homomorphismus $\varphi : L \to M$ mit $\varphi(a) = \beta$. Setzt man φ in natürlicher Weise zu
$\varphi_1 : L[X] \to M[X]$ fort (mit $\varphi_1(X) = X$), so wird $f = \varphi_1(f) = (X - \beta)^r \varphi_1(g)$ mit
$\varphi_1(g)(\beta) = \varphi(g(a)) \neq 0$, die Nullstelle β von f hat also ebenfalls Vielfachheit r, und wir
haben a) gezeigt.

Da wegen Definition und Satz 9.35 das Polynom f über M vollständig in Linearfaktoren
zerfällt, sieht man, dass f in M genau $s = \frac{n}{r}$ verschiedene Nullstellen $a = \beta_1, \ldots, \beta_s$ hat.

Jeder K-Homomorphismus von L in M bildet a auf eine dieser Nullstellen ab, und nach Satz 9.31 gibt es für jede Nullstelle β_j genau einen K-Homomorphismus von L in M, der a auf β_j abbildet, damit folgt auch b). Der Beweis für die allgemeinere Aussage c) verläuft analog.   □

Lemma 12.6 *Sei K ein Körper, $L = K(a_1, \ldots, a_m)$ eine algebraische Erweiterung von K vom Grad n und $M \supseteq L$ ein Zerfällungskörper über K. Dann gilt:*

a) *Sind alle a_i separabel über K, so gibt es genau n verschiedene K-Homomorphismen von L in M und alle Elemente von L sind separabel über K. Andernfalls ist die Anzahl der K-Homomorphismen von L in M kleiner als n.*

b) *Allgemeiner gilt: Ist $\psi : K \to K'$ ein Isomorphismus mit natürlicher Fortsetzung $\tilde{\psi} : K[X] \to K'[X]$ und $M' \supseteq K'$ ein Zerfällungskörper über K', in dem die Bilder $\tilde{\psi}(f_i)$ der Minimalpolynome f_i der a_i Nullstellen $a_i' \in M'$ haben, und sind alle a_i einfache Nullstellen ihrer Minimalpolynome f_i, so gibt es genau n verschiedene Fortsetzungen von ψ zu Homomorphismen von L in M'. Andernfalls ist die Anzahl der Fortsetzungen von ψ auf L kleiner als n.*

Beweis Wir beweisen Aussage b) durch Induktion nach dem Grad n von L/K.

Der Induktionsanfang $n = 1$ ist trivial. Sei also $n > 1$ und die Behauptung für Erweiterungen vom Grad $n' < n$ bereits bewiesen. Ohne Einschränkung ist $a_1 \notin K$, also $n = n'n''$ mit $n' := [L : K(a_1)] < n$. Wir nehmen zunächst an, dass die a_i alle einfache Nullstellen ihrer Minimalpolynome f_i sind. Nach dem vorigen Lemma gibt es genau n'' Fortsetzungen $\psi_1, \ldots, \psi_{n''}$ von ψ zu Homomorphismen $\psi_j : K(a_1) \to M'$, und nach Induktionsannahme kann jedes ψ_j auf genau n' Weisen zu einem Homomorphismus $\varphi_{ji} : L \to M'$ fortgesetzt werden. Da klar ist, dass man jede Fortsetzung von ψ zu $\varphi : L \to M'$ auf diese Weise erhält, folgt die Behauptung.

Ist andererseits eines der a_i (o. E. a_1) keine einfache Nullstelle seines Minimalpolynoms, so gibt es nach dem vorigen Lemma nur $s < n''$ Fortsetzungen ψ_j von ψ auf $K(a_1)$. Da jedes dieser ψ_j nach Induktionsannahme höchstens n' Fortsetzungen auf L hat, ist die Anzahl aller Fortsetzungen von ψ auf L nicht größer als $n's < n'n'' = n$, und b) ist bewiesen.

Die Aussage in a) über die Anzahl der K-Homomorphismen ist der Spezialfall $\psi = \mathrm{Id}_K$ von b). Ist diese Anzahl gleich n, so kann man ein beliebiges $a \in L$ zu den a_i hinzunehmen, ohne die Anzahl der K-Homomorphismen von L in M zu ändern, also muss auch a separabel über K sein.   □

Korollar 12.7

a) *Eine Körpererweiterung L/K von endlichem Grad ist genau dann Galoiserweiterung, wenn sie normal und separabel ist.*

b) *Ist L/K Galoiserweiterung, so ist $|\mathrm{Aut}(L/K)| = [L : K]$.*

Beweis Beide Aussagen folgen aus Teil a) des vorigen Lemmas.   □

Wir haben also bereits Aussage a) des Hauptsatzes etabliert. Der Beweis der weiteren Aussagen wird durch das folgende Lemma erheblich erleichtert.

Lemma 12.8 (Satz vom primitiven Element) *Sei L/K eine separable Körperweiterung von endlichem Grad. Dann ist L eine einfache Erweiterung von K, es gibt also $\alpha \in L$ mit $L = K(\alpha)$. Jedes solche α heißt ein* primitives Element *der Erweiterung.*

Beweis Ohne Einschränkung nehmen wir an, dass K unendlich viele Elemente hat (von endlichen Erweiterungen endlicher Körper wissen wir bereits, dass sie einfach sind), setzen $L = K(a_1, \ldots, a_r)$ und führen den Beweis durch vollständige Induktion nach r. Der Induktionsanfang $r = 1$ ist trivial.

Sei also $r > 1$ und die Behauptung richtig für Erweiterungen, die durch Adjunktion von nicht mehr als $r - 1$ Elementen entstehen. Dann gibt es $\gamma \in L$ mit $K(a_1, \ldots, a_{r-1}) = K(\gamma)$, also ist

$$K(a_1, \ldots, a_r) = K(\gamma, \beta)$$

mit $\beta = a_r$. Seien $f = f_\beta$, $g = f_\gamma$ die Minimalpolynome über K von β bzw. γ, in einem Zerfällungskörper M von $f \cdot g$ sei

$$f = (X - \beta_1) \cdot \ldots \cdot (X - \beta_n), \quad g = (X - \gamma_1) \cdot \ldots \cdot (X - \gamma_m)$$

mit $\beta_1 = \beta$, $\gamma_1 = \gamma$. Die β_i sind dabei ebenso wie die γ_i paarweise verschieden, da ja L/K nach Voraussetzung separabel ist.

Man wähle nun ein $d \in K$ mit

$$d(\gamma - \gamma_j) \neq (\beta_i - \beta) \quad \text{für } 1 \leq i \leq n, 2 \leq j \leq m,$$

das geht, da K als unendlich angenommen wurde und alle $\gamma - \gamma_j \neq 0$ sind. Mit

$$\alpha := \beta + d \cdot \gamma$$

haben $h := f(\alpha - d \cdot X) \in K(\alpha)[X]$ und g in $M[X]$ den irreduziblen Faktor $(X - \gamma)$ gemeinsam, da $h(\gamma) = f(\alpha - d \cdot \gamma) = f(\beta) = 0$ gilt.

Für die übrigen γ_j ($j \geq 2$) ist $f(\alpha - d \cdot \gamma_j) \neq 0$, da $\alpha - d \cdot \gamma_j$ von den β_i verschieden ist. Also ist $X - \gamma = \mathrm{ggT}(h, g)$ in $M[X]$.

Da h und g Koeffizienten in $K(\alpha)$ haben, ist aber auch ihr (zunächst in $M[X]$ berechneter) größter gemeinsamer Teiler $X - \gamma$ bereits in $K(\alpha)[X]$, wir haben also $\gamma \in K(\alpha)$ und damit auch $\beta = \alpha - d\gamma \in K(\alpha)$, also schließlich wie behauptet $K(a_1, \ldots, a_r) = K(\beta, \gamma) = K(\alpha)$. $\qquad \square$

Lemma 12.9 *Sei L ein Körper und H eine endliche Untergruppe der Gruppe* Aut(L) *der Automorphismen von L. Sei*

$$K := \{a \in L \mid \sigma(a) = a \text{ für alle } \sigma \in H\}.$$

Dann ist L/K eine Galoiserweiterung mit Galoisgruppe H.

Beweis Sei $a \in L$ beliebig und $\{\sigma_1, \ldots, \sigma_r\}$ eine maximale Teilmenge von H mit der Eigenschaft, dass $\sigma_1(a), \ldots, \sigma_r(a)$ paarweise verschieden sind, ohne Einschränkung sei dabei $\sigma_1(a) = a$.

Wegen der Maximalität von $\{\sigma_1, \ldots, \sigma_r\}$ muss dann für alle $\tau \in H$ und $1 \le i \le r$

$$\{\sigma_1(a), \ldots, \sigma_r(a), \tau\sigma_i(a)\} = \{\sigma_1(a), \ldots, \sigma_r(a)\}$$

und damit $\tau\sigma_i(a) \in \{\sigma_1(a), \ldots, \sigma_r(a)\}$ gelten. Setzen wir wie üblich τ in natürlicher Weise auf den Polynomring $L[X]$ fort und setzen

$$f = (X - \sigma_1(a)) \cdot \ldots \cdot (X - \sigma_r(a)) \in L[X],$$

so ist $\tau(f) = f$ für alle $\tau \in H$, d. h., das Polynom f hat Koeffizienten im Fixkörper Fix(H) = K von H.

Das Polynom f hat nach Konstruktion nur einfache Nullstellen, also ist a separabel über K. Wir haben also gezeigt, dass die Erweiterung L/K separabel algebraisch ist und alle Elemente über K vom Grad $\le n := |H|$ sind. Nach Lemma 12.8 gibt es dann ein $\beta \in L$ mit $L = K(\beta)$ und wir haben $[L : K] \le n = |H|$.

Wir wiederholen jetzt die obige Konstruktion mit β, wählen also eine maximale Menge $\{\sigma_1, \ldots, \sigma_r\}$ von Elementen von H mit paarweise verschiedenen $\sigma_1(\beta), \ldots, \sigma_r(\beta)$. Dann ist $f = \prod_{i=1}^{r}(X - \sigma_i(\beta)) \in K[X]$, also ist L Zerfällungskörper des Polynoms f über K und damit auch normal über K, nach Korollar 12.7 also eine Galoiserweiterung von K.

Für die Gruppe H gilt $H \subseteq$ Aut(L/K) nach Definition von K, und wir haben

$$|\text{Aut}(L/K)| \le [L : K] \le n = |H| \le |\text{Aut}(L/K)|,$$

also $|$Aut(L/K)$| = |H|$ und damit $H =$ Aut(L/K) wie behauptet.   □

Wir können jetzt den Hauptsatz der Galoistheorie beweisen.

Beweis von Satz 12.4 Teil a) des Satzes ist bereits in Korollar 12.7 bewiesen worden.

Um die Behauptung b) zu zeigen, nach der die Zuordnungen $H \mapsto M_H =$ Fix(H) und $M \mapsto H_M =$ Fix(M) zueinander inverse Bijektionen sind, betrachten wir zunächst einen Zwischenkörper M von L/K. Die Erweiterung L/M ist ebenfalls eine Galoiserweiterung, da L über M Zerfällungskörper des gleichen Polynoms $f \in K[X] \subseteq M[X]$ ist wie über K.

Wir haben also $|\text{Fix}(M)| = |\text{Aut}(L/M)| = [L : M]$. Ist M' der Fixkörper der Untergruppe $\text{Fix}(M) = \text{Aut}(L/M)$ von $G = \text{Aut}(L/K)$, so ist offenbar $M' \supseteq M$ und $\text{Fix}(M) \subseteq \text{Aut}(L/M')$. Nach a) von Lemma 12.6 ist $|\text{Aut}(L/M')| \leq [L : M']$. Wir haben also insgesamt

$$|\text{Fix}(M)| \leq |\text{Aut}(L/M')| \leq [L : M'] \leq [L : M] = |\text{Fix}(M)|,$$

also $M = M'$, das heißt $\text{Fix}(\text{Fix}\,M) = M$.

Ist umgekehrt $H \subseteq G = \text{Aut}(L/K)$ eine Untergruppe, $M = \text{Fix}(H)$ ihr Fixkörper und $H' = \text{Fix}(M)$ die Fixgruppe von M, so ist offenbar $H' = \text{Aut}(L/M)$, andererseits ist $H = \text{Aut}(L/M)$ wegen Lemma 12.9. Insgesamt sehen wir also auch $\text{Fix}(\text{Fix}(H)) = H$ und haben gezeigt, dass durch $M \mapsto \text{Fix}(M)$ und $H \mapsto \text{Fix}(H)$ wie behauptet zueinander inverse Bijektionen gegeben sind.

Ist schließlich $\sigma \in \text{Aut}(L/K)$ und M ein Zwischenkörper, so ist offenbar $\text{Aut}(\sigma M) = \sigma\,\text{Aut}(L/M)\sigma^{-1}$. Daraus folgt, dass $\text{Aut}(L/M)$ genau dann ein Normalteiler in $\text{Aut}(L/K)$ ist, wenn $\sigma(M) = M$ für alle $\sigma \in \text{Aut}(L/K)$ gilt. Ist $M = K(a)$ (siehe Lemma 12.8), so zerfällt, weil L/K normal ist, das Minimalpolynom f von a über L in Linearfaktoren $(X - a_i)$, $1 \leq i \leq r$ mit

$$\{a_1, \ldots, a_r\} = \{\sigma a \mid \sigma \in \text{Aut}(L/K)\}.$$

Die Bedingung

$$\sigma(M) = M \text{ für alle } \sigma \in \text{Aut}(L/K)$$

ist daher äquivalent dazu, dass M Zerfällungskörper von f über K, also Galoiserweiterung von K ist. Ist sie erfüllt, so folgt $\text{Gal}(M/K) \cong \text{Gal}(L/K)/\text{Fix}(M)$ aus dem Homomorphiesatz der Gruppentheorie. $\qquad\square$

Die Theorie von Galois erlaubt als wichtige Anwendungen insbesondere den Beweis des in Kap. 9 genannten notwendigen und hinreichenden Kriteriums für Konstruierbarkeit mit Zirkel und Lineal und den Beweis der Tatsache, dass es für Gleichungen vom Grad ≥ 5 keine allgemeine Formel gibt, die die Nullstellen durch geschachtelte Wurzelausdrücke in den Koeffizienten ausdrückt (Nicht-Auflösbarkeit der allgemeinen Gleichung fünften Grades).

Diese klassischen Anwendungen würden den Rahmen dieses Buches sprengen, wir begnügen uns daher mit einigen Beispielen, in denen sich die Galoisgruppe leicht berechnen lässt sowie mit dem notwendigen und hinreichenden Kriterium für die Konstruierbarkeit des regelmäßigen n-Ecks; für das weitergehende Studium der Theorie (einschließlich der Ausdehnung des Hauptsatzes auf Erweiterungen unendlichen Grades) und ihrer Anwendungen verweisen wir auf die fortgeschrittenen Lehrbücher der Algebra.

Beispiel 12.10

a) Sind L und K endliche Körper, so haben wir gesehen, dass L/K eine Galoiserweiterung mit zyklischer, vom Frobeniusautomorphismus von K erzeugter Galoisgruppe der Ordnung $[L : K]$ ist.

b) Sei $K = \mathbb{Q}$ und $d \in \mathbb{Q}$ kein Quadrat einer rationalen Zahl. Dann ist der Zerfällungskörper $\mathbb{Q}(\sqrt{d})$ des irreduziblen Polynoms $X^2 - d$ eine Galoiserweiterung vom Grad 2 von $\mathbb{Q}$. Man hat $\mathrm{Aut}(L/K) = \{\mathrm{Id}, \sigma\}$, wo $\sigma(a + b\sqrt{d}) = a - b\sqrt{d}$ für $z = a + b\sqrt{d}$ mit $a, b \in \mathbb{Q}$ gilt. Analog sieht die Situation für $K = \mathbb{R}$ und $L = \mathbb{C} = \mathbb{R}(\sqrt{-1})$ aus, hier ist der nicht triviale Automorphismus die komplexe Konjugation.

c) Sei $K = \mathbb{Q}$, $L = \mathbb{Q}(\sqrt{2}, \sqrt{3})$. $\mathbb{Q}$ ist vollkommen, also ist L/K eine separable Körpererweiterung. L entsteht aus $K = \mathbb{Q}$ durch Adjunktion aller Nullstellen von $(X^2 - 2)(X^2 - 3) = X^4 - 5X^2 + 6$, ist also normal über $\mathbb{Q}$ und hat Grad 4 über $\mathbb{Q}$, da man leicht nachrechnen kann, dass es in $\mathbb{Q}(\sqrt{2})$ keine Quadratwurzel aus 3 gibt. Also ist L/K eine Galoiserweiterung und daher auch $|\mathrm{Aut}(L/K)| = 4$.

Jedes $\varphi \in \mathrm{Aut}(L/K)$ führt $\sqrt{2}$ in $\pm\sqrt{2}$, $\sqrt{3}$ in $\pm\sqrt{3}$ über, also ist $\mathrm{Aut}(L/K) = \{\sigma_1, \sigma_2, \sigma_3, \sigma_4\}$ mit

$$\sigma_1 = \mathrm{Id}_L$$
$$\sigma_2(\sqrt{2}) = -\sqrt{2}, \quad \sigma_2(\sqrt{3}) = \sqrt{3}$$
$$\sigma_3(\sqrt{2}) = \sqrt{2}, \quad \sigma_3(\sqrt{3}) = -\sqrt{3}$$
$$\sigma_4(\sqrt{2}) = -\sqrt{2}, \quad \sigma_4(\sqrt{3}) = -\sqrt{3}.$$

Offenbar ist $\sigma_2^2 = \sigma_3^2 = \sigma_4^2 = \sigma_1 = \mathrm{Id}_L$. Durch

$$\sigma_1 \mapsto (0,0), \ \sigma_2 \mapsto (1,0), \ \sigma_3 \mapsto (0,1), \ \sigma_4 \mapsto (1,1)$$

wird also ein Isomorphismus

$$G = \mathrm{Gal}(L/\mathbb{Q}) \to \mathbb{Z}/2\mathbb{Z} \times \mathbb{Z}/2\mathbb{Z}$$

gegeben. Die Untergruppen von G sind

$$H_1 = \{\mathrm{Id}_L\}, \ H_2 = \{\sigma_1, \sigma_2\}, \ H_3 = \{\sigma_1, \sigma_3\}, \ H_4 = \{\sigma_1, \sigma_4\}, \ G.$$

Es ist

$$\mathrm{Fix}(H_1) = L, \quad \mathrm{Fix}(H_2) = \mathbb{Q}(\sqrt{3}), \quad \mathrm{Fix}(H_3) = \mathbb{Q}(\sqrt{2})$$
$$\mathrm{Fix}(H_4) = \mathbb{Q}(\sqrt{2} \cdot \sqrt{3}) = \mathbb{Q}(\sqrt{6}), \quad \mathrm{Fix}(G) = \mathbb{Q}.$$

Das gleiche Bild ergibt sich für jede *biquadratische Erweiterung* von $\mathbb{Q}$, also für Erweiterungen $\mathbb{Q}(\sqrt{d_1}, \sqrt{d_2})/\mathbb{Q}$ mit Zahlen $d_1, d_2 \in \mathbb{Q}$, für die keines von $d_1, d_2, d_1 d_2$ ein Quadrat in $\mathbb{Q}$ ist.

d) Sei $K = \mathbb{Q}$ und L der Zerfällungskörper des Polynoms $X^n - 1 \in \mathbb{Q}[X]$; man nennt L den n-ten *Kreisteilungskörper*. Wir haben im Beispiel nach Satz 11.6 gesehen, dass $L = \mathbb{Q}(\zeta_n)$ mit einer primitiven n-ten Einheitswurzel ζ_n ist, dass $[L : \mathbb{Q}] = \varphi(n)$ gilt und dass ζ_n das Minimalpolynom

$$\Phi_n(X) = \prod_{j \in (\mathbb{Z}/n\mathbb{Z})^\times} (X - \zeta_n^j) \in \mathbb{Q}[X]$$

hat, dabei ist $\{\zeta_n^j \mid j \in (\mathbb{Z}/n\mathbb{Z})^\times\}$ die Menge aller primitiven n-ten Einheitswurzeln. Jeder $\mathbb{Q}$-Automorphismus σ von $\mathbb{Q}(\zeta_n)$ bildet die primitive Einheitswurzel ζ_n auf eine primitive n-te Einheitswurzel ζ_n^j (ggT$(n, j) = 1$) ab und ist wegen $\zeta_n^n = 1$ durch die Klasse von j modulo n eindeutig bestimmt, wir schreiben dann $\sigma = \sigma_j$ und haben offenbar $\sigma_j \circ \sigma_k = \sigma_{jk}$.

Man hat also mit $\psi(\sigma_j) := \bar{j} \in (\mathbb{Z}/n\mathbb{Z})^\times$ einen injektiven Gruppenhomomorphismus $\psi : \operatorname{Aut}(L/K) \to (\mathbb{Z}/n\mathbb{Z})^\times$, der wegen

$$|\operatorname{Aut}(L/K)| = [L : K] = \varphi(n) = |(\mathbb{Z}/n\mathbb{Z})^\times|$$

sogar ein Isomorphismus ist: $\operatorname{Gal}(L/K) \cong (\mathbb{Z}/n\mathbb{Z})^\times$.

Ist $n = p^r$ eine Potenz einer ungeraden Primzahl p, so ist nach Lemma 8.10 die prime Restklassengruppe $(\mathbb{Z}/n\mathbb{Z})^\times$ und damit auch $\operatorname{Gal}(L/K)$ zyklisch, wir haben also in diesem Fall genau wie bei den endlichen Körpern zu jedem Teiler d von $[\mathbb{Q}(\zeta_n) : \mathbb{Q}] = \varphi(n) = (p-1)p^{r-1}$ genau einen Zwischenkörper der Erweiterung $\mathbb{Q}(\zeta_n)/\mathbb{Q}$ vom Grad d über $\mathbb{Q}$, nämlich den Fixkörper der eindeutig bestimmten $\varphi(n)/d$-elementigen Untergruppe von $\operatorname{Gal}(L/K)$.

Für $d = \varphi(n)/2$ besteht diese Gruppe aus der Identität und der komplexen Konjugation, ihr Fixkörper ist der maximale reelle Teilkörper $\mathbb{Q}(\zeta_n + \overline{\zeta_n})$. Für $d = 2$ ist es die Gruppe, die aus allen σ_j besteht, für die j ein quadratischer Rest modulo p (und damit modulo $n = p^r$) ist. Der zugehörige Fixkörper ist $\mathbb{Q}(\tau(p))$, wo

$$\tau(p) = \sum_{j=1}^{p-1} \left(\frac{j}{p}\right) \zeta_n^j$$

die Gauß'sche Summe aus Beispiel 8.36 ist. Nach Lemma 8.37 ist $(\tau(p))^2 = \left(\frac{-1}{p}\right)p = p^*$, der eindeutig bestimmte über $\mathbb{Q}$ quadratische Teilkörper von $\mathbb{Q}(\zeta_{p^r})$ ist also der Körper $\mathbb{Q}(\sqrt{\left(\frac{-1}{p}\right)p})$.

e) Sei $K = \mathbb{Q}$, L der Zerfällungskörper von $X^3 - 2$. Die Nullstellen von $X^3 - 2$ in $\mathbb{C}$ sind $\sqrt[3]{2} \in \mathbb{R}$, $\zeta \cdot \sqrt[3]{2}$, $\zeta^2 \cdot \sqrt[3]{2}$ mit der primitiven dritten Einheitswurzel $\zeta = -\frac{1}{2} + i\frac{\sqrt{3}}{2} = e^{\frac{2\pi i}{3}}$. Also ist $L = \mathbb{Q}(\sqrt[3]{2}, \zeta)$. Da $\zeta \notin \mathbb{Q}(\sqrt[3]{2})$ gilt, ist das Minimalpolynom $X^2 + X + 1$ von ζ über $\mathbb{Q}$ auch über $\mathbb{Q}(\sqrt[3]{2})$ irreduzibel, $[L : \mathbb{Q}(\sqrt[3]{2})] = 2$, also $[L : \mathbb{Q}] = 6$.

Man hat dann einen injektiven Homomorphismus $\operatorname{Aut}(L/\mathbb{Q}) \to S_3$, der jedem σ die zugehörige Permutation der Nullstellen $\sqrt[3]{2}$, $\zeta\sqrt[3]{2}$, $\zeta^2\sqrt[3]{2}$ des Polynoms $X^3 - 2$ zuord-

net, und dieser Homomorphismus ist sogar bijektiv, da nach Teil a) des Hauptsatzes $|\mathrm{Aut}(L/\mathbb{Q})| = 6$ gilt.
Wir haben also $\mathrm{Gal}(L/\mathbb{Q}) = \{\sigma_1, \sigma_2, \sigma_3, \sigma_4, \sigma_5, \sigma_6\}$ mit

$$\sigma_1 = \mathrm{Id}_L$$
$$\sigma_2(\sqrt[3]{2}) = \sqrt[3]{2}, \qquad \sigma_2(\zeta) = \zeta^2$$
$$\sigma_3(\sqrt[3]{2}) = \zeta\sqrt[3]{2}, \qquad \sigma_3(\zeta) = \zeta$$
$$\sigma_4(\sqrt[3]{2}) = \zeta\sqrt[3]{2}, \qquad \sigma_4(\zeta) = \zeta^2$$
$$\sigma_5(\sqrt[3]{2}) = \zeta^2\sqrt[3]{2}, \qquad \sigma_5(\zeta) = \zeta$$
$$\sigma_6(\sqrt[3]{2}) = \zeta^2\sqrt[3]{2}, \qquad \sigma_6(\zeta) = \zeta^2.$$

Die Untergruppen sind

$$H_1 = \{\mathrm{Id}_L\}$$
$$H_2 = \{\mathrm{Id}_L, \sigma_2\} \qquad (\sigma_2 \text{ vertauscht } \zeta\sqrt[3]{2},\ \zeta^2\sqrt[3]{2})$$
$$H_3 = \{\mathrm{Id}_L, \sigma_3, \sigma_3^2 = \sigma_5\}$$
$$H_4 = \{\mathrm{Id}_L, \sigma_4\} \qquad (\sigma_4 \text{ vertauscht } \sqrt[3]{2},\ \zeta\sqrt[3]{2})$$
$$H_5 = \{\mathrm{Id}_L, \sigma_6\} \qquad (\sigma_6 \text{ vertauscht } \sqrt[3]{2},\ \zeta^2\sqrt[3]{2})$$
$$H_6 = G.$$

Dabei entspricht H_3 unter dem Isomorphismus auf die symmetrische Gruppe S_3 der alternierenden Gruppe A_3 und ist ein Normalteiler in $G = \mathrm{Gal}(L/\mathbb{Q})$, der Fixkörper ist $\mathbb{Q}(\zeta) = \mathbb{Q}(\sqrt{-3})$. Er ist quadratisch über $\mathbb{Q}$ und hat die zu $\mathbb{Z}/2\mathbb{Z}$ isomorphe Gruppe G/H_3 als Galoisgruppe über $\mathbb{Q}$.
Die drei Untergruppen

$$H_2, \quad H_4 = \sigma_5 H_2 \sigma_5^{-1}, \quad H_5 = \sigma_3 H_2 \sigma_3^{-1}$$

sind zueinander konjugiert und haben die Fixkörper

$$\mathrm{Fix}(H_2) = \mathbb{Q}(\sqrt[3]{2})$$
$$\mathrm{Fix}(H_4) = \sigma_5(\mathbb{Q}(\sqrt[3]{2})) = \mathbb{Q}(\zeta^2\sqrt[3]{2})$$
$$\mathrm{Fix}(H_5) = \sigma_3(\mathbb{Q}(\sqrt[3]{2})) = \mathbb{Q}(\zeta\sqrt[3]{2}),$$

die Grad 3 über $\mathbb{Q}$ haben und über $\mathbb{Q}$ nicht normal sind.
Zusammen mit $\mathrm{Fix}(H_1) = L$, $\mathrm{Fix}(G) = \mathbb{Q}$ erhalten wir die folgenden Diagramme der Untergruppen und der Zwischenkörper:

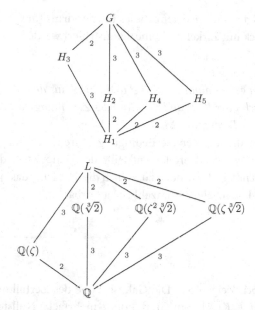

Das gleiche Bild ergibt sich für jedes $d \in \mathbb{Q}$, das keine dritte Potenz in $\mathbb{Q}$ ist, für den Zerfällungskörper von $X^3 - d$ über $\mathbb{Q}$.

Bemerkung Im Allgemeinen ist es nicht einfach, für ein vorgelegtes Polynom $f \in K[X]$ (das nur einfache Nullstellen hat), die Galoisgruppe seines Zerfällungskörpers über K zu bestimmen. Für $K = \mathbb{Q}$ und nicht zu großen Grad des Polynoms (zur Zeit für Grad ≤ 15) existieren dafür sehr effiziente und in Computeralgebra-Systemen implementierte Algorithmen.

Wir können jetzt zeigen, dass das in Korollar 9.40 bewiesene notwendige Kriterium für die Konstruierbarkeit mit Zirkel und Lineal eines regelmäßigen n-Ecks auch hinreichend ist:

Korollar 12.11 *Ist $n = 2^\mu \prod_{i=1}^r p_i^{\mu_i} \in \mathbb{N}$ (mit Primzahlen $p_i \neq 2$, $\mu \geq 0$, $\mu_i > 0$), so ist das regelmäßige n-Eck genau dann (mit Zirkel und Lineal) konstruierbar, wenn alle p_i Fermat'sche Primzahlen (also von der Form $2^j + 1$) sind und $\mu_i = 1$ für alle vorkommenden p_i gilt.*

Beweis Dass das Kriterium notwendig ist, wissen wir bereits. Erfüllt n die angegebene Bedingung, so ist $\varphi(n) = 2^{\mu'} \prod_i (p_i - 1)$ (mit $\mu' = \max(\mu - 1, 0)$) eine Potenz von 2. Wir haben in Teil d) des vorigen Beispiels gesehen, dass $\mathbb{Q}(\zeta_n)/\mathbb{Q}$ eine Galoiserweiterung mit Galoisgruppe $G \cong (\mathbb{Z}/n\mathbb{Z})^\times$ ist, dass also insbesondere $|G| = \varphi(n)$ eine Potenz von 2 ist.

Nach Aufgabe 7.10 hat man dann eine Folge $\{1\} = G_0 \subseteq G_1 \subseteq \cdots \subseteq G_m = G$ von Untergruppen G_i von G, so dass $(G_{i+1} : G_i) = 2$ gilt. Setzt man $K_i := \mathrm{Fix}(G_i)$, so erhält man nach dem Hauptsatz der Galoistheorie eine Folge $K_m = \mathbb{Q} \subseteq K_{m-1} \subseteq \ldots \subseteq K_0 = \mathbb{Q}(\zeta_n)$ mit $[K_i : K_{i+1} = 2]$.

Nach Satz 9.38 folgt aus der Existenz dieses Körperturms für $\mathbb{Q}(\zeta_n)$, dass ζ_n und daher das regelmäßige n-Eck mit Zirkel und Lineal konstruiert werden kann.   □

Bemerkung Allgemeiner gilt:

Ein Punkt $z \in \mathbb{C}$ ist genau dann mit Zirkel und Lineal aus dem Körper $K \subseteq \mathbb{C}$ konstruierbar, wenn z algebraisch über K ist und der Grad des Zerfällungskörpers L des Minimalpolynoms von z über K eine Potenz von 2 ist.

Die Tatsache, dass die angegebene Bedingung hinreichend für Konstruierbarkeit ist, beweist man genauso wie das Korollar mit Hilfe des Hauptsatzes der Galoistheorie und Aufgabe 7.10; man benötigt dafür noch zusätzlich die Tatsache, dass jede endliche Gruppe, deren Ordnung eine Potenz einer Primzahl ist, auflösbar ist.

12.1 Übungen

12.1 Sei K ein Körper. Zeigen Sie: Die Galoisgruppe des Zerfällungskörpers eines irreduziblen Polynoms $f \in K[X]$ vom Grad 3 ohne mehrfache Nullstellen ist entweder zur symmetrischen Gruppe S_3 oder zu $\mathbb{Z}/3\mathbb{Z}$ isomorph.

Überlegen Sie sich eine entsprechende Aussage für Polynome vom Grad 4.

12.2 Sei $f \in K[X]$ ein irreduzibles Polynom vom Grad n über dem Körper K mit Zerfällungskörper $L \supseteq K$, alle Nullstellen $a_1, \ldots, a_n \in L$ von f seien einfach. Zeigen Sie:

a) Die durch $\Delta_f := \prod_{1 \leq i < j \leq n}(a_i - a_j)^2 \in L$ definierte *Diskriminante* von f liegt in K.

b) Sei $G = \mathrm{Gal}(L/K)$ die Galoisgruppe der Erweiterung L/K und G' das Bild von G unter der Einbettung $G \to S_n$ aus Proposition 12.3. Dann ist genau dann $G' \subseteq A_n$, wenn Δ_f ein Quadrat in K ist.

c) Ist $f = X^2 + pX + q$, so ist $\Delta_f = (p^2 - 4q)/4$, ist $f = X^3 + pX + q$, so ist $\Delta_f = -4p^3 - 27q^2$.

d) Ist $a \in \mathbb{C}$ eine Nullstelle des Polynoms $X^3 - 3X + 1 \in \mathbb{Q}[X]$, so ist $\mathbb{Q}(a)/\mathbb{Q}$ galois'sch mit $\mathrm{Gal}(\mathbb{Q}(a)/\mathbb{Q}) \cong \mathbb{Z}/3\mathbb{Z}$.

12.3 Sei $L/\mathbb{Q}$ eine Galoiserweiterung, $L \subseteq \mathbb{C}$. Zeigen Sie:

a) Bezeichnet ι die Einschränkung der komplexen Konjugation auf L, so ist $\iota \in \mathrm{Gal}(L/K)$.

b) Bezeichnet L^+ den Fixkörper von ι, so gilt $[L : L^+] = 2$ oder $L = L^+$.

c) Die Erweiterung $L^+/\mathbb{Q}$ ist genau dann eine Galoiserweiterung, wenn ι mit allen Elementen von $\mathrm{Gal}(L/K)$ vertauscht.

d) Ist L^+/K galois'sch, so gilt $\sigma(L^+) \subseteq \mathbb{R}$ für alle $\mathbb{Q}$-Homomorphismen $\sigma : L^+ \to \mathbb{C}$, und L^+ ist der eindeutig bestimmte maximale Teilkörper von L mit dieser Eigenschaft.

(Der Körper L^+ heißt der maximale reelle Teilkörper von L).

12.4 Sei $p \neq 2$ eine Primzahl, $L = \mathbb{Q}(\zeta_p)$ (mit einer fixierten primitiven p-ten Einheitswurzel ζ_p) und d ein Teiler von $p-1$, sei H_d die (eindeutig bestimmte) Untergruppe von $G = \mathrm{Gal}(L/K)$ vom Index d. Für $\bar{j} \in (\mathbb{Z}/p\mathbb{Z})^\times$ sei $\sigma_j \in G$ der eindeutig bestimmte Automorphismus von L mit $\sigma_j(\zeta_p) = \zeta_p^j$ (siehe Beispiel d) in diesem Abschnitt).

Zeigen Sie:

a) H_d besteht genau aus den σ_j, für die j ein d-ter Potenzrest modulo p ist.

b) Sei $\tilde{H}_d = \{\bar{j} \in (\mathbb{Z}/p\mathbb{Z})^\times \mid j$ ist d-ter Potenzrest modulo $p\}$. Für den Fixkörper M_d von H_d gilt dann

$$M_d = \mathbb{Q}\Big(\sum_{j \in \tilde{H}_d} \zeta_p^j \Big).$$

(Die Zahl $\eta = \sum_{j \in \tilde{H}_d} \zeta_p^j$ nennt man eine Gauß'sche Periode der Länge $(p-1)/d$. Variiert man die primitive Einheitswurzel ζ_p, so erhält man für jedes d insgesamt d verschiedene Perioden $\eta_1, \ldots, \eta_d$ der Länge $(p-1)/d$. Diese liefern alle den gleichen Zwischenkörper.)

c) L hat einen eindeutig bestimmten Teilkörper M mit $[M : \mathbb{Q}] = 2$; für diesen gilt

$$M = \mathbb{Q}(\sqrt{p^*}) \quad \text{mit } p^* = \begin{cases} p & p \equiv 1 \bmod 4 \\ -p & p \equiv 3 \bmod 4. \end{cases}$$

(Hinweis: Benutzen Sie die Berechnung der Gauß'schen Summe τ_p in Lemma 8.37).

Sachverzeichnis

R. Schulze-Pillot, *Einführung in Algebra und Zahlentheorie*, DOI 10.1007/978-3-642-55216-8,
© Springer-Verlag Berlin Heidelberg 2015